EUL VERLAG

Titelblatt

Die Informationsfunktion von Versicherungskonzernabschlüssen nach IFRS unter besonderer Berücksichtigung des Standardentwurfs für Versicherungsverträge

Inauguraldissertation
zur
Erlangung des Doktorgrades
der
Wirtschafts- und Sozialwissenschaftlichen Fakultät
der
Universität zu Köln

2010

vorgelegt
von

Dipl.-Kfm. Markus Kreeb

aus

Neuenstadt a. K.

Referent:	Prof. Dr. Heinrich R. Schradin
Korreferent:	Prof. Dr. Christoph Kuhner
Tag der Promotion:	5.2.2010

Reihe: Versicherungswirtschaft · Band 58
Herausgegeben von Prof. (em.) Dr. Dieter Farny, Köln, und
Prof. Dr. Heinrich R. Schradin, Köln

Dr. Markus Kreeb

Der Versicherungskonzernabschluss nach internationalen Rechnungslegungsregeln

IFRS 4 Phase II

Mit einem Geleitwort von Prof. Dr. Heinrich R. Schradin,
Universität zu Köln

EUL VERLAG

Bibliografische Information der Deutschen Nationalbibliothek

Die Deutsche Nationalbibliothek verzeichnet diese Publikation in der Deutschen Nationalbibliografie; detaillierte bibliografische Daten sind im Internet über <http://dnb.d-nb.de> abrufbar.

Dissertation, Universität zu Köln, 2010, unter dem Titel: Die Informationsfunktion von Versicherungskonzernabschlüssen nach IFRS unter besonderer Berücksichtigung des Standardentwurfs für Versicherungsverträge

ISBN 978-3-89936-925-0
1. Auflage Mai 2010

JOSEF EUL VERLAG GmbH
Brandsberg 6
53797 Lohmar
Tel.: 0 22 05 / 90 10 6-6
Fax: 0 22 05 / 90 10 6-88
E-Mail: info@eul-verlag.de
http://www.eul-verlag.de

Bei der Herstellung unserer Bücher möchten wir die Umwelt schonen. Dieses Buch ist daher auf säurefreiem, 100% chlorfrei gebleichtem, alterungsbeständigem Papier nach DIN 6738 gedruckt.

Geleitwort

Versicherungsverträge sind vom Anwendungsbereich des IAS 39 sowie des für Rückstellungen einschlägigen IAS 37 ausgenommen. In der Handhabung der internationalen Rechnungslegung zur Abbildung versicherungsspezifischer Sachverhalte wird daher subsidiär auf Vorschriften der US-GAAP zurückgegriffen. Um die bestehende Regelungslücke in den IAS/IFRS zu schließen, wurde mit der Installierung einer Arbeitsgruppe bereits im Jahr 1997 das Projekt „Insurance Contracts" initiiert. Es folgten im Jahr 1999 die Emission eines Diskussionspapiers und die Publikation eines „Draft Statement of Principles" im Jahr 2001.

Mit der Verabschiedung des IFRS 4, der neben der Festlegung des Anwendungsbereichs vor allem ein Wahlrecht zur weitgehenden Beibehaltung nationaler Bilanzierungs- und Bewertungsvorschriften beinhaltet, wurde das Projekt „Versicherungsverträge" vom IASB endgültig aufgeteilt. Die Spezifizierung der für die Bilanzierung und Bewertung von Versicherungsverträgen maßgeblichen Rechnungslegungsvorschriften bleibt der Phase II des IFRS 4 vorbehalten. Die Veröffentlichung eines „Exposure Drafts" ist für Mai 2010 avisiert, die endgültige Verabschiedung des Rechnungslegungsstandards soll im Juni 2011 erfolgen.

Vor diesem Hintergrund diskutiert die vorliegende Dissertationsschrift die Frage, inwiefern der Standardentwurf für Versicherungsverträge einen Beitrag dazu leistet, bestehende Informationsasymmetrien über die Erfolgs- und Sicherheitslage eines Versicherungsunternehmens mit Hilfe der Bereitstellung entscheidungsnützlicher Informationen zu reduzieren. Gegenstand der Untersuchung ist vor allem der DSOP „Insurance Contracts", dessen Konzeption weitgehend im „Discussion Paper" vom Mai 2007 übernommen wurde. Auch die im weiteren Verlauf der Phase II diskutierten Bilanzierungs- und Bewertungsmodelle lassen sich auf die im DSOP vorgestellten Konzepte zurückführen, so dass deren Aktualität weiterhin gegeben ist.

Ausgangspunkt der Schrift ist die Analyse bestehender Informationsasymmetrien, die Identifikation potenziell opportunistischen Verhaltens des Agenten sowie der Gestaltungsmöglichkeiten zur Reduktion von Informationsasymmetrien im Rahmen eines

Prinzipal-Agenten-Modells der Versicherungsunternehmung. Der Verfasser erläutert nicht nur ausführlich die in die Bilanzierungskonzeption des „Asset-Liability-Measurement“-Ansatzes eingebettete hypothetische Marktwertkonstruktion von Versicherungsverträgen, darüber hinaus wird ein Konzept zur Abbildung der Erst- und Folgebewertung von Versicherungsverträgen im Jahresabschluss exemplarisch anhand ausgewählter Versicherungsprodukten entwickelt.

Im Rahmen der ökonomischen Analyse diskutiert der Verfasser die Entscheidungsnützlichkeit der intendierten Rechnungslegungsvorschriften von Versicherungsverträgen vor entscheidungs- und informationstheoretischem Hintergrund. Neben allgemeinen konzeptionellen Überlegungen beinhaltet die Schrift vor allem eine differenzierte Diskussion der Entscheidungsnützlichkeit der nach den Vorschriften des DSOP „Insurance Contracts“ aufgestellten Bilanz und des daraus abgeleiteten Gewinns.

Die Dissertationsschrift von Herrn Dr. Markus Kreeb behandelt ein interessantes Thema mit hohem theoretischen Anspruch und erheblicher Praxisrelevanz. Dem Verfasser gelingt eine klare und präzise Formulierung der behandelten Problemstellung. Dies gilt in gleicher Weise für die souveräne Einordnung der vorliegenden Ausarbeitung in die einschlägige Forschung. Die Strukturierung der Schrift erweist sich als problemadäquat, wohlbegründet und gut nachvollziehbar. In einer nur sehr selten anzutreffenden Weise erreicht es Kreeb, bilanztheoretische und versicherungstechnische Sachverhalte sachgerecht und mit erheblicher analytischer Tiefe zu diskutieren. Die abgeleiteten Ergebnisse sind dementsprechend überzeugend und wertvoll für die weiterhin kontrovers geführte Diskussion um die Entwicklung eines internationalen Versicherungsstandards.

Köln, im April 2010

Univ.-Prof. Dr. Heinrich R. Schradin

Danksagung

Diese Arbeit wurde von der Wirtschafts- und Sozialwissenschaftlichen Fakultät der Universität zu Köln im Februar 2010 als Dissertation angenommen.

In diesem Kontext schulde ich zuvorderst meinem Doktorvater, Professor Dr. Heinrich R. Schradin, Dank für die Betreuung der vorliegenden Arbeit. Ebenfalls zum Dank verpflichtet bin ich Professor Dr. Christoph Kuhner für die Übernahme der Funktion des Zweitgutachters und Professor Dr. Norbert Herzig für die Bereitschaft als dritter mündlicher Prüfer zu fungieren. Außerdem möchte ich mich bei Professor Dr. Alexander Kempf und Professor Dr. Hans-Peter Mehring sowie bei meinem ehemaligen Kollegen Dr. Andreas Jahn für ihre Unterstützung und bei meiner ehemaligen Kollegin Frau Barbara Pohl für ihr hilfsbereites Verhalten während meiner Promotionszeit bedanken.

Des Weiteren habe ich mich bei Herrn Marc Böhlhoff, Partner der Wirtschaftsprüfungs- und Beratungsgesellschaft Deloitte, zu bedanken, dass er mir Gelegenheit gab, die vorliegende Arbeit zu Ende zu bringen.

Außerdem möchte ich meiner Familie insbesondere meinen Eltern und meiner Schwester für die Unterstützung und meinem Schwager Michael Brand darüber hinaus für die kritische und konstruktive Durchsicht der Manuskripte danken. Darüber hinaus schulde ich Familie Brand Dank für ihre Unterstützung.

Von meinen Freunden möchte ich vor allem Frau Almut Pohl für die kritische Durchsicht meiner Berechnungen, Herrn Achim Schmid für viele anregende Diskussionen und Familie Freier für deren Unterstützung danken.

Düsseldorf, im Mai 2010

Dipl.-Kfm. Markus Kreeb

Inhaltsverzeichnis

TABELLENVERZEICHNIS

Abkürzungsverzeichnis

AbS.	Absatz
AG	Aktiengesellschaft
AG Nr.	Anhang mit der Nummer
AktG	Aktiengesetz
BaFin	Bundesanstalt für Finanzdienstleistungsaufsicht
BAV	Bundesaufsichtsamt für Versicherungswesen
bzw.	beziehungsweise
CAPM	Capital Asset Pricing Model
DAV	Deutsche Aktuarvereinigung
DAX	Deutscher Aktienindex
DCF	Discounted Cash Flow
DeckRV	Verordnung über Rechnungsgrundlagen für die Deckungsrückstellung
d.h.	das heißt
DPA	Diskretionäre Periodenabgrenzungen
DSOP	Draft Statement of Principles
EBW	Erwartungsbarwert
ED	Exposure Draft
EFRAG	European Financial Reporting Advisory Group
EPD	Expected Policyholder Deficit
EU	Europäische Union
et al.	und andere
f.	fortfolgend
ff.	fortfolgende
FAS	Financial Accounting Standard
FIFO	First in, first out, Verbrauchsfolgeverfahren
GDV	Gesamtverband der Versicherungswirtschaft
GE	Geldeinheiten
GPA	Gesamtbetrag der diskretionären Periodenabgrenzungen
HGB	Handelsgesetzbuch
IAA	International Actuarial Association

IAS	International Accounting Standard
IASB	International Accounting Standards Board
IASC	International Accounting Standards Committee
i.d.R.	in der Regel
IDW	Institut der Wirtschaftsprüfer
IFRS	International Financial Reporting Standard
IOSCO	International Organization of Securities Commissions
i.V.m.	in Verbindung mit
JWC	Joint Working Group
Kfz	Kraftfahrzeug
KIVI	Kölner Institut für Versicherungsinformation GmbH
KÖStG	Köperschaftssteuergesetz
LIFO	Last in, first out, Verbrauchsfolgeverfahren
NPA	Normalbetrag der Periodenabgrenzungen
p.a.	per annum, pro Jahr
PBW	Prämienbarwert
PKV	Verband der privaten Krankenversicherungen
Rdnr.	Randnummer
RechVersV	Verordnung über die Rechnungslegung von Versicherungs-unternehmen
RfB	Rückstellung für Beitragsrückerstattung
RORAC	Return on Risk adjusted Capital
SAP	Statutory Accounting Principles
SEC	Securities and Exchange Commission
SFAC	Statement of Financial Accounting Concepts
SFAS	Statement of Financial Accounting Standards
SOP	Statement of Position
ÜbschV	Verordnung zur Ermittlung und Verteilung von Überzins und Überschuss in der Krankenversicherung
u.a.	unter anderem
USA	United States of America
US-GAAP	United States Generally Accepted Accounting Principles
VAG	Versicherungsaufsichtsgesetz

VBW	Verpflichtungsbarwert
Vgl.	Vergleiche
VRAC	Virtual Risk adjusted Capital
VVaG	Versicherungsverein auf Gegenseitigkeit
z.B.	zum Beispiel
ZRQuotenV	Verordnung über die Mindestbeitragsrückerstattung in der Lebensversicherung

1. Einleitung

1.1. Problemstellung

Im Prinzipal-Agenten-Modell der Versicherungsunternehmung[1] bestehen sowohl vor als auch nach Vertragsabschluss Informationsasymmetrien zu Lasten der Prinzipale Investoren und Versicherungsnehmer.[2] Diese manifestieren sich in der besseren Kenntnis des Agenten Versicherungsmanagement über die Erfolgs- und Sicherheitslage des Versicherers vor und nach Abschluss der relevanten Verträge sowie der fehlenden Möglichkeit, die Handlungen des Agenten zu beobachten. Da Maßnahmen außerhalb des Regelkreises der Rechnungslegung die bestehenden Informationsasymmetrien nicht vollständig reduzieren können, muss zu diesem Zweck auf das Instrumentarium der Rechnungslegung rekurriert werden.[3] Dies erfolgt durch die Bereitstellung entscheidungsrelevanter und hinreichend objektivierter Informationen über die Erfolgs- und Sicherheitslage des Versicherungsunternehmens.

Die Generierung entscheidungsnützlicher Informationen über die Vermögens-, Finanz- und Ertragslage eines Unternehmens stellt das hauptsächliche Ziel eines Abschlusses nach IFRS dar.[4] Folgerichtig wurde im Jahr 2002 für alle kapitalmarktorientierten Unternehmen[5] im Rechtsraum der EU die Pflicht kodifiziert, ihren konsolidierten Abschluss ab dem Bilanzjahr 2005 nach IAS/IFRS[6] zu erstellen.[7] [8] Da

---

1 Siehe hierzu Abschnitt 2.1.1 dieser Arbeit.

2 Siehe hierzu Abschnitt 2.1.1 dieser Arbeit.

3 Siehe hierzu Abschnitt 2.2 dieser Arbeit.

4 Vgl. Rahmenkonzept IFRS Nr. 12.

5 Ein kapitalmarktorientiertes Unternehmen ist gemäß der EU-Verordnung Nr. 1606/2002 ein (Teil-)Konzernmutterunternehmen, dessen von ihm emittierte Wertpapiere – unabhängig ob Eigenkapital- oder Fremdkapitaltitel - an einem geregelten Markt eines Mitgliedsstaates notiert werden. Vgl. Artikel 4 EU-Verordnung 2002, vgl. Buchheim/Gröner 2003, S. 953 f.

6 In dieser Arbeit werden die Begriffe IAS und IFRS synonym für die Standards des „International Accounting Standards Committee" (IASC) bzw. dem „International Accounting Standards Board" (IASB) verwendet.

7 Vgl. Artikel 1 und Artikel 4 der EU-Verordnung 2002, vgl. Buchheim/Gröner 2003, S. 953, vgl. Brücks 2002, S. 165, vgl. Busse von Colbe 2002, S. 1530 f., vgl. Ernst 2001, S. 1440 ff., vgl. Pellens/Gassen 2001, S. 137 f., vgl. Kirsch 2003, S. 275 ff.

eine EU-Verordnung innerhalb der EU-Staaten unmittelbar geltendes Recht darstellt,[9] wurde damit das Wahlrecht des § 292a HGB[10] in die Pflicht umgewandelt, bei der Aufstellung eines Konzernabschlusses das Normensystem der IAS/IFRS anzuwenden. Vom Mitgliedsstaatenwahlrecht der Verordnung, welches für ausschließlich mit Fremdkapitaltiteln börsennotierte bzw. für an einer außereuropäischen Börse „gelistete“ US-GAAP Anwender eine Übergangfrist bis zum Bilanzjahr 2007 vorsah,[11] wurde vom deutschen Gesetzgeber Gebrauch gemacht.[12]

Die Mitgliedsstaatenwahlrechte[13] der EU-Verordnung Nr.1606/2002, den Konzernabschluss nicht-kapitalmarktorientierter Unternehmen sowie den Einzelabschluss nach IAS/IFRS zu erstellen, wurden vom nationalen Gesetzgeber jeweils in Form von Unternehmenswahlrechten umgesetzt.[14] Die Beschränkung der befreienden Wirkung des IAS-Einzelabschlusses auf die Offenlegung[15] und die damit einhergehende Pflicht weiterhin einen Einzelabschluss nach HGB aufzustellen, wurde mit der neben

---

8 Der Anwendungsbereich der Verordnung wurde in der Bundesrepublik Deutschland mit § 315a Abs. 2 HGB auch auf Unternehmen ausgedehnt, die bereits einen Zulassungsantrag für den Handel eines Wertpapiers an einem geregelten Markt gestellt haben. Vgl. Arbeitskreis Bilanzrecht 2004, S. 546, vgl. Knorr/Wendlandt 2004, S. 45.

9 Vgl. Brücks 2002, S. 165, vgl. Busse von Colbe 2002, S. 1530, vgl. Ernst 2001, S. 1440.

10 Der bis zum 31.12.2004 befristete § 292a HGB beinhaltete das Wahlrecht, dass kapitalmarktorientierte Mutterunternehmen einen nach anerkannten internationalen Rechnungslegungsgrundsätzen aufgestellten befreienden Konzernabschluss erstellen können. Dabei erstreckte sich der Anwendungsbereich des § 292a HGB im Gegensatz zur EU-Verordnung auch auf im Zulassungsverfahren zu einer Börsennotiz befindliche Unternehmen. Außerdem konnte die Kapitalmarktorientierung eines Konzerns auch durch die ausschließliche Emission von Wertpapieren eines Tochterunternehmens hergestellt werden. Vgl. Buchheim/Gröner 2003, S. 953 f., vgl. Ernst 2001, S. 1441 f..

11 Vgl. Artikel 9 EU-Verordnung 2002, vgl. Buchheim/Gröner 2003, S. 953, vgl. Brücks 2002, S. 166, vgl. Busse von Colbe 2002, S. 1530.

12 Vgl. Artikel 56 EGHGB, vgl. Knorr/Wendlandt 2004, S. 45.

13 Artikel 5 der EU-Verordnung Nr.1606/2002 beinhaltete für die Mitgliedsstaaten das Recht, sowohl den Konzernabschluss nicht-kapitalmarktorientierter Unternehmen als auch den Einzelabschluss für alle Unternehmen nach IAS als Wahlrecht zu gestatten oder aber als Pflicht festzulegen. Vgl. Brücks 2002, S. 166, vgl. Buchheim/Gröner 2003, S. 953 f., vgl. Busse von Colbe 2002, S. 1530, vgl. Ernst 2001, S. 1441, vgl. Kirsch 2003, S. 275 ff., vgl. Pellens/Gassen 2001, S. 138 ff.

14 Vgl. § 315a Abs. 1 und § 325 Abs. 2a HGB, vgl. Knorr/Wendlandt 2004, S. 45 ff.

15 Die befreiende Wirkung eines IAS-Einzelabschlusses bezüglich der Offenlegung wurde an insgesamt fünf Voraussetzungen geknüpft. So müssen die im Komitologie-Verfahren von der EU übernommenen Standards vollständig angewendet werden, ein Lagebericht dem Abschluss beigefügt, der Bestätigungsvermerk des IAS-Abschlusses veröffentlicht, ein Einzelabschluss

der Informationsfunktion bestehenden Ausschüttungs- und Steuerbemessungsfunktion des Einzelabschlusses begründet.[16] So hätte die uneingeschränkte Befreiungswirkung des Einzelabschlusses nach IAS/IFRS die Notwendigkeit begründet einen separaten Jahresabschluss für die Zahlungsbemessung[17] aufzustellen bzw. umfangreiche Ausschüttungssperren zu spezifizieren.[18] [19]

Um die für versicherungsspezifische Sachverhalte bestehende Regelungslücke der IFRS zu schließen und die Heterogenität der nationalen Rechnungslegungsnormen zu überwinden, wurde im Jahr 1997 mit der Gründung einer Arbeitsgruppe der Standardsetzungsprozess für Versicherungsverträge initiiert.[20] Die konzeptionellen Grundlagen für eine zeitwertbasierte Bewertung der aus einem Versicherungsvertrag resultierenden Vermögensgegenstände und Schulden wurden 1999 in einem „Issues Paper" und 2001 in einem „Draft Statement of Principles" veröffentlicht. Mit der Verabschiedung des Interimstandards IFRS 4 im Jahr 2004, der das Wahlrecht beinhaltet, die nationalen Bilanzierungs- und Bewertungsvorschriften weitgehend

---

nach HGB beim Registergericht eingereicht sowie Ergebnisverwendungsvorschläge bzw. -beschlüsse offen gelegt werden. § 325 Abs. 2a HGB, vgl. Knorr/Wendlandt 2004, S. 46.

16 Vgl. Knorr/Wendlandt 2004, S. 46.

17 So wird bei einer Zahlungsbemessung nach IAS/IFRS die Besteuerung und Ausschüttung nicht am Markt realisierter Erfolgskomponenten befürchtet. Außerdem würde die steuerliche Bemessungsgrundlage einer größeren Volatilität unterliegen. Vgl. Kirsch 2003, S. 276 f., vgl.Knorr/Wendlandt 2004, S. 46.

18 Vgl. Ernst 2001, S. 1444, vgl. Knorr/Wendlandt 2004, S. 50, vgl. Pellens/Gassen 2001, S.139 f., vgl. Kirsch 2003, S. 276 f.

19 Mit dem Referentenentwurf eines Bilanzrechtsmodernisierungsgesetzes werden Elemente der internationalen Rechnungslegung wie die erfolgswirksame Zeitwertbewertung der Finanzinstrumente des Handelsbestands, die Diskontierung von Rückstellungen sowie die Aktivierungspflicht selbst erstellter immaterieller Vermögensgegenstände in die handelsrechtliche Rechnungslegung transferiert. Neben dem Wegfall von Bilanzierungswahlrechten wie der neuen Pflicht zur Erfassung des derivativen Geschäfts- oder Firmenwerts oder dem Ansatzverbot von Aufwandsrückstellungen soll die umgekehrte Maßgeblichkeit der Steuerbilanz für die Handelsbilanz entfallen. Sämtliche Maßnahmen sollen der Stärkung der Informationsfunktion des handelsrechtlichen Abschlusses dienen. Vgl. Ernst/Seidler 2007, S. 2557-2566. Unter dem Druck der aktuellen Finanzmarktkrise wurden einige Neuerungen des Referentenentwurfs mit der Beschränkung der Zeitwertbewertung von Finanzinstrumenten auf Banken und der Umwandlung des Aktivierungsgebots selbst erstellter immaterieller Vermögensgegenstände in ein Aktivierungswahlrecht zumindest teilweise zurückgenommen. Trotzdem ergeben sich mit dem verabschiedeten Bilanzrechtsmodernisierungsgesetz eine Modernisierung der handelsrechtlichen Bilanzierungs- und Bewertungsvorschriften sowie eine partielle Annäherung an die internationale Rechnungslegung. Vgl. Zülch/Hoffmann 2009, S. 745 ff.

20 Zum Standardsetzungsprozess des Standards für Versicherungsverträge vgl. Abschnitt 3.1 dieser Arbeit.

beizubehalten, wurde das Arbeitsprojekt Versicherungsverträge in zwei Phasen unterteilt. Das am 3. Mai 2007 verabschiedete Diskussionspapier zur Phase II des Versicherungsstandards knüpft mit dem präferierten Wertmaßstab „Current Exit Value" konzeptionell weitgehend am DSOP „Insurance" an.[21]

Aufgabe dieser Arbeit ist es zu eruieren, inwiefern der Standardentwurf für Versicherungsverträge einen Beitrag dazu leistet, bestehende Informationsasymmetrien über die Erfolgs- und Sicherheitslage eines Versicherungsunternehmens mit Hilfe der Bereitstellung entscheidungsnützlicher Informationen zu reduzieren. Untersuchungsgegenstand stellt der „Draft Statement of Principles Insurance Contracts" (DSOP) dar, dessen Konzeption weitgehend im Diskussionpapier für Phase II übernommen wurde, womit dessen Aktualität gewahrt bleibt. Der Konzernbezug dieser Arbeit wird nicht durch die denkbare Betrachtung der konzernspezifischen Konsolidierungsmaßnahmen, sondern durch die Ausdehnung der Analyse auf die Personen- und Kompositversicherung hergestellt.

1.2. Gang der Arbeit

In dem an die Einleitung anschließenden zweiten Kapitel, sollen die im Prinzipal-Agenten-Modell der Versicherungsunternehmung bestehenden Informationsasymmetrien und die damit einhergehenden Möglichkeiten des Agenten „Versicherungsmanagement" zu opportunistischem Handeln identifiziert werden. Im weiteren Verlauf des zweiten Kapitels werden nicht rechnungslegungsspezifische private und staatliche Lösungsansätze auf ihre Eignung untersucht, bestehende Informationsasymmetrien im Prinzipal-Agenten-Modell der Versicherungsunternehmung zu reduzieren. Außerdem ist es Gegenstand des zweiten Kapitels Informationsinteressen der Beteiligten im Prinzipal-Agenten-Modell der Versicherungsunternehmung herauszudestillieren sowie Interessengegensätze und -identitäten zwischen den Beteiligten zu identifizieren.

---

[21] Siehe hierzu Kapitel fünf dieser Arbeit.

Im dritten Kapitel soll ausgehend von den aktuellen Rechnungslegungsvorschriften der IFRS für Versicherungsverträge, dem IFRS 4, die Bilanzierungs- und Bewertungskonzeption des zukünftigen Versicherungsstandards erläutert werden. Bei den Erörterungen von IFRS 4 (Phase I) stehen die Problematik eines „Asset-Liability-Mismatch“ sowie die Möglichkeiten diesen zu beheben im Mittelpunkt. Der Schwerpunkt der Ausführungen zu Phase II liegt auf der hypothetischen Marktwertkonstruktion von Prämien- und Verpflichtungsbarwert sowie deren Abbildung bei Erst- und Folgebewertung im Jahresabschluss.

An die Erläuterung der fortführungsstatischen Bilanzierungskonzeption des „Asset-Liability-Measurement“ soll sich die Darstellung der einschlägigen Zeitwertkonzepte „Fair Value“ und „Entity Specific Value“ anschließen. Da für Versicherungsverträge Marktwerte synthetisch ermittelt werden müssen, wird im Abschnitt 3.2.2.2 dieser Arbeit die hypothetische Marktwertkonstruktion von Versicherungsverträgen ausführlich erläutert und problematisiert. In den darauf folgenden Unterabschnitten soll die Abbildung der Erstbewertung von Schaden- und Lebensversicherungverträgen mittels deterministischer Beispielrechnungen im Jahresabschluss illustriert werden. Dabei wird zwischen den Zeitwertkonzepten „Exit Value“ und „Entry Value“ differenziert.

Daran knüpft im Abschnitt 3.2.2.4 die Analyse der Folgebewertung von Prämien- und Verpflichtungsbarwerten von Schaden- und Lebensversicherungsverträgen bei zunächst konstanten Bewertungsprämissen an. Dabei wird bei der Folgebewertung der Verpflichtungsbarwerte von Schadenversicherungsverträgen wiederum zwischen „Exit Value“ und „Entry Value“ unterschieden. Im Anschluss daran soll die Transformation der kalkulatorischen Größen Prämien- und Verpflichtungsbarwert in konventionelle Jahresabschlusspositionen eines Versicherers wie Prämien- und Kapitalanlageerträge oder Schadenaufwendungen anhand einiger ausgewählter Beispiele illustriert werden.

Neben den zeitraumbezogenen Effekten können Wertänderungen des „Fair Value“ von Versicherungsverträgen auch durch zeitpunktbezogene Modifizierungen der Bewertungsprämissen, die so genannten „Nachadjustierungen“, induziert werden. Deshalb sollen zum Abschluss des dritten Kapitels die Auswirkungen einer Zinssatzänderung auf den Prämien- und Verpflichtungsbarwert eines Kapitallebensversicherungsvertrags und einer Veränderung des marktüblichen Risikozuschlags bei der Bewertung eines Schadenversicherungsvertrags mit dem „Entry Value" untersucht werden.

Im vierten Kapitel soll die Entscheidungsnützlichkeit der intendierten Rechnungslegungsvorschriften von Versicherungsverträgen untersucht werden. Hierfür werden die Begriffe Entscheidungsrelevanz und Objektivierung als konstituierende Prinzipien der Entscheidungsnützlichkeit spezifiziert und die Entscheidungsnützlichkeit des Wertmaßstabs „Fair Value" auf konzeptioneller Ebene diskutiert. Im Unterabschnitt 4.2.1 wird dann erörtert, inwiefern durch den Standardentwurf für Versicherungsverträge eine Bilanzlücke entsteht, die dessen Entscheidungsrelevanz im entscheidungstheoretischen Sinne beeinträchtigen würde. Danach sollen bilanzpolitische Ermessensspielräume bei der hypothetischen Marktwertkonstruktion von Versicherungsverträgen identifiziert werden, um die damit einhergehende Entobjektivierung abschätzen zu können. Eng damit verknüpft ist die Frage, inwieweit diese Ermessensspielräume durch die Verwendung von aufsichtsrechtlichen Statistiken oder verbandsinternen Daten begrenzt werden können.

Um die Entscheidungsrelevanz des aus dem Standardentwurf für Versicherungsverträge resultierenden „Fair Value"-Gewinns beurteilen zu können, kann mit dem „ökonomischen Gewinn" und der „Prognoseeignung des Gewinns" auf zwei theoretische Referenzmaßstäbe rekurriert werden. Deshalb soll untersucht werden, inwieweit der „Fair Value"-Gewinn der intendierten Rechnungslegungsregeln für Versicherungsverträge den „ökonomischen Gewinn" approximiert. Die „Prognoseeignung des Gewinns" reflektiert die Fähigkeit des im Jahresabschluss ausgewiesenen Gewinns, als Schätzer für die zukünftige Gewinnentwicklung zu dienen. Folgerichtig soll im letzten Unterabschnitt des Kapitels vier analysiert werden, inwiefern sich der „Fair Value"-Gewinn aus Versicherungverträgen als nachhaltig erweist und damit eine Periodisierung von Erträgen und Aufwendungen zulässt.

Im letzten Kapitel werden die Ergebnisse dieser Arbeit unter Berücksichtigung des Diskussionspapiers vom 3.Mai 2007 zusammengefasst und bewertet.

2. Informationsasymmetrien und -interessen im Prinzipal-Agenten-Modell der Versicherungsunternehmung

2.1. Ein Prinzipal-Agenten-Modell der Versicherungsunternehmung

2.1.1. Grundstruktur des Modells

Hebt man die Prämissen[22] des neoklassischen Modells der Haushalts- und Unternehmenstheorie[23] und des daraus abgeleiteten allgemeinen Gleichgewichts[24] auf,[25] treten neben Transaktionskosten[26] und externen Effekten[27] Informationsasymmet-

---

22 In der allgemeinen Gleichgewichtsanalyse nach *Walras* bzw. *Arrow/Debreu* werden die Marktform der vollständigen Konkurrenz und damit die Preisnehmereigenschaft von Haushalten und Unternehmen unterstellt. Daneben wird das Vorliegen homogener Güter angenommen. Die Marktteilnehmer verfügen über vollständige Information, d.h. sowohl über sämtliche relevanten Informationen, perfekte Voraussicht als auch die Fähigkeit, die Informationen korrekt zu verarbeiten. Darüber hinaus sind die Informationen symmetrisch verteilt. Von Transaktionskosten wird abstrahiert. Vgl. Erlei/Leschke/Sauerland 1999, S. 48 ff., vgl. Salanié 2002, S. 1 f., vgl. Varian 1991, S. 458 ff.

23 In der Haushaltstheorie wird mittels des Konzepts der Nutzenmaximierung bei gegebenen Präferenzen und Budget bzw. Anfangsausstattung die Nachfrage nach einzelnen Gütern hergleitet. Vgl. Varian 1991, S. 19-264. Das Angebot der Unternehmen ergibt sich unter der Annahme der Gewinnmaximierung bei gegebener Technologie. Vgl. Varian 1991, S. 286-379. Die Koordination von Angebot und Nachfrage auf den einzelnen Märkten erfolgt über den Preismechanismus, d.h. über die Änderung der relativen Preise. Vgl. Erlei/Leschke/Sauerland 1999, S. 45 f.

24 Im Gegensatz zur Partialanalyse, bei der das Marktgleichgewicht für ein einzelnes Gut betrachtet wird, berücksichtigt die allgemeine Gleichgewichtsanalyse die Rückwirkungen, die aus den Preisen anderer Güter auf die Nachfrage nach einem bestimmten Gut bestehen. Im allgemeinen Marktgleichgewicht sind bei den sich ergebenden relativen Preisen sämtliche Märkte geräumt. Der Weg zum Gleichgewicht ergibt sich bei *Walras* über einen imaginären Auktionator, wohingegen bei *Edgeworth* Verträge mit Optionscharakter abgeschlossen werden, die erst im markträumenden Gleichgewicht fixiert werden. Diese Marktgleichgewichte sind entsprechend dem ersten Theorem der Wohlfahrtsökonomie pareto-effizient. Vgl. Erlei/Leschke/Sauerland 1999, S. 45 ff., vgl. Varian 1991, S. 458-484.

25 Zur Kritik an den Prämissen des neoklassischen Modells vgl. Erlei/Leschke/Sauerland 1999, S. 48 ff., vgl. Salanié 2002, S. 1 f., vgl. Zons 2006, S. 25.

26 Zum Begriff der Transaktionskosten vgl. Richter/Furubotn 2003, S. 54 ff. Dabei wird zwischen Transaktionskosten, die bei Nutzung des Marktes anfallen, und Transaktionskosten, die durch die hierarchische Struktur der Unternehmen verursacht werden, unterschieden. Markttransaktionskosten stellen vor allem Such- und Informationskosten, Verhandlungs- und Entscheidungskosten sowie Überwachungs- und Durchsetzungskosten dar. Im Gegensatz dazu werden unter den Unternehmenstransaktionskosten die Kosten der Einrichtung und des Betreibens einer Organisation subsummiert.

27 Externe Effekte im Konsum liegen vor, wenn ein Konsument durch den Konsum oder die Produktion anderer Akteure tangiert wird. Ein Beispiel für eine negative Externalität im Konsum stellt für einen Nichtraucher das Rauchen anderer bei einem Restaurantbesuch dar. Externe Effekte in der Produktion bestehen, wenn die Produktionsmöglichkeiten eines Akteurs durch den Konsum oder die Produktion eines anderen Akteurs beeinflusst werden. Als positive Externalität

rien auf.[28] Im Gegensatz zur Theorie unvollständiger Verträge[29] sollen im Rahmen dieser Arbeit nur Informationsasymmetrien zwischen den Vertragspartnern betrachtet werden.[30]

Informationsasymmetrien stellen in Prinzipal-Agenten-Modellen[31] die Voraussetzung für opportunistisches Verhalten[32] des Agenten und die damit einhergehenden Wohlfahrtsverluste dar. Diese manifestieren sich in den von den Prinzipalen zu setzenden Anreizen, einer verminderten Arbeitsleistung des Agenten sowie den Ausgaben des Agenten, seinen Typus zu offenbaren („signalling“).[33] Dabei können Informationsasymmetrien sowohl vor als auch nach Vertragsabschluss in Form der adversen Se-

---

in der Produktion ist die räumliche Nähe von Bienenzüchterei und Obstgarten zu betrachten, während die Verschmutzung eines Flusses durch ein Stahlunternehmen für eine Fischerei eine negative Externalität darstellt. Vgl. Varian 1991, S. 519 ff.

28 Analog zur Prämissenkritik am neoklassischen Modell entstanden mit der Transaktionskostenökonomik, der Verfügungsrechtsanalyse („Property-Rights“-Analyse) und der ökonomischen Vertragstheorie der Kern der nicht überschneidungsfreien Teildisziplinen der Neuen Institutionenökonomik. Zu den Teildisziplinen der Neuen Institutionenökonomik vgl. Richter/Furubotn 2003, S. 39 ff., vgl. Zons 2006, S. 26.

29 Die Prämisse unvollständiger bzw. relationaler Verträge ist in der Institutionenökonomie von großer Bedeutung. Im unvollständigen Vertrag werden nicht sämtliche denkbaren Sachverhalte geregelt. Dies ist durch das Vorhandensein von Transaktionskosten oder durch das Vorliegen asymmetrischer Informationen zwischen den Vertragsparteien einerseits und Dritten (z.B. Gerichte) andererseits bedingt. Vgl. Richter/Furubotn 2003, S. 41 f.

30 Der Theorie unvollständiger bzw. relationaler Verträge liegt eine weitgehend symmetrische Verteilung der Informationen zugrunde. Die Informationsasymmetrien bestehen in diesem Kontext vor allem gegenüber Dritten. Vgl. Richter/Furubotn 2003, S. 171 ff., vgl. Salanié 2002, S. 4.

31 Im Grundmodell der Prinzipal-Agenten-Theorie beauftragt der Auftraggeber (Prinzipal) den Vertreter (Agenten) mit der Ausführung einer Tätigkeit, wobei der Agent diese eigenständig ausführt. Die primäre Aufgabe des Prinzipals besteht darin, Kapital bereitzustellen sowie Risiken zu übernehmen und Anreize für den Agenten in Form der Entlohnung zu setzen. Abgesehen von der Annahme asymmetrischer Information bezüglich eines Merkmals behalten die Prämissen des neoklassischen Modells ihre Gültigkeit. Das heißt, es wird weiterhin vollkommene Rationalität und Voraussicht sowie das Vorliegen vollkommener Verträge unterstellt. Einen knappen Überblick über die verbale Prinzipal-Agenten-Theorie bietet Richter/Furubotn 2003, S. 173 ff. Formale Modelle der Prinzipal-Agenten-Theorie werden in derselben Quelle auf S. 224-263 diskutiert. Eine Einführung in die Informationsökonomie wird im Kapitel „Information“ in dem volkswirtschaftlichen Lehrbuch „Grundzüge der Mikroökonomik“ von *Varian* vorgenommen. Vgl. Varian 2004, S. 686 ff. Eine erweiterte Analyse der Prinzipal-Agenten-Problematik mit Modellen, die u.a. mehrere Handlungen bzw. mehrere Perioden zum Gegenstand haben, ist in Lambert 2001 zu finden.

32 Opportunistisches Verhalten stellt eine zentrale Prämisse institutionenökonomischer Modelle dar. Dabei erfolgt nach *Williamson* die Verfolgung des Eigeninteresses mit List. Siehe hierzu Richter/Furubotn 2003, S. 5 f., vgl. Erlei/Leschke/Sauerland 1999, S. 178 f.

33 Zu den durch Informationsasymmetrien verursachten Wohlfahrtsverlusten in Prinzipal-Agenten-Modellen vgl. Richter/Furubotn 2003, S. 224 ff. und S. 239 ff., vgl. Varian 2004, S. 686 ff. und S. 692 ff.

lektion oder des moralischen Risikos auftreten. Bei Informationsasymmetrien nach Vertragsabschluss wird zwischen versteckten Informationen bezüglich der Handlungen des Agenten („hidden action“) und den Kenntnissen des Agenten („hidden information“) differenziert.

Aus dem Vorliegen von Informationsasymmetrien resultiert für den Prinzipal die Notwendigkeit, Informationen über die Erfolge bzw. Leistungen des Agenten zu erhalten,[34] wodurch sich die zentrale Rolle der Erfolgs- bzw. Leistungsmessung im Rechnungswesen ergibt (Informationsfunktion).[35] Diese konkretisiert sich zum einen in der Kosten- und Leistungsrechnung im internen Rechnungswesen sowie zum anderen im Jahresabschluss gegenüber externen Dritten. Gerade im Kontext der Prinzipal-Agenten-Modelle ist neben der Informationsfunktion noch die „contracting“-Funktion der Rechnungslegung von Bedeutung.[36] Diese hat die anreiznützliche Ausgestaltung der Vertragsbeziehungen insbesondere der Rechnungslegungsregeln zum Gegenstand. Dabei kann die Beurteilung eines Informationssystems unter den Aspekten Entscheidungsnützlichkeit und Anreiznützlichkeit zu durchaus unterschiedlichen Ergebnissen führen.[37]

Vor diesem Hintergrund sollen in diesem Kapitel zunächst bestehende Informationsasymmetrien im Prinzipal-Agenten-Modell der Versicherung identiziert und die Informationsinteressen der Akteure offengelegt werden. Der Schwerpunkt der Erörterun-Erörterungen liegt hierbei auf den Möglichkeiten des Agenten zu opportunistischem Handeln. Im Anschluss daran sollen Interessenkonflikte und -identitäten bezüglich der Basisziele Gewinn und Sicherheit zwischen den Prinzipalen sowie zwischen den Prinzipalen einerseits und dem Agenten andererseits ermittelt werden. Das Ziel der Ausführungen besteht darin, gemeinsame Informationsinteressen insbesondere der Prinzipale herauszufiltern. Abschließend soll diskutiert werden, inwiefern Möglich-

34 Vgl. Hitz 2005a, S. 140 ff., vgl. Zons 2006, S. 297.

35 Vgl. Lambert 2001, S. 4 f.

36 In diesem Zusammenhang wird im Rahmen von Prinzipal-Agenten-Modellen z.B. die alternative Verwendung von Rechnungslegungskennzahlen oder des Aktienkurses eines Unternehmens als Indikator für die Leistung des Managements und damit als Grundlage für dessen Entlohnung diskutiert. Vgl. Lambert 2001, S. 4 und S. 41 ff.

37 Vgl. Hitz 2005a, S. 141 f., vgl. Wagenhofer/Ewert 2003, S. 89 ff.

keiten außerhalb der Informationsfunktion des externen Rechnungswesens bestehen, Informationsasymmetrien zu eliminieren oder wenigstens zu reduzieren.

Versicherungsnehmer[38] und Investoren fungieren im Prinzipal-Agenten-Modell der Versicherungsunternehmung als Kapitalgeber und nehmen damit die Stellung von Prinzipalen ein.[39] Investoren stellen analog zu Investitionen in Industrie- und Dienstleistungsunternehmen bei Versicherungsaktiengesellschaften haftendes Eigenkapital zur Verfügung. Der Investor einer Versicherungsaktiengesellschaft erwirbt deren Aktien entweder am Primär-[40] oder Sekundärmarkt[41] und wird dadurch zu deren Aktionär. In diesem Zusammenhang ist jedoch zu beachten, dass ein Kauf von Aktien am Sekundärmarkt nicht mit einer Finanzierungswirkung für das Unternehmen verbunden ist. Der Investor übernimmt hierbei nur die mitgliedschaftlichen Rechte[42] des vorherigen Aktionärs.

---

[38] Im Kontext eines versicherungsvertraglichen Verhältnisses ist auch eine Prinzipal-Agenten-Beziehung mit dem Versicherer als Prinzipal und dem Versicherungsnehmer als Agenten denkbar. Der Prinzipal „Versicherungsunternehmung" beauftragt den Agenten „Versicherungsnehmer" damit, Informationen an den Versicherer weiterzuleiten bzw. Handlungen im Auftrag des Versicherers vorzunehmen. Analog zu den Ausgangsmodellen der Prinzipal-Agenten-Theorie ist wiederum zwischen Informationsasymmetrien vor und nach Vertragsabschluss zu unterscheiden. Vor Vertragsabschluss ist der Versicherungsnehmer besser über die stochastische Verteilung von Schadeneintritt und -höhe informiert. Der Versicherer kann den Versicherungsnehmer durch Informationsbeschaffung mittels Fragebögen oder durch das Anbieten alternativer Verträge „screenen". Nach Vertragsabschluss besteht das moralische Risiko für den Prinzipal Versicherungsunternehmung darin, dass der Agent Versicherungsnehmer sein Verhalten mit entsprechenden Konsequenzen für die Schadenverteilung ändert („hidden action"). Nach Eintritt des Versicherungsfalls manifestiert sich das moralische Risiko in der Tatsache, dass der Versicherungsnehmer durch sein Verhalten die Höhe des zu regulierenden Schadens beeinflussen kann. Vgl. Eisen/Zweifel 2000, S. 291-344, vgl. Horsch 2006, S. 50 ff., vgl. Horsch 2004, S. 534 f., vgl. Wein 1997, S. 115.

[39] Vgl. Breuer 1999, S. 20 f., vgl. Breuer 2004, S. 8 f.

[40] Am Primärmarkt erfolgt eine Außenfinanzierung in Form der Beteiligungsfinanzierung durch die Zeichnung von Aktien. Vgl. Wöhe/Bilstein 2002, S. 35, vgl. Wöhe 2000, S. 694. Die Zeichnung von Aktien kann entweder anlässlich der Gründung einer Aktiengesellschaft oder bei Kapitalmaßnahmen vorgenommen werden. Vgl. Wöhe/Bilstein 2002, S. 74 ff., zu den rechtlichen Aspekten der Gründung einer AG vgl. Klunzinger 1997, S. 157 ff.

[41] Beim Aktienkauf am Sekundärmarkt (Börse) findet nur ein Tausch Aktie gegen Geld zwischen Alt- und Neuaktionär statt.

[42] Der Umfang der mitgliedschaftlichen Rechte ist abhängig von der Ausgestaltung der Aktie als Stamm- oder Vorzugsaktie. Stammaktien verkörpern die „klassischen" Rechte des Aktionärs wie das Recht auf gleiches Stimmrecht auf der Hauptversammlung (§ 134 AktG), das Recht auf gleichen Anteil am Gewinn (§ 60 AktG), das Recht auf gleichen Anteil am Liquidationserlös (§ 271 Abs. 2 AktG) sowie das Recht auf Bezug junger Aktien (§ 186 AktG). Vorzugsaktien sind Aktien, die in Bezug auf die Rechte der Stammaktien einen Vorzug gewähren. Hierzu zählt insbesondere eine bevorzugte Behandlung bei der Dividendenausschüttung. Bei kumulativen Vor-

Im Rahmen des Prinzipal-Agenten-Modells der Versicherungsunternehmung ist vor allem die Kapitalbereitstellung des Prinzipals Versicherungsnehmer erklärungsbedürftig. Die Fremdkapitalbereitstellung erfolgt nicht in Form einer klassischen Kreditfinanzierung,[43] sondern im Zuge des Leistungserstellungsprozesses als Innenfremdfinanzierung[44] durch Finanzierung aus Rückstellungsgegenwerten. Nach dem zahlungswirksamen Zufluss der Versicherungsprämien geht mit dem Eintreten des Versicherungsfalls die Bildung versicherungstechnischen Fremdkapitals[45] in Form der versicherungstechnischen Rückstellungen einher, wodurch ein Abfließen der Finanzmittel verhindert wird. Im Gegensatz zu den Kapitalgebern besitzt das Ma-

---

zugsaktien, die mit einer garantierten Mindestdividende ausgestattet sind, erlischt das Stimmrecht auf der Hauptversammlung, so lange die Garantiedividende geleistet wird. Vgl. §§ 139 ff. AktG, vgl. Wöhe/Bilstein 2002, S. 47 ff., vgl. Wöhe 2000, S. 696 ff.

43 Eine Fremdfinanzierung im Rahmen der Außenfinanzierung wird als Kreditfinanzierung bezeichnet, d.h. die Fremdfinanzierung erfolgt nicht im Rahmen des Leistungserstellungsprozesses.

44 Der Innenfinanzierung liegt ein Zahlungsmittelüberschuss aus dem betrieblichen Leistungserstellungsprozess zugrunde. Neben der offenen und stillen Selbstfinanzierung kann Innenfinanzierung durch das zeitliche Auseinanderfallen von Aufwand und Auszahlung vorgenommen werden. In diesem Fall erwirtschaftet das Unternehmen zahlungswirksame Erträge, welche durch Buchung eines Aufwands der Ausschüttung an die Aktionäre und der Besteuerung durch den Fiskus entzogen werden. Die Mittel stehen dem Unternehmen bis zur Zahlungswirksamkeit des Aufwands zur Verfügung. Dabei wird danach differenziert, ob dem Aufwand die Zuführung zu einer Rückstellung oder eine Abschreibung zugrunde liegt. Entsprechend liegt eine Finanzierung aus Rückstellungs- oder Abschreibungsgegenwerten vor. Vgl. Wöhe 2000, S. 749 ff.

45 Zum versicherungstechnischen Fremdkapital zählen sowohl in der handelsrechtlichen Rechnungslegung als auch nach US-GAAP neben den versicherungstechnischen Rückstellungen wie die Schaden-, Schwankungs- und Deckungs- bzw. Alterungsrückstellung sowie die Rückstellung für Beitragsrückerstattung auch die Depotverbindlichkeiten und die Verbindlichkeiten gegenüber Versicherungsnehmern. Im Gegensatz dazu stellt die latente Rückstellung für Beitragsrückerstattung ein Spezifikum des nach internationalen Rechnungslegungsnormen erstellten Abschlusses dar, sofern die Zahlungsbemessung weiterhin nach nationalen Vorschriften vorgenommen wird. Zur Bildung versicherungstechnischen Fremdkapitals in der Sachversicherung nach HGB vgl. Rockel et al. 2005, S. 151 ff., vgl. Schradin 1994, S. 232 ff. sowie in der Lebensversicherung vgl. Schradin 1994, S. 250 ff., Farny 2003 S. 51 ff. Zur Berechnung der Alterungsrückstellung in der privaten Krankenversicherung vgl. Milbrodt/Kniep 2005, S. 103 ff., vgl. Rockel et al. 2005, S. 174. Zum Ansatz von Rückstellungen nach US-GAAP vgl. Fischer/Hoffmann 2003, S. 26 ff., vgl. Daub 2000, S. 208 ff. insbesondere 224 ff., vgl. Kreeb/Zons 2005, S. 141 f., vgl. Rockel et al. 2005, S. 159 f., vgl. Zons 2006, S. 265 f.. Zur Bewertung von Schadenrückstellungen nach US-GAAP vgl. Geib/Zimmermann 2003 Rdnr. 30 ff., vgl. Hassler/Sauer/Schneider 2006, S. 1541, vgl. Hoffmann/Fischer 2003, S. 30 f., vgl. Rockel et al. 2005, S. 160 und S. 194, vgl. Varain 2004, S. 82 ff., vgl. Zons 2006, S. 266. Zur Kapitalbereitstellung nach US-GAAP in der Lebensversicherung vgl. DAV 2000, vgl. Fourie/Harbort 2003b, S. 1635, vgl. Rockel et al. 2005, S. 156 ff. und S. 174 ff.. Zum „shadow acconting“ vgl. Ebbers 2004, S. 1382, vgl. Kölschbach 2004, S. 681 f., vgl. Kreeb/Zons 2005, S. 126-120, vgl. Rockel/Sauer 2004, S. 217.

nagement des Versicherungsunternehmens die Verfügungsmacht über die finanziellen Mittel, weshalb dem Management der Status eines Agenten zugeordnet wird.[46]

Auch im Prinzipal-Agenten-Modell der Versicherungsunternehmung werden Informationsasymmetrien zu Lasten der Prinzipale angenommen. Dabei kann analog zu den Ausgangsmodellen zwischen Informationsasymmetrien vor und nach Abschluss der relevanten Verträge unterschieden werden. Vor Abschluss eines Versicherungsvertrags bzw. vor dem Engagement eines Investors besteht eine ungleiche Verteilung der Informationen über die tatsächliche Erfolgs- und Sicherheitslage des Versicherungsunternehmens. [47] In diesem Kontext erscheint es plausibel, dass der Agent „Management" besser über die Auswirkungen externer Schocks[48] auf die „Charakteristik der Versicherungsunternehmung" – also der Erfolgs- und Sicherheitslage vor Abschluss der Verträge – informiert ist.[49]

Nach Abschluss der Verträge manifestiert sich das moralische Risiko zum einen in der mangelnden Beobachtbarkeit der Handlungen des Managements[50] („hidden action") mit der Gefahr, dass der Agent die Erfolgs- und Sicherheitslage des Versicherungsunternehmens zumindest eine bestimmte Zeit unerkannt negativ beeinflussen kann. Zum anderen verfügt der Agent „Management" über bessere Informationen bezüglich der weiteren Entwicklung der Erfolgs- und Sicherheitslage des Versicherers („hidden information") verbunden mit der Möglichkeit, diese gegenüber den Prinzipalen günstiger darzustellen.

---

46 Vgl. Breuer 1999, S. 20 f..

47 Vgl. Horsch 2006, S. 50 und S. 60, vgl. Horsch 2004, S. 535, vgl. Koch 2006, S. 133 ff., vgl. Wein 1997, S. 112 f. In diesem Zusammenhang wird die Informationsasymmetrie zu Lasten der Prinzipale bezüglich der Sicherheitslage des Versicherungsunternehmens auch als „Solvenzintransparenz" bezeichnet.

48 In diesem Zusammenhang ist zu beachten, dass die Versicherungsunternehmung von externen Schocks sowohl im versicherungstechnischen Bereich z.B. in Form von Naturkatastrophen als auch im Kapitalanlagebereich in Form von Kurseinbrüchen an Aktien- und Rentenmärkten tangiert werden kann.

49 Vgl. Koch 2006, S. 139 ff.

50 Vgl. Breuer 2004, S. 10 f., vgl. Breuer 2003, S. 71, vgl. Breuer 1999, S. 22 ff., vgl. Horsch 2006, S. 50 ff., vgl. Horsch 2004, S. 535, vgl. Wein S.113 ff.

2.1.2. Die (Informations-)Interessen der Akteure im Prinzipal-Agenten-Modell der Versicherung

2.1.2.1. Konventionelle Ziele der Prinzipale und des Agenten

Im Prinzipal-Agenten-Modell der Versicherungsunternehmung sind die Interessen des Prinzipals Versicherungsnehmer durch dessen simultane Stellung als Gläubiger des Versicherungsunternehmens und Schuldner der Prämie determiniert. Dabei bleibt die Gläubigerposition des Versicherungsnehmers erläuterungsbedürftig, da keine Kapitalbereitstellung in Form einer Kreditfinanzierung erfolgt.[51] Entsprechend dem Produktkonzept[52] der Versicherung wird der Versicherungsnehmer mit Abschluss eines Versicherungsvertrags Gläubiger des abstrakten Garantieversprechens. Die Gläubigerstellung des Versicherungsnehmers ist in diesem Stadium eine bedingte, da die Leistung einer Entschädigungszahlung an den Eintritt des Versicherungsfalles geknüpft ist.[53]

Erst mit dem Eintritt des Versicherungsfalls konkretisiert sich die Gläubigerstellung des Versicherungsnehmers.[54] Wie bereits erläutert, geht damit eine Kapitalbereitstellung in Form einer Innenfremdfinanzierung aus Rückstellungsgegenwerten durch die Bildung versicherungstechnischer Rückstellungen einher.[55] Eine weitere Konkretisierung der Gläubigerposition des Versicherungsnehmers erfolgt mit der Regulierung des Versicherungsfalls, wodurch eine Transformation der versicherungstechnischen Rückstellungen in Verbindlichkeiten gegenüber dem Versicherungsnehmer ausgelöst wird.

---

51 Siehe hierzu Abschnitt 2.1.1 dieser Arbeit.

52 Zum Produktkonzept der Versicherung vgl. Albrecht 1992a, S. 37 ff., vgl. Koch 2006, S. 131, vgl. Schradin 2004b, S. 13 ff.

53 Vgl. Albrecht 1992a, S. 3 ff., vgl. Koch 2006, S. 131, vgl. Schradin 1994, S. 58, vgl. Zons 2006, S. 29 und S. 53.

54 Vgl. Koch 2006, S. 131, vgl. Schradin 1994, S. 58, vgl. Zons 2006, S. 29.

55 Siehe hierzu Abschnitt 2.1.1 dieser Arbeit.

Das Interesse der Versicherungsnehmer als Gläubiger des Versicherers besteht mit Abschluss des Versicherungsvertrags darin, dass die Erfüllung der abstrakten Garantie des Versicherungsschutzversprechens möglichst glaubwürdig dargestellt wird.[56] [57] Das bedeutet, für den Versicherungsnehmer steht die Erfüllungssicherheit der vertraglichen Verpflichtungen des Versicherungsunternehmens im Vordergrund.[58] Sobald sich das abstrakte Versicherungsschutzversprechen durch den Eintritt des Versicherungsfalls und die damit verbundene Kapitalbereitstellung der Versicherungsnehmer konkretisiert, impliziert das Versicherungsschutzversprechen auch den Erhalt des bereitgestellten Kapitals.[59] [60] Darüber hinaus besteht ein Interesse der Versicherungsnehmer an einer möglichst hohen Gewinnbeteiligung in der Personenversicherung.[61]

Nach der in Deutschland gängigen Aufsichtsphilosophie wird die Erfüllung der Verpflichtungen des Versicherungsunternehmens am besten durch den Bestand des Versicherungsunternehmens gewährleistet.[62] Damit manifestiert sich die Qualität des Versicherungsschutzversprechens vor allem in einem geringen Existenzrisiko der

---

56 Vgl. Albrecht 1987, S. 317, vgl. Breuer 2004, S. 7 f, vgl. Farny 2003, S. 39 f., Koch 2006, S. 129 ff., vgl. Schradin 1994, S. 58 f., vgl. Zons 2006, S. 53.

57 Zur Trennung des Versicherungsprodukts in eine abstrakte und konkrete Dimension vgl. Albrecht 1992a, S. 36 ff.

58 Folgerichtig wird als zentrales Ziel im Rahmen der Finanzaufsicht die Erhaltung der dauernden Erfüllbarkeit der Verpflichtungen aus Versicherungsgeschäften postuliert. Vgl. § 81 Abs. 1 S. 5 VAG, vgl. Hassler/Sauer/Schneider 2006, S. 1547.

59 Vgl. Farny 2003, S. 41 f., vgl. Koch 2006, S. 132.

60 Dabei können jedoch der Umfang der Kapitalbereitstellung und des Versicherungsschutzversprechens differieren. So wird bei kapitalbildenden Lebensversicherungen die Zahlung der Versicherungssumme im Todes- und Erlebensfall garantiert, während das gebildete Deckungskapital erst am Ende der Vertragslaufzeit im vollen Umfang zur Verfügung steht. Sofern die Schadenrückstellung stille Reserven beinhaltet, übersteigt diese die Ansprüche der Versicherungsnehmer. Dabei ist zu beachten, dass die stillen Reserven in der Schadenrückstellung zwar als versicherungstechnisches Fremdkapital ausgewiesen werden. Bei wirtschaftlicher Betrachtungsweise stellen diese jedoch Eigenkapital dar.

61 Vgl. Farny 2003, S. 42.

62 Daneben bestehen auch im Konkursfall umfangreiche Sicherungsrechte für die Versicherungsnehmer. So haben nach § 77 VAG die durch das Sicherungsvermögen gedeckten Forderungen der Versicherungsnehmer Vorrang vor den Forderungen der übrigen Gläubiger. Darüber hinaus wurden in den letzten Jahren in der Lebens- und Krankenversicherung unternehmensübergreifend finanzierte Konkurssicherungsfonds gegründet.

Versicherungsunternehmung.[63] Dabei sieht sich der Versicherer mit die Existenz bedrohenden Liquiditäts- und Performancerisiken konfrontiert.[64] Das Liquiditätsrisiko beinhaltet die Gefahr, dass der Versicherer seinen Zahlungsverpflichtungen nicht mehr nachkommen kann.[65] Der Zusammenhang zwischen Performancerisiken[66] und der Existenzsicherheit des Versicherungsunternehmens besteht in den Folgen der mehrmaligen Verfehlung einer vorgegebenen Mindestperformance.[67]

Neben dem allgemeinen Unternehmensrisiko[68] und dem Kapitalanlagerisiko[69] sieht sich das Versicherungsunternehmen mit dem arteigenen versicherungstechnischen Risiko konfrontiert.[70] [71] Das versicherungstechnische Gesamtrisiko beschreibt die

---

63 Vgl. Albrecht 1994, S. 2, vgl. Horsch 2006, S. 75 ff., vgl. Koch 2006, S. 132 f., vgl. Willmes 2004, S. 36, vgl. Zons 2006, S. 49.

64 Vgl. Albrecht/Koryciorz 1999, S. 1, vgl. Koryciorz 2004, S. 10 ff.

65 Vgl. Hassler/Sauer/Schneider 2006, S. 1542. Zur Steuerung der Liquidität von Versicherungsunternehmen vgl. Schradin 1994, S. 280 ff.

66 *Albrecht/Koryciorz* bzw. *Koryciorz* unterteilen Performancerisiken in Profitabilitätsrisiken und Überschuldungsrisiken. Profitabilitäsrisiken beinhalten vor allen die Gefahr, eine vorgegebene Mindestperformance zu verfehlen. Währenddessen realisiert sich der Tatbestand der Überschuldung in der Tatsache, dass die Verbindlichkeiten das Vermögen übersteigen und damit das Eigenkapital aufzehren. Vgl. Albrecht/Koryciorz 1999 S. 1 f., vgl. Koryciorz 2004, S. 10.

67 Vgl. Koryciorz 2004, S. 10.

68 Das allgemeine Unternehmensrisiko beinhaltet sämtliche Risiken, die nicht mit der Bereitstellung von Versicherungsschutz oder der Kapitalanlagetätigkeit in Zusammenhang stehen. Dazu zählen vor allem Beschaffungs- und Absatzrisiken sowie weitere operative betriebliche Risiken. Diese können durch makroökonomische Einflussfaktoren, die Konkurrenzlage oder durch Änderungen in der Wirtschafts-, Rechts- und Gesellschaftsordnung bedingt sein. Vgl. Hassler/Sauer/Schneider 2006, S. 1542, vgl. Koryciorz 2004, S. 20 f., vgl. Schradin 1994, S. 35 f.

69 Unter Finanzrisiken werden allgemein Marktpreis- und Ausfallrisiken subsumiert. Das Marktpreisrisiko beschreibt die durch die Veränderung der Kurse auf den Aktien-, Renten-, Währungs- und Rohstoffmärkten induzierte Gefahr einer adversen finanziellen Entwicklung. Dagegen beinhalten Ausfall- bzw. Kreditrisiken das Risiko aus dem Ausfall eines Schuldners bzw. einer Vertragspartei. Daneben können Anlagen am Kapitalmarkt auch zu Liquiditätsrisiken führen. Vgl. Albrecht/Koryciorz 1999, S. 3, vgl. Albrecht 2003a, S. 3 ff., vgl. Hassler/ Sauer/ Schneider 2006, S. 1542, vgl. Schradin 2000.

70 Vgl. Hassler/Sauer/Schneider 2006, S. 1542, vgl. Horsch 2006, S. 75, vgl. Koryciorz 2004, S. 12 ff., vgl. Koch 2006, S. 132, vgl. Schradin 1994, S. 35 ff., vgl. Willmes 2004, S. 37, vgl. Zons 2006, S. 48.

71 Bei Lebensversicherungsunternehmen tritt das versicherungstechnische Risiko aus der Versicherung der biometrischen Risiken Mortalität, Morbidität und Langlebigkeit neben dem (Zins-) Garantierisiko in den Hintergrund. Das (Zins-)Garantierisiko beschreibt die Gefahr, dass die durch den Rechnungszins vorgegebene Mindestrendite aufgrund der Volatilität des Kapitalanlageergebnisses unterschritten wird. Vgl. Albrecht 2003b, S. 4, vgl. Faulhaber 2005, S. 8. Auch in der Krankenversicherung besteht neben dem versicherungstechnischen Risiko aus der Versicherung der Morbidität ein Zinsgarantierisiko aus der Vorgabe des Rechnungszinses für die Alterungsrückstellung. Vgl. Albrecht 2004, S. 2 f.

Gefahr, dass in einem Zeitraum die Auszahlungen für Versicherungsleistungen die Summe aus Prämienerlösen und Sicherheitskapital übersteigen.[72] Das versicherungstechnische Gesamtrisiko hat seine Ursache im Zusammentreffen der vorschüssig zu zahlenden deterministischen Prämie und stochastischer Schadenzahlungen.[73] Im Gegensatz dazu resultiert das reine Schadenrisiko aus der Indeterminiertheit der Schadenzahlungen bezüglich der Anzahl der Schäden, des Zeitpunkts des Schadeneintritts sowie der Schadenhöhe.[74]

Das Existenzrisiko bzw. die Existenzsicherheit des Versicherungsunternehmens und damit die Erfüllungssicherheit des Versicherungsschutzversprechens konkretisieren sich in der einperiodigen versicherungstechnischen Verlust- oder Ruinwahrscheinlichkeit.[75] Die einperiodige versicherungstechnische Verlustwahrscheinlichkeit gibt an, mit welcher Wahrscheinlichkeit die Schadenzahlungen die Prämienzahlungen innerhalb einer Periode übersteigen.[76] [77] Bei einer mehrperiodigen Betrachtung erweist sich jede Sicherheitskapitalausstattung als nicht ausreichend, da mit einer zunehmenden Zahl von Perioden das absolute Gesamtrisiko in Form der Abweichungen vom kollektiven Gesamtschadenerwartungswert zunimmt.[78]

---

72 Vgl. Albrecht 1992a, S. 7, vgl. Koch 2006, S. 132.

73 Vgl. Albrecht 1992a, S. 5 f., vgl. Schradin 1994, S. 37.

74 Vgl. Albrecht 1992a, S. 5 f., vgl. Koryciorz 2004, S. 13, vgl. Schradin 1994, S. 37.

75 Diese Aussagen beziehen sich weitgehend auf die Kompositversicherung. In der Lebensversicherung kann zur Überprüfung der langfristigen Erfüllbarkeit der Verpflichtungen ein Vergleich der Aktiva und Passiva auf Marktwertbasis vorgenommen werden. Dabei spiegeln die Passiva insbesondere den Marktwert der Zinsgarantien wider. Biometrische und kalkulatorische Risiken kommen in einem Risikozuschlag auf den Marktwert der Garantien zum Ausdruck. In einer Simulation diverser Szenarien der Kapitalmarktentwicklung wird überprüft, inwiefern der Marktwert der Aktiva zur Bedeckung der Passiva ausreicht. Vgl. Faulhaber 2005, S. 12 ff. Alternativ kann evaluiert werden, inwiefern die durch den Rechnungszins vorgegebene Mindestrendite bei volatilen Kapitalmärkten glaubwürdig garantiert werden kann. Hierbei wird analog zum „Value-at-Risk“ eine wahrscheinliche Mindestrendite (PMR) bzw. analog zum „Conditional Value-at-Risk“ eine durchschnittliche „worst case“-Rendite (WCAR) berechnet und mit dem garantierten Zinssatz verglichen. Zur Lebensversicherung vgl. Albrecht 2003b, S. 5 ff., zur privaten Krankenversicherung vgl. Albrecht 2004, S. 5 ff.

76 Vgl. Albrecht 1982, S. 523 ff., Albrecht 1992a, S. 16, vgl. Albrecht 2003a, S. 39 f., vgl. Schradin 1994, S. 45 ff.

77 Bei der einperiodigen Ruinwahrscheinlichkeit hingegen findet auch das vorhandene Sicherheitskapital Berücksichtigung.

78 Vgl. Schradin 1994, S. 51.

Damit impliziert die langfristige Existenzsicherung des Versicherungsunternehmens als Komplement des Existenzrisikos die Erzielung versicherungstechnischer Gewinne, woraus sich eine langfristige Identität von Existenzsicherheit und Erfolgsstreben einer Versicherungsunternehmung ergibt.[79] [80] Diese Identität wird auch durch die Einbeziehung von Kapitalanlageerträgen und Betriebskosten nicht aufgehoben.[81]

Die Hauptleistung des Versicherungsnehmers besteht in der Zahlung der geforderten Prämie.[82] Dabei ergibt sich für den Versicherungsnehmer aus der Perspektive des Schuldners der Prämienzahlungen ein Interesse an einer möglichst geringen Prämienhöhe.[83] Dieses Ziel verhält sich jedoch konfliktär zu den vorstehend abgeleiteten Gläubigerintereressen des Versicherungsnehmers, die vor allem die glaubwürdige Garantie des Versicherungsschutzversprechens und damit die Existenzsicherheit des Versicherungsunternehmens zum Gegenstand haben.[84] Mittels der risikoadäquaten Prämienkalkulation[85] könnte eine Auflösung dieses Interessenkonfliktes erfolgen.

Zusammenfassend kann festgehalten werden, dass die Gläubigerstellung des Versicherungsnehmers ein überragendes Interesse an der Erfüllung des Versicherungs-

---

79 Vgl. Schradin 1994, S. 62 ff., vgl. Schradin 2004a, S. 10, vgl. Zons 2006, S. 53 ff.

80 Die langfristige Identität von Gewinn- und Sicherheitsstreben kann damit erklärt werden, dass Verluste mit dem Risikopotential der Zufallsvariablen Erfolg einer Versicherungsunternehmung assoziiert werden. Verluste reduzieren die Kapitalausstattung und tangieren somit die Unternehmenssicherheit negativ. Vgl. Albrecht 1994, S. 5 f. Bei kurzfristiger Betrachtungsweise besteht jedoch nur eine partielle Identität zwischen der Sicherheitslage eines Versicherers und dessen erwartetem Erfolg. Eine unternehmerische Maßnahme kann nicht nur den erwarteten Erfolg beeinflussen, sondern auch die Gewinnverteilung, wodurch sich auch das Sicherheitsniveau verändern kann. Vgl. Schradin 1994, S. 63 f. und S. 73 ff.

81 Vgl. Albrecht 1994, S. 4 ff.

82 Vgl. Farny 2003, S. 39 und S. 41, Schradin 2004b, S. 14.

83 Vgl. Breuer 2004, S. 7, vgl. Farny 2000, S. 108.

84 Vgl. Farny 2000, S. 108.

85 Unter Prämienkalkulation ist die Festlegung einer (schaden-)kostenorientierten Preisuntergrenze zu verstehen, die den Erhalt des Versicherungsunternehmens durch die Berücksichtigung eines variablen Sicherheitszuschlags mit einem vorher festgesetzten Sicherheitsniveau gewährleistet. Vgl. Albrecht 1998b, S. 4. Durch die Verwendung RORAC-basierter Prämienprinzipien können (Mindest-)Renditeforderungen der Anteilseigner bei der Prämienkalkulation implementiert werden. Vgl. Albrecht 1998a, S. 3 ff. Im Gegensatz zur Prämienkalkulation orientiert sich die vom Unternehmen betriebene Prämienpolitik an den Erfordernissen des Absatzmarktes. Vgl. Albrecht 1998b, S. 4.

schutzversprechens und – der Aufsichtsphilosophie in Deutschland folgend – an der Existenzsicherheit des Versicherungsunternehmens induziert. Langfristig wird die Existenzsicherheit des Versicherers durch dessen Fähigkeit, auf Gesamtunternehmensebene Gewinne zu erzielen, determiniert. Daraus resultiert eine langfristige Identität von Erfolgs- und Sicherheitsziel. Als Konsequenz ergibt sich für den Versicherungsnehmer die Notwendigkeit, über die aktuelle und vor allem zukünftige Erfolgsentwicklung des Versicherungsunternehmens informiert zu werden.

Abweichend vom Versicherungsnehmer tritt der Investor mit dem Kauf eines Eigenkapitaltitels in eine durch das Gesellschaftsrecht definierte Stellung ein. Für die vom Investor getätigte (Finanz-)Investition erweist sich die Kapitalwert- bzw. Marktwertmaximierung als handlungsleitend.[86] [87] Das Postulat der Marktwertmaximierung als handlungsleitende Maxime des Investors behält auch im portfoliotheoretischen[88] Zusammenhang seine Gültigkeit, wenn die erwartete Rendite μ und damit die Kursentwicklung der Aktie den fundamentalen Marktwert reflektiert. Der Zusammenhang

---

86 Vgl. Schradin 2004a, S. 3, vgl. Zons 2006, S. 42.

87 Diese Aussage gilt unter der Prämisse eines vollkommenen Kapitalmarktes. Sofern die Annahme der Sicherheit aufgehoben wird, das heißt, mehrere Umweltzustände für zukünftige Zahlungen denkbar werden, behält die Maxime der Kapitalwert- bzw. Marktwertmaximierung ihre Gültigkeit, wenn ein vollständiger Kapitalmarkt vorliegt. Ein vollständiger Kapitalmarkt zeichnet sich dadurch aus, dass für jeden Zustand zustandsabhängige Verträge abgeschlossen werden können und für beliebige zustandsabhängige Zahlungen ein Preis vorhanden ist. Selbst wenn die Voraussetzungen eines vollständigen Kapitalmarktes nicht vorliegen, behalten Kapitalwert- bzw. Marktwertmaximierung ihren handlungsleitenden Charakter, sofern die Bedingungen „competitivity" und „spanning" erfüllt werden. Dabei besagt die „competitivity", dass analog zum Verhalten eines Mengenanpassers das Investitionsvolumen keinen Einfluss auf die Marktpreise im Zeitpunkt t_0 hat. „Spanning" bedeutet, dass die durch Realinvestitionen oder sonstige Einkommenskomponenten (u. a. Arbeitseinkommen) induzierten Zahlungsströme durch am Kapitalmarkt gehandelte Finanzinstrumente duplizierbar sind. Vgl. Hitz 2005a, S. 177 ff., vgl. Wilhelm 1983, S. 527 ff., vgl. Zons 2006, S. 40 ff.

88 Grundlegend für die Portfolio-Selection-Theorie von *Markowitz* ist der Gedanke der Risikodiversifikation. Dies bedeutet, dass das Risiko des Portfolios in Form der Varianz oder Standardabweichung der erwarteten Rendite bei nicht vollständig positiver Korrelation der Renditeentwicklung der Einzeltitel geringer ist als jedes Einzelrisiko. Im Gegensatz dazu kann das verbleibende systematische (Rest-)Risiko des Marktes, welches Risiken wie Konjunkturschwankungen oder Änderungen der Kapitalmarktzinsen reflektiert, nicht durch Diversifikation beseitigt werden. Effiziente Portfolien zeichnen sich dadurch aus, dass es bei gleicher Rendite kein Portfolio mit einer geringeren Volatilität oder bei gleicher Volatilität kein Portfolio mit höherer Rendite gibt. Die Selektion des für den Investor optimalen Portfolios erfolgt dann aus der Menge der effizienten Portfolien entsprechend dessen individuellen Präferenzen bezüglich der Rendite-Risikoposition. Vgl. Albrecht 1995, S. 71 ff., vgl. Albrecht 1992b, vgl. Ellenbürger/Horbach/Kölschbach 2001, S. 53, vgl. Rockel 2004a, S. 67 und S. 71, vgl. Rockel 2004b, S. 815.

zwischen fundamentalem Marktwert einer Aktie und deren tatsächlichem Kurs an der Börse wird im Rahmen des Konzepts der Informationseffizienz[89] diskutiert.[90] Dabei wird untersucht, welche Informationen ex ante[91] bei der Preisfindung am Aktienmarkt berücksichtigt und inwiefern diese Informationen dann korrekt verarbeitet werden.

Der empirische Nachweis des Grads der Informationseffizienz erweist sich als schwierig.[92] Dabei wurde bislang zumindest eine mittelstrenge Informationseffizienz der Kapitalmärkte unterstellt,[93] was jedoch vor dem Hintergrund so genannter Momentum-Effekte bzw. darauf basierender Handelsstrategien zweifelhaft erscheint.[94] In einer empirischen Untersuchung weist *Albrecht* am Beispiel des deutschen Aktienindex (DAX) und ausgewählter Aktien nach, dass deren Kurse langfristig zu bestimmten Bewertungsniveaus „hingezogen" werden.[95] Dies stützt die These, dass sich die Fundamentaldaten zumindest langfristig in der Kursentwicklung widerspiegeln und damit die Marktwertmaximierung auch im portfoliotheoretischen Kontext als handlungsleitende Maxime für Investoren ihre Gültigkeit behält.

---

89 Das Konzept der Informationseffizienz hat den Prozess der Informationsverarbeitung am Kapitalmarkt und damit die Frage zum Gegenstand, welche Informationen in die Preisbildung Eingang finden. So wird zwischen schwacher, mittelstrenger und strenger Informationseffizienz unterschieden. Bei schwacher Informationseffizienz beinhalten die Kurse sämtliche Informationen aus vergangenen Kursverläufen, bei mittelstrenger Informationseffizienz auch alle öffentlich verfügbaren Informationen wie z.B. Jahresabschlüsse und bei strenger Informationseffizienz alle Informationen einschließlich Insiderinformationen. Vgl. Bittner 1996, S. 34 f., vgl. Jensen 1978, S. 97, vgl. Rohlfs 2008, S. 48, vgl. Wagenhofer/Ewert 2003, S. 108 ff., vgl. Zons 2006, S. 42 f.

90 Vgl. Wagenhofer/Ewert 2003, S. 103 ff., vgl. Zons 2006, S. 42 f.

91 Bei einer zufallsverteilten Aktienkursentwicklung wird die Realisation ex post i. d. R. vom Erwartungswert abweichen, was jedoch keine Aussage über den Grad der Informationseffizienz des jeweiligen Aktienmarktes zulässt. Vgl. Wagenhofer/Ewert 2003, S. 113 f.

92 Bei empirischen Untersuchungen zum Grad der Informationseffizienz wird überprüft, ob mittels Handelsstrategien systematisch Überrenditen erwirtschaftet werden können. Hierfür muss zunächst ein Kapitalmarktmodell gefunden werden, das „normale" Renditen generiert. Auch die Überprüfung der Informationsverarbeitung durch den Markt kann nicht ohne weitere Hypothesen über die Wirkung der Rechnungslegungsinformation bewerkstelligt werden. Vgl. Wagenhofer/Ewert 2003, S. 114 ff.

93 Vgl. Zons 2006, S. 43 und die dort angegebene Literatur.

94 Vgl. Wagenhofer/Ewert 2003, S. 118 f.

95 Siehe hierzu Abschnitt 3.2.2.1 dieser Arbeit.

Damit konkretisieren sich die Informationsbedürfnisse des Investors grundsätzlich auf Informationen über das zukünftige Zahlungsstromprofil des Versicherers.[96] Bei diversifizierten Investoren muss noch zwischen aktiven und passiven Investoren unterschieden werden.[97] Passive Investoren bedürfen zunächst nur der Informationen über die Korrelationsstruktur zwischen der Rendite des einzelnen Aktienengagements und dem systematischen Risiko.[98] Um jedoch die Kovarianzen ermitteln zu können, benötigen auch passive Investoren – genauso wie aktive Investoren, deren Anlageentscheidung auf der Analyse von Fundamentaldaten fußt – Informationen über das Zahlungsstromprofil eines Unternehmens in den jeweiligen Umweltzuständen.[99]

In der einschlägigen Literatur[100] werden mit Gewinn, Wachstum und Sicherheit drei konventionelle Ziele[101] des Agenten „Versicherungsmanagement" ausführlich diskutiert. Die Bedeutung des Sicherheitsziels für die glaubwürdige Bereitstellung von Versicherungsschutz sowie die langfristige Identität von Gewinn- und Sicherheitsziel wurden bereits erläutert. Ein handlungsleitender Charakter des Sicherheitsziels wird von *Schradin* ausdrücklich verneint und diesem die Stellung einer bereitstellungsnotwendigen Nebenbedingung zugewiesen.[102] Analog zum Sicherheitsziel wird auch dem Wachstumsziel nur eine dienende Funktion zugebilligt.[103] [104] Dabei wird dem Wachstumsstreben sowohl für die Identifikation von individuellen Schadenerwar-

---

96 Siehe hierzu Abschnitt 4.1.1 dieser Arbeit.

97 Im Gegensatz zu passiven Investoren, die nur einen Vergleichsindex nachbilden, betreiben aktive Investoren ganz bewusst Portfoliomanagement, d.h. sie selektieren Aktien anhand vorher festgelegter Kriterien.

98 Vgl. Hitz 2005a, S. 146.

99 Vgl. Hitz 2005a, S. 147.

100 Vgl. Albrecht 1994, S. 2 ff., vgl. Farny 2000, S. 303 ff., vgl. Schradin 1994, S. 26 ff., vgl. Zons 2006, S. 47 ff.

101 Auf die Diskussion der Bedarfsdeckung als Ziel der Versicherungsunternehmung wurde verzichtet, weil diese als originäres Unternehmensziel an Bedeutung verliert. So weisen sowohl *Farny* als auch *Schradin* darauf hin, dass die Bereitstellung von Versicherungsschutz bzw. die Wettbewerbssituation die Erzielung von Gewinnen implizieren. Vgl. Farny 2000, S. 305 f., vgl. Schradin 1994, S. 26 ff.

102 Siehe hierzu Schradin 1994, S. 59, vgl. Zons 2006, S. 49.

103 Vgl. Schradin 1994, S. 34, vgl. Zons 2006, S. 50 f.

104 Zu den Ausprägungen des Wachstumsziel vgl. Farny 2000, S. 312 f.

tungswerten[105] als auch für die planmäßige Organisation von Ausgleichseffekten[106] in Form des Ausgleichs im Kollektiv eine große Bedeutung beigemessen.[107]
Im Gegensatz zu Wachstums- und Sicherheitszielen ist die Dominanz von Gewinnzielen bei erwerbswirtschaftlich geführten Unternehmen in einem marktwirtschaftlichen Umfeld weitgehend unbestritten.[108] Die Dominanz des Gewinnziels ergibt sich zum einen aus den Renditeforderungen der Kapitalmärkte und hierbei vor allem der Aktionäre.[109] [110] Zweitens bedingt das Interesse der Versicherungsnehmer am Erhalt der Existenz der Versicherungsunternehmung – wie bereits mehrfach erläutert – die langfristige Notwendigkeit, Gewinne zu erzielen. Hieraus kann jedoch keine Aussage über die zu verwendende Gewinnkonzeption[111] und deren Ausmaß abgeleitet wer-

---

105 Bei Gültigkeit des starken mathematischen Gesetzes der großen Zahlen und Unabhängigkeit der Risiken kann das Stichprobenmittel als Schätzer für den individuellen Schadenbedarf verwendet werden, um das Irrtumsrisiko zu reduzieren. Vgl. Albrecht 1982, S. 506 ff., Schradin 1994, S. 30.

106 Mit dem Ausgleich im Kollektiv beschreibt *Albrecht* die mit wachsender Kollektivgröße voneinander unabhängiger Risiken einhergehende Reduktion des Zufallsrisikos. Voraussetzung hierfür ist der Ansatz eines Risikozuschlags bei der Prämienkalkulation. Dabei wird zwischen dem Risikoausgleich vom Typ A und vom Typ B unterschieden. Dem Risikoausgleich vom Typ A liegt ein konstanter Risikozuschlag zugrunde, so dass mit wachsender Kollektivgröße die Ruinwahrscheinlichkeit des Kollektivs gegen null konvergiert. Im Gegensatz dazu werden beim Risikoausgleich vom Typ B die Ausgleichseffekte teilweise in Form eines relativ zur Kollektivgröße unterproportional wachsenden Risikozuschlags und damit einer sinkenden Durchschnittsprämie bei konstanter Ruinwahrscheinlichkeit des Kollektivs weitergegeben. Vgl. Albrecht 1982, S. 519 ff., vgl. Schradin 1994, S. 32 ff.

107 Vgl. Albrecht 1982, S. 501 ff., vgl. Schradin 1994, S. 29 ff., vgl. Willmes 2004, S. 38 ff, vgl. Zons 2006, S. 50.

108 Vgl. Farny 2000, S. 306, vgl. Schradin 1994, S. 59 f., vgl. Willmes 2004, S. 45, vgl. Zons 2006, S. 47 ff.

109 Vgl. Schradin 1998, S. 189 ff., vgl. Schradin 2004a, S. 3, vgl. Willmes 2004 S. 47, vgl. Zons 2006, S. 37 ff.

110 Im Gegensatz dazu diskutiert *Farny* aufgrund der auf dem deutschen Versicherungsmarkt gegebenen Verhältnisse und Konzernstrukturen sowie der Anzahl der an den deutschen Börsen notierten Versicherungsaktien mit Streubesitz die Notwendigkeit einer Shareholderorientierung für die deutsche Versicherungswirtschaft kritisch. Am Ende des Jahres 2000 vereinten Versicherer in der Rechtsform der Aktiengesellschaft 76,1% des Prämienvolumens auf sich. Dabei identifiziert *Farny* jedoch nur 16 an deutschen Börsen notierte deutsche Versicherungsaktiengesellschaften mit einem Streubesitz größer 5%. Einen direkten oder indirekten Kapitalmarktbezug lässt sich nur für 146 der 324 deutschen Versicherungsaktiengesellschaften herleiten. Vgl. Farny 2002, S. 1-9.

111 Zum einen ist für Versicherer die Berücksichtigung von erfolgswirtschaftlichen Größen des externen Rechnungswesens wie des Jahresüberschusses oder davon abgeleiteter Kennzahlen wie des Bruttoüberschusses oder des wirtschaftlichen Erfolgs denkbar. Für Lebens- und Krankenversicherungsunternehmen ist es darüber hinaus sinnvoll, den für die Überschussbeteiligung relevanten Rohüberschuss zu ermitteln. Vgl. Farny 2000, S. 306 ff., vgl. KIVI 2003a, S. 24-27, vgl. KIVI 2003b, S. 21-23, vgl. KIVI 2003c, S. 18-20. Für Zwecke der wertorientierten Unter-

den. Darüber hinaus hat das Management eines Versicherungsunternehmens bei einem zumindest kurzfristig denkbaren Konflikt zwischen Gewinn- und Sicherheitsziel zwischen den Interessen der Investoren und den der Versicherungsnehmer zu moderieren.

Im Rahmen der Verwendung zahlungsstrombasierter Modelle zur wertorientierten Unternehmenssteuerung[112] integriert der Agent „Versicherungsmanagement" die Interessen der Prinzipale „Investor" und „Versicherungsnehmer" durch die Vorgabe einer zu erwirtschaftenden Rendite.[113] Während die Wahrung der Interessen der Investoren durch die Spezifizierung einer Zielrendite offensichtlich ist, werden die (Sicherheits-)Interessen der Versicherungsnehmer implizit berücksichtigt, da die Erwirtschaftung einer Mindestrendite den Erhalt des Versicherungsunternehmens einschließt.[114] [115] Zusammenfassend kann festgehalten werden, dass die Verfolgung konventioneller Unternehmensziele im Rahmen der wertorientierten Unternehmenssteuerung auch beim Agenten Versicherungmanagement einen Informationsbedarf über das zukünftige Zahlungsstromprofil des Versicherungsunternehmens induziert.

---

nehmenssteuerung finden i.d.R. zahlungsstrombasierte Größen Verwendung. Sofern nur erfolgswirtschaftliche Größen vom Rechnungswesen zur Verfügung gestellt werden können, müssen diese durch Korrektur nicht-zahlungswirksamer Bestandteile sowie Hinzufügen nichterfolgswirksamer Zahlungen in pagatorische Größen transformiert werden. Vgl. Farny 2000, S. 317 ff., vgl. Oletzky 1998, S. 41 ff., vgl. Schradin 1998, S. 203 ff., vgl. Schradin 2004a, S. 6 ff., vgl. Willmes 2004, S. 51.

112 Allen Modellen der wertorientierten Unternehmenssteuerung liegt die Überlegung zugrunde, dass grundsätzlich nur dann in einem Unternehmen Wert geschaffen wird, wenn die erwirtschafteten Nettozahlungsströme die aus einer vorgegebenen Renditeforderung resultierenden Kapitalkosten übersteigen. Dabei wird dem Problem der Stochastizität der Schadenzahlungen und Kapitalanlageerlöse durch Rückgriff auf den Erwartungswert der Zahlungsströme Rechnung getragen. Die Berücksichtigung des maßgeblichen Engpassfaktors Eigen- bzw. Sicherheitskapital kann entweder absolut durch Abzug der Kapitalkosten („Economic Value Added") oder relativ durch eine risikoadjustierte Kapitalgröße (VRAC) im Nenner einer Performancekennzahl (RORAC) erfolgen. Vgl. Schradin 2004a, S. 6 ff., vgl. Schradin 2001, S. 3 ff., vgl. Schradin 1998, S. 206 ff., vgl. Schradin/Zons S. 7 ff., vgl. Willmes 2004, S. 51 ff.

113 Vgl. Willmes 2004, S.54.

114 Deutlich wird dies bei Betrachtung der Ruinwahrscheinlichkeit. In den Termini der risikoadjustierten Performancesteuerung stellt sich diese als $P(RORAC < -1) \leq \varepsilon$ dar. Vgl. Albrecht 1998, S.7, vgl. Schradin 1998, S. 207. Die im Unternehmensalltag übliche Vorgabe, eine positive Mindestrendite mit der Wahrscheinlichkeit ε nicht zu unterschreiten, geht dann mit einem höheren Sicherheitsniveau für die Unternehmensexistenz einher.

115 Im Gegensatz dazu finden die Interessen der Versicherungsnehmer, die Existenz des Versicherers zu erhalten, bei der Ermittlung der risikoadjustierten Kapitalgröße explizit Berücksichtigung. Vgl. Willmes S. 54.

2.1.2.2. Opportunistische Ziele des Agenten „Versicherungsmanagement“

Neben den eher integrativen konventionellen Zielen kann das Management einer Versicherungsunternehmung auch eigenständige opportunistische Ziele verfolgen.[116] In diesem Kontext bedeutet opportunistisches Verhalten vor allem die Steigerung der individuellen Wohlfahrt auf Kosten anderer.[117] Das opportunistische Verhalten des Agenten Versicherungsmanagement hat seine Ursache in monetären und nicht-monetären Vorteilen des Agenten und wird durch eventuell vorhandene Informationsasymmetrien begünstigt.[118] Deshalb soll in diesem Unterabschnitt analog zu den Grundmodellen der Prinzipal-Agenten-Theorie Möglichkeiten des Agenten Versicherungsmanagement zu opportunistischem Verhalten vor und nach Abschluss der relevanten Verträge untersucht werden.

Der Versuch, die Prinzipale zum Abschluss der Verträge zu bewegen,[119] verbunden mit einem Informationsvorsprung über die tatsächliche Erfolgs- und Sicherheitslage der Versicherungsunternehmung, stellt für den Agenten einen starken Anreiz zu opportunistischem Verhalten dar. Deshalb wird im Rahmen dieser „hidden characteristics“-Problematik unterstellt, dass der Agent versucht, die Erfolgs- und Sicherheitslage des Versicherers gegenüber seinen potenziellen Prinzipalen günstiger darzustellen.[120] Um dieses Ziel zu erreichen, wird im Kontext der externen Rech-

---

116 Vgl. Breuer 2003, S. 71, vgl. Breuer 2004, S. 10 f..

117 Siehe hierzu Breuer 2004, S. 10, vgl. Breuer 1999, S. 20.

118 Vgl. Breuer 1999, S. 22 ff., vgl. Breuer 2004, S. 10 ff..

119 Durch die Gewinnung zusätzlicher Investoren kann der Agent den in der Regel die Versicherungsproduktion limitierenden Bestand an Eigen- und Sicherheitskapital ausbauen. Wenn das Investment am Sekundärmarkt erfolgt, kann dies zu steigenden Aktienkursen und damit zu positiven Einkommenseffekten des Agenten führen, sofern dieser über eigene Aktienoptionen verfügt. Mit dem Abschluss von Versicherungsverträgen sollte ein zusätzliches Gewinnpotential einhergehen, was bei zumindest teilweise gewinnabhängiger Vergütung des Agenten für diesen ebenfalls mit positiven Einkommenseffekten verbunden sein sollte.

120 Neben der Gewinnmaximierung können im Rahmen der Bilanzpolitik auch weitere Ziele wie Gewinnminimierung oder -glättung vor allem im Hinblick auf eine Minimierung der Ertragssteuerbelastung verfolgt werden. Außerdem kann das Erreichen bestimmter Zielgrößen Gegenstand der Jahresabschlusspolitik sein. Vgl. Hipp 2007, S. 88, vgl. Wagenhofer/Ewert 2003, S. 205 ff.

nungslegung angenommen, dass der Agent opportunistisch Bilanzpolitik betreibt,[121] wobei dieser sich jedoch innerhalb des vorgegebenen legalen Rahmens bewegt.

Der Agent kann versuchen, Größen des Jahresabschlusses mittels Sachverhaltsgestaltungen[122] oder der buchmäßigen Abbildung von Geschäftsvorfällen zu beeinflussen.[123] Gegenstand dieser Arbeit soll jedoch nur die Bilanzpolitik in Form der buchmäßigen Abbildung der Geschäftsvorfälle sein. Direkte Auswirkungen buchmäßiger Bilanzpolitik auf Zahlungsströme ergeben sich nur, wenn das Ergebnis im Jahresabschluss mit Zahlungskonsequenzen wie Ausschüttungen, Steuerzahlungen oder als Versicherungsspezifikum der Gewinnbeteiligung der Versicherungsnehmer verknüpft ist.[124] [125]

Im Mittelpunkt der buchmäßigen Bilanzpolitik steht die Nutzung von Wahlrechten und Ermessensspielräumen.[126] [127] So beinhaltet der nach internationalen Rechnungslegungsregeln zu erstellende Versicherungskonzernabschluss einige materielle Wahl-

---

Neben den vom Kapitalmarkt vorgegebenen (Ergebnis-)zielen sind für Versicherer weitere Zielgrößen relevant wie Mindesteigenmittelausstattung im aufsichtsrechtlichen Kontext oder Mindestkapitalanlagerenditen in der Personenversicherung.

121 Vgl. Hitz 2005a, S. 182.

122 Exemplarisch für Sachverhaltsgestaltungen im operativen Geschäft eines Versicherers können die Zeichnungspolitik, die Kapitalanlagepolitik sowie die Politik bei der Regulierung von Schadenfällen aufgeführt werden. Längerfristig wirksam sind unternehmerische Entscheidungen wie Erwerb oder Veräußerung von Versicherungsbeständen oder Tochterunternehmen sowie die Veräußerung von Gebäuden und Grundstücken mit anschließendem Leasing („sale and lease back“).

123 Vgl. Hipp 2007, S. 75, vgl. Wagenhofer/Ewert 2003, S. 197 .

124 Vgl. Hipp 2007, S. 87, vgl. Wagenhofer/Ewert 2003, S. 198 f.

125 Im Gegensatz zum handelsrechtlichen Maßgeblichkeitsprinzip wird im Framework der IFRS eine Steuerbemessungsfunktion der Abschlüsse nach IFRS ausdrücklich verneint. Vgl. IFRS Framework Nr. 6. Durch die Ausrichtung der IFRS am Ziel der Informationsfunktion, die mit der Deckung der Informationsbedürfnisse von Investoren als erfüllt gilt, sind mit einem Abschluss nach IFRS keine Zahlungskonsequenzen verbunden. Vgl. IFRS Framework Nr. 10 und Nr. 12.

126 Vgl. Wagenhofer/Ewert 2003, S. 202.

127 Neben der Nutzung von Wahlrechten und Ermessensspielräumen ist auch die formale Bilanzpolitik Gegenstand der buchmäßigen Bilanzpolitik. Die formale Bilanzpolitik hat Ausweisfragen zum Gegenstand. Entgegen den in den Formblättern der RechVersV spezifizierten handelsrechtlichen Ausweisvorschriften für Versicherungsunternehmen beinhalten die IFRS keine speziellen Ausweisvorschriften für Abschlüsse von Versicherungsunternehmen. Vgl. IAS 1 Nr. 3. Gemäß den Vorschriften für alle Unternehmen sind nur die Pflichtbestandteile der Abschlüsse normiert. Vgl. IFRS Framework Nr. 7, vgl. IAS 1 Nr. 7. Daneben sind im IAS 1 Nr. 42 ff. Mindeststandards bezüglich der zur Verfügung zu stellenden Informationen kodifiziert.

rechte und zahlreiche Ermessenspielräume.[128] Exemplarisch hierfür steht das Designationswahlrecht für Kapitalanlagen im Rahmen des IAS 39, d.h. die Möglichkeit, Kapitalanlagen den einzelnen Kapitalanlageklassen zuzuweisen. Je nach Kapitalanlageklasse werden Wertänderungen erfolgsneutral oder erfolgswirksam erfasst,[129] so dass die Möglichkeit zum „pick your own profit" besteht. Ermessensspielräume ergeben sich u.a. beim Zuschnitt der „Cash Generating Units" nach IFRS 3 oder bei der Bilanzierung und Bewertung von Schadenrückstellungen nach US-GAAP.[130] Eingeschränkt werden bilanzpolitische Handlungsspielräume jedoch durch das Stetigkeitsprinzip.[131] Außerdem ist der Tatsache Rechnung zu tragen, dass sich buchmäßige bilanzpolitische Maßnahmen in der Totalperiode weitgehend neutralisieren.[132]

Der empirische Nachweis von Bilanzpolitik, d.h. die Abgrenzung bilanzpolitischer Maßnahmen von der Nutzung der Rechnungslegungsnormen im Sinne der Rechnungsleger, ist mit Schwierigkeiten behaftet.[133] Um den Umfang der betriebenen Bilanzpolitik zumindest annähernd quantifizieren zu können, steht in der allgemeinen

---

128 Die Positionen, an denen Bilanzpolitik ansetzt, unterscheiden sich in Abschlüssen von Versicherern grundlegend von denjenigen in Abschlüssen von Industrieunternehmen. Bei Industrieunternehmen stehen außerplanmäßige Abschreibungen auf Anlagevermögen, die Dotierung von Pensionsrückstellungen oder Qualifizierung und Umfang von Forschungs- oder Entwicklungsaufwendungen im Vordergrund. Vgl. Wagenhofer/Ewert 2003, S. 222 ff. Für Versicherungsunternehmen sind diese Jahresabschlussposten von untergeordneter Bedeutung. In Versicherungsabschlüssen dominieren auf der Aktivseite Kapitalanlagen und auf der Passivseite versicherungstechnische Rückstellungen bzw. versicherungstechnisches Fremdkapital, weshalb sich Bilanzpolitik weitgehend auf diese Positionen konzentriert. Vgl. KIVI 2003 a), b), c), d).

129 Zur Bilanzierung und Bewertung von Finanzinstrumenten nach IAS 39 vgl. Böhlhoff/Grimm 2007, S. 231, vgl. Farny 2001, S. 100 f., vgl. Hassler/Sauer/Schneider 2006, S. 1540, vgl Hitz 2005a, S. 113 ff., vgl. Hitz 2005b, S. 1017 f., vgl. KPMG 2004, S. 298 ff., vgl. KIVI 2004 d), S. 28 ff., vgl. Kreeb/Zons 2005, S. 69-98, vgl. Zons 2006, S. 243 ff.

130 Vgl. Abschnitt 2.1.1 dieser Arbeit.

131 Um eine Vergleichbarkeit der Abschlüsse eines Unternehmens über einen längeren Zeitraum zu gewährleisten, wurde das Stetigkeitsprinzip im Rahmenkonzept der IFRS verankert. Vgl. IFRS Rahmenkonzept Nr. 39. Dieses beinhaltet sowohl die einheitliche Anwendung eines Bilanzierungs-, Bewertungs- oder Ausweiswahlrechts auf gleiche Sachverhalte innerhalb eines Unternehmens als auch die Beibehaltung der einmal getroffenen Entscheidung im weiteren zeitlichen Verlauf. Vgl. Wagenhofer 2002, S. 87 f.

132 Im Gegensatz dazu können durch reale Sachverhaltsgestaltungen Zahlungsströme unabhängig von einer etwaigen Zahlungsbemessungsfunktion des Jahresergebnisses verändert werden. So führt z.B. eine geänderte Zeichnungspolitik zu dauerhaften Veränderungen von Einnahmen (Prämien) und Ausgaben (Schadenzahlungen).

133 Vgl. Wagenhofer/Ewert 2003, S. 209.

Betriebswirtschaftlehre der Gesamtbetrag der Periodenabgrenzungen (GPA) im Mittelpunkt der Untersuchungen.[134] Diese ergeben sich als Differenz zwischen ausgewiesenem Jahresergebnis und dem Cashflow aus der Geschäftstätigkeit und stellen somit die Summe aller zahlungsunwirksamen Erträge und Aufwendungen dar. Die Idee, das Ausmaß der Bilanzpolitik anhand des Konzepts der Periodenabgrenzungen abzuschätzen, basiert auf deren Zerlegung in normale Periodenabgrenzungen (NPA) und diskretionäre Periodenabgrenzungen (DPA), die den Umfang bilanzieller Maßnahmen indizieren.

Um den Umfang der diskretionären Periodenabgrenzungen (DPA) zu schätzen, sind Hypothesen über die Entwicklung der normalen Periodenabgrenzungen (NPA) zu treffen. So können diese entweder als langjähriger Durchschnitt des Gesamtbetrags der Periodenabgrenzungen (GPA) oder als Gesamtbetrag der Periodenabgrenzungen des Vorjahres (GPA_{t-1}) approximiert werden.[135] Alternativ dazu können die NPA in Abhängigkeit von zentralen Größen wie Umsatz und Bruttoanlagevermögen, die den Umfang zahlungsunwirksamer Erträge und Aufwendungen determinieren, ermittelt werden.[136]

Das Konzept der diskretionären Periodenabgrenzungen (DPA) als Indikator für das Vorliegen von Bilanzpolitik erscheint jedoch nur eingeschränkt auf die Abschlüsse von Versicherungsunternehmen übertragbar. Zum einen ist die Modellierung der normalen Periodenabgrenzungen (NPA) auf Industrieunternehmen zugeschnitten. Daneben werden die Ausgangsgrößen des Modells – Jahresergebnis und Cashflow der Unternehmung – von wichtigen bilanzpolitischen Maßnahmen wie der erfolgsneutralen Behandlung der Wertänderungen von Kapitalanlagen nicht tangiert. Zudem ist die Ermittlung operativer Cashflows problematisch, da die in der Kapitalflussrechnung vorgenommene Trennung in operatives Versicherungsgeschäft und Investitio-

---

134 Vgl. Wagenhofer/Ewert 2003, S. 212 ff.

135 Vgl. Wagenhofer/Ewert 2003, S. 213.

136 Vgl. Wagenhofer/Ewert 2003, S. 213 f.

nen (Kapitalanlagetätigkeit) aufgrund des Leistungserstellungsprozesses eines Versicherungsunternehmens wenig sinnvoll erscheint.[137]

Selbst wenn der Agent Versicherungsmanagement nicht opportunistisch motiviert Bilanzpolitik betreiben möchte, kann er dazu gezwungen sein, wenn der Kapitalmarkt bilanzpolitische Maßnahmen seitens des Managements antizipiert. Im Modell eines Gleichgewichts mit rationalen Erwartungen von *Fischer/Verrecchia*[138] nehmen sowohl Manager als auch Kapitalmarkt das Verhalten des jeweils anderen Akteurs vorweg. Dies bedeutet, dass Erwartungen über die Reaktionsfunktion der jeweils anderen Marktseite gebildet werden. So antizipiert der Kapitalmarkt bei der Preisbildung das Ausmaß der vom Agenten betriebenen Bilanzpolitik. Gleichzeitig berücksichtigt der Agent die Preisbildungsfunktion des Kapitalmarktes bei seiner Entscheidung, den optimalen Umfang der Bilanzpolitik zu spezifizieren.

In der von *Fischer/Verrecchia* vorgegebenen Modellstruktur wird der Umfang der vom Agenten betriebenen Bilanzpolitik durch den Anteil des Managers am Unternehmenspreis, die Unsicherheit über die Entwicklung des Unternehmenspreises und die Präzision der eigenen Information des Managements determiniert. Da der Kapitalmarkt mit bilanzpolitischen Maßnahmen seitens des Managements rechnet und diese bei der Preisermittlung berücksichtigt, ist das Management gezwungen, in jedem Fall Bilanzpolitik zu betreiben, um seinen Nutzen zu maximieren.[139]

Auch nach Abschluss der relevanten Verträge ist dem Agent „Management“ ein Informationsvorsprung gegenüber den Prinzipalen bezüglich der Auswirkungen externer Schocks auf die Sicherheits- und Erfolgslage des Versicherungsunternehmens zuzubilligen („hidden information“).[140] Der Versuch, die Prinzipale von der Kündi-

---

[137] Zur begrenzten Aussagefähigkeit der Kapitalflussrechnung in Versicherungskonzernabschlüssen vgl. Farny 2001, S. 105.

[138] Das Gleichgewichtsmodell rationaler Erwartungen von *Fischer/Verrecchia* wird ausführlich bei Wagenhofer/Ewert 2003, S. 241 ff. beschrieben.

[139] Vgl. Wagenhofer/Ewert 2003, S. 244 f.

[140] Vgl. Horsch 2006, S. 50 und S. 60 ff.

gung[141] ihrer Vertragsbeziehungen mit dem Versicherungsunternehmen abzuhalten, stellt kombiniert mit der fortbestehenden Informationsasymmetrie einen Anreiz für den Agenten zu opportunistischem Verhalten dar. Deshalb wird der Agent weiterhin versucht sein, die Erfolgs- und Sicherheitslage des Versicherers mittels Bilanzpolitik günstiger dazustellen. In diesem Zusammenhang ist jedoch auf die im Zeitablauf wirksamen Einschränkungen der bilanzpolitischen Handlungsspielräume durch das Stetigkeitsprinzip sowie die Neutralität von Bilanzpolitik in der Totalperiode hinzuweisen.

Neben dem Informationsvorsprung des Agenten über die Erfolgs- und Sicherheitslage des Versicherers ist auch das Verhalten des Agenten nach Vertragsabschluss gemäß den Modellprämissen der „hidden action"-Problematik für die Prinzipale nicht beobachtbar. In Kombination mit stochastischen Ergebnissen des Leistungserstellungsprozesses bildet dies eine weitere Möglichkeit für opportunistisches Verhalten des Agenten „Management".[142] [143] Folgerichtig ist das potenzielle opportunistische Verhalten des Agenten „Management" eines Versicherungsunternehmens im Kontext der „hidden action"-Problematik eng mit den beiden stochastischen Größen des Pe-

---

141 Neben dem Versuch des Agenten, die Erfolgs- und Sicherheitslage des Versicherers günstiger darzustellen, bestehen in der Personenversicherung für den Versicherungsnehmer auch starke wirtschaftliche Anreize, die Vertragsbeziehungen aufrecht zu erhalten. Zwar wurden diese Anreize mit der VVG-Reform durch die modifizierte Ermittlung des Rückkaufwerts eines Kapitallebensversicherungsvertrags und der Einführung einer zumindest eingeschränkten Portabilität der Alterungsrückstellung in der privaten Krankenversicherung abgemildert, jedoch bestehen diese weiter fort. Vgl. § 169 Abs. 3 VVG und § 204 VVG.

142 Vgl. Breuer 2004, S. 10, vgl. Horsch 2006, S. 60 f.

143 Sofern umgekehrt Informationsasymmetrien zu Lasten der Versicherungsunternehmung vorliegen, ist opportunistisches Verhalten des Versicherungsnehmers denkbar. Der Abschluss eines Versicherungsvertrags kann für den Versicherer nicht beobachtbare Verhaltensänderungen beim Versicherungsnehmer induzieren („hidden action"). Diese reichen in einem Spektrum von fahrlässigem Handeln bis zum vorsätzlichen Herbeiführen des Versicherungsfalls (ex ante moralisches Risiko). Auch bei der Regulierung des Versicherungsfalls bestehen Informationsasymmetrien zu Lasten des Versicherers. So kann das Verhalten des Versicherungsnehmers nach Eintritt des Versicherungsfalls durchaus die Schadenhöhe beeinflussen (ex post moralisches Risiko). Um das moralische Risiko in Form der „hidden action" zu limitieren, können Verträge mit Selbstbeteiligung angeboten werden. Vgl. Eisen/Zweifel 2000, S. 291-344, vgl. Horsch 2004, S. 534 f., vgl. Wein 1997, S. 115.

riodenerfolgs eines Versicherers,[144] nämlich den Kapitalanlageerlösen und den Schadenzahlungen, verknüpft.

Solange Versicherungsunternehmen einen positiven periodischen Zahlungssaldo[145] aufweisen, steht für diese die Frage nach der Anlage der Finanzmittel (Kapitalbindung) im Vordergrund.[146] Dies bedeutet, dass die Kapitalanlagepolitik von zentraler Bedeutung für die Intransparenz der Handlungen des Managements einer Versicherungsunternehmung ist. So droht die Gefahr, dass das Management aufgrund einer zu riskanten Anlagepolitik, die Erfolgs- und Sicherheitsziele des Versicherungsunternehmens gefährdet.[147] Dieses Risiko ist vor allem für die Lebens- und Krankenversicherung wegen der in den Produkten enthaltenen Finanzgarantien[148] virulent.

Ein weiterer Aspekt, der in der Literatur im Zusammenhang mit der „hidden action"-Problematik in Versicherungsunternehmen diskutiert wird, ist die für die Prinzipale fehlende Möglichkeit, die (Schaden-)Regulierungspolitik zu beobachten.[149] In diesem Zusammenhang werden eine zu großzügige Regulierung der Schäden und damit einhergehend ein entsprechender Mittelabfluss befürchtet.[150] Unabhängig von der großen Bedeutung der Kapitalanlage- und Regulierungspolitik kann festgehalten werden, dass nicht beobachtbare Handlungen des Managements, die die Verletzung

---

144 In risikotheoretischen Modellen wird der Periodenerfolg eines Versicherungsunternehmens oftmals als die Summe der Prämienerlöse und Kapitalanlageerträge abzüglich der Schadenzahlungen und Auszahlungen für Betriebskosten modelliert. Vgl. Albrecht 1994, S. 6 ff.

145 Der erwartete periodische Zahlungssaldo ergibt sich aus der Summe der erwarteten kapitalzuführenden Einzahlungen (z.B. Prämieneinzahlungen) und der erwarteten kapitalentziehenden Auszahlungen (Entschädigungszahlungen) eines Versicherungsunternehmens. Kapitalfreisetzende Einzahlungen (z.B. Tilgung einer Anleihe) oder kapitalbindende Auszahlungen (wie Kauf von Wertpapieren) werden im Rahmen des periodischen Zahlungssaldos nicht erfasst. Vgl. Schradin 1994, S. 182 ff.

146 Zum Risikostruktur-Management der Versicherungsunternehmung vgl. Schradin 1994, S. 173 ff.

147 Vgl. Horsch 2006, S. 60, vgl. Horsch 2004, S. 535, vgl. Wein 1997, S. 113 .

148 Die Finanzgarantie bei Produkten der Personenversicherung beinhaltet die Gewährung des zugesagten Rechnungszinses. Vgl. Klüttgens 2002b, S. 1757, vgl. Maurer/Schradin 1998, S. 5. Der Höchstzinssatz bei der Verzinsung der Deckungsrückstellung in der Lebensversicherung beträgt aktuell 2,25%. Vgl. § 2 Abs. 1 DeckRV. In der privaten Krankenversicherung darf ein Höchstzinssatz von 3,5% nicht überschritten werden. Vgl. § 4 KalV.

149 Vgl. Horsch 2006, S. 60, vgl. Horsch 2004, S. 535.

150 Vgl. Horsch 2003, S. 535.

eines angemessenen Sicherheitsniveaus zur Folge haben, auch in anderen Bereichen wie z.B. der Zeichnungspolitik stattfinden können. Deshalb sind unter dem Problem der nicht beobachtbaren Handlungen des Managements sämtliche intransparente Handlungsweisen zu subsumieren, die die Erfolgs- und Sicherheitslage eines Versicherers beeinträchtigen.

Dazu zählen auch nicht beobachtbare Handlungen, denen kein versicherungsspezifischer Charakter innewohnt wie zum Beispiel der verminderte Arbeitseinsatz des Managements („shirking").[151] Außerdem können sich Manager in Form des Konsums am Arbeitsplatz bereichern.[152] Dieser beinhaltet offene und verdeckte Vergünstigungen wie luxuriöse Dienstwagen, teure Büroausstattung oder exzessive Wachstumsorientierung aus Prestigegründen bzw. um sich Beförderungsmöglichkeiten zu verschaffen.[153] Dabei ist jedoch zu berücksichtigen, dass Aufwendungen im Rahmen des Konsums am Arbeitsplatz durchaus akquisitorischen Zwecken dienen können,[154] so dass die Abgrenzung zu Aufwendungen mit rein konsumtivem Charakter nicht immer trennscharf möglich ist.[155]

2.1.3. Interessenkonflikte und Interessenidentitäten im Prinzipal-Agenten-Modell der Versicherungsunternehmung

In diesem Unterkapitel sollen die in den vorigen Abschnitten erarbeiteten (Informations-)Interessen der Prinzipale „Versicherungsnehmer" und „Investoren" sowie des Agenten „Versicherungsmanagement" in Relation zueinander gesetzt werden. Dabei werden in einem ersten Schritt Interessenkonflikte und -identitäten bezüglich der Ba-

---

151 Vgl. Breuer 2004, S. 10, vgl. Breuer 1999, S. 22 f.

152 Dabei bleibt das Phänomen des Konsums am Arbeitsplatz nicht auf Manager beschränkt. Auch bei Eigentümer-Managern bestehen Anreize, privaten Nutzen aus Ressourcen des Unternehmens zu Lasten weiterer externer Eigenkapitalgeber zu ziehen. Dies wird mit dem Begriff „fringe benefits" charakterisiert. Vgl. Erlei/Leschke/Sauerland 1999, S. 77 ff., vgl. Wagenhofer/Ewert 2003, S. 183 f.

153 Vgl. Breuer 2004, S. 10, vgl. Breuer 2003, S. 71, vgl. Breuer 1999, S. 23 f.

154 Vgl. Breuer 1999, S. 24.

155 Vgl. Breuer 1999, S. 24.

sisziele Gewinn und Sicherheit zwischen den Prinzipalen dargestellt. Anschließend sollen dann Interessenkonflikte und -identitäten zwischen den Prinzipalen auf der einen Seite und dem Management eines Versicherungsunternehmens auf der anderen Seite erörtert werden. Ziel dieses Abschnitts ist es Interessenidentitäten zwischen den Parteien des Prinzipal-Agenten-Modell der Versicherungsunternehmung zu identifizieren und daraus resultierende gemeinsame Informationsbedürfnisse abzuleiten.

Beiden Prinzipalen ist die Berücksichtigung von Sicherheit in den jeweiligen Entscheidungskalkülen eigen. Investoren[156] wählen anhand von Rendite-/Risikokalkülen ein Portfolio aus der Menge der effizienten Portfolien aus. [157] Entsprechend dem Fundamentalgesetz der Kapitalmärkte, wonach eine höhere erwartete Rendite mit einem höheren Risiko einhergeht, kann der Investor Sicherheit durch Rendite substituierten. Im Gegensatz dazu ist Sicherheit für den Versicherungsnehmer als Gläubiger des abstrakten Versicherungsschutzversprechens die Voraussetzung dafür, um überhaupt einen Risikotransfer auf den Versicherer vorzunehmen.[158]

Auch inhaltlich unterscheiden sich die Konzeptionen von Sicherheit bzw. deren Komplement Risiko in den finanzwirtschaftlichen Modellen wie dem CAPM und risikotheoretischen Modellen. So besteht das Risiko in den kapitalmarkttheoretischen Modellen in der Schwankung der erwarteten Rendite, die es durch Ausschöpfung des Diversifikationspotenzials sowie durch den planmäßigen Einsatz von Terminmarktinstrumenten zu steuern gilt.[159] Das Insolvenzrisiko findet ausdrücklich keine Berücksichtigung.[160] In der Risikotheorie hingegen steht das Fortbestehen des Versicherungsunternehmens bzw. dessen Insolvenzrisiko, das mit Hilfe des risikopoliti-

---

156 Diese Aussage bezieht sich ausschließlich auf (Finanz-)Investoren, die ihre Engagements am Kapitalmarkt diversifizieren, und nicht auf Investoren, bei denen das Erreichen strategischer Ziele wie zum Beispiel das Erzielen von Kosten- oder Absatzsynergien im Vordergrund steht.

157 Vgl. Abschnitt 2.1.2.1 dieser Arbeit.

158 Vgl. Abschnitt 2.1.2.1 dieser Arbeit.

159 Vgl. Albrecht 1992b, S. 7 und S. 9, vgl. Albrecht 1995, S. 81ff.

160 Vgl. Albrecht 1993, S. 5.

schen Instrumentariums[161] gesteuert werden kann, im Vordergrund.[162] Diese Unterschiede kommen auch in den jeweils verwendeten Risikomaßen zum Ausdruck. So wird die Volatilität eines Investments mit der Varianz bzw. Standardabweichung der erwarteten Rendite erfasst, wohingegen sich das Insolvenzrisiko eines Versicherungsunternehmens in der Verlust- bzw. Ruinwahrscheinlichkeit manifestiert.[163]

Zusammenfassend kann festgehalten werden, dass sowohl die Bedeutung als auch die Konzeption von Sicherheit zwischen Investoren und Versicherungsnehmern differiert. Diese Gegensätze werden jedoch gemildert, wenn man den theoretischen Zusammenhang zwischen der Sicherheit des Versicherungsunternehmens und dessen Erfolgssituation berücksichtigt. So besteht zwar bei einer einperiodigen Betrachtung aufgrund der Einbeziehung des Sicherheitskapitals in das risikotheoretische Modell nur eine partielle Identität zwischen Erfolgs- und Sicherheitsstreben.[164] In der periodenübergreifenden Zweipunktanalyse von *Schradin* erweist sich jedoch die Berücksichtigung der Anfangsausstattung des Sicherheitskapitals als irrelevant, so dass eine vollständige Identität zwischen der Existenzsicherheit des Versicherers und dem Erfolgsstreben besteht.[165] Selbst wenn kurzfristig ein Interessenkonflikt zwischen Versicherungsnehmern und deren Streben nach Sicherheit und dem Ziel der Investoren nach Marktwertmaximierung bestünde, hebt sich dieser Konflikt langfristig auf.

Damit geht zumindest langfristig die Marktwertmaximierung, die die Maximierung des Barwerts der erwarteten Zahlungsüberschüsse zum Gegenstand hat, mit den Inter-

---

161 Das versicherungstechnische Risiko kann sowohl mittels Maßnahmen, die den Kapitalbedarf beeinflussen, als auch mit Hilfe von Zuführung bzw. Reduktion des Risikokapitals in Form von Sicherheitskapital bzw. Prämien gesteuert werden. Um die Schadenverteilung und damit den Kapitalbedarf zu modifizieren, kann auf Instrumente der Zeichnungs- und Schadenpolitik sowie auf Formen der Risikoteilung wie Selbstbehalte bzw. Rückversicherung zurückgegriffen werden. Das risikotragende Kapital kann durch Maßnahmen der Prämienpolitik sowie durch Kapitalmaßnahmen wie z.B. Beteiligungsfinanzierung oder die Bildung versicherungstechnischen Spezialkapitals verändert werden. Vgl. Hassler/Sauer/Schneider 2006, S. 1543.

162 Vgl. Abschnitt 2.1.2.1 dieser Arbeit.

163 Zu Gemeinsamkeiten und Unterschieden zwischen dem risikotheoretischen Ausgleich im Kollektiv und den finanzwirtschaftlichen Diversifikationseffekten in der Portfoliotheorie vgl. Albrecht 1995, S. 99 ff.

164 Vgl. Schradin 2004, S. 64.

165 Vgl. Schradin 2004, S. 64.

essen der Versicherungsnehmer nach einer hohen Unternehmenssicherheit einher. Dies könnte jedoch im Widerspruch zu den Interessen der Versicherungsnehmer als Schuldner stehen, einen möglichst preisgünstigen Versicherungsschutz für ein bestimmtes Sicherheitsniveau zu erhalten.[166] Wie bereits erläutert, kann dieser Konflikt durch die Integration der Renditeforderungen der Aktionäre sowie dem von den Versicherungsnehmern angestrebten Sicherheitsniveau im Rahmen einer RORAC-basierten Prämienkalkulation aufgelöst werden.[167]

Die Interessenidentität von Investoren und Versicherungsnehmern bezüglich der langfristigen Gewinnerzielung bzw. Gewinnmaximierung liegt jedoch nur in der Ex-ante-Perspektive vor. Sobald ex post die Höhe der Gewinnrealisierung feststeht, besteht zwischen Investoren und Versicherungsnehmern ein grundsätzlicher Konflikt über die Verteilung der Überschüsse. Dieser wird durch die aufsichtsrechtlich normierten Regelungen der Gewinnverteilung in der Lebens- und Krankenversicherung gemildert. Aufgrund der aufsichtsrechtlich regulierten Mindestbeteiligung der Versicherungsnehmer am Gewinn bzw. Rohüberschuss,[168] reduziert sich der Verteilungskonflikt in diesen Sparten de facto auf die Aufteilung des Restrohüberschusses. Diesbezüglich gilt jedoch, dass sichergestellt sein muss, dass die Aktionäre über einen Bilanzgewinn, der mindestens einer Verzinsung in Höhe von vier Prozent auf das Grundkapital entspricht, verfügen können.[169]

Das Versicherungsmanagement hat, sofern Interessenkonflikte zwischen Investoren und Versicherungsnehmern bezüglich der Ziele Gewinn und Sicherheit auftreten, zumindest in der Ex-ante-Perspektive eine moderierende Position inne.[170] Die Integration der Ziele Gewinn und Sicherheit kann durch das Management des Versicherers im Rahmen einer wertorientierten Unternehmenssteuerung vorgenommen wer-

---

166 Vgl. Abschnitt 2.1.2.1 dieser Arbeit.

167 Vgl. Albrecht 1998, S. 8 ff.

168 Vgl. § 81c VAG i.V.m. § 4 MindZV in der Lebensversicherung bzw. § 81d VAG i.V.m. § 12a VAG und § 2-4 ÜbschV.

169 Vgl. § 56a S. 2 VAG.

170 Vgl. Abschnitt 2.1.2.1 dieser Arbeit.

den.[171] Dieser liegt die Idee zugrunde, dass ein Unternehmen zumindest dessen Kapitalkosten verdienen sollte, wodurch das Gewinnziel in die Unternehmenssteuerung Eingang findet und gleichzeitig konkretisiert wird. Aufgrund der mehrfach betonten langfristigen Identität von Gewinn- und Sicherheitszielen der Unternehmung wird durch die Vorgabe einer Mindestrendite dem Unternehmensziel Sicherheit implizit Rechnung getragen.[172] Explizit erfolgt eine Berücksichtigung des Sicherheitsziels bei der Berechnung der Kapitalkosten, indem der Kapitalkostensatz auf eine risikoadjustierte Kapitalbasis angewandt wird.[173]

Ex post, das heißt nach der Realisierung der Gewinnhöhe, tritt mit dem Versicherungsmanagement ein weiterer Anspruchsberechtigter am (Rest-)Rohüberschuss hinzu,[174] so dass nicht nur zwischen den Investoren und Versicherungsnehmern, sondern auch zwischen beiden Prinzipalen und dem Versicherungsunternehmen (Management) ein Verteilungskonflikt besteht. Die Möglichkeit des Managements, Gewinne zu thesaurieren, bewegt sich innerhalb des aktienrechtlichen Rahmens.[175] Gleichzeitig moderiert das Management eines Versicherungsunternehmens den Verteilungskonflikt zwischen Investoren und Versicherungsnehmern unter Beachtung der aufsichtsrechtlichen Mindestgewinnbeteiligungen in der Lebens- und Krankenversicherung, indem es in diesen Sparten die Überschussbeteiligung der Versicherungsnehmer festlegt.[176]

Zusammenfassend kann festgehalten werden, dass aufgrund der langfristigen Ex-ante-Identität von Gewinn- und Sicherheitsziel sowohl für Investoren als auch Versicherungsnehmer ein überragendes Interesse an Informationen über die Erfolgslage der Versicherungsunternehmen besteht. Außerdem basiert die zur Integration der Interessen von Versicherungsnehmern und Investoren betriebene wertorientierte Unternehmensführung auf Informationen über zahlungsstrombasierte Erfolgsgrößen.

---

171 Vgl. Abschnitt 2.1.2.1 dieser Arbeit.

172 Vgl. Abschnitt 2.1.2.1 dieser Arbeit.

173 Vgl. Abschnitt 2.1.2.1 dieser Arbeit.

174 Vgl. Farny 2003, S. 58.

175 Vgl. § 58 AktG.

176 Vgl. § 56a S. 1 VAG, vgl. Klüttgens 2002b, S. 1757, vgl. Schradin 1994, S. 265.

Auch zur Lösung des Konflikts über die Verteilung des Ex-post-Gewinns werden objektivierte Informationen über die Erfolgslage benötigt. Insgesamt lässt sich dadurch ein großer Bedarf an Informationen über die Erfolgslage des Versicherers ableiten, insbesondere dann, wenn diese für die Ermittlung von dessen Marktwert von Relevanz sind.

2.2. Ansätze zur Reduktion von Informationsasymmetrien im Prinzipal-Agenten-Modell der Versicherungsunternehmung

2.2.1. Private Lösungsansätze zur Reduktion von Informationsasymmetrien im Prinzipal-Agenten-Modell der Versicherungsunternehmung

Aufgrund bestehender Informationsasymmetrien zwischen den (potenziellen) Prinzipalen und dem Agenten „Versicherungsmanagement" verbunden mit dem Interesse des Agenten, die Prinzipale zu einem Engagement zu bewegen bzw. deren Engagement zu erhalten, besteht für den Agenten der Anreiz, opportunistisch zu handeln. Das opportunistische Verhalten des Agenten kommt im Rechnungslegungskontext in der Neigung des Managements, Bilanzpolitik zu betreiben, zum Ausdruck.[177] Der Anreiz, mit Hilfe bilanzpolitischer Maßnahmen die Erfolgs- und Sicherheitslage des Versicherers günstiger als die tatsächliche Lage darzustellen, besteht für den Agenten sowohl vor als auch nach Abschluss der einschlägigen Verträge.[178]

Um ihre Entscheidungen besser zu fundieren, haben die Prinzipale ein Interesse daran, die vorhandenen Informationsasymmetrien zumindest zu reduzieren und damit den Spielraum für opportunistisches Verhalten des Agenten „Management" einzuschränken. Deshalb sollen im folgenden Abschnitt private und staatliche Maßnahmen abseits der Informationsfunktion der Rechnungslegung diskutiert werden, inwiefern diese einen Beitrag dazu leisten können, die bestehenden Informati-

---

177 Vgl. Abschnitt 2.1.2.2 dieser Arbeit.

178 Vgl. Abschnitt 2.1.2.2 dieser Arbeit.

onsasymmetrien zu reduzieren. Die Ausführungen folgen weitgehend der Struktur der Untersuchung von *Koch.*[179]

Dabei soll zunächst die Anwendbarkeit des vertragsspezifischen „Offenlegungsprinzips" zur Überwindung der „hidden information"-Problematik im Prinzipal-Agenten-Modell der Versicherungsunternehmung untersucht werden. Sofern sich das „Offenlegungsprinzip" im Modellkontext als ungeeignet erweist, ergibt sich die Notwendigkeit, das direkte „screening" durch die Prinzipale oder das direkte „signalling" seitens des Agenten zu diskutieren. Anschließend wird erörtert, ob die Einschaltung von privaten Informationsintermediären[180] in Form von Ratingagenturen bzw. Finanzanalysten oder der staatlichen Versicherungsaufsicht einen Beitrag zur Reduktion des Informationsvorsprungs des Agenten leisten kann. Darüber hinaus sollen die Auswirkungen einer Kapitalmarktnotiz des Versicherers auf die „hidden action"-Problematik knapp skizziert werden.

Erster Ansatzpunkt für die Reduzierung von Informationsasymmetrien stellt das „Offenlegungsprinzip" („revelation principle") dar, das bei einem Informationsvorsprung des Agenten diesem Anreize zu wahrheitsgemäßer Berichterstattung gibt.[181] Die Anwendbarkeit des „Offenlegungsprinzips" ist jedoch mit sehr restriktiven Annahmen verbunden.[182] Dies ist durch die Tatsache bedingt, dass das Offenlegungsprinzip nur auf spezifische Vertragsverhältnisse anwendbar ist.[183] Dabei werden drei Voraussetzungen für die Gültigkeit des Offenlegungsprinzips genannt. Zum einen muss unbe-

---

179 Die Untersuchung von *Koch* diskutiert vor einem allgemeinen versicherungsbetriebswirtschaftlichen Hintergrund die Eignung der Instrumente „screening" und „signalling" zur Reduktion von Informationsasymmetrien vor Abschluss eines Versicherungsvertrags. In diesem Kontext wird der Einsatz von „screening" und „signalling" sowohl durch Versicherungsnehmer und Versicherer als auch durch Informationsintermediäre wie die Vertriebsorgane des Versicherers, die Ratingagenturen und die Versicherungsaufsicht untersucht. Vgl. Koch 2006, S. 143 ff.

180 Informationsintermediäre dienen im Versicherungskontext dem Informationsaustausch zwischen Versicherungsunternehmung und Versicherungsnehmer bzw. Investor und übernehmen die Funktionen des „screening" von Versicherungsunternehmen und des „signalling" an Versicherungsnehmer. Vgl. Horsch 2006, S. 42 ff. und S. 52 f., vgl. Koch 2006, S. 142.

181 Vgl. Wagenhofer/Ewert 2003, S. 261 ff.

182 Zu den Voraussetzungen für die Anwendung des Offenlegungsprinzips vgl. Wagenhofer/Ewert 2003, S. 264 ff.

183 Vgl. Wagenhofer/Ewert 2003, S. 261 ff.

schränkte Berichterstattung möglich sein. Außerdem darf die Form der Entlohnung nicht beschränkt werden. Daneben muss die Möglichkeit zur unbeschränkten Verpflichtung („Precommitment“) über die Nutzung der Information für den Prinzipal bestehen.

Unbeschränkte Berichterstattung bedeutet, dass die Information nicht vielschichtig und damit quantifizierbar ist. Dazu zählt auch, dass die Information nicht saldiert oder aggregiert werden darf. Eine unbeschränkte Entlohnungsfunktion setzt voraus, dass die Information oder Teile davon beliebig in der Entlohnungsfunktion berücksichtigt werden können. Das unbeschränkte „Precommitment“ des Prinzipals besteht darin, die Information in einer vorher festgelegten Weise zu nutzen bzw. teilweise oder vollständig zu ignorieren. Diese Bedingungen erweisen sich durchaus als einschränkend, so dass die Anwendbarkeit des Offenlegungsprinzips für nicht-spezifische Verträge schwer vorstellbar ist.

Da anonyme Aktienengagements von Investoren am Kapitalmarkt oder der Abschluss normierter Versicherungsverträge nicht-spezifischen Vertragstypen entsprechen,[184] führt das „revelation principle“ zu keiner vollständigen Beseitigung bestehender Informationsasymmetrien über die Erfolgs- und Sicherheitslage eines Versicherers. Daraus resultiert für die Prinzipale die Notwendigkeit, die Versicherungsunternehmen direkt zu „screenen“. Der einzelne private Versicherungsnehmer bzw. Kleinanleger dürfte jedoch kaum über die Möglichkeiten verfügen, das Versicherungsunternehmen durch das Vorlegen von Vertragsentwürfen zu zwingen, dessen Erfolgs- und Sicherheitslage vor Vertragsabschluss zu offenbaren, so dass nur die eigenständige Beschaffung von Informationen bleibt. Die Informationsbeschaffung und -verarbeitung durch den Versicherungsnehmer bzw. Investor („screening“) ist jedoch mit Transaktionskosten verbunden.[185] Das direkte „Screening“ ist nur dann ökonomisch sinnvoll, sofern der Grenznutzen der Informationsbeschaffung deren Grenzkosten übersteigt.[186]

---

[184] Vgl. Abschnitt 2.1.1 dieser Arbeit.

[185] Vgl. Horsch 2006, S. 52 f., vgl. Koch 2006, S. 143.

[186] Vgl. Koch 2006, S. 143.

Zwar besitzen Versicherungsnehmer prinzipiell das Recht, sich Einzelabschlüsse von Versicherungsgesellschaften, zu denen eine Kundenbeziehung besteht, zusenden zu lassen,[187] jedoch erscheint es zumindest diskussionswürdig, ob die handelsrechtlichen Jahresabschlüsse die tatsächliche Erfolgs- und Sicherheitslage eines Versicherers reflektieren.[188] [189] Außerdem dürften in der Regel sowohl private Versicherungsnehmer als auch Kleinanleger damit überfordert sein, Bilanzpolitik zu erkennen.[190] Industrielle Versicherungsnehmer und institutionelle Anleger sollten im Gegensatz dazu über die notwendigen Ressourcen und das nötige Know-How verfügen, um selbständig eine Analyse der Erfolgs- und Sicherheitslage des Versicherers vornehmen zu können.[191] Trotzdem sollte es auch professionellen Versicherungsnehmern und Investoren schwer fallen, sämtliche bilanzpolitische Maßnahmen des Agenten „Management" zu erfassen und deren Auswirkungen auf die Erfolgs- und Sicherheitslage zu taxieren.[192]

Um die höhere Zahlungsbereitschaft[193] der Versicherungsnehmer für sicheren Versicherungsschutz abzuschöpfen oder um bessere Finanzierungsbedingungen am Kapitalmarkt zu realisieren, kann das Management eines Versicherers versuchen,

---

187 Vgl. § 55 Abs. 3 VAG, vgl. Koch 2006, S. 144 und S. 155.

188 Vgl. Horsch 2006, S. 62, vgl. Koch 2006, S. 144 und S. 155.

189 Zum einen hat der HGB-Abschluss die Ermittlung von Erfolgsgrößen und nicht – wie im risikotheoretischen Modell – die Abbildung von Zahlungsströmen zum Gegenstand. Zum anderen entspricht das nach HGB ausgewiesene Eigenkapital nicht zwangsläufig dem ökonomischen (Sicherheits-)kapital. Vgl. Koch 2006, S. 144. Außerdem lässt der HGB-Jahresabschluss eines Kompositversicherers kaum Rückschlüsse auf die Schadenverteilung des Versicherers und damit auf die Höhe der Ruinwahrscheinlichkeit zu. Analog dazu fehlen zur Beurteilung der Unterschreitenswahrscheinlichkeit der garantierten Mindestrendite in der Personenversicherung Angaben zur Renditeverteilung der Kapitalanlagen.

190 Vgl. Bittner 1996, S. 26, vgl. Horsch 2006, S. 62.

191 Vgl. Koch 2006, S. 145.

192 So wurde in empirischen Studien oftmals eine mechanistische Reaktion des Kapitalmarktes auf die Veröffentlichung von Jahresabschlussdaten nachgewiesen. Die starken Kursreaktionen des Kapitalmarktes nach dem Aufdecken von Bilanzmanipulationen stellen ebenfalls ein Indiz dar, dass der Kapitalmarkt zumindest nicht vollständig in der Lage ist, Bilanzpolitik zu erkennen und zu quantifizieren. Vgl. Wagenhofer/Ewert 2003, S. 210 ff.. Es bilden sich jedoch Erwartungen des Kapitalmarktes über die Bilanzpolitik eines Unternehmens heraus, die dessen Management bei seiner Entscheidung über den Umfang bilanzpolitischer Maßnahmen antizipiert. Siehe hierzu Abschnitt 2.1.2.2 dieser Arbeit.

193 Im Mittelpunkt stehen hierbei Untersuchungen zum Zusammenhang zwischen Zahlungsbereitschaft der Versicherungsnehmer und dem Sicherheitsniveau des Versicherungsunternehmens. Vgl. Koch 2006, S. 134 ff., vgl. Wakker/Thaler/Tversky 1997.

durch das Aussenden eines Signals die bestehenden Informationsasymmetrien zu reduzieren.[194] Die Grundidee des „signalling" besteht darin, dass das Aussenden eines Signals mit Kosten verbunden ist, die abhängig vom Typ des Unternehmens unterschiedlich hoch ausfallen.[195] Treffen Unternehmen Entscheidungen, die ihrem Typ entsprechen, so dass der Typus des Unternehmens anhand dessen Entscheidung beobachtet werden kann, liegt ein „Separating-Gleichgewicht" vor. Treffen zwei unterschiedliche Unternehmertypen trotz voneinander abweichender Kostenstrukturen eine identische Entscheidung, ergibt sich ein „Pooling-Gleichgewicht". Eine Differenzierung der Unternehmen nach ihrem Typus ist nun nicht mehr möglich.

Im Kontext des „Signalling"[196] kann das Management einer Versicherungsunternehmung sogar Bilanzpolitik dazu einsetzen, ein Signal über die tatsächliche Erfolgs- und Sicherheitslage an die Prinzipale zu senden und damit bestehende Informationsasymmetrien zu reduzieren.[197] Diese Vorgehensweise steht im Gegensatz zum opportunistischen Verhalten des Agenten, der unter Zuhilfenahme von Bilanzpolitik bestehende Informationsasymmetrien ausnutzt, um die Erfolgs- und Sicherheitslage des Versicherers günstiger darzustellen und Intransparenzen zu schaffen. Konkret werden im Rahmen des „signalling" mit Hilfe von Bilanzpolitik bestimmte Bilanzierungs- und Bewertungsmethoden selektiert, um Informationen glaubwürdig zu übermitteln.

---

194 Vgl. Koch 2006, S. 145 ff..

195 Vgl. Koch 2006, S. 146, vgl. Wagenhofer/Ewert 2003, S. 247 f. und S. 252 ff.

196 Neben der Bilanzpolitik kann das Versicherungsunternehmen auch anderweitig Signale an die Versicherungsnehmer aussenden. So könnte das Management dem Versicherungsnehmer durch eine höhere Prämie höhere Kapitalkosten signalisieren, die durch eine größere Sicherheitskapitalausstattung verursacht werden und damit ein höheres Sicherheitsniveau indizieren. Alternativ dazu kann versucht werden, bei den Versicherungsnehmern eine entsprechende Reputation als Anbieter sicheren Versicherungsschutzes aufzubauen. Sowohl das „signalling" als auch der Aufbau von Reputation erweisen sich jedoch aufgrund der fehlenden Beobachtbarkeit des Sicherheitsniveaus durch die Versicherungsnehmer und der langen Vertragsdauer in der Personenversicherung, die Wiederholungskäufe ausschließt, als schwierig. Vgl. Koch 2006, S. 146 ff.

197 Vgl. Wagenhofer/Ewert 2003, S. 246 ff.

So wird in dem Modell der allgemeinen Betriebswirtschaftslehre von *Hughes/Schwartz*[198] das Verbrauchsfolgeverfahren FIFO[199] gewählt, um anhand der temporären negativen steuerlichen Folgen[200] zu signalisieren, dass das Unternehmen zur Gruppe der guten Unternehmen zählt. Dabei zeichnen sich gute Unternehmen durch einen hohen Erwartungsgewinn und schlechte Unternehmen durch einen niedrigen aus. Der Nutzen des Managements setzt sich aus dem Marktpreis des Unternehmens am Kapitalmarkt und dessem „wahren" fundamentalen Wert zusammen, wobei Marktpreis und Fundamentalwert entsprechend der Präferenzen des Managements gewichtet werden. Die mit der Wahl des Verbrauchsfolgeverfahrens FIFO verbundenen Steuerlasten sind für ertragsschwache Unternehmen höher als für ertragsstarke.[201]

Je nach Parameterkonstellation ergibt sich ein „Separating-Gleichgewicht", das heißt das gute Unternehmen entscheidet sich für die Verbrauchsfolge FIFO und das schlechte Unternehmen für LIFO, oder ein „Pooling-Gleichgewicht". Bei einem „Pooling-Gleichgewicht" entscheiden sich beide Unternehmenstypen für dasselbe Verbrauchsfolgeverfahren. Ein glaubwürdiges „Signalling" der Erfolgs- und Sicherheitslage mittels der Auswahl eines Verbrauchsfolgeverfahrens erfolgt also nur bei einem „Separating-Gleichgewicht", was sich jedoch nicht zwangsläufig einstellt. Au-

---

198 Vgl. Wagenhofer/Ewert 2003, S. 249 ff.

199 Verbrauchsfolgeverfahren legen die zeitliche Reihenfolge fest, mit der Vorräte, die zu unterschiedlichen Zeitpunkten und Preisen erworben wurden, wieder entnommen werden, mit entsprechenden Konsequenzen für die Höhe der Aufwendungen. So bedeutet „last in first out" (LIFO), dass zuletzt erworbene Verbrauchsgüter zuerst entnommen werden. Umgekehrt wird bei „first in first out" (FIFO) unterstellt, dass zuerst beschaffte Vorräte auch zuerst verbraucht werden. Unter der Annahme von im Zeitablauf steigenden Beschaffungspreisen führt die Verbrauchsfolge FIFO zunächst zu niedrigeren Aufwendungen und damit zu einem höheren Gewinn. Bei der Wahl von LIFO ergibt sich unter der Prämisse steigender Beschaffungspreise zunächst ein niedrigerer Gewinn. Diese Effekte kehren sich im Zeitablauf um.

200 Aufgrund des Maßgeblichkeitsprinzips werden die gewählten Verbrauchsfolgeverfahren auch in die Steuerbilanz übernommen, mit den entsprechenden Konsequenzen für die steuerliche Bemessungsgrundlage. So führt die Entscheidung für FIFO bei steigenden Beschaffungspreisen zunächst zu einem größeren steuerlichen Gewinn und damit zu höheren Steuerzahlungen. Umgekehrt mindert LIFO zunächst die Steuerlast. In der Totalperiode kehren sich die steuerlichen Effekte aus der Selektion eines Verbrauchsfolgeverfahrens um. Dauerhaft bleibt nur der negative Zinseffekt aus der vorgezogenen Steuerzahlung bestehen.

201 Die höheren Lasten für das ertragsschwache Unternehmen aus der vorgezogenen Steuerzahlung erklären sich aus der Tatsache, dass bonitätsschwache Unternehmen aufgrund der höheren Ausfallwahrscheinlichkeit einen höheren Zinssatz zu entrichten haben.

ßerdem können bei dem Modell von *Hughes/Schwartz* sowohl der Typus des Unternehmens als auch das Signal nur zwei Ausprägungen annehmen. Sollten mehr als zwei Ausprägungen vorliegen oder die Unternehmensinformation gar mehrdimensional ausgeprägt sein, muss, um eine glaubwürdige Information zu signalisieren, auf ein ganzes Bündel bilanzpolitischer Maßnahmen zurückgegriffen werden.

Neben der Tatsache, dass bei bestimmten Parameterkonstellationen neben einem „Separating-Gleichgewicht" auch ein „Pooling-Gleichgewicht" auftreten kann, ist das „signalling" insofern ineffizient, als dass dieses auf jeden Fall mit Kosten verbunden ist.[202] Diese ergeben sich zunächst aus der temporär höheren Steuerbelastung und in der Totalperiode aus dem Zinseffekt auf die vorgezogene Steuerzahlung. Da sowohl das Eintreten des „Signalling"-Effekts unsicher ist und dieses auf jeden Fall mit vergleichsweise hohen Kosten verbunden ist, erscheint ein direktes „signalling" des Versicherungsunternehmens mit Hilfe von Bilanzpolitik nicht unbedingt als beste Lösung, um Informationsasymmetrien zu reduzieren.

Um die Nachteile des direkten „screening" durch den Versicherungsnehmer und des direkten „signalling" durch ein Versicherungsunternehmen zu vermeiden, können diese Funktionen auch durch Informationsintermediäre wahrgenommen werden.[203] Vor dem Hintergrund bestehender Informationsasymmetrien über die Erfolgs- und Sicherheitslage von Versicherungsunternehmen soll zunächst die Eignung der privaten Informationsintermediäre Ratingagenturen[204] und Finanzanalysten diskutiert werden, die Informationslage der Prinzipale zu verbessern. Dabei orientieren sich Ratingagenturen vor allem an den Informationsbedürfnissen der Versicherungsneh-

---

[202] Vgl. Koch 2006, S. 146, vgl. Wagenhofer/Ewert 2003, S. 254.

[203] Vgl. Horsch 2006, S. 52 ff., vgl. Koch 2006, S. 142.

[204] Neben Ratingagenturen können auch die Vertriebsorgane eines Versicherungsunternehmens als Informationsintermediär fungieren. In diesem Zusammenhang sind die Einfirmen-/ Konzernvertreter und die Versicherungsmakler zu nennen. Beide Informationsintermediäre stehen jedoch in einem wirtschaftlichen Abhängigkeitsverhältnis zum Versicherer, worunter die Glaubwürdigkeit von deren Signal an den Versicherungsnehmer leidet. Zumindest beim „screening" des Angebots der Versicherer weist der Versicherungsmakler Kostenvorteile gegenüber dem direkten „screening" durch den Versicherungsnehmer auf. Die Unsicherheit über die Erfolgs- und Sicherheitslage des Versicherers beim direkten „screening" wird jedoch bei der Einschaltung eines Versicherungsmaklers durch die Unsicherheit über die Qualität der Beratungsleistung des Versicherungsmaklers bezüglich der Erfolgs- und Sicherheitslage des Versicherers ersetzt. Vgl. Koch 2006, S. 148 ff.

mer,[205] weshalb die Sicherheitslage eines Versicherers bzw. deren Prognose im Mittelpunkt steht.[206] Im Gegensatz dazu wenden sich Finanzanalysten vor allem an Investoren, so dass der Fokus auf die Erfolgslage und deren Prognose gerichtet ist, woraus dann Kauf- und Verkaufsempfehlungen abgeleitet werden.[207] [208]

Die Ratingnote steht am Ende eines interaktiven[209] Finanzkraftratings[210] und gibt Auskunft über die Fähigkeit eines Versicherungsunternehmens seine (zukünftigen) Verpflichtungen zu erfüllen. In den Ratingprozess finden neben öffentlich zugänglichen Informationen wie den externen Jahresabschlüssen auch interne Daten der Versicherer Eingang.[211] Insbesondere durch die Berücksichtigung interner qualitativer Informationen wird die Aussagefähigkeit der Ratingnote verglichen mit dem direkten „Screening" durch den Versicherungsnehmer deutlich verbessert.[212] Bedingt durch die zentrale Informationssuche und -verarbeitung werden im Rahmen des Ratingprozesses Skaleneffekte realisiert. [213] Daraus resultiert verglichen mit dem direk-

---

205 Neben den Versicherungsnehmern werden auch Versicherungsmakler, Eigen- und Fremdkapitalgeber sowie Konkurrenten als potenzielle Adressaten der Ratings von Versicherungsgesellschaften genannt. Vgl. Farny 1998, S. 28 f.

206 Vgl. Farny 1998, S. 29, vgl. Horsch 2006, S. 77 und 84 f., vgl. Koch 2006, S. 150 ff.

207 Vgl. Bittner 1996, S. 24 ff. und S. 36 ff., vgl. Horsch 2006, S. 54.

208 Wie bereits mehrfach betont, ist die Sicherheitslage eines Versicherers zumindest langfristig nicht unabhängig von dessen Erfolgslage, so dass neben den Analysen der Ratingagenturen auch die Publikationen von Finanzanalysten in die Entscheidungsfindung der Versicherungsnehmer Eingang finden sollten. Umgekehrt ist die Ertragsentwicklung aufgrund des bestehenden Zusammenhangs zwischen der Zahlungsbereitschaft der Versicherungsnehmer und der Sicherheitslage des Versicherers nicht unabhängig von dessen Sicherheitsniveau, so dass die Ergebnisse von Ratingprozessen in die Prognosen der Finanzanalysten und Entscheidungen der Investoren einfließen dürften.

209 Neben interaktiven Ratings, bei denen die Ratingagentur nach Aufforderung durch den Versicherer tätig wird und bei denen interne Informationen des Versicherers Verwendung finden, nehmen Ratingagenturen in Eigeninitiative auch so genannte Public Information Ratings („PI-Ratings") vor, in die ausschließlich öffentlich zugängliche Informationen einfließen. Vgl. Farny 1998, S. 26 f., vgl. Horsch 2006, S. 87 ff., vgl. Koch 2006, S. 151.

210 Im Gegensatz zum Finanzkraftrating (Unternehmensrating) gibt das Produktrating Auskunft über die Qualität der Versicherungsbedingungen, den Service des Versicherers sowie dessen Prämienhöhe. Dabei können Produkt- und Unternehmensratings in der Versicherungswirtschaft aufgrund der Tatsache, dass die Erfolgs- und Sicherheitslage des Unternehmens die Produktqualität determiniert, nur schwer getrennt voneinander vorgenommen werden. Vgl. Farny 1998, S. 27, vgl. Horsch 2006, S. 75, vgl. Koch 2006, S. 150 f.

211 Vgl. Farny 1998, S. 31 ff., vgl. Koch 2006, S. 150 f.

212 Vgl. Koch 2006, S. 151.

213 Vgl. Horsch 2006, S. 55, vgl. Koch 2006, S. 151.

ten „screening“ durch die Versicherungsnehmer eine Effizienzsteigerung. Aufgrund der öffentlichen Verfügbarkeit der Ratingergebnisse liegen die Grenzkosten eines Ratings für den Versicherungsnehmer nahe null.[214] [215]

Neben der intransparenten Informationsaggregation zu einer Ratingnote erweist sich die wirtschaftliche Abhängigkeit der Ratingagenturen von den Versicherungsunternehmen als problematisch.[216] [217] Die wirtschaftliche Abhängigkeit der Ratingagenturen liegt in der Tatsache begründet, dass die Versicherer für das Rating bezahlen, so dass ein Anreiz für die Ratingagenturen besteht, diese zu positiv zu bewerten. Dadurch wird die Glaubwürdigkeit des „Signalling“ mittels Ratingagenturen beeinträchtigt.[218] Zusammenfassend kann festgehalten werden, dass die Nutzung von Ratingagenturen dem Versicherungsnehmer Vorteile beim „Screening“ von Versicherungsunternehmen offeriert, dass aber im Rahmen des „Signalling“ Glaubwürdigkeitsdefizite bestehen.

Ausgehend von der prognostizierten Erfolgslage eines Unternehmens erstellen Finanzanalysten Kauf- und Verkaufsempfehlungen für Investoren.[219] Dabei greifen Fi-

---

214 Vgl. Koch 2006, S. 151.

215 Dabei ist jedoch zu berücksichtigen, dass Ratingagenturen oftmals detaillierte Informationen, die im Zusammenhang mit dem Ratingprozess stehen, nur gegen zusätzliche Entgelte zur Verfügung stellen. Vgl. Horsch 2006, S. 79.

216 Vgl. Horsch 2006, S. 65 ff., vgl. Koch 2006, S. 151 f.

217 Durch die Einschaltung des Informationsintermediärs Ratingagentur entstehen neue Informationsasymmetrien und Anreize zu opportunistischem Verhalten. Neben der wirtschaftlichen Abhängigkeit der Ratingagentur können hierfür hohe Markteintrittsbarrieren und damit einhergehend der fehlende Zwang zu hoher Qualität der Informationsleistung des Informationsdienstleisters genannt werden. Auch für das Versicherungsunternehmen kann ein Anreiz bestehen, nur positive Informationen über seine Erfolgs- und Sicherheitslage weiterzugeben. Vgl. Horsch 2006, S. 65 ff..

218 Deshalb werden verschiedene Instrumente, um die Glaubwürdigkeit von Ratingagenturen zu erhöhen, diskutiert. So wird zum einen erwogen, Ratinggesellschaften einem Rating zu unterwerfen („Peer Review Prozess“). Als weiterer Lösungsansatz wird vorgeschlagen, die Ratingagenturen einer staatlichen Aufsicht zu unterstellen. Bisher existiert jedoch nur ein Verhaltenskodex der supranationalen Vereinigung der Börsenaufsicht IOSCO, der von der EU-Kommission übernommen wurde. Vgl. Horsch 2006, S. 124 ff., vgl. Koch 2006, S. 152.

219 In diesem Zusammenhang wird unterstellt, dass die Mehrzahl der Finanzanalysten Fundamentalanalyse betreibt. Im Rahmen der Fundamentalanalyse wird der „wahre“ (fundamentale) Wert einer Aktie bestimmt und dieser in Relation zum aktuellen Marktpreis einer Aktie gesetzt, woraus dann Handlungsempfehlungen an die Investoren abgeleitet werden. Vgl. Bittner 1996, S. 32. Zur Bestimmung des fundamentalen Werts einer Aktie werden die prognostizierten Gewinne, Zahlungsüberschüsse oder Dividenden diskontiert. Vgl. Bittner 1996, S. 39 ff. Im Gegensatz

nanzanalysten sowohl auf unternehmensexterne als auch -interne Informationsquellen zurück.[220] Verglichen mit dem direkten „Screening" durch die Investoren weisen Finanzanalysten Effizienzvorteile bei der Informationsbeschaffung und -verarbeitung auf. Dies gilt zumindest für die Masse der Kleinanleger, wohingegen institutionelle Anleger oftmals über eigene Finanzanalysten verfügen.[221]

Analog zu Ratingagenturen kann die Glaubwürdigkeit eines von einem Finanzanalysten ausgesendeten Signals durch bestehende Abhängigkeiten zum zu beurteilenden Unternehmen negativ tangiert werden. Zwar werden Aktienanalysten nicht wie Ratingagenturen von den Unternehmen beauftragt. Jedoch können bestehende Geschäftsbeziehungen zwischen dem zu analysierenden Unternehmen und der Bank, bei der der Finanzanalyst angestellt ist, dessen Unabhängigkeit beeinträchtigen. Offenkundig wird der Interessenkonflikt des Bankanalysten bei einer Wertpapieremission des zu beurteilenden Unternehmens, bei der die eigene Bank Mitglied des Emissionskonsortiums ist.[222] Außerdem könnten Unternehmen damit drohen, den Kontakt zu Analysten, die das Unternehmen negativ bewerten, abzubrechen und damit den Informationsfluss interner Daten zu unterbinden.[223]

Eine Möglichkeit, die aus der Trennung von Eigentum und Verfügungsmacht resultierende „hidden action"-Problematik und das damit einhergehende opportunistische Verhalten des Agenten einzugrenzen, stellt die von *Breuer* vorgeschlagene Börsennotiz möglichst vieler Versicherungsgesellschaften dar.[224] Unter der Prämisse eines informationseffizienten Kapitalmarktes[225] würde eine zu riskante Anlage- bzw. eine zu nachlässige (Schaden-)Regulierungspolitik durch das Management des Versiche-

---

zur fundamentalen Aktienanalyse versucht die technische Analyse, Entscheidungen anhand des Kursverlaufs der Vergangenheit, bei dem Trends identifiziert werden, zu generieren. Vgl. Bittner 1996, S. 33.

220 Vgl. Bittner 1996, S. 37 ff.

221 Vgl. Bittner 1996, S. 24 f.

222 Vgl. Bittner 1996, S. 26.

223 Vgl. Bittner 1996, S. 27.

224 Vgl. Breuer 2004, S. 11, vgl. Breuer 2003, S. 71, vgl. Breuer 1999, S. 40 ff.

225 Vgl. Kapitel 2.1.2.1 dieser Arbeit.

rers zu sinkenden Kursen führen, was auf das Management eine disziplinierende Wirkung ausüben dürfte.[226]

Zwar würde der „hidden action"-Problematik (Eigentümer-Manager-Konflikt)[227] und dem daraus resultierenden opportunistischen Verhalten des Managements mit einer Börsennotiz die Schärfe genommen, jedoch setzt eine Kursreaktion des Kapitalmarkts dessen umfassende Versorgung mit Informationen insbesondere mit Daten der Rechnungslegung voraus. Eine reibungslose Informationsverarbeitung durch den Kapitalmarkt erfordert jedoch wiederum Informationen, die nicht durch bilanzpolitische Maßnahmen verzerrt sind und damit eine wenig aussagekräftige Darstellung der Erfolgs- und Sicherheitslage liefern.[228] Die grundsätzliche Problematik der „hidden information", das heißt der besseren Information des Agenten Versicherungsmanagement über die Erfolgs- und Sicherheitslage des Versicherers, bleibt jedoch weiterhin bestehen, selbst wenn der Kapitalmarkt eventuelle bilanzpolitische Maßnahmen bei der Preisfindung antizipiert.

2.2.2. Staatliche Lösungsansätze in Form der Versicherungsaufsicht

Eine Möglichkeit, die Glaubwürdigkeitsdefizite der privaten Informationsintermediäre zu reduzieren, stellt der Rückgriff auf den staatlichen Informationsintermediär Versicherungsaufsicht dar. Analog zu den privaten Informationsintermediären Ratingagentur und Finanzanalyst sind Effizienzvorteile der staatlichen Versicherungsaufsicht beim „Screening" von Versicherungsunternehmen verglichen mit dem direkten „Screening" durch den Versicherungsnehmer zu konstatieren.[229] Im Gegensatz zum interaktiven Rating, bei dem der Versicherer über den Umfang der weiterzugebenden Informationen autonom entscheidet,[230] kann die Aufsichtsbehörde im Rahmen der

---

226 Vgl. Breuer 2003, S. 11, vgl. Breuer 2003, S. 71, vgl. Breuer 1999, S. 40.

227 Vgl. Breuer 2004, S. 10, vgl. Breuer 1999, S. 22, vgl. Wagenhofer/Ewert 2003, S. 183.

228 Vgl. Kapitel 2.1.2.2 dieser Arbeit, vgl. Varain 2004, S. 192 f.

229 Vgl. Koch 2006, S. 153 f.

230 Vgl. Horsch 2006, S. 66.

internen Rechnungslegung auf interne Daten des Versicherers zugreifen.[231] Zusätzlich kann die Versicherungsaufsicht von den Versicherungsunternehmen Prognoserechnungen, insbesondere Stresstests,[232] verlangen.[233]

Die erhöhte Glaubwürdigkeit eines Signals der Versicherungsaufsicht ergibt sich aus dem hoheitlichen Auftrag, die dauernde Erfüllbarkeit der Verpflichtungen eines Versicherers zu gewährleisten. Aus dem hoheitlichen Auftrag und der damit korrespondierend fehlenden Geschäftsbeziehung zu Versicherungsunternehmen resultiert ein hohes Maß an Unabhängigkeit.[234] Leider werden die im Rahmen der laufenden Finanzaufsicht[235] [236] gewonnenen Erkenntnisse über die Solvenz der Versicherungsunternehmen nicht publik, sofern keine Sanktionen verhängt werden.[237] Damit bleibt der Erkenntnisgewinn der Prinzipale über die Erfolgs- und Sicherheitslage des Versicherers begrenzt, da das von der Versicherungsaufsicht ausgesendete Signal nur binärer Natur ist.[238] Folgerichtig soll im Rahmen des „Solvency II"-Projektes[239] für

---

231 Vgl. § 55a VAG, vgl. BerVersV, vgl. Koch 2006, S. 153.

232 Beim Stresstest wird geprüft, inwiefern ein Versicherer bei kombinierten Kursrückgängen an Aktien- und Rentenmärkten die Bedeckung der technischen Reserven gewährleisten kann. Vgl. Farny 2005, S. 529, vgl. Koch 2006, S. 155.

233 Vgl. § 55b VAG, vgl. Koch 2006, S. 155.

234 Vgl. Koch 2006, S. 154.

235 Im Mittelpunkt der laufenden Finanzaufsicht stehen zum einen eine ausreichende Bemessung der versicherungstechnischen Rückstellungen und zum anderen die Einhaltung der Kapitalanlagevorschriften sowie der Normen zur Solvabilität. Vgl. § 81 Abs. 1 S. 5 VAG, vgl. Hassler/Sauer/Schneider 2006, S. 1547 f., vgl. Koch 2006, S. 156, vgl. Schradin 2003 b, S. 12.

236 Zur konzeptionellen Kritik an den aktuellen Vorschriften zur laufenden Finanzaufsicht vgl. Schradin 2003 b, S. 14 ff.

237 Vgl. Koch 2006, S. 156 ff.

238 Vgl. Koch 2006, S. 156.

239 Das Projekt Solvency II hat die Generalrevision der aufsichtsrechtlichen Normen für Versicherungsunternehmen zum Gegenstand. In Anlehnung an das Aufsichtsmodell im Bankensektor („Basel II") sollen drei Säulen konstituiert werden. Säule I beinhaltet Vorschriften zur Sicherung der Solvenz im weiteren Sinne. Dabei soll der Schwerpunkt auf Vorschriften zur Dotierung der versicherungstechnischen Rückstellungen, zur Vermögensanlage sowie zur Ermittlung einer risikoadäquaten Kapitalausstattung liegen. Die risikotheoretisch fundierte Kapitalbedarfsermittlung kann im Rahmen eines Standardmodells oder eines zu genehmigenden individuellen internen Risikomodells erfolgen. In diesem Zusammenhang sollen versicherungstechnische Risiken, Marktpreisrisiken, Kreditausfallrisiken, Asset-Liability-Mismatch-Risiken sowie operative Risiken Berücksichtigung finden. Dabei ist zwischen einem zwingend einzuhaltenden Mindestkapitalbedarf und einem wünschenswerten Zielkapital zu unterscheiden. Säule II umfasst qualitative Kriterien, anhand derer das Risikomanagement des Versicherers geprüft werden soll, sowie die Prüfung interner Risikomodelle des Versicherers. Säule III hat Publizitätsvorschriften

Versicherungsunternehmen die Pflicht kodifiziert werden, umfangreiche Informationen über deren Risikolage offenzulegen.

Zusammenfassend kann festgehalten werden, dass sowohl das direkte „Screening" bzw. „Signalling" als auch die Einschaltung von Informationsintermediären die bestehenden Informationsasymmetrien zwischen den Prinzipalen und dem Agenten nur mildern, aber nicht beseitigen können. Dabei erweist sich der Rückgriff auf Informationsintermediäre prinzipiell als effizienter als das direkte „Screening" oder „Signalling". Allerdings offenbaren die von privaten Informationsintermediären emittierten Signale Glaubwürdigkeitsprobleme. Aufgrund ihres hoheitlichen Auftrags weisen die Aufsichtsbehörde und die von ihr ausgesendeten Signale zwar eine größere Glaubwürdigkeit auf, der Erkenntnisgewinn der Prinzipale bleibt jedoch aufgrund des binären Charakters der Signale begrenzt. Auch die im Rahmen von Solvency II geplanten Publizitätsvorschriften zur Risikolage eines Versicherungsunternehmens ändern daran grundsätzlich nichts, da diese nur eine Ergänzung zu den Rechnungslegungsvorschriften nach IAS/IFRS darstellen sollen.[240]

Damit ergibt sich für die Prinzipale weiterhin die Notwendigkeit, sich die Informationsfunktion der Rechnungslegung zu Nutze zu machen, um entscheidungsrelevante und hinreichend objektivierte Informationen über die aktuelle und zukünftige Erfolgs- und Sicherheitslage des Versicherungsunternehmens zu erhalten. Die Informationsfunktion des externen Rechnungswesens soll dann im folgenden Kapitel drei mittels der aktuellen (IFRS 4) und intendierten („DSOP Insurance Contracts") Rechnungslegungsvorschriften von Versicherungsverträgen konkretisiert werden. Im Kapitel vier sollen dann insbesondere die geplanten Vorschriften des DSOP auf ihre Entscheidungsnützlichkeit untersucht werden.

über die Risikolage des Versicherers mit dem Ziel der Schaffung von Markttransparenz und Marktdisziplin zum Inhalt. Vgl. Farny 2005, S. 805 ff., vgl. Horsch 2006, S. 123 f., vgl. Schradin 2003b, S. 40 ff.

240 Vgl. Koch 2006, S. 157.

3. Rechnungslegungsvorschriften für Versicherungsverträge

3.1 IFRS 4 als Interimstandard

3.1.1. Konzeption insbesondere Anwendungsbereich des IFRS 4

Um die internationale und intersektorale Vergleichbarkeit der Abschlüsse von Versicherungsunternehmen zu verbessern, initiierte das damalige IASC im Jahr 1997 das Projekt eines separaten Standards für Versicherungsverträge.[241] [242] Dies geschah vor dem Hintergrund, dass im Zuge der Verabschiedung der EU-Versicherungsbilanzrichtlinie insgesamt 132 Mitgliedstaatenwahlrechte kodifiziert wurden, von denen beinahe jedes zumindest von einem Mitgliedstaat ausgeübt wurde.[243]

Nach der Gründung einer Arbeitsgruppe („Steering Committee") zur Erarbeitung eines Standardentwurfs für Versicherungsverträge stellte diese im Jahr 1999 ein Diskussionspapier („Issues Paper")[244] vor und veröffentlichte im Jahr 2001 ein „Draft Statement of Principles".[245] Mit der Veröffentlichung des „Exposure Draft 5"[246] und der Verabschiedung des IFRS 4 wurde das Projekt eines Rechnungslegungsstandards für Versicherungsverträge endgültig in zwei Phasen aufgeteilt.[247] Neben der

---

241 Vgl. Ebbers 2004, S. 1377, vgl. DSOP 2001, 1.6 a) und b), vgl. Geib 2001, S. 114, vgl. Hassler/Sauer/Schneider 2006, S. 1359, vgl. Rockel/Sauer 2007, S. 741 ff., vgl. Rittmann/Rockel 2004b, S. 442, vgl. Rockel/Sauer 2004, S. 215, vgl. Zons 2006, S. 256.

242 Obwohl Versicherungsverträge unter die Definition eines Finanzinstruments nach IAS 39 zu subsumieren sind, wurden Versicherungsverträge bis zur Verabschiedung eines separaten Standards vom Anwendungsbereich der IAS/IFRS explizit ausgeschlossen. Vgl. IAS 32 Nr. 4d)+e), IAS 37 Nr. 1c) i.V.m. IAS 37 Nr. 5e) oder IAS 39 Nr. 2e), vgl. Kölschbach 2000, S. 432.

243 Vgl. Geib 2001, S. 113, vgl. Kölschbach 2000, S. 432, vgl. Rockel/Sauer 2007, S. 742.

244 Zum „Issues Paper" vgl. Kölschbach 2000, S. 432 ff.

245 Zum „Draft Statement of Principles" vgl. DSOP 2001, vgl. Geib 2001, S. 114 ff., vgl. Ebbers 2004, S. 1377, , vgl. Kölschbach 2004, S. 676, vgl. Engeländer/Kölschbach 2007, S. 387, vgl. Engeländer/Kölschbach 2004, S. 574, vgl. Kreeb/Rohlfs 2005, S. 347, vgl. Kreeb/Zons 2005, S. 118, vgl. Zons 2006, S. 256.

246 Zum „Exposure Draft 5" vgl. Fourie/Harbort 2003a, S. 1531, vgl. Hommel 2003, S. 2114-2120, vgl. Engeländer/Kölschbach 2003, vgl. Rockel/Sauer 2003, S. 1108-1119, vgl. Rockel/Sauer 2004, S. 215-219.

247 Vgl. Böhlhoff/Grimm 2007, S. 231 f., vgl. Ebbers 2004, S. 1377, vgl. Fourie/Harbort 2003a, S. 1531, vgl. Kölschbach 2004, S. 678, vgl. Engeländer/Kölschbach 2007, S. 387, vgl. Engeländer/Kölschbach 2004, S. 574, vgl. Kreeb/Rohlfs 2005, S. 348, vgl. Rittmann/Rockel 2004b, S.

Verabschiedung des Interimstandards IFRS 4 wurde für den Abschluss von Phase II ein endgültiger IFRS avisiert.[248]

Folgerichtig werden am Anfang des dritten Kapitels die Regelungen des IFRS 4 vorgestellt und vor allem im Hinblick auf einen rechnungslegungsinduzierten möglichen „Asset-Liability-Mismatch“ problematisiert. Im Mittelpunkt des dritten Kapitels stehen jedoch die intendierten Normen zur Abbildung von Versicherungsverträgen im Jahresabschluss in Gestalt des „DSOP Insurance Contracts“. Dabei soll zunächst die fortführungsstatische Bilanzierungskonzpetion des „Asset-Liability-Measurement“-Ansatzes erörtert werden. Der Diskussion der angedachten Bewertungsregeln der aus einem Versicherungsvertrag resultierenden Vermögensgegenstände und Schulden soll im weiteren Verlauf des dritten Kapitels ein breiter Raum eingeräumt werden.

So soll nach der Darstellung der grundlegenden, zeitwertbasierten Bewertungskonzeption des DSOP die Umsetzung der Zeitwertkonzepte in bisherigen Standards überprüft werden. Da für Versicherungsverträge keine aktiven Märkte vorliegen, stellt die hypothetische Marktwertkonstruktion den Kern des Bewertungskonzepts dar. Dabei sollen mit den erwarteten Zahlungen, dem Diskontierungszinssatz und der Risikoadjustierung die Komponenten von Prämien- und Verpflichtungsbarwert einer näheren Betrachtung unterzogen werden. Anschließend werden sämtliche im Verhältnis von Prämien- zu Verpflichtungsbarwert im Zeitpunkt der Erstbewertung denkbaren Szenarien analysiert. Abschließend wird die Folgebewertung von Prämien- und Verpflichtungsbarwerten in der Komposit- und Lebensversicherung sowohl unter konstanten als auch variablen Bewertungsprämissen untersucht.

Im Gegensatz zur versicherungsspezifischen handelsrechtlichen Rechnungslegung, deren Geltungsbereich an der Institution Versicherungsunternehmung anknüpft, ist

---

442, vgl. Rockel/Sauer 2007, S. 742, vgl. Rockel/Sauer 2004, S. 275, vgl. Varain 2004, S. 37, vgl. Zons 2006, S. 256.

[248] Vgl. Ebbers 2004, S. 1377 und S. 1385, vgl. Fourie/Harbort 2003a, S. 1531, vgl. IFRS 4, Nr.1 2. Halbsatz, vgl. Engeländer/Kölschbach 2004, S. 574 und S. 576, Rockel/Sauer 2004, S. 215, vgl. Zons 2006, S. 256.

der Anwendungsbereich des IFRS 4 auf Erst- und Rückversicherungsverträge[249] sowie Finanzinstrumente mit ermessensabhängiger Überschussbeteiligung[250] begrenzt.[251] [252] Dabei soll der Anwendungsbereich auch für den endgültigen Standard seine Gültigkeit behalten,[253] so dass dieser anschließend ausführlicher erläutert wird. Im Mittelpunkt von Phase 1 steht material das (Wahl-)recht, die nationalen Bilanzierungs- und Bewertungsvorschriften weitgehend fortzuführen.[254] [255] Änderungen der Bilanzierungs- und Bewertungsmethoden können nur vorgenommen werden, sofern diese eine höhere Entscheidungsrelevanz oder Verlässlichkeit aufweisen.[256] [257] Im

---

249 Im Rahmen von IFRS 4 werden Verträge sowohl aus aktiver wie auch aus passiver Rückversicherung erfasst. Vgl. Ebbers 2004, S. 1378, vgl. IFRS 4 Nr. 2 a) und Nr. 6, vgl. Engeländer/Kölschbach 2004, S. 575, vgl. Zons 2006, S. 262.

250 Die Regelungen zu Finanzinstrumenten mit ermessensabhängiger Überschussbeteiligung wie zu Versicherungsverträgen mit ermessensabhängiger Überschussbeteiligung beziehen sich auf die in Großbritannien übliche Praxis, für die noch nicht zwischen Aktionär und Versicherungsnehmer aufgeteilten Überschüsse eine separate Bilanzposition mit hybridem Charakter zu bilden. Im Rahmen des IFRS 4 wurde ein Wahlrecht eingeräumt, die ermessensabhängige Überschussbeteiligung separat von der Garantiekomponente als Eigenkapital oder zusammen mit dieser als Verbindlichkeit zu bilanzieren. Vgl. Ebbers 2004, S. 1382, vgl. IFRS 4 Nr. 34 und Nr. 35.

251 Zum Anwendungsbereich von IFRS 4 vgl. Böhlhoff/Grimm 2007, S. 232 f., vgl. Ebbers 2004, S. 1378, vgl. IFRS 4 Nr. 1 a) und b), vgl. Hipp 2007, S. 130 ff., vgl. Kölschbach 2004, S. 678, vgl. Engeländer/Kölschbach 2004, S.575, vgl. Zons 2006, S.256. In einem früheren Stadium des Standardsetzungsprozesses wurde der Anwendungsbereich bereits bei Geib 2001, S. 115 f., Kölschbach 2000, S. 433 und Widmann/Korkow 2002, S. 1236 sowie in den Literaturangaben zum ED 5 erläutert.

252 Bei Erstversicherungsverträgen und Finanzprodukten aus ermessensabhängiger Überschussbeteiligung werden nur die Anbieter vom Geltungsbereich des IFRS 4 erfasst. Versicherungsnehmer und Sparer müssen hierfür eigene Bilanzierungsmethoden entwickeln. Vgl. Ebbers 2004, S. 1378, vgl. Engeländer/Kölschbach 2004, S. 575, vgl. Zons 2006, S. 261.

253 Vgl. Engeländer/Kölschbach 2004, S. 575, vgl. Rockel/Sauer 2004, S. 215.

254 Vgl. Böhlhoff/Grimm 2007, S. 233, vgl. Ebbers 2004, S. 1381, vgl. Fourie/Harbort 2003a, S. 1531, vgl. IFRS 4 Nr. 13, vgl. Kölschbach 2004, S. 679 f., vgl. Engeländer/Kölschbach 2007, S. 387, vgl. Engeländer/Kölschbach 2004, S. 574 ff., vgl. Kreeb/Rohlfs 2005, S. 348, vgl. Kreeb/Zons 2005, S. 123, vgl. Rockel/sauer 2007, S. 743, vgl. Rockel/Sauer 2004, S. 215, vgl. Zimmermann/Schweinberger 2005, S. 57, vgl. Zons 2006, S. 262. Technisch wird die fortgesetzte Anwendung nationaler Normen ermöglicht, indem die Vorschriften des IAS 8 Nr. 10-12, die die Vorgehensweise bei Lücken innerhalb der IAS regeln, bei Versicherungsverträgen außer Kraft gesetzt werden.

255 Im Gegensatz zu der vom Standardsetter präferierten Diskontierung von Verbindlichkeiten mit dem Marktzinssatz können bei der Bewertung von Rückstellungen weiterhin auf deren Diskontierung verzichtet werden oder die unternehmensindividuelle Kapitalanlagerendite als Diskontierungszinssatz Verwendung finden. Vgl. Ebbers 2004, S. 1382, vgl. IFRS 4 Nr. 25 a) und Nr. 27 a). Auch aus dem Blickwinkel des Standardsetters übermäßig vorsichtige Bilanzierungs- und Bewertungsmethoden können beibehalten werden. Vgl. IFRS 4 Nr. 26.

256 Vgl. IFRS 4 Nr. 22, vgl. Kölschbach 2004, S. 679, vgl. Engeländer/Kölschbach 2004, S. 576, vgl. Zons 2004, S. 264. Dabei darf eine höhere Entscheidungsrelevanz oder Verlässlichkeit nicht zu Lasten des jeweils anderen Kriteriums gehen. So werden der Übergang von diskontier-

Gegensatz dazu ist die fortgesetzte Bilanzierung von Rückstellungen für zukünftige Versicherungsfälle explizit verboten.[258] Damit entfällt die Möglichkeit, eine Schwankungs- bzw. Großrisikorückstellung zu bilden und damit den Ausgleich in der Zeit zu organisieren.[259] Neben einem Angemessenheitstest für Verbindlichkeiten[260] („loss recognition test") wurden des Weiteren umfangreiche Angabepflichten für den Anhang kodifiziert.[261]

Für die Abgrenzung des Anwendungsbereichs des IFRS 4 ist die Definition eines Versicherungsvertrags von zentraler Bedeutung. Dieser wird im Appendix A[262] des IFRS 4 definiert als ein Vertrag, „nach dem eine Partei (der Versicherer) ein signifikantes Versicherungsrisiko von einer anderen Partei (dem Versicherungsnehmer) übernimmt, indem sie vereinbart, dem Versicherungsnehmer eine Entschädigung zu

---

ten zu undiskontierten Rückstellungen, eine Vergrößerung der Diskrepanzen bei unterschiedlichen Bilanzierungs- und Bewertungsmethoden sowie der Übergang zu unternehmensindividuellen Diskontierungszinssätzen explizit ausgeschlossen. Vgl. IFRS 4 Nr. 25 und Nr. 27, vgl. Engeländer/Kölschbach 2004, S. 576.

257 Die Begriffe Entscheidungsrelevanz und Verlässlichkeit (Objektivierung) werden im vierten Kapitel dieser Arbeit ausführlich erläutert und diskutiert. Siehe hierzu Abschnitt 4.1 dieser Arbeit.

258 Vgl. IFRS 4 Nr. 14 a), vgl. Engeländer/Kölschbach 2004, S. 576, vgl. Kreeb/Rohlfs 2005, S. 348.

259 Vgl. Böhlhoff/Grimm 2007, S. 233, vgl. Ebbers 2004, S. 1382, vgl. Fourie/Harbort 2003a, S. 1531, vgl. Kölschbach 2004, S. 679, vgl. Engeländer/Kölschbach 2004, S. 576, vgl. Kreeb/Rohlfs 2005, S. 348, vgl. Kreeb/Zons 2005, S. 123, vgl. Rockel/Sauer 2004, S. 215, vgl. Zons 2006, S. 262.

260 Vgl. Ebbers 2004, S. 1382, vgl. IFRS 4 Nr. 15-19, vgl. Kölschbach 2004, S. 679, vgl. Engeländer/Kölschbach 2004, S. 576, vgl. Rockel/Sauer 2004, S. 215, vgl. Zons 2006, S. 262. Im Zuge des „loss recognition test" muss der Umfang der bestehenden Rückstellung mindestens dem Barwert der erwarteten Zahlungsströme entsprechen. Bei einer Unterdeckung erfolgt eine einmalige aufwandswirksame Zuführung.

261 Dazu zählen Angaben über Bilanzierungs- und Bewertungsmethoden für Vermögenswerte und Verbindlichkeiten aus Versicherungsverträgen sowie zu Gewinnen und Verlusten insbesondere aus der Rückversicherungsnahme und die Erläuterung der Prämissen bei der Bewertung von Vermögensgegenständen und Schulden. Daneben sollen Betrag, Zeitpunkt und Unsicherheit zukünftiger Cash Flows dargelegt werden. Die Risikoberichterstattung soll die Ziele des Risikomanagements und Angaben zum Versicherungs-, Zins-, und Kreditrisiko beinhalten. Zusätzlich sollen Sensitivitätsrechnungen für Ergebnis und Eigenkapital vorgenommen werden. Im Gegensatz dazu wurde auf die noch im „Exposure Draft" vorgesehene Angabe des beizulegenden Zeitwerts für Versicherungsverträge im Anhang verzichtet. Vgl. Ebbers 2004, S. 1383, vgl. Hassler/Sauer/Schneider 2006, S. 1546 f., vgl. Hitz 2005a, S. 121, vgl. IFRS 4 Nr. 37-39, vgl. Kölschbach 2004, S. 682 ff., vgl. Engeländer/Kölschbach 2004, S. 579, vgl. Kreeb/Rohlfs 2005, S. 348, vgl. Kreeb/Zons 2005, S. 124, vgl. Rockel/Sauer 2004, S. 218.

262 Damit wurde die Definition eines Versicherungsvertrags aus dem DSOP „Insurance Contracts" übernommen. Vgl. DSOP 2001, Nr. 1.19.

leisten, wenn ein spezifiziertes ungewisses zukünftiges Ereignis (das versicherte Ereignis) den Versicherungsnehmer nachteilig betrifft". Wichtig in diesem Zusammenhang ist die Konkretisierung der Begriffe signifikantes Versicherungsrisiko und spezifiziertes ungewisses zukünftiges Ereignis.

Als Versicherungsrisiko wird jedes Risiko definiert, das kein Finanzrisiko ist.[263] Als Finanzrisiko wird dabei jedes Risiko bezeichnet, das aus der Veränderung von Marktfaktoren resultiert. Zu den Marktfaktoren werden zum einen finanzielle Variablen wie die Entwicklung der Preise an den Aktien-, Renten-, Währungs- oder Rohstoffmärkten oder die Entwicklung der Bonität einzelner Marktteilnehmer gezählt.[264] Zum anderen werden der Veränderung von Marktfaktoren nicht parteispezifische nicht-finanzielle Variablen wie z.B. die Entwicklung von Wetter- oder Katastrophenschadenindices zugerechnet.[265] Außerdem wird das Versicherungsrisiko auf Risiken, die vor Abschluss des Versicherungsvertrags existierten, eingegrenzt.[266]

Um keine Anreize zur Buchführungsarbitrage[267] zu geben, wurde darauf verzichtet, das Kriterium Signifikanz eines Versicherungsrisikos zu quantifizieren.[268] Stattdessen sind eine signifikante Änderung einer Verpflichtung und damit ein signifikantes Versicherungsrisiko anhand qualitativer Kriterien festzustellen. So sind z.B. die Zahlungsströme bei Eintritt und Nicht-Eintritt des Versicherungsfalls zu vergleichen.[269] Damit

---

263 Zur Definition des Versicherungs- bzw. Finanzrisikos vgl. Appendix A und B des IFRS 4, vgl. DSOP 2001, Nr. 1.19 und Nr. 1.4, vgl. Ebbers 2004, S. 1379, vgl. Hipp 2007, S. 134, vgl. Engeländer/Kölschbach 2004, S. 575, vgl. Kreeb/Zons 2005, S. 121, vgl. Widmann/Korkow 2002, S. 1236, vgl. Zons 2006, S. 257 f.

264 So sollen Kreditversicherungsverträge vom Anwendungsbereich des IFRS 4 ausgenommen werden, um sie gemeinsam mit den von Banken gegebenen Finanzgarantien einer separaten Behandlung zu unterwerfen. Vgl. Hipp 2007, S. 134, vgl. Kölschbach 2004, S. 679, vgl. Zons 2006, S. 260.

265 Vgl. Zons 2006, S. 259.

266 Dadurch kann das Risiko der ungetilgten Abschlusskosten (Stornorisiko) zwar Gegenstand eines Rückversicherungsvertrages sein. Für den Erstversicherer stellt das Stornorisiko jedoch kein Versicherungsrisiko dar. Vgl. Engeländer/Kölschbach 2004, S. 575, vgl. Zons 2006, S. 258.

267 Buchführungsarbitrage beschreibt den Versuch oftmals mit Hilfe formaler Gestaltungen die Anwendung einer günstigeren Rechnungslegungsvorschrift zu erreichen. Vgl. Hipp 2007, S. 134 f.

268 Vgl. Ebbers 2004, S. 1379 f., vgl. Hipp 2007, S. 134, vgl. Engeländer/Kölschbach 2004, S. 575, vgl. Zons 2006, S. 258.

269 Vgl. Engeländer/Kölschbach 2004, S. 576.

ein Versicherungsvertrag unter der Definition des IFRS 4 subsumiert wird, muss ein die Entschädigungszahlung auslösendes zukünftiges ungewisses Ereignis von den Vertragsparteien spezifiziert werden. Die Ungewissheit kann dabei sowohl im Eintritt, in der Höhe oder dem Zeitpunkt des Eintritts des Ereignisses bestehen.[270] Als zukünftiges Ereignis gilt auch die Kenntnisnahme über die Schadenhöhe eines zurückliegenden Ereignisses,[271] wodurch auch ein „Loss Portfolio Transfer" die Kriterien eines Versicherungsvertrages nach IFRS 4 erfüllen würde.

Sofern der Versicherungsvertrag eine Investmentkomponente wie z.B. die Gewährung eines Garantiezinses beinhaltet, ist eine Aufspaltung des Versicherungsvertrags in eine Versicherungskomponente, die nach IFRS 4 und eine Investmentkomponente die nach IAS 39 zu bilanzieren ist, in Erwägung zu ziehen („unbundling").[272] In einem ersten Schritt ist zu klären, ob die Investmentkomponente separat bewertet werden kann, was die Voraussetzung für eine Separierung darstellt. Zweitens muss eruiert werden, ob die Rechte und Verpflichtungen aus der Investmentkomponente bei einheitlicher Bilanzierung nicht oder nicht vollständig erfasst werden. Sollte dies der Fall sein, besteht die Pflicht zum „unbundling". Ansonsten verfügt der Versicherer über ein Wahlrecht.

Versicherungsverträge beinhalten implizite Optionen wie z.B. das Kündigungsrecht bei festgeschriebenen Rückkaufswerten in der Lebensversicherung. Dabei ist zu beachten, dass gemäß IAS 39 eingebettete Derivate[273] („embedded derivatives") separat zu bilanzieren und erfolgswirksam zum Zeitwert zu bewerten sind.[274] In diesem Kontext müssen die eingebetteten Derivate jedoch die Voraussetzungen des IAS

---

270 Vgl. Ebbers 2004, S. 1379, vgl. Engeländer/Kölschbach 2004, S. 575, vgl. Kreeb/Zons 2005, S. 121.

271 Vgl. Ebbers 2004, S. 1379, vgl. Zons 2006, S. 259.

272 Zur Vorgehensweise bei der potenziellen bilanziellen Aufspaltung von Versicherungsverträgen in eine Versicherungs- und eine Investmentkomponente vgl. Ebbers 2004, S. 1381, vgl. Hipp 2007, S. 136, vgl. IFRS 4 Nr. 10 a)-c), vgl. Engeländer/Kölschbach 2004, S. 576, vgl. Kreeb/Zons 2005, S. 122, vgl. Zons 2006, S. 259 ff.

273 Nach IAS 39 Nr. 10 sind eingebettete Derivate Teil eines strukturierten Finanzinstruments, jedoch nicht unabhängig übertragbar.

274 Vgl. Ebbers 2004, S. 1381, vgl. Hipp 2007, S. 135, vgl. IAS 39 Nr. 11, vgl. IFRS 4 Nr. 7, vgl. Engeländer/Kölschbach 2004, S. 578, vgl. Zons 2006, S. 260.

39.9 erfüllen.[275] [276] Außerdem sollten deren Merkmale und Risiken nicht eng mit dem zugrunde liegenden Basisvertrag verbunden sein.[277] Das heißt das eingebettete Derivat sollte nicht selbst als Versicherungsvertrag qualifiziert werden.[278] [279] Sofern das eingebettete Derivat im Rahmen des Basisvertrags mit dem Zeitwert bewertet wird, entfällt die Pflicht zur separaten Bilanzierung.[280] Auch Versicherungsverträge mit festen Rückkaufswerten werden im IFRS 4 von der in IAS 39 kodifizierten Pflicht zur Separierung ausgenommen.[281] Für Versicherungsverträge mit variablen Rückkaufswerten, d.h. Rückkaufswerten die abhängig von der Entwicklung nicht spezifischer finanzieller oder nicht-finanzieller Variablen sind, wird jedoch ein Separierungsgebot normiert.[282]

3.1.2. Asset-Liability-Mismatch-Problematik

Zwar wird mit dem IFRS 4 die bestehende Regelungslücke für Versicherungsverträge im Rahmen der IAS/IFRS vorübergehend geschlossen, jedoch ist diese Interimslösung nicht unproblematisch. So kommt es bedingt durch die mögliche Beibehaltung der nationalen Bilanzierungs- und Bewertungsvorschriften für versicherungsspezifische Sachverhalte zu einem bilanziell induzierten „Asset-Liability-Mismatch".[283] [284] Dieser beschreibt die Gefahr, dass zwischen der Bewertung zins-

---

275 Vgl. IAS 39 Nr. 11 b).

276 Im IAS 39 Nr. 9 ist die Definition eines Derivats normiert. Ein Derivat muss zunächst vom Anwendungsbereich des IAS 39 erfasst werden, und der Wert eines Derivats muss durch Änderungen von finanziellen oder nicht-finanziellen nicht-spezifischen Variablen determiniert werden. Zusätzlich muss ein Derivat eine geringere Anschaffungsauszahlung als andere Vertragsformen aufweisen und zu einem späteren Zeitpunkt erfüllt werden.

277 Vgl. Ebbers 2004, S. 1381, vgl. IAS 39 Nr. 11 a), vgl. Engeländer/Kölschbach 2004, S. 578.

278 Vgl. Ebbers 2004, S. 1381, vgl. IFRS 4 Nr. 7 letzter Halbsatz. So wird z.B. die garantierte lebenslange Rentenoption oder der garantierte Todesfallschutz als Versicherungsvertrag eingeordnet. Vgl. Ebbers 2004, S. 1381.

279 So wird z.B. die garantierte lebenslange Rentenoption oder der garantierte Todesfallschutz als Versicherungsvertrag eingeordnet. Vgl. Ebbers 2004, S. 1381.

280 Vgl. IAS 39 Nr. 11 c), vgl. Engeländer/Kölschbach 2004, S. 578, vgl. Zons 2006, S. 261.

281 Vgl. Ebbers 2004, S. 1381, vgl. IFRS 4 Nr. 8 S. 1, vgl. Engeländer/Kölschbach 2004, S. 578.

282 Vgl. Ebbers 2004, S. 1381, vgl. IFRS 4 Nr. 8 S. 2.

283 Zur Gefahr eines bilanziellen „Asset-Liability-Mismatch" vgl. Ebbers 2004, S. 1378 f. und S. 1384, vgl. Hassler/Sauer/Schneider 2006, S. 1545, vgl. Kölschbach 2004, S. 680 f., vgl. En-

reagibler Aktiva[285] wie festverzinslicher Wertpapiere, Namensschuldverschreibungen oder Schuldscheindarlehen und der Bewertung der versicherungstechnischen Passiva eine Inkongruenz entsteht.[286]

Diese Inkongruenz ergibt sich aus der Bewertung der zinsreagiblen Aktiva mit dem beizulegenden Zeitwert, sofern diese den Kapitalanlageklasse „available for sale“ oder „at fair value through profit or loss“ zugeordnet werden, wohingegen eine Diskontierung der versicherungstechnischen Passiva nach HGB und US-GAAP weitgehend unterbleibt.[287] Bei Schwankungen des Kapitalmarktzinsniveaus[288] ändert sich der „Fair Value“ der zinsreagiblen Kapitalanlagen, während die versicherungstechnischen Passiva von der Zinsänderung unberührt bleiben. Als Folge ergeben sich durch Rechnungslegungsvorschriften induzierte Schwankungen des Eigenkapitals und, sofern die Finanzinstrumente erfolgswirksam mit dem beizulegenden Zeitwert

---

geländer/Kölschbach 2004, S. 577, vgl. Kreeb/Zons 2005, S. 125 ff., vgl. Rockel/sauer 2007, S. 743, vgl. Rockel/Sauer 2004, S. 216 f., vgl. Schulz 2004, S. 37 ff., vgl. Varain 2004, S. 149.

284 Ein bilanziell induzierter „Asset-Liability-Mismatch“ liegt vor, wenn auf Zahlungsstromebene eine vollständige Immunisierung gegen Zinsänderungsrisiken vorliegt. Vgl. Hassler/Sauer/Schneider 2006, S. 1545, vgl. Kölschbach 2004, S. 681, vgl. Rockel/Sauer 2004, S. 216, vgl. Schulz 2004, S. 38 f. Eine Immunisierung gegen Zinsänderungsrisiken kann z.B. durch ein „cash flow matching“ oder „duration matching“ vorgenommen werden. Beim „cash flow matching“ wird ein Portefeuille selektiert, dessen Zahlungsstruktur den Zahlungen der versicherungstechnischen Passiva entspricht. Analog dazu wird beim „duration matching“ ein Portefeuille zusammengestellt, dessen Duration identisch mit der Duration der versicherungstechnischen Verbindlichkeiten ist. Vgl. Schulz 2004, S. 39.

285 In diesem Zusammenhang ist festzuhalten, dass auch Aktien und Immobilien im weiteren Sinne ebenfalls als zinsreagibel zu betrachten sind, da sich deren Gegenwartswert aus der Diskontierung zukünftiger erwarteter Zahlungsströme ergibt.

286 Zu den Auswirkungen eines „Asset-Liability-Mismatch“ auf Zahlungsstromebene, d.h. abweichender Duration von Aktiv- und Passivseite vgl. Perlet 2001, S. 301 ff., vgl. Varain 2004, S. 149 ff.

287 Eine Ausnahme stellt die Diskontierung der Deckungsrückstellung sowohl nach HGB als auch nach US-GAAP dar. Dabei erfolgt die Diskontierung jedoch mit einem fixen Zinssatz, so dass die Problematik eines „Asset-Liability-Mismatch“ auch im Fall der Deckungsrückstellung prinzipiell besteht. Vgl. Abschnitt 2.1.1 und die dort angeführte Literatur.

288 Selbst bei Annahme eines unveränderten Zinsniveaus ergibt sich unter der Prämisse eines „normalen“ Verlaufs der Zinsstrukturkurve eine inkongruente Bewertung von zinsreagibler Aktiva und undiskontierter versicherungstechnischer Passiva. Bei einem „normalen“ Verlauf der Zinsstrukturkurve erhöht sich mit der Laufzeit auch der Zinssatz. Dies führt dazu, dass sich der Zeitwert der zinsreagiblen Kapitalanlagen bei einer Verkürzung der Restlaufzeit zunächst erhöht, um sich gegen Ende der Laufzeit dem alten Wert wieder anzunähern. Die temporäre Erhöhung der Zeitwerte ist durch niedrigere Diskontierungszinssätze bedingt. Vgl. Rockel/Sauer 2004, S. 216, vgl. Schulz 2004, S. 41. Umgekehrt tritt im Fall einer inversen Zinsstrukturkurve eine temporäre Wertminderung ein. Vgl. Schulz 2004, S. 42.

bewertet werden, auch im Ergebnis.[289] Dies erweist sich insbesondere im Fall steigender Zinsen wegen der Reduktion des bilanziellen Eigenkapitals für die Versicherer als problematisch.[290] In diesem Zusammenhang verweist der Standardsetter darauf, dass bei Anwendung der US-GAAP, die inkonsistente Bewertung von Aktiv- und Passivseite ohne größere Verwerfungen praktiziert wird.[291] [292]

Als potenzielle Möglichkeiten zur Vermeidung eines bilanziellen „Asset-Liability-Mismatch" wurden vom IASB die Schaffung einer neuen Kapitalanlagekategorie „assets held to back insurance liabilities" und die Modifizierung der Kriterien für die Kapitalanlagekategorie „held to maturity" diskutiert.[293] [294] Auch die Einrichtung einer zusätzlichen Passivposition analog zu der „investment maintenance reserve"[295] wurde erwogen.[296] Korrekturmaßnahmen auf der Aktivseite wurden vom Standardsetter jedoch verworfen, wohingegen mit der Diskontierung von versicherungstechnischen Rückstellungen und der Einführung des „Shadow accounting" Modifizierungen auf der Passivseite im IFRS 4 ihren Niederschlag finden.[297]

---

289 Vgl. Hassler/Sauer/Schneider 2006, S. 1545, vgl. Rockel/Sauer 2007, S. 744, vgl. Rockel/Sauer 2004, S. 216, vgl. Schulz 2004, S. 43 f.

290 Vgl. Rockel/Sauer 2007, S. 744.

291 Vgl. Ebbers 2004, S. 1379, vgl. Kölschbach 2004, S. 681, vgl. Rockel/Sauer 2004, S. 216.

292 Aufgrund der in den letzten 15 Jahren tendenziell rückläufigen Zinsentwicklung wurde die „Asset-Liability-Mismatch"-Problematik für die Versicherer als nicht gravierend erachtet, da sich für die Eigenkapitalentwicklung ein positiver Effekt ergeben hat. Mit der Gefahr drohender Zinssteigerungen am Kapitalmarkt gewinnt die inkongruente Bewertung von Aktiv- und Passivseite für Versicherungsunternehmen jedoch an Bedeutung. Vgl. Rockel/Sauer 2004, S. 216.

293 Vgl. Ebbers 2004, S. 1378 f., vgl. Rockel/Sauer 2004, S. 217, vgl. Schulz 2004, S. 50 ff.

294 Diese Lösungsmöglichkeiten wurden vom europäischen Rechnungslegungsgremium EFRAG präferiert. Vgl. Ebbers 2004, S. 1378.

295 In den Vereinigten Staaten von Amerika sind die Rechnungslegungwerke für Investoren und Aufsicht getrennt. Während die Investoren mittels eines Abschlusses nach US-GAAP informiert werden, erfolgt die Information der Aufsicht separat durch einen nach den „Statutory Acconting Principles" (SAP) erstellten Abschluss. Vgl. Kölschbach 2004, S. 685. Die „investment maintenance reserve" ist in den Bilanzierungsvorschriften der SAP kodifiziert. Sie dient dazu, Veräußerungsgewinne aus Papieren der Kategorie „gehalten bis zur Endfälligkeit" zu neutralisieren, da die Wiederanlage zu niedrigeren Zinsen vorgenommen werden muss. Die Auflösung der Reserveposition erfolgt dabei ratierlich über die hypothetische Restlaufzeit. Vgl. Rockel/Sauer 2004, S. 217.

296 Vgl. Rockel/Sauer 2004, S. 217.

297 Vgl. Ebbers 2004, S. 1379, vgl. Engeländer/Kölschbach 2004, S. 577, vgl. Rockel/Sauer 2004, S. 217.

In der neu zu schaffenden Kapitalanlagekategorie „assets held to back insurance liabilities“ sollten Kapitalanlagen, die der Bedeckung versicherungstechnischer Passiva dienen, bilanziert werden.[298] Als Bewertungskonzeption hierfür waren die fortgeführten Anschaffungskosten („amortized costs“) vorgesehen, wodurch eine weitgehend kongruente Bewertung mit den versicherungstechnischen Verbindlichkeiten gewährleistet werden sollte. Um branchenspezifische Sonderregelungen und Buchführungsarbitrage zu vermeiden, nahm das IASB jedoch von einer Einführung der neuen Kapitalanlageklasse Abstand.[299] Auch zu einer Flexibilisierung der zu sanktionierenden Sachverhalte[300] für die Kapitalanlageklasse „held to maturity“ war der Standardsetter nicht bereit.[301] In diesem Kontext sollte ein Verkauf vor dem Ende der Laufzeit sanktionsfrei bleiben, sofern dieser durch unerwartete Storni oder Schadenhöhen ausgelöst wurde.[302]

Im Gegensatz zu Maßnahmen auf der Aktivseite, bei denen die Vermeidung einer Zeitwertbewertung zinsreagibler Aktiva im Mittelpunkt steht, dienen Korrekturmaßnahmen auf der Passivseite dazu die Auswirkungen der Zeitwertbewertung auf die Volatilität des Eigenkapitals zu mindern oder zu kompensieren. Die Diskontierung von versicherungstechnischen Rückstellungen mit Marktzinssätzen, das „Shadow accounting“ und die Schaffung eines zusätzlichen Reservepostens („investment maintenance reserve“) werden als alternative Korrekturmaßnahmen auf der Passivseite in Erwägung gezogen.[303]

---

298 Zur Kapitalanlageklasse „asset held to back insurance liabilities“ vgl. Ebbers 2004, S. 1378 f., vgl. Rockel/Sauer 2004, S. 217, vgl. Schulz 2004, S. 52.

299 Vgl. Rockel/Sauer 2004, S. 56, vgl. Schulz 2004, S. 56.

300 Sofern ein wesentlicher Teil der Kapitalanlagen, die der Kapitalanlageklasse „gehalten bis zur Endfälligkeit“ zugeordnet wurden, vor Fälligkeit veräußert wird, darf diese Kategorie für zwei Jahre nicht genutzt werden. Vgl. Kölschbach 2004, S. 680.

301 Dies wird damit begründet, dass der Charakter der Kategorie „held to maturity“, mit der Absicht und Fähigkeit des Unternehmens, diese Kapitalanlagen bis zur Endfälligkeit zu halten, nicht verwässert werden soll. Vgl. Ebbers 2004, S. 1379. Zum anderen würde durch eine Ausdehnung des Anwendungsbereichs der Kategorie „gehalten bis zur Endfälligkeit“ die Intention des Standardsetters, längerfristig eine erfolgswirksame Zeitwertbewertung zu initiieren, konterkariert. Vgl. Kölschbach 2004, S. 681, vgl. Schulz 2004, S. 58 ff.

302 Vgl. Rockel/Sauer 2004, S. 217, vgl. Schulz 2004, S. 51 f.

303 Vgl. Ebbers 2004, S. 1379, vgl. Hassler/Sauer/Schneider 2006, S. 1545, vgl. Engeländer/Kölschbach 2004, S. 577, vgl. Rockel/Sauer 2004, S .217.

Sofern Laufzeitenkongruenz[304] für zinsreagible Aktiva und versicherungstechnische Passiva vorliegt, können durch Diskontierung der versicherungstechnischen Verbindlichkeiten mit dem Marktzinssatz[305] die Auswirkungen einer Zeitwertbewertung auf das Eigenkapital kompensiert werden.[306] Folgerichtig werden mit dem Wahlrecht des IFRS 4.24 die Voraussetzungen für eine erfolgswirksame Diskontierung von frei zu wählenden Teilbeständen von versicherungstechnischen Rückstellungen geschaffen.[307] Da Zeitwertschwankungen von Finanzinstrumenten der Kategorie „jederzeit veräußerbar" i. d. R. erfolgsneutral erfasst werden, bestünde bei einer erfolgswirksamen Diskontierung von versicherungstechnischen Rückstellungen der „Mismatch" in der Gewinn- und Verlustrechnung fort. Um dies zu verhindern, eröffnet IFRS 4.45 die Möglichkeit, auch Zeitwertschwankungen von Finanzinstrumenten der Kategorie „available for sale" erfolgswirksam zu erfassen.[308] In diesem Zusammenhang ist zu berücksichtigen, dass die Vorschrift des IFRS 4.45 nur ein Wahlrecht beinhaltet.[309]

Neben der Diskontierung versicherungstechnischer Passiva stellt das so genannte „Shadow acconting"[310] eine weitere Möglichkeit dar, die durch inkongruente Bewertungsregeln induzierte Volatilität des Eigenkapitals zu reduzieren. Im IFRS 4.30 ist ein Wahlrecht kodifiziert, die Auswirkungen nicht realisierter Gewinne[311] auf Passivpo-

---

304 Da Aktien und Immobilien grundsätzlich nicht terminiert sind, erweist sich hierfür eine vollständige Kompensation des „Assets-Liability-Mismatch" als schwierig. Dies setzt Verbindlichkeiten mit unendlicher Laufzeit voraus. Versicherungstechnische Rückstellungen mit sehr langen Laufzeiten wie z.B. Deckungsrückstellungen der privaten Renten- oder Krankenversicherung könnten durch Aktien und Immobilien bedeckt werden. Sofern diese Rückstellungen mit Marktzinssätzen diskontiert werden, könnte eine annähernd kompensatorische Wirkung eintreten.

305 Dabei unterbleibt im IFRS 4 jedoch eine konkretisierende Anleitung zur Bestimmung des Marktzinssatzes. Vgl. Kölschbach 2004, S. 680, vgl. Engeländer/Kölschbach 2004, S. 577. Zu den Schwierigkeiten einen geeigneten Marktzinssatz herzuleiten vgl. Schulz 2004, S. 60 ff.

306 Vgl. Ebbers 2004, S. 1379, vgl. Hassler/Sauer/Schneider 2006, S. 1545, vgl. Engeländer/Kölschbach 2004, S. 577, vgl. Rockel/Sauer 2004, S. 217, vgl. Schulz 2004, S. 59 ff.

307 Vgl. Ebbers 2004, S. 1379, vgl. Hassler/Sauer/Schneider 2006, S. 1545, vgl. IFRS 4 Nr. 24, vgl. Kölschbach 2004, S. 681, vgl. Engeländer/Kölschbach 2004, S. 577, vgl. Zons 2006, S. 264.

308 Vgl. IFRS 4 Nr. 45, vgl. Engeländer/Kölschbach 2004, S. 577, vgl. Zons 2006, S. 250 f.

309 Vgl. IFRS 4 Nr. 45, vgl. Engeländer/Kölschbach 2004, S. 577, vgl. Zons 2006, S. 250 f.

310 Vgl. Ebbers 2004, S. 1379 und S. 1382, vgl. Hassler/Sauer/Schneider 2006, S. 1545, vgl. IFRS 4.30, vgl. Kölschbach 2004, S. 681 f., vgl. Kreeb/Zons 2005, S. 97-108 und S. 126-130, vgl. Rockel/Sauer 2004, S. 217.

311 Nicht realisierte Gewinne bedeuten in diesem Kontext, dass die Gewinne noch nicht in der Gewinn- und Verlustrechnung erfolgswirksam wurden. Das heißt das „Shadow acconting" erstreckt

sitionen den Wirkungen realisierter Gewinne gleichzustellen. Das heißt die Versicherungsnehmer und der Fiskus als Anspruchsberechtigte am Rohüberschuss werden fiktiv an den unrealisierten Gewinnen beteiligt. Die Abbildung dieser fiktiven Gewinnrealisierung erfolgt vor allem durch die Bildung latenter Positionen. Die Zuführung zu den Passivposten „latente RfB" und „latente Steuern" wird analog zu der Erfassung unrealisierter Gewinne erfolgsneutral vorgenommen. Die nach der Berücksichtigung latenter Positionen verbleibenden unrealisierten Gewinne werden erfolgsneutral ins Eigenkapital eingestellt, so dass durch Bewertungsinkongruenzen verursachte Eigenkapitalschwankungen nicht vollständig verhindert werden können.

Als Fazit ergibt sich, dass die im Rahmen des IFRS 4 bestehende inkongruente Bewertung von Aktiv- und Passivseite zwar gemildert, aber nicht vollständig eliminiert werden kann. Vor dem Hintergrund der Interdependenzen bei der Bewertung von Aktiv- und Passivseite ergibt sich die Notwendigkeit, die Vorschriften zur Abbildung versicherungsspezifischer Sachverhalte in Richtung einer Zeitwertbewertung der versicherungstechnischen Passiva weiterzuentwickeln. Dabei ist jedoch zu berücksichtigen, dass auch aktive Finanzinstrumente nach IAS 39 nicht einheitlich bewertet werden. So finden neben dem Wertmaßstab „Fair Value" für die Kategorien „available for sale" und „financial instruments at Fair Value through profit or loss" die „amortized costs" für die Anlageklassen „held to maturity" und „loans and receivables" Verwendung.[312] Zusammenfassend kann für die konzeptionellen Überlegungen bezüglich der Bewertungsvorschriften in Phase II von IFRS 4 ein Junktim zur Weiterentwicklung des Interimstandards IAS 39 konstatiert werden.[313]

---

sich nur auf erfolgsneutral erfasste Bewertungsunterschiede wie die Differenz zwischen Zeit- und Buchwerten in der Kapitalanlageklasse „jederzeit veräußerbar". Vgl. Ebbers 2004, S. 1382.

312 Vgl. Kreeb/Zons 2005, S. 66 ff. und S. 73 ff.

313 Vgl. Geib 2001, S. 120 f., vgl. Kreeb/Rohlfs 2005, S. 349 f.

3.2. Konzeptionelle Überlegungen zu Phase II

3.2.1 „Asset-Liability-Measurement-Ansatz“ als Bilanzierungskonzeption für Phase II

Im Hinblick auf den Ende 2005 vorgelegten Zeitplan[314] [315] des Standardsetters für die Phase II des Standards für Versicherungsverträge beschränken sich die folgenden Ausführungen weitgehend auf Konzepte, die im Rahmen des „Draft Statement of Principles“ (DSOP) vorgestellt und diskutiert wurden.[316] Hauptaufgabe eines neuen Rechnungslegungsstandards wird es sein, objektivierbare Ansatz- und Bewertungsvorschriften für Vermögensgegenstände und Schulden aus Versicherungsverträgen zu generieren.[317] Hierbei kann auf den bereits im IFRS 4 definierten Anwendungsbereich eines Standards für Versicherungsverträge rekurriert werden.[318] Als Ansatzkonzeption wird bisher ein statischer „Asset-Liability-Measurement-Ansatz“ mit dem Ziel einer möglichst korrekten Darstellung der Vermögenslage präferiert.[319] Die Bewert-

---

314 Nach einer nochmaligen Verschiebung wurde im Jahr 2005 die Veröffentlichung eines Diskussionspapiers („Issues Paper“) für das 3./4. Quartal 2006 avisiert. Mit einem „Exposure Draft“ für Phase II ist demnach nicht vor Ende 2007 zu rechnen. Vgl. Brüssel 2005a), S. 33 f., vgl. Brüssel 2005b) , S. 8 f. Die tatsächliche Veröffentlichung des „Issues Paper“ erfolgte am 3.Mai 2007. Ein ED liegt auch im November 2008 noch nicht vor.

315 Auch der Verzicht auf die noch im ED 5 enthaltene Pflicht, den „Fair Value“ von Versicherungsverträgen bereits ab 1.1.2007 im Anhang anzugeben, kann als ein Indiz für weiterhin bestehende tiefgreifende Meinungsunterschiede bezüglich der Bilanzierungs- und Bewertungskonzeption von Versicherungsverträgen gewertet werden. Vgl. Kreeb/Rohlfs 2005, S. 348 f.. Diese Meinungsverschiedenheiten bestanden auch in der Folgezeit fort, was sich in dem knappen Abstimmungsergebnis von 7:6 Stimmen zugunsten der Wertkonzeption des „Current Exit Value“ manifestiert. Vgl. Widmann 2006, S. 1841 ff.

316 Diese Vorgehensweise wird auch durch das mittlerweile veröffentlichte „Discussion Paper“ vom 3.5.2007 gestützt. Dieses beinhaltet weitgehend die konzeptionelle Vorgehensweise des DSOP. Der Zeitplan wurde dahingehend modifiziert, dass die Veröffentlichung des „Exposure Drafts“ nunmehr am Ende des Jahres 2008 erfolgen soll. Die Verabschiedung des endgültigen Standards ist jetzt für das Jahr 2010 avisiert mit der Folge, dass die Erstanwendung frühestens im Geschäftsjahr 2011 möglich wird. Vgl. Engeländer/Kölschbach 2007, S. 386-397.

317 Vgl. Kreeb/Rohlfs 2005, S. 349, vgl. Widmann 2006, S. 1840.

318 Vgl. Zons 2006, S. 304.

319 Vgl. DSOP 2001, Nr. 2.5, vgl. Geib 2001, S. 116 ff., vgl. Hassler/Sauer/Schneider 2006, S. 1359 ff., vgl. Hipp 2007, S. 137, vgl. Kölschbach 2000, S. 433 f., vgl. Kreeb/Zons 2005, S. 189, vgl. Rittmann/Rockel 2004b, S. 443, vgl. Rockel 2004b, S. 809, vgl. Rockel/Sauer 2007, S. 741 ff., vgl. Widmann/Korkow 2002, S. 1236, vgl. Zimmermann/Schweinberger 2005, S. 58.

ung soll erfolgswirksam auf Basis einer Zeitwertkonzeption erfolgen.[320] Im folgenden Unterkapitel sollen die Vorstellungen des IASB zu Bilanzierung und Bewertung ausführlich dargestellt und analysiert werden.

Die Bilanz nach IAS/IFRS bildet die nach den Ansatzkriterien des Rahmenkonzepts zu bilanzierenden Vermögensgegenstände und Schulden sowie die Residualgröße Eigenkapital[321] ab. Die Bilanzierungsfähigkeit eines Vermögensgegenstands oder einer Schuld wird demnach in einem zweistufigen Verfahren ermittelt. Zunächst muss der potenzielle Vermögensgegenstand oder die potenzielle Schuld die abstrakte Definition eines Vermögensgegenstands oder einer Schuld laut IAS-Rahmenkonzept erfüllen. Hiernach ist ein Vermögensgegenstand eine Ressource, die aus einem vergangenen Ereignis resultiert, die in der Verfügungsmacht des Unternehmens steht und aus der ein zukünftiger wirtschaftlicher Nutzen fließt.[322] Analog dazu wird die Schuld als eine Verpflichtung, die aus einem vergangenen Ereignis resultiert und zu einem zukünftigen Nutzenabfluss führt, definiert.[323]

In einem zweiten Schritt ist die konkrete Bilanzierungsfähigkeit eines Vermögensgegenstands[324] oder einer Schuld[325] zu prüfen. Diese manifestiert sich in einem wahrscheinlichen zukünftigen Nutzenzufluss bzw. -abfluss und einer verlässlichen Bewertbarkeit des Abschlusspostens. Dabei wird das Wahrscheinlichkeitskriterium zwar verbal erläutert, jedoch unterbleibt eine Quantifizierung.[326] Die notwendige

---

320 Vgl. DSOP 2001, Nr. 3.3 und 3.4, vgl. Kreeb/Zons 2005, S. 191 ff., vgl. Kreeb/Rohlfs 2005, S. 349 ff., vgl. Rittmann/Rockel 2004b, S. 443, vgl. Rockel 2004b, S. 809, vgl. Zimmermann/Schweinberger 2005, S. 58, vgl. Zons 2006 S. 305 ff.

321 Das Eigenkapital ist das nach Abzug der Schulden verbleibende Residualvermögen und repräsentiert damit den Nettobuchwert des Unternehmens. Vgl. IAS-Rahmenkonzept Nr. 49 c), vgl. Rockel et al. 2005, S. 64, vgl. Zons 2006, S. 302. Dieses ist jedoch nicht oder allenfalls zufällig mit der Börsenkapitalisierung des Unternehmens identisch. Vgl. IAS-Rahmenkonzept Nr. 67.

322 Vgl. IAS Rahmenkonzept Nr. 49 a), vgl. Streim 2000, S. 117 f.

323 Vgl. IAS-Rahmenkonzept Nr. 49 b), vgl. Rockel et al. 2005, S. 64, vgl. Streim 2000, S. 118, vgl. Varain 2004, S. 31 f.

324 Vgl. IAS-Rahmenkonzept Nr. 89, vgl. Hitz 2005a, S. 125 ff., vgl. Kreeb/Zons 2005, S. 44, vgl. Lüdenbach/Hoffmann 2003, S. 5 ff., vgl. Rockel et al. 2005, S. 63 f., vgl. Varain 2004, S. 29 f., vgl. Wagenhofer 2002, S. 95 ff., vgl. Zons 2006, S. 303 f.

325 Vgl. IAS-Rahmenkonzept Nr. 91, vgl. Ellenbürger/Horbach/Kölschbach 2001, S. 46, vgl. KPMG 2003, S. 139, vgl. Rockel et al. 2005, S. 64, vgl. Varain 2004, S. 32 ff., vgl. Zons 2006, S. 303 f.

326 Vgl. IAS-Rahmenkonzept Nr. 85.

Konkretisierung des Wahrscheinlichkeitskriteriums erfolgt in den einzelnen Standards wie z.B. in IAS 37.[327] Im Gegensatz dazu wird das Kriterium der Verlässlichkeit im IAS-Rahmenkonzept ausführlich spezifiziert.[328] Für Rechnungsabgrenzungsposten und Bilanzierungshilfen wurden im Rahmen der IAS/IFRS keine separaten Bilanzierungsregeln kodifiziert. Sofern diese jedoch die Ansatzvoraussetzungen eines Vermögensgegenstands oder einer Schuld erfüllen, werden diese als solche aktiviert oder passiviert.[329] [330]

---

327 So werden im Rahmen des IAS 37 unterschiedliche Wahrscheinlichkeitsgrenzen für die Bilanzierung von Vermögensgegenständen und Schulden postuliert. Die Bilanzierung einer Eventualforderung erfolgt nur, wenn die Einnahme als „certain or virtually certain" zu qualifizieren ist. Das heißt, eine Eintrittswahrscheinlichkeit von 51% („probable") reicht für eine Bilanzierung als „asset" nicht aus. Im Gegensatz dazu ist eine Eventualverbindlichkeit dann anzusetzen, wenn diese mit einer Wahrscheinlichkeit von mindestens 51% („probable") eintritt. Vgl. Lüdenbach/Hoffmann 2003, S. 5 ff.

328 IAS-Rahmenkonzept Nr. 86 verweist in diesem Zusammenhang auf IAS-Rahmenkonzept Nr. 31. Darin wird die Verlässlichkeit der Bewertung anhand der Kriterien Glaubwürdigkeit (Nr. 33 und Nr. 34), wirtschaftliche Betrachtungsweise (Nr. 35), Neutralität (Nr. 36), Vorsicht (Nr. 37) und Vollständigkeit (Nr. 38) spezifiziert. Eine konzeptionelle Diskussion des Begriffs Verlässlichkeit beinhaltet Abschnitt 4.1.1 dieser Arbeit.

329 Vgl. Varain 2004, S. 35, vgl. Wagenhofer 2002, S. 100, vgl. Zons 2006, S. 304.

330 Im Regelfall sollten *antizipative Rechnungsabgrenzungsposten* die Ansatzvoraussetzungen eines Vermögensgegenstands oder einer Schuld erfüllen. Dies gilt u.a. für die für Versicherungsunternehmen relevanten handelsrechtlichen Bilanzpositionen „abgegrenzte Zinsen und Mieten" sowie die „Schadenrückstellung". Unter „abgegrenzten Mieten und Zinsen" werden Zins- und Mieterträge, die noch nicht zahlungswirksam wurden, subsumiert. Diese stellen im Abschluss nach IAS/IFRS als Forderung ein Finanzinstrument dar und werden bis zu ihrer Zahlungswirksamkeit im Rahmen des IAS 39 ausgewiesen. Die handelsrechtliche Schadenrückstellung für eingetretene, aber noch nicht regulierte Schäden, ist, sofern sie das Wahrscheinlichkeitskriterium „more likely than not" erfüllt, als Verbindlichkeit zu betrachten und in den Abschluss nach IAS/IFRS zu übernehmen. Zur Schadenrückstellung im Kontext des „deferral and matching" Ansatzes vgl. Zimmermann/Schweinberger 2005, S. 62 f. Im Gegensatz dazu dürften *transitorische Rechnungsabgrenzungsposten* die Bilanzierungsvoraussetzungen eines Vermögensgegenstands oder einer Schuld oftmals nicht erfüllen. So ist die zeitliche Abgrenzung von Prämienerträgen, die nach HGB in der „Rückstellung für Beitragsüberträge" vorgenommen wird, nach IAS/IFRS nicht möglich, da den Beitragsüberträgen der Verbindlichkeitscharakter fehlt. Im Rahmen des „Asset-Liability-Measurement-Ansatzes" werden Beitragsüberträge jedoch in anderer Form nämlich als zukünftige Verpflichtungen aus Versicherungsgeschäften in der „Rückstellung aus Erfüllungsrückstand" erfasst. Vgl. Ellenbürger/Horbach/Kölschbach 2001, S. 46, vgl. Geib 2001, S. 118 f., vgl. Kölschbach 2000, S. 433 f., vgl. Varain 2004, S. 43 f., vgl. Zimmermann/Schweinberger 2005, S. 61 ff. Auch Abschlusskosten, die entsprechend dem „matching principle" nach US-GAAP aktiviert werden, erfüllen nicht die Definitionskriterien eines Vermögensgegenstands nach IAS/IFRS und sind demnach im vollen Umfang aufwandswirksam. Vgl. Geib 2001, S. 118, vgl. Kölschbach 2000, S. 433 f., vgl. Varain 2004, S. 44 ff.

Im Zuge der Entwicklung eines Rechnungslegungsstandards für Versicherungsverträge wurden vom Standardsetter zwei konträre Ansatzkonzeptionen diskutiert.[331] Neben dem dynamischen „Deferral-Matching-Ansatz",[332] auf den HGB und US-GAAP rekurrieren,[333] wurde der vom IASB präferierte (fortführungs-)statische „Asset-Liability-Measurement-Ansatz" erörtert. Bei diesem steht die korrekte Darstellung der Vermögenslage im Vordergrund.[334] Als Konsequenz wird der Periodenerfolg in der Gewinn- und Verlustrechnung als Differenz aus den angesetzten Vermögensgegenständen und Schulden ermittelt.[335] Die Erfolgsrealisierung ist nicht mehr wie im dynamischen Rechnungslegungssystem an umsatzrelevante Transaktionen des Unternehmens geknüpft, sondern an wertändernde Ereignisse, deren Ursprung in Form von Zins- oder Konjunkturschwankungen auch außerhalb des Unternehmens liegen können.[336] Das Ziel der dynamischen Rechnungslegung nämlich die periodengerechte Gewinnermittlung tritt in den Hintergrund.[337]

---

331 Vgl. Rockel et al. 2005, S. 83 ff.

332 Im Mittelpunkt des „Deferral and matching" Ansatzes steht der zeitlich („deferral") und sachlich („matching") abgegrenzte Periodenerfolg. Die Bilanz ergibt sich dabei aus der Abgrenzung des Periodenerfolgs. Diese Ansatzkonzeption entspricht der dynamischen Bilanztheorie. In diesem Kontext wird das Versicherungsgeschäft als schwebendes Geschäft interpretiert. Gewinnzuschläge werden im Zeitablauf realisiert, was dem bereits mehrfach betonten Charakter des Versicherungsgeschäfts als Dauerleistung des Garantieversprechens gerecht wird. Vgl. Geib 2001, S.118, vgl. Hassler/Sauer/Schneider 2006, S. 1541, vgl. Hipp 2007, S. 137, vgl. Kölschbach 2000, S. 433, vgl. Perlet 2001, S. 295 f., vgl. Rockel et al. 2005, S. 83 f., vgl. Varain 2004, S. 34 ff., vgl. Widmann/Korkow 2002, S. 1236, vgl. Zielke 2002a, S. 796, vgl. Zimmermann/Schweinberger 2005, S. 58 ff., vgl. Zons 2006, S. 299 ff.

333 Vgl. Geib 2001, S. 118, vgl. Kölschbach 2000, S. 433 f., vgl. Wallace 2002, S. 28, vgl. Zimmermann/Schweinberger 2005, S. 59.

334 Zum „Asset-Liability-Measurement-Ansatz" vgl. DSOP 2001, Nr. 2.5, vgl. Ellenbürger/Horbach/Kölschbach 2001, S. 45 f., vgl. Engeländer/Kölschbach 2007, S. 388 ff., vgl. Fourie/Horbach 2003, S. 1532, vgl. Geib 2001, S. 117 ff., vgl. Hassler/Sauer/Schneider 2006, S. 1541, vgl. Hitz 2005a, S. 125 ff., vgl. Kölschbach 2000, S. 433, vgl. Kreeb/Zons 2005, S. 189 f., vgl. Perlet 2001, S. 295, vgl. Rockel et al. 2005, S. 83 ff., vgl. Varain 2004, S. 34 ff., vgl. Widmann/Korkow 2002, S. 1236, vgl. Zimmermann/Schweinberger 2005, S. 60 f., vgl. Zons 2006, S. 302 f.

335 Vgl. Engeländer/Kölschbach 2007, S. 388, vgl. Hipp 2007, S. 137, vgl. Hitz 2005a, S. 129 ff., vgl. Widmann 2006, S. 1841, vgl. Widmann/Korkow 2002, S. 1237, vgl. Zimmermann/Schweinberger 2005, S. 60, vgl. Zons 2006, S. 298.

336 Vgl. Hitz 2005b, S. 1017 f., vgl. Zons 2006, S. 325 ff.

337 Vgl. Fourie/Harbort 2003a, S. 1532, vgl. Hassler/Sauer/Schneider 2006, S. 1541, vgl. Hitz 2005b, S. 1017 f.

Übertragen auf den Sachverhalt eines zu bilanzierenden Versicherungsvertrags wird im Rahmen des „Asset-Liability-Measurement-Ansatzes“ bereits im Zeitpunkt der Erstbewertung ein Periodenerfolg ausgewiesen, sofern sich die Bewertung der Vermögensgegenstände und Schulden des Versicherungsvertrags nicht entsprechen.[338] Ein hierbei ausgewiesenes Ergebnis basiert jedoch auf rein kalkulatorischen, d.h. noch nicht am Markt realisierten Größen.[339] Diese Form der Erfolgsrealisierung vermutet die Hauptleistung der Versicherung in der Erbringung der Absatzleistung.[340] Somit steht der „Asset-Liability-Measurement-Ansatz“ im Widerspruch zu dem bereits mehrfach betonten Charakter des Versicherungsschutzes als Dauerleistung des Garantieversprechens.[341]

Außerdem steht die erfolgswirksame Realisierung eines rein kalkulatorischen Gewinns im Zeitpunkt des Vertragsabschlusses im Widerspruch zu der Abbildung langfristiger Vertragsbeziehungen in anderen Standards der IAS/IFRS. So werden die Erträge sowohl im IAS 11 (Bilanzierung langfristiger Fertigungsaufträge) als auch im IAS 18 (Erträge aus Dienstleistungsgeschäften) entsprechend der Leistungsfortschritte realisiert. Bis zur zuverlässigen Schätzung des aus der Transaktion resultierenden Ergebnisses, ist der Vorgang erfolgsneutral abzubilden.[342]

Im Zeitpunkt des Vertragsabschlusses erfolgt die Abbildung der aus einem Versicherungsvertrag resultierenden Vermögensgegenstände in Form der erwarteten zukünftigen Prämieneinnahmen.[343] Gleichzeitig sind die erwarteten zukünftigen Ver-

---

338 Vgl. Fromme 2003, S. 23, vgl. Geib 2001, S. 118 f., vgl. Engeländer/Kölschbach 2007, S. 388, vgl. Kölschbach 2000, S. 433 f., vgl. Löw 2003, S. 181, vgl. Rockel et al. 2005, S. 85, vgl. Varain 2004, S. 67 f., vgl. Wallace 2002, S. 31 ff., vgl. Zimmermann/Schweinberger 2005, S. 66 ff., vgl. Zons 2006, S. 309.

339 Vgl. Fourie/Harbort 2003a, S. 1534, vgl. Geib 2001, S. 119, vgl. Kölschbach 2000, S. 434.

340 Vgl. Zimmermann/Schweinberger 2005, S. 61, vgl. Zons 2006, S. 309 f.

341 Vgl. Bericht aus Brüssel 2002, S. 27 f., vgl. Ellenbürger/Horbach/Kölschbach 2001, S. 47, vgl. Engeländer/Kölschbach 2007, S. 389, vgl. Formme 2003, S. 23, vgl. Geib 2001, S. 118, vgl. Hipp 2007, S. 138, vgl. Widmann/Korkow 2002, S. 1237, vgl. Zimmermann/Schweinberger 2005, S. 61.

342 Vgl. Ellenbürger/Horbach/Kölschbach 2001, S. 47.

343 Vgl. Ellenbürger/Horbach/Kölschbach 2001, S. 50, vgl. Fourie/Harbort 2003b, S. 1635, vgl. Hassler/Sauer/Schneider 2006, S. 1541, vgl. Löw 2003, S. 178, vgl. Varain 2004, S. 67 und S. 113, vgl. Zielke 2002a, S. 796, vgl. Zimmermann/Schweinberger 2005, S. 60 und 62, vgl. Zons 2006, S. 304.

sicherungsleistungen in einer „Rückstellung für Erfüllungsrückstand" zu passivieren.[344] In diesem Zusammenhang sei auf den prospektiven Charakter der „Rückstellung aus Erfüllungsrückstand" verwiesen, die für noch nicht eingetretene zukünftige Verpflichtungen aus Versicherungsgeschäften gebildet wird. In der Literatur findet hierfür auch der Begriff „Pre Claim Liabilities" Verwendung. Im Gegensatz dazu ist eine konventionelle Schadenrückstellung nach US-GAAP bzw. HGB nur für bereits eingetretene aber noch nicht regulierte Schäden anzusetzen, was einer retrospektiven Perspektive entspricht. Diese Rückstellungen werden auch als „Post Claim Liability" bezeichnet.[345]

Dabei dürfen nur Vermögensgegenstände und Verbindlichkeiten aus bereits bestehenden Vertragsbeziehungen abgebildet werden („Closed Book Approach").[346] Dies bedeutet, dass der mit dem Neugeschäft verbundene „appraisal value" unberücksichtigt bleibt.[347] Der Umfang der zu bilanzierenden erwarteten zukünftigen Prämien- und Schadenzahlungen wird durch die rechtliche Laufzeit der Verträge limitiert.[348] Vertragsverlängerungen sind nur dann zu berücksichtigen, sofern eine Option auf eine Vertragsverlängerung seitens des Versicherungsnehmers besteht und die Vertragsverlängerung für diesen mit einem wirtschaftlichen Vorteil verbunden ist.[349] Die Berechnung des ökonomischen Werts einer Versicherungsunternehmung müsste jedoch auf der wirtschaftlichen Vertragslaufzeit basieren bei gleichzeitiger Einbezie-

---

[344] Vgl. Ellenbürger/Horbach/Kölschbach 2001, S. 46 f., vgl. Geib 2001, S. 118 f., vgl. Hassler/Sauer/Schneider 2006, S. 1541, vgl. Kölschbach 2000, S. 434, vgl. Varain 2004, S. 67, vgl. Widmann/Korkow 2002, S. 1237 f., vgl. Zielke 2002a, S. 796, vgl. Zimmermann/Schweinberger 2005, S. 60 und 62, vgl. Zons 2006, S. 304.

[345] Vgl. Engeländer/Kölschbach 2007, S. 387, vgl. Kreeb/Rohlfs 2005, S. 349, vgl. Rockel et al. 2005, S. 92, vgl. Varain 2004, S. 113 f., vgl. Widmann/Korkow 2002, S. 1238, vgl. Zimmermann/Schweinberger 2005, S. 62 ff., vgl. Zons 2006, S. 304 f.

[346] Vgl. DSOP 2001, Nr. 4.3, vgl. Ellenbürger/Horbach/Kölschbach 2001, S. 50, vgl. Fourie/Harbort 2003a, S. 1534, vgl. Hipp 2007, S. 143, vgl. Varain 2004, S. 112, vgl. Widmann/Korkow 2002, S. 1238, vgl. Zimmermann/Schweinberger 2005, S. 64, vgl. Zons S. 316.

[347] Vgl. DSOP 2001, Nr. 4.69 b), vgl. Geib 2001, S. 123, vgl. Hipp 2007, S. 143, vgl. Widmann/Korkow 2002, S. 1238, vgl. Zons 2006, S. 304.

[348] Vgl. DSOP 2001, Nr. 4.3 i. V. m. Nr. 4.48, vgl. Ellenbürger/Horbach/Kölschbach 2001, S. 50, vgl. Varain 2004, S. 112, vgl. Zimmermann/Schweinberger 2005, S. 64, vgl. Zons 2006, S. 306.

[349] Vgl. DSOP 2001, Nr. 4.48, vgl. Geib 2001, S. 123, vgl. Hipp 2007, S. 143, vgl. Varain 2004, S. 112 f., vgl. Widmann/Korkow 2002, S. 1238, vgl. Zimmermann/Schweinberger 2005, S. 64, vgl. Zons 2006, S. 306.

hung des Neugeschäfts. Somit bildet eine Bilanzierung gemäß DSOP die Vermögenslage eines Versicherers nicht korrekt im Sinne des ökonomischen Unternehmenswerts ab.[350]

Zahlungen mit dem Rückversicherer sind separat als Vermögensgegenstand oder Schuld auszuweisen.[351] Analog zur Abbildung transitorischer Rechnungsabgrenzungsposten wird die zeitliche und sachliche Abgrenzung von Beiträgen oder Abschlusskosten durch die Bilanzierung von Beitragsüberträgen oder der Aktivierung von Abschlusskosten im Rahmen des „Asset-Liability-Measurement-Ansatzes" negiert.[352] Wie bereits erläutert, werden Beitragsüberträge in anderer Form als Leistungsrückstand in der „Rückstellung aus Erfüllungsrückstand" erfasst.[353] Auch der Verbindlichkeitscharakter der Schwankungsrückstellung wird verneint.[354] In diesem Zusammenhang wird darauf verwiesen, dass die Schwankungsrückstellung weder aus einem vergangenen Ereignis resultiert noch eine Verpflichtung gegenüber einem Einzelnen oder gegenüber einer spezifizierten Gruppe darstellt.[355]

---

350 Siehe hierzu Abschnitt 4.2.1 dieser Arbeit, vgl. Ellenbürger/Horbach/Kölschbach 2001, S. 50 f.

351 Vgl. DSOP 2001, Nr. 4.69 c), vgl. Hipp 2007, S. 143, vgl. Varain 2004, S. 114.

352 Vgl. Fourie/Harbort 2003a, S. 1531, vgl. Fourie/Harbort 2003b, S. 1635 f., vgl. Geib 2001, S. 118 f., vgl. Hassler/Sauer/Schneider 2006, S. 1541, vgl. Hipp 2007, S. 143, vgl. Kölschbach 2000, S. 433 f., vgl. Rockel et al. 2005, S. 85, vgl. Perlet 2001, S. 299, vgl. Varain 2004, S. 43 ff., vgl. Widmann 2006, S. 1841, vgl. Widmann/Korkow 2002, S. 1236 f., vgl. Zielke 2002a, S. 796, vgl. Zons 2006, S. 305.

353 Vgl. Ellenbürger/Horbach/Kölschbach 2001, S. 46 f., vgl. Geib 2001, S. 118, vgl. Hassler/Sauer/Schneider 2006, S. 1541, vgl. Kölschbach 2000, S. 433 f., vgl. Rockel et al. 2005, S. 85, vgl. Varain 2004, S. 44 ff. und S. 67 f., vgl. Zimmermann/Schweinberger 2005, S. 63, vgl. Zons 2006, S. 305.

354 Zur Bilanzierungsfähigkeit der Schwankungsrückstellung im Rahmen des „Asset-Liablity-Measurement-Ansatzes" vgl. Geib 2001, S. 119, vgl. Kölschbach 2000, S. 434, vgl. Rockel et al. 2005, S. 85, vgl. Varain 2004, S. 60 ff., vgl. Widmann 2002, S. 1237, vgl. Zielke 2002a, S. 796, vgl. Zons 2006, S. 304 f.

355 Geib 2001, S. 119, vgl. Kölschbach 2000, S. 434, vgl. Widmann/Korkow 2002, S. 1237, vgl. Zons 2006, S. 305.

3.2.2 Bewertung der Vermögensgegenstände und Schulden eines Versicherungsvertrags laut „DSOP Insurance“

3.2.2.1 Zeitwertkonzepte und deren Umsetzung in einzelnen Standards

3.2.2.1.1 Grundlegende Konzepte der Zeitwertbewertung

Am Anfang dieses Kapitels werden die für die Bewertung von Versicherungsverträgen relevanten (Zeitwert-)Konzepte skizziert. Im Anschluss daran soll deren Umsetzung im Rahmenkonzept und in maßgeblichen Standards der IAS/IFRS analysiert werden. Ziel ist es, Entwicklungstendenzen bei der Normierung von Bewertungsregeln im Rahmen der jüngeren Standardsetzung des IASB zu identifizieren. Dies dient dem Zweck, Rückschlüsse auf die Ausgestaltung der zukünftigen Bewertungsregeln von Versicherungsverträgen ziehen zu können.

Für die Bewertung der aus Versicherungsverträgen resultierenden Vermögensgegenstände und Schulden wurde vom IASB bisher – im Gegensatz zur handelsrechtlichen Praxis[356] - eine vollständige (symmetrische) erfolgswirksame Bewertung mit dem Zeitwert[357] favorisiert.[358] Dabei sind grundsätzlich mehrere Zeitwertkonzepte

---

356 In der handelsrechtlichen Rechnungslegung ist die so genannte „imparitätische“ Zeitwertbewertung umgesetzt. Maßgeblicher Wertmaßstab sind die historischen Anschaffungs- und Herstellungskosten. Unrealisierte Verluste, d.h. (Zeit-)Wertänderungen unterhalb der Anschaffungs- und Herstellungskosten, werden zum Zwecke der Verlustantizipation erfolgswirksam in der Gewinn- und Verlustrechnung erfasst. Im Gegensatz dazu bleiben die unrealisierten Gewinne und damit die Wertänderungen oberhalb der Anschaffungs- und Herstellungskosten unbeachtlich. Im Rahmen des Konzepts der „imparitätischen“ Zeitwertbewertung findet somit eine asymmetrische Zeitwertbewertung Anwendung. Vgl. Baetge/Zülch 2001, S. 546 und S. 549 f., vgl. Hitz 2005a, S. 105 f., vgl. Löw 2003, S. 178, vgl. Perlet 2001, S. 289 f., vgl. Rockel et al. 2005, S. 84, vgl. Zons 2006, S. 296 f.

357 Selbst bei vollständiger Verwendung des beizulegenden Zeitwerts bei der Bewertung von Vermögensgegenständen und Schulden in der Bilanz sind unterschiedliche Zeitwertkonzepte entsprechend der Erfassung der (Zeit-)Wertänderungen in der Gewinn- und Verlustrechnung zu diagnostizieren. Dabei können Wertänderungen grundsätzlich erfolgsneutral außerhalb der Gewinn- und Verlustrechnung im Eigenkapital oder in vollem Umfang ergebniswirksam in der Gewinn- und Verlustrechnung erfasst werden. Vgl. Hitz 2005a, S. 104. Die erfolgsneutrale Verbuchung von Wertänderungen fußt auf der „organischen Bilanztheorie“ nach *Fritz Schmidt*. Danach werden Erfolgsbeiträge nach leistungswirtschaftlichen und inflationsinduzierten Komponenten differenziert. Inflationsbedingte Erfolge dürfen nur erfolgsneutral im Eigenkapital vereinnahmt werden, um die Substanzerhaltung des Unternehmens zu gewährleisten. Vgl. Baetge/Zülch 2001, S. 548, vgl. Zons 2006, S. 200. Die erfolgsneutrale Erfassung von Wertänderungen manifestiert sich in der Bewertung der Kapitalanlagekategorie „available for sale“ gemäß SFAS 115 bzw. IAS 39. Die erfolgswirksame Verbuchung von (Zeit-)Wertänderungen

denkbar.[359] Im Kontext der IAS/IFRS steht neben dem marktbezogenen Wertmaßstab des beizulegenden Zeitwerts („Fair Value") und seinen Ausprägungen der unternehmensspezifische Ertragswert „Entity Specific Value" bzw. als dessen Synonym der „Value in Use".[360]

Der beizulegende Zeitwert wird im Rahmen der IAS/IFRS als hypothetischer Marktpreis unter idealisierten Bedingungen betrachtet.[361] Diese Sichtweise wird aus der in einzelnen Standards kodifizierten Definition des „Fair Value" als dem Betrag, „zu dem zwischen sachverständigen, vertragswilligen und voneinander unabhängigen Geschäftspartnern ein Vermögenswert getauscht oder eine Schuld beglichen werden könnte", deduziert.[362] Im Marktpreis sollen sich die Erwartungen und Annahmen des Marktes bezüglich des Zahlungsstromprofils der zu bewertenden Position im Bewertungszeitpunkt widerspiegeln.[363]

Auf vollkommenen bzw. vollständigen Märkten ist der „Fair Value" als Barwert der Zahlungsüberschüsse, die die zu bewertenden Positionen generieren, definiert.[364] Sofern jedoch kein Marktpreis auf vollständigen Märkten feststellbar ist, ist der beizulegende Zeitwert nicht mehr eindeutig bestimmt.[365] Als „Fair Value" sind sowohl

---

findet in den Bewertungsregeln der Kapitalanlagekategorien „held for trading" (US-GAAP) bzw. „financial assets and financial liabilities at fair value through profit or loss" (IAS/IFRS) ihren Niederschlag. Vgl. Perlet 2001, S. 289 ff.

358 Vgl. Geib 2001, S. 119 ff., vgl. Kölschbach 2000, S. 434, vgl. Perlet 2001, S. 295 ff., vgl. Rittmann/Rockel 2004b, S. 443, vgl. Zimmermann/Schweinberger 2005, S. 64.

359 Zu den Zeitwertkonzepten vgl. Rockel/Sauer 2007, S. 742 ff., vgl. Zons 2006, S. 290 ff.

360 Vgl. Hitz 2006, S. 109 f., vgl. Hitz 2005a, S. 92 f., vgl. Hitz 2005b, S. 1015, vgl. Engeländer/Kölschbach 2007, S. 387.

361 Vgl. Hitz 2006, S. 110, vgl. Hitz 2005a, S. 83, vgl. Hitz 2005b, S. 1014, vgl. Pfaff/Kukule 2006, S. 543, vgl. Rohlfs 2008, S. 51.

362 Zur Definition des „Fair Value" vgl. Baetge/Zülch 2001, S. 544 f., vgl. DSOP 2001, Nr. 3.4, vgl. Geib 2001, S. 119, vgl. Hipp 2007, S. 42, vgl. Hitz 2006, S. 110, vgl. Hitz 2005a, S. 82, vgl. Hitz 2005b, S. 1014, vgl. IAS 39 Nr. 9, vgl. Kreeb/Rohlfs 2005, S. 350, vgl. Pfaff/Kukule 2006, S. 543, vgl. Rohlfs 2008, S. 59, vgl. Streim/Bieker/Esser 2003, S. 459 f., vgl. Varain 2004, S. 90, vgl. Wagenhofer 2008, S. 185, vgl. Wagenhofer 2002, S. 118, vgl. Wallace 2002, S. 31, vgl. Widmann/Korkow 2002, S. 1237, vgl. Zielke 2002a, S. 803, vgl. Zons 2006, S. 290.

363 Vgl. Hitz 2005a, S. 83, vgl. Varain 2004, S. 90 f., vgl. Zons 2006, S. 290.

364 Vgl. Hitz 2006, S. 109, vgl. Hitz 2005a, S. 59, vgl. Rohlfs 2008, S 51.

365 Vgl. Hitz 2006, S. 109 f., vgl. Hitz 2005a, S. 59.

Preise des Absatzmarktes („Exit Value") als auch des Beschaffungsmarktes („Entry Value") denkbar.[366] Dabei entspricht der „Exit Value" dem Wert, den ein Unternehmen für den Verkauf eines Vermögensgegenstandes erhält bzw. für die Übernahmen einer Schuld durch einen Dritten entrichten muss. [367] Umgekehrt stellt der „Entry Value"[368] den Preis dar, den das Unternehmen für den Kauf eines Vermögensgegenstands bezahlen muss oder den es für die Übernahme einer Verpflichtung von Dritten erhält.[369] Grundsätzlich ist der beizulegende Zeitwert analog zur Vorgehensweise in anderen Standards nach dem DSOP als „Exit Value" und damit als potenzieller Ausstiegspreis vor Transaktionskosten[370] zu ermitteln.[371]

Entsprechend dem dreistufigen hierarchischen Verfahren[372] zur Ermittlung des „Fair Value" wird zunächst angenommen, dass dieser dem Marktpreis auf aktiven Märkten

---

366 Zu den Zeitwertkonzepten „Exit" und „Entry Value" vgl. Ellenbürger/Horbach/Kölschbach 2001, S. 48, vgl. Hassler/Sauer/Schneider 2006, S. 1541, vgl. Hipp 2007, S. 42 ff., vgl. Hitz 2006, S. 109 f., vgl. Hitz 2005a, S. 60 ff., vgl. Hommel 2003, S. 2116 ff., vgl. Kreeb/Rohlfs 2005, S. 348 f., vgl. Löw 2003, S. 174 ff., vgl. Rockel 2004b, S. 812, vgl. Rohlfs 2008, S. 55 f., vgl. Varain 2004, S. 91, vgl. Widmann 2006, S. 1841, vgl. Zimmermann/Schweinberger 2005, S. 64, vgl. Zons 2006, S. 292.

367 Der „Exit Value" ist konzeptionell nicht zwangsläufig mit dem Liquidationserlös identisch, da eine Bewertung unter der Prämisse der Unternehmensfortführung („going concern") erfolgt. D.h. der „Exit Value" ist als Wertmaßstab zu verstehen, der den erwarteten Zielstrombeitrag einer Position, wie er vom Markt vergütet würde, repräsentiert. Vgl. Hitz 2005a, S. 72 f., vgl. Rohlfs 2008, S. 55.

368 Die Summe aller mit dem „Entry Value" bewerteten identifizierbaren Bilanzpositionen stellt den Substanzwert des Unternehmens dar. Vgl. Hitz 2005a, S. 63, vgl. Zons 2006, S. 293, vgl. Rohlfs 2008, S. 55.

369 Zur Veranschaulichung der Unterschiede zwischen „Exit-„ und „Entry Value" können Geld- und Briefkurse an der Börse dienen. So ist der Geldkurs für den Verkauf eines Vermögensgegenstands der Exit-Preis, da es zu diesem Preis Nachfrager nach dem Vermögensgegenstand gibt. Übertragen auf den Sachverhalt „Kauf eines Vermögensgegenstands" ist der Briefkurs der Entry-Preis, da zu diesem Preis Angebot vorhanden ist. Umgekehrt ist der Geldkurs der Entry-Preis für das Eingehen einer Verbindlichkeit, da bei der Emission einer Anleihe durch das Unternehmen zu diesem Preis Nachfrage nach der Anleihe vorhanden ist. Sollte das Unternehmen versuchen, sich dieser Verbindlichkeit zu entledigen, müsste es die Anleihe am Rentenmarkt zurückkaufen. Deshalb ist der Exit-Preis der Briefkurs, da das Unternehmen zu diesem Kurs die eigene Anleihe wieder zurückkaufen kann. Vgl. IAS 39 AG 72.

370 Vgl. Hitz 2005a, S. 84 f..

371 Vgl. Kreeb/Rohlfs 2005, S. 350, vgl. Varain 2004, S. 92.

372 Vgl. Baetge/Zülch 2001, S. 547, vgl. Bieker 2005, S. 192, vgl. Hitz 2006, S. 110 f., vgl. Hitz 2005a, S. 86 und S. 94 ff., vgl. Hitz 2005b, S. 1015 f., vgl. Kreeb/Rohlfs 2005, S .350, vgl. Rockel 2004b, S. 811 f., vgl. Rohlfs 2008, S. 52 ff., vgl. Zons 2006, S. 294 f.

entspricht („mark to market-Prinzip").[373] Aktive Märkte sind durch Homogenität der gehandelten Positionen, öffentliche Verfügbarkeit der Preise sowie die Tatsache, dass in der Regel jederzeit Käufer und Verkäufer gefunden werden können, gekennzeichnet.[374] Vor allem das Kriterium jederzeitige Verfügbarkeit von Käufer und Verkäufer weist auf eine ausreichende Liquidität als wichtigen Indikator für das Vorliegen eines aktiven Marktes hin, ohne diese jedoch näher zu spezifizieren. Grundsätzlich dürften vor allem institutionalisierte Märkte (Börsen) die restriktiven Voraussetzungen eines aktiven Marktes erfüllen.

Selbst wenn die Voraussetzungen eines aktiven Marktes erfüllt werden, muss der aktuelle Marktpreis z.B. einer Aktie aus einer ökonomisch-statistischen Perspektive betrachtet nicht zwangsläufig mit dem theoretisch fairen Wert dieser Anlage identisch sein. So billigt *Albrecht* dem Marktpreis nur im Fall einer anstehenden Unternehmensliquidation zu, den fairen Wert eines Vermögensgegenstands zu repräsentieren.[375] Unter der Prämisse der Unternehmensfortführung ist die ökonomisch sinnvolle Verwendung des Marktpreises als Prognosewert für den fairen Wert einer Aktienanlage von der Modellierung der Aktienkursentwicklung abhängig. Wird die Gültigkeit der „Martingal-Hypothese"[376] unterstellt oder die Modellierung der Aktienkursentwicklung in Form des „Random Walk" vorgenommen, konzediert *Albrecht* dem Marktpreis den ökonomisch fairen Wert der Aktinanlage zu repräsentieren.[377]

Im Gegensatz dazu ergibt sich bei einem autoregressiven Prozess erster Ordnung, der der Erfassung eines „Mean Reversion-Effektes" dient, ein langfristiger Mittelwert, von dem zwar temporäre Abweichungen denkbar sind, zu dem die Kursentwicklung

---

373 Vgl. Geib 2001, S. 119, vgl. IAS 39 Nr. 48A und AG 71, vgl. Hipp 2007, S. 44 ff., vgl. Hitz 2005a, S. 87, vgl. Hitz 2005b, S. 1015, vgl. Kölschbach 2000, S. 434, vgl. Löw 2003, S. 177, vgl. Perlet 2001, S. 297, vgl. Rittmann/Rockel 2004b, S. 444, vgl. Rockel 2004b, S. 810 f., vgl. Rohlfs 2008, S. 52, vgl. Varain 2004, S. 90, vgl. Wagenhofer 2002, S. 118 f., vgl. Zons 2006, S. 290 f.

374 Vgl. IAS 39 AG 71, Hitz 2005a, S. 87 ff., Rohlfs 2008, S. 52 f.

375 Vgl. Albrecht 2003c, S. 5 f.

376 Die „Martingal-Hypothese" hat zum Inhalt, dass der erwartete Wert am Ende der Periode dem aktuellen Ausgangswert entspricht. Übertragen auf Finanzinstrumente bedeutet dies, dass die erwartete Kursänderung null beträgt. Vgl. Albrecht 2003c, S. 22 f.

377 Vgl. Albrecht 2003c, S. 6 ff. und S. 9 f., vgl. Rockel 2004b, S. 811.

jedoch langfristig hingezogen wird. Unter der Prämisse, dass die Aktienkursentwicklung am Besten mittels eines autoregressiven Prozesses erster Ordnung modelliert werden kann, präferiert *Albrecht* die Verwendung des langfristigen Mittelwerts gegenüber dem Marktpreis als ökonomischer „Fair Value".[378] Der langfristige (faire) Mittelwert wird dann auf Basis der monatlichen Daten der letzten 30 Jahre für das Kurs-Gewinn-Verhältnis des DAX mit einem Wert von 14,8 ermittelt.[379] [380]

Als problematisch erweist sich die Ermittlung des „Fair Value" bei fehlenden Preisnotierungen bzw. dem nicht erfüllen des Kriteriums eines aktiven Marktes, d.h. dass kein oder ein nicht ausreichend liquider Handel in dem zu bewertenden Gegenstand stattfindet oder die Preise aufgrund von Informationsasymmetrien verzerrt sind.[381] In diesem Fall ist zu prüfen, ob der Marktpreis vergleichbarer marktgehandelter Finanzinstrumente[382] Verwendung finden kann.[383] Ansonsten ist auf Basis von Bewertungsmodellen ein hypothetischer Marktpreis zu konstruieren („mark to model-Prinzip").[384] Der hypothetische Marktpreis soll sämtliche Faktoren berücksichtigen, die die Marktteilnehmer bei der Preisfindung beachten würden.[385] Daneben sollen

---

378 Vgl. Albrecht 2003c, S. 10 f.

379 Vgl. Albrecht 2003c, S. 12 ff.

380 Am Ende der Untersuchung versucht *Albrecht* mit Hilfe des fairen Mittelwerts für das Kurs-Gewinn-Verhältnis und einer angenommenen Gewinnwachstumsrate zukünftige ökonomisch faire DAX-Stände zu ermitteln. Vgl. Albrecht 2003c, S. 14 f. In einer weiteren Untersuchung versucht *Albrecht* analog zu obiger Vorgehensweise beizulegende (faire) Werte für ausgewählte Aktien zu berechnen. Vgl. Albrecht/Kantar 2003, S. 2-8.

381 Vgl. Hitz 2006, S. 110, vgl. Hitz 2005b, S. 1015, vgl. Rockel 2004b, S. 811, vgl. Rohlfs 2008, S. 53, vgl. Varain 2004, S. 91, vgl. Zons 2006, S. 291 ff.

382 Vergleichbare Finanzinstrumente sollten in Höhe, zeitlichem Anfall und Risikoprofil der Zahlungen möglichst übereinstimmen. Dies bedeutet, dass so genannte Duplikationsportfolios mit vergleichbaren Zahlungskonsequenzen wie beim originären Finanzinstrument gebildet werden. Vgl. Hitz 2005b, S. 1015, Kreeb/Rohlfs 2005, S. 350, vgl. Rockel 2004b, S. 811.

383 Vgl. IAS 39 Nr. 48A, vgl. Hipp 2007, S. 45, vgl. Hitz 2006, S. 110 f., vgl. Hitz 2005a, S. 88, vgl. Hitz 2005b, S. 1015, vgl. Kreeb/Rohlfs 2005, S. 350, vgl. Rockel 2004b, S. 811, vgl. Rohlfs 2008, S. 53.

384 Vgl. IAS 39 Nr. 48 und AG 74 ff., vgl. Hipp 2007, S. 45, vgl. Hitz 2006, S. 111, vgl. Hitz 2005a, S. 89, vgl. Hitz 2005b, S. 1015, vgl. Kreeb/Rohlfs 2005, S. 351, vgl. Rockel 2004b, S. 812, vgl. rohlfs 2008, S. 53, vgl. Zons 2006, S. 294.

385 Vgl. Hipp 2007, S. 45, vgl. IAS 39 AG 76, vgl. Rohlfs 2008, S. 53.

möglichst die Erwartungen des Marktes in die Marktpreiskonstruktion Eingang finden.[386]

Bezüglich der Bewertungskonzeption eines zukünftigen Standards für Versicherungsverträge wird im DSOP ein Junktim zur Bewertung von Finanzinstrumenten nach IAS 39 unterstellt.[387] Begründet wird dies damit, dass Versicherungsverträge dem Charakter nach Finanzinstrumente[388] sind, was eine analoge Bewertung zu IAS 39 bedinge.[389] Um die Vergleichbarkeit mit Unternehmen anderer Branchen zu gewährleisten, sollen Finanzinstrumente und Vermögensgegenstände und Schulden aus Versicherungsverträgen identisch bewertet werden.[390] Da es sich als schwierig erweist, eine konsistente Bewertungskonzeption zum „mixed model" des IAS 39 mit dem Dualismus der Bewertungsmaßstäbe „amortized costs" und „Fair Value" zu finden, wurde für den zukünftigen Versicherungsstandard die Verwendung des unternehmensspezifischen Ertragswerts „Entity Specific Value" erwogen.[391] [392]

---

386 Vgl. Hitz 2005a, S. 89, vgl. Hitz 2006, S. 111, vgl. IAS 39 AG 75, vgl. Kreeb/Rohlfs 2005, S. 351, vgl. Rockel 2004b, S. 812.

387 Vgl. DSOP 2001, Nr. 3.3 und 3.4, vgl. Geib 2001, S. 120 f., vgl. Hipp 2007, S. 140, vgl. Kölschbach 2000, S. 434, vgl. Kreeb/Rohlfs 2005, S. 349 f., vgl. Perlet 2001, S. 297, vgl. Varain 2004, S. 88, vgl. Widmann/Korkow 2002, S. 1236 f.

388 Ein Finanzinstrument ist als ein Vertrag definiert, der bei einem Unternehmen zu einem finanziellen Vermögenswert und bei dem anderen Unternehmen zu einer finanziellen Verbindlichkeit oder einem Eigenkapitalinstrument führt. Vgl. Geib 2001, S. 120, vgl. IAS 32 Nr. 11, vgl. Varain 2004, S. 88.

389 Vgl. Varain 2004, S. 88, vgl. Widmann/Korkow 2002, S. 1236 f., vgl. Zons 2006, S. 280.

390 Vgl. Geib 2001, S. 120 f., vgl. Kölschbach 2000, S. 434, vgl. Kreeb/Rohlfs 2005, S. 349 f., vgl. Widmann/Korkow 2002, S. 1236 f.

391 Zum Begriff des „Entity Specific Value" und dessen Abgrenzung gegenüber dem "Fair Value" vgl. DSOP 2001, Nr. 3.3, vgl. Geib 2001, S. 120 ff., vgl. Hipp 2007, S. 48, vgl. Hitz 2006, S. 110, vgl. Hitz 2005a, S. 61 ff., vgl. Hitz 2005b, S. 1015, vgl. Kreeb/Rohlfs 2005, S. 350, vgl. Löw 2003, S. 183 ff., vgl. Perlet 2001, S. 297 f., vgl. Rockel et al. 2005, S. 87, vgl. Rohlfs 2008, S. 56 ff., vgl. Varain 2004, S. 91 f., vgl. Widmann/Korkow 2002, S. 1238, vgl. Zielke 2002a, S. 802 f., vgl. Zons 2006, S. 292 ff.

392 Die Wahl des Zeitwertkonzepts bei der Bewertung von Versicherungsverträgen ist aus Sicht des Standardsetters eng mit Fortschritten bei der Weiterentwicklung des IAS 39 in Richtung „full fair value accounting" verknüpft. Vgl. DSOP 2001, Nr. 3.3 und 3.4, vgl. Geib 2001, S. 120, vgl. Hipp 2007, S. 140, vgl. Kölschbach 2000, S. 434, vgl. Rockel et al. 2005, S. 88, vgl. Varain 2004, S. 89, vgl. Widmann/Korkow 2002, S. 1238. Sowohl der im Jahr 2000 von der „Joint Working Group of Standardsetters" vorgelegte Standardentwurf für Finanzinstrumente als auch weitere Versuche des IASB, die Option zur erfolgswirksamen Zeitwertbewertung über die Kapitalanlagekategorie „held for trading" hinaus zu erweitern, unterlagen jedoch heftiger Kritik. Deshalb blieb die Weiterentwicklung des IAS 39 bisher auf die Einführung der restriktiv zu handhabenden „Fair Value-Option" beschränkt.

Im Gegensatz zum „Fair Value" basiert der subjektive Ertragswert „Entity Specific Value"[393] [394] [395] nicht auf objektivierbaren Markterwartungen, sondern in dessen Ermittlung gehen Prämissen aus der Perspektive des Managements eines Unternehmens ein.[396] Damit soll dem Informationsvorsprung des Managements über etwaige Wettbewerbsvorteile oder -nachteile des Versicherers und den daraus resultierenden Renten[397] Rechnung getragen werden.[398] So könnten unternehmensspezifische Kostenvorteile des Versicherers oder eine vom Markt abweichende Struktur der Kapitalanlage- und Versicherungsportefeuilles (Risikoausgleichseffekte) Eingang in die Bewertung finden. Daneben werden von den Markterwartungen differierende subjektive Einschätzungen des Managements, z.B. bezüglich einzelner Risiken, verglichen mit dem „Fair Value", zu einer vom Marktwert abweichenden Bewertung führen.

---

393 Materiell ist der „Entity Specific Value" weitgehend identisch mit dem in den US-GAAP gebräuchlichen Begriff des „Value in use". Vgl. Hipp 2007, S. 48, vgl. Hitz 2005a, S. 83 f. und S. 132 f., vgl. Hitz 2005b, S. 1015 ff., vgl. Rohlfs 2008, S. 57, vgl. Varain 2004, S. 91 und S. 98, vgl. Zons 2006, S. 308.

394 Konzeptionell stellt der „Entity Specific Value" eine Mischung aus Einzel- und Gesamtbewertungsperspektive dar. So werden sämtliche Vermögensgegenstände und Schulden separat mit dem Beitrag zum Gesamtwert des Unternehmens bewertet, wohingegen der „Fair Value" sowohl in der Form des „Exit Value" als auch des „Entry Value" ausschließlich auf dem Einzelbewertungsgrundsatz basiert. Eine fallweise Durchbrechung des Einzelbewertungsgrundsatz stellt jedoch die Ermittlung des „Fair Value" für den „Goodwill", der einer Berichtseinheit („reporting unit") zugerechnet wird, dar. Vgl. Hitz 2006, S. 110, vgl. Hitz 2005a, S. 61 ff. und S. 128 f. sowie S. 181 ff., vgl. Zons 2006, S. 292 f.

395 Im Gegensatz zur Bewertung mit dem „Fair Value" wird der Zeitwert einer versicherungstechnischen Verpflichtung beim „Entity Specific Value" nicht mittels eines fiktiven Verkaufs an Dritte approximiert, sondern auf Basis des gegenwärtigen Werts der zur Abwicklung des Vertrags zu leistenden Zahlungen ermittelt. Vgl. DSOP 2001, Nr. 3.3, vgl. Geib 2001, S. 122.

396 Im Kontext des neoklassischen Gleichgewichtsmodells sind „Fair Value" und „Entity Specific Value" identisch, da für das Management eines Unternehmens ein Informationsvorsprung unter der Annahme vollkommener Information auszuschließen ist. Vgl. Hitz 2006, S. 109, vgl. Hitz 2005a, S. 93 und S. 178.

397 Wettbewerbsvorteile und die daraus resultierenden Renten können zum einen aus privaten Informationen des Managements resultieren. Zum anderen können diese in so genannten idiosynkratischen Faktoren, d.h. der Ausnutzung der Position des Unternehmens im Leistungs- bzw. Finanzierungsbereich begründet sein. Vgl. Hitz 2005a, S. 63 f.

398 Die Differenz zwischen einer mit dem „Entity Specific Value" und dem „Entry Value" bewerteten Bilanzposition reflektiert den Nettokapitalwert dieser Position. Sofern alle identifizierbaren Positionen mit dem „Entity Specific Value" bewertetet werden, bildet deren Summe den Unternehmenswert ab. Werden sämtliche identifizierbaren Positionen mit dem „Entry Value" bewertet, resultiert hieraus der Substanzwert. Die Differenz zwischen dem solchermaßen ermittelten Unternehmenswert und dem Substanzwert stellt den originären „Goodwill" des Unternehmens dar. Vgl. Hitz 2005a, S .63.

Bei der Ermittlung des „Entity Specific Value“ für Versicherungsverträge entsprechend dem DSOP findet verglichen mit der ursprünglichen Konzeption des „Entity Specific Value“ als ökonomischer Ertragswert eine starke konzeptionelle „Verkrüppelung“ statt. Da sowohl bei der Bemessung der Risikozuschläge als auch bei der Wahl des Diskontierungszinssatzes auf Marktdaten zu rekurrieren ist,[399] wird die Erfassung ökonomischer Renten und damit einher gehend die Erfassung des originären Geschäfts- oder Firmenwerts auf die erwarteten Zahlungsströme reduziert.

Es wird unterstellt, dass sich in der Praxis die Abweichungen zwischen den beiden Zeitwertkonzepten „Fair Value“ und „Entity Specific Value“ bei Versicherungsunternehmen in engen Grenzen halten.[400] Dies bedingt jedoch eine weitgehend konforme Entwicklung der Versicherungsunternehmen ohne signifikante unternehmensspezifische Wettbewerbsvorteile, was jedoch im Widerspruch zu der mit der Deregulierung einher gehenden differenzierteren Entwicklung der Branche steht. Abschließend ist zu konstatieren, dass mit der Verwendung des unternehmensspezifischen „Entity Specific Value“ eine (noch) größere Subjektivität in die Bewertung Einzug hielte.[401]

3.2.2.1.2 Umsetzung der Zeitwertkonzepte im IAS/IFRS-Rahmenkonzept und maßgeblichen Einzelstandards

Im Folgenden soll die Verwendung des beizulegenden Zeitwerts als Bewertungsmaßstab im Rahmenkonzept der IAS und in einzelnen bedeutenden Standards untersucht werden. Im Rahmenkonzept wird der „Fair Value“ nicht explizit als Wertkonzeption aufgeführt,[402] [403] jedoch lassen sich zumindest mit den genannten

---

399 Vgl. DSOP 5.21, vgl. DSOP 6.2, vgl. Hipp 2007, S. 140 ff.

400 Vgl. Geib 2001, S. 122, vgl. Hipp 2007, S. 140, vgl. Widmann/Korkow 2002, S. 1238, vgl. Zielke 2002a, S. 803, vgl. Zons 2006, S. 309.

401 Vgl. Geib 2001, S. 124, vgl. Hitz 2005a, S. 182, vgl. Perlet 2001, S. 297 f., vgl. Zons 2006, S. 292 ff.

402 Vgl. Hitz 2005a, S. 85, vgl. Hitz 2005b, S. 1014.

403 Zu den Bewertungsmaßstäben vgl. IAS Rahmenkonzept Nr. 100 a)-d), vgl. KPMG 2003, S. 34 ff., vgl. Rockel et al. 2005, S. 65, vgl. Varain 2004, S. 92.

Wertmaßstäben Tageswert (Wiederbeschaffungskosten)[404], Veräußerungswert/ Erfüllungsbetrag („realisierbarer Betrag")[405] und Barwert[406] Elemente einer Zeitwertbewertung verbinden. So könnte der Tageswert eines Vermögensgegenstands als „Entry Value" und dessen Veräußerungswert als „Exit Value" interpretiert werden. Kombiniert man den Wertmaßstab Erfüllungsbetrag einer Verbindlichkeit mit dem Bewertungsgrundsatz Barwert, so ergibt sich der „Exit Value" einer Verbindlichkeit.

Neben den obigen Wertmaßstäben werden die historischen Anschaffungs- und Herstellungskosten im Rahmenkonzept der IAS/IFRS als weiterer Bewertungsgrundsatz aufgeführt.[407] Dabei wird den historischen Kosten im Rahmen des „Framework" eine dominierende Rolle eingeräumt.[408] Konkrete Vorschriften zur Bewertung eines Abschlusspostens sind jedoch nicht im Rahmenkonzept der IAS/IFRS, sondern in den einzelnen Standards normiert.[409]

Die Bilanzierung und Bewertung von Vermögensgegenständen des materiellen Sachanlagevermögens ist in IAS 16 normiert.[410] Hiervon sind jedoch als Finanzinvestitionen gehaltene Immobilien ausgenommen.[411] Im Rahmen der Bewertung besteht ein Wahlrecht zwischen dem „Anschaffungskosten-„ und dem „Neubewertungsmodell".[412] Das Anschaffungskostenmodell beinhaltet die Bewertung des Vermögensgegenstands mit den fortgeführten Anschaffungskosten, d.h. die Anschaffungskosten werden über die voraussichtliche Nutzungsdauer planmäßig abgeschrieben.[413] Sofern der beizulegende Zeitwert einen höheren Wert als die fortgeführten Anschaf-

---

404 Vgl. IAS Rahmenkonzept Nr. 100 b), vgl. KPMG 2003, S. 35, vgl. Rockel et al. 2005, S. 65.

405 Vgl. IAS Rahmenkonzept Nr. 100 c), vgl. KPMG 2003, S. 35 f., vgl. Rockel et al. 2005, S. 65.

406 Vgl. IAS Rahmenkonzept Nr. 100 d), vgl. KPMG 2003, S. 36, vgl. Rockel et al. 2005, S. 65.

407 Vgl. IASB Rahmenkonzept Nr. 100a), vgl. KPMG 2003, S. 35, vgl. Rockel et al. 2005, S. 65.

408 Vgl. Varain 2004, S. 87.

409 Vgl. KPMG 2003, S. 34.

410 Zur Definition von Vermögensgegenständen des Sachanlagevermögens vgl. IAS 16 Nr. 6, vgl. KPMG 2003, S. 70 f., vgl. Wagenhofer 2002, S. 134.

411 Vgl. Fourie/Velthuysen 2001, S. 648 f., vgl. Zons 2006, S. 252 f.

412 Vgl. Fourie/Velthuysen 2001, S .648 f., vgl. Hitz 2005a, S. 117, vgl. Hitz 2005b, S. 1018, vgl. IAS 16 Nr. 29, vgl. KPMG 2003, S. 72, vgl. Streim/Bieker/Esser 2003, S. 461, vgl. Wagenhofer 2002, S. 135, vgl. Varain 2004, S. 93.

fungskosten annimmt, geht mit dem Anschaffungskostenmodell die Legung stiller Reserven einher.

Bei Ausübung der Option Neubewertung wird der Wertansatz mit Hilfe des „Fair Value" korrigiert um die nachfolgenden kumulierten Abschreibungen ermittelt.[414] Wertänderungen, die sich aus dem Vergleich mit den fortgeführten historischen Anschaffungs- und Herstellungskosten ergeben, werden grundsätzlich erfolgsneutral in der so genannten „Neubewertungsrücklage" erfasst.[415] [416] Nur die über eine bereits vorhandene Neubewertungsrücklage hinaus gehenden Wertminderungen eines Vermögensgegenstands werden erfolgswirksam.[417] Die Wertaufholung vergangener erfolgswirksamer Wertminderungen wird als Zuschreibung ebenfalls erfolgswirksam verbucht.[418] Wertaufholungen sind jedoch nur bis zur Höhe der fortgeführten Anschaffungskosten möglich.[419] Im Gegensatz zu den Regelungen des IAS 39[420] erfolgt die Auflösung der Neubewertungsrücklage beim Abgang von Vermögensgegenständen nicht über die Gewinn- und Verlustrechnung („recycling"), sondern durch die erfolgsneutrale Umgliederung in die Gewinnrücklagen, wodurch die Wertänderung dauerhaft erfolgsneutral bleibt.[421]

---

413 Vgl. Fourie/Velthuysen 2001, S. 648 f., vgl. Zons 2006, S. 252 f.

414 Vgl. Fourie/Velthuysen 2001, S. 648 f., vgl. Hitz 2005a, S. 117, vgl. IAS 16 Nr. 31, vgl. KPMG 2003, S. 72, vgl. Varain 2004, S. 93, vgl. Wagenhofer 2002, S. 301 ff.

415 Vgl. Fourie/Velthuysen 2001, S. 649, vgl. Hitz 2005a, S. 118, vgl. Hitz 2005b, S. 1018, vgl. IAS 16 Nr. 39 und 40, vgl. KPMG 2003, S. 73, vgl. Streim/Bieker/Esser 2003, S. 461, vgl. Varain 2004, S. 93, vgl. Wagenhofer 2002, S. 302 f., vgl. Zons 2006, S. 253.

416 Die erfolgsneutrale Neubewertung von Vermögensgegenständen des Sachanlagevermögens ist durch das Konzept der Substanzerhaltung motiviert. Dabei soll der Ausweis von durch Preissteigerungen induzierten „Scheingewinnen" vermieden und damit die Erhaltung der Substanz des Unternehmens gewährleistet werden. Vgl. Hitz 2005a, S. 116 f., vgl. Hitz 2005b, S. 1018, vgl. Wagenhofer 2002, S. 299 f.

417 Vgl. Hitz 2005a, S. 118, vgl. Hitz 2005b, S. 1018, vgl. IAS 16 Nr. 40, vgl. KPMG 2003, S. 44, vgl. Streim/Bieker/Esser 2003, S. 461, vgl. Wagenhofer 2002, S. 302, vgl. Zons 2006, S. 252.

418 Vgl. Hitz 2005a, S. 118, vgl. IAS 16 Nr. 39 und IAS 36 Nr. 120, vgl. Streim/Bieker/Esser 2003, S. 461, vgl. Wagenhofer 2002, S. 302.

419 Vgl. Hitz 2005a, S. 118, vgl. IAS 36 Nr. 117, vgl. KPMG 2003, S. 50, vgl. Wagenhofer 2002, S. 140.

420 Zum „recycling" erfolgsneutral erfasster Wertänderungen in der Gewinn- und Verlustrechnung im Rahmen der Kapitalanlagekategorie „jederzeit veräußerbar" vgl. Abschnitt 2.2.1.2 dieser Arbeit.

421 Vgl. Hitz 2005a, S. 118, vgl. Hitz 2005b, S. 1018, vgl. IAS 16 Nr. 41, vgl. KPMG 2003, S. 73, vgl. Wagenhofer 2002, S. 302, vgl. Zons 2006, S. 253.

Im IAS 40 ist die Bilanzierung und Bewertung von fremd genutztem Immobilienbesitz, d.h. der zu Anlagezwecken gehaltenen Grundstücken und Gebäuden, kodifiziert.[422] Analog zu IAS 16 besteht bei der Bewertung ein Wahlrecht zwischen „Anschaffungskostenmodell“[423] („Cost Model“) und dem „Zeitwertmodell“[424] („Fair Value Model“).[425] Das Anschaffungskostenmodell beinhaltet wiederum die Bewertung mit den fortgeführten Anschaffungskosten. Sofern das Unternehmen für das „Fair Value Model“ optiert, werden Zeitwertänderungen im Gegensatz zu IAS 16 zwingend erfolgswirksam in der Gewinn- und Verlustrechnung erfasst.[426]

IAS 41 ist vor dem Hintergrund der vollständigen Umsetzung des „Full Fair Value Accounting“ von großem Interesse, da dieser Standard mit hoher Wahrscheinlichkeit als richtungsweisend für die weitere Vorgehensweise des IASB bei der zukünftigen Standardsetzung betrachtet werden kann. IAS 41 hat die Bilanzierung und Bewertung biologischer Vermögenswerte und landwirtschaftlicher Erzeugnisse zum Gegenstand.[427] Die Bewertung erfolgt grundsätzlich mit dem „Fair Value“ abzüglich der zu erwartenden Verkaufskosten.[428] (Zeit-)Wertänderungen sind immer erfolgswirksam in der Gewinn- und Verlustrechnung zu erfassen.[429]

---

422 Zur Definition der als Finanzinvestition gehalten Grundstücke und Gebäude vgl. Baetge/Zülch 2001, S. 553 f., vgl. Fourie/Velthuysen 2001, S. 649, vgl. IAS 40 Nr. 5, vgl. KPMG 2003, S. 76 f., vgl. Wagenhofer 2002, S. 145, vgl. Zons 2006, S. 252 f.

423 Vgl. Fourie/Velthuysen 2001, S. 649, vgl. IAS 40 Nr. 56, vgl. KPMG 2003, S. 79, vgl. Wagenhofer 2002, S. 146.

424 Vgl. Fourie/Velthuysen 2001, S. 649, vgl. IAS 40 Nr. 33 ff., vgl. Varain 2004, S. 97 f., vgl. KPMG 2003, S. 78 f., vgl. Wagenhofer 2002, S. 145 ff. Die Verwendung des beizulegenden Zeitwerts erweist sich jedoch nicht als unproblematisch. So stellen Immobilien weitgehend Unikate dar, für die weder ein Marktpreis noch Marktpreise vergleichbarer Transaktionen existieren. Oftmals verbleibt nur der Rückgriff auf Bewertungsverfahren wie das Vergleichswert- oder das Discounted-Cash-Flow-Verfahren, die mit Schätzungenauigkeiten verbunden sind. Vgl. Baetge/Zülch 2001, S. 556 ff.

425 Vgl. Baetge/Zülch 2001, S. 554, vgl. Fourie/Velthuysen 2001, S. 649, vgl. Hitz 2005a, S. 118 f., vgl. Hitz 2005b, S. 1018, vgl. IAS 40 Nr. 30, vgl. Streim/Bieker/Esser 2003, S. 461, vgl. Varain 2004, S. 97, vgl. Wagenhofer S. 145 ff., vgl. Zons 2006, S. 253.

426 Vgl. Baetge/Zülch 2001, S. 554, vgl. Fourie/Velthuysen 2001, S. 649, vgl. Hitz 2005a, S. 118 f., vgl. Hitz 2005b, S. 1018, vgl. IAS 40 Nr. 33, vgl. KPMG 2003, S. 79, vgl. Streim/Bieker/Esser 2003, S. 461, vgl. Varain 2004, S. 98, vgl. Wagenhofer 2002, S. 146, vgl Zons 2006, S. 253.

427 Vgl. Hitz 2005a, S. 118 f., vgl. IAS 41 Nr. 1, vgl. Streim/Bieker/Esser 2003, S. 462, vgl. Varain 2004, S. 98.

428 Vgl. Hitz 2005a, S. 119, vgl. Hitz 2005b, S. 1018, vgl. IAS 41 Nr. 12 und 13, vgl. Varain 2004, S. 98 f.

429 Vgl. Hitz 2005b, S. 1018, IAS 41 Nr. 26, vgl. Varain 2004, S. 99.

Im Kontext des DSOP „Insurance“ ist von Bedeutung, dass mit der konsequenten Umsetzung der Bewertung mit dem „Fair Value“ im Rahmen des IAS 41 bei der erstmaligen Bilanzierung von Vermögensgegenständen und Schulden eventuell entstehende Gewinne oder Verluste erfolgswirksam vereinnahmt werden.[430] Eine Bewertung mit dem „Fair Value“ darf nur dann unterbleiben, wenn der beizulegende Zeitwert nicht zuverlässig ermittelt werden kann („reliability exception“).[431] In diesem Fall erfolgt der Ausweis mit den Anschaffungs- und Herstellungskosten.[432]

In der Regel sind (außerplanmäßige) Wertminderungen (Abschreibungen) von Vermögensgegenständen bzw. Korrekturen vorheriger Wertminderungen (Zuschreibungen) nach IAS 36[433] erfolgswirksam zu erfassen.[434] [435] Sofern eine Indikation[436] für

---

430 Vgl. Hitz 2005a, S. 119, vgl. IAS 41 Nr. 26, vgl. Varain 2004, S. 98 f.

431 Vgl. Hitz 2005a, S. 119, vgl. Hitz 2005b, S. 1018, vgl. IAS 41 Nr. 30, vgl. Varain 2004, S. 99.

432 Vgl. Hitz 2005a, S. 119, vgl. IAS 41 Nr. 30, vgl. Varain 2004, S. 99.

433 Im IAS 36 ist die grundsätzliche Behandlung von (außerplanmäßigen) Wertminderungen von Vermögensgegenständen und deren Korrektur (Zuschreibungen) kodifiziert. Vom Geltungsbereich des IAS 36 sind insbesondere Vorratsvermögen, Finanzinstrumente und als Finanzinvestitionen gehaltene Immobilien ausgenommen. Vgl. KPMG 2003, S. 41.

434 Zu außerplanmäßigen Abschreibungen in Folge eines Niederstwerttests nach IAS 36 vgl. KPMG 2003, S. 41 ff., vgl. Streim/Bieker/Esser 2003, S. 461, vgl. Varain 2004, S. 93 f. vgl. Wagenhofer 2002, S. 138 f.

435 Außerplanmäßige Abschreibungen auf Finanzinstrumente sind im Rahmen des IAS 39 separat geregelt. Dabei müssen objektive Hinweise auf eine dauerhafte Wertminderung vorliegen. Sofern sich beim anschließenden „Niederstwerttest“ ein niedrigerer erzielbarer Betrag als der Buchwert bzw. die Anschaffungskosten ergibt, ist eine erfolgswirksame Abschreibung vorzunehmen. Im Falle der zu fortgeführten Anschaffungskosten bewerteten aktiven Finanzinstrumente wird der erzielbare Betrag durch Diskontierung der erwarteten Zahlungsströme mit dem ursprünglichen Effektivzinssatz ermittelt. Vgl. IAS 39 Nr. 63, vgl. KPMG 2003, S. 152, vgl. Wagenhofer 2002, S. 182 f., vgl. Zons 2006, S. 249. Dies bedeutet Änderungen der Kapitalmarktzinsen werden nicht berücksichtigt. Damit resultieren Wertminderungen bei mit fortgeführten Anschaffungskosten bewerteten finanziellen Vermögenswerten nur aus Bonitätsverschlechterungen der Emittenten. Bei Finanzinstrumenten der Kapitalanlageklasse „jederzeit veräußerbar“ wird der erzielbare Betrag mit den Anschaffungskosten verglichen. Liegt der erzielbare Betrag dauerhaft unter den Anschaffungskosten, werden erfolgsneutral erfasste Wertänderungen ausgebucht. Vgl. IAS 39 Nr. 67, vgl. Zons 2006, S. 249. Anschließend wird die Differenz zwischen Anschaffungskosten und dem erzielbaren Betrag aufwandswirksam verbucht. Vgl. IAS 39 Nr. 68. Der erzielbare Betrag wird mit dem beizulegenden Zeitwert bei Eigenkapitalinstrumenten bzw. mit den mit dem aktuellen Effektivzinssatz diskontierten Zahlungsströmen bei festverzinslichen Finanzinstrumenten bestimmt. Vgl. KPMG 2003, S. 152, vgl. Wagenhofer 2002, S. 183. Damit finden Schwankungen des Kapitalmarktzinses, sofern sie als dauerhaft qualifiziert werden, bei der Ermittlung von Wertminderungen von finanziellen Vermögenswerten Berücksichtigung.

436 Dabei sind sowohl unternehmensexterne als auch unternehmensinterne Indikatoren zu berücksichtigen. So fungieren z.B. Marktpreisrückgänge eines Vermögensgegenstands oder Zinssteigerungen, die den „Value in Use“ negativ tangieren, als unternehmensexterne Indikatoren für

eine Wertminderung vorliegt, ist ein so genannter „Niederstwerttest" vorzunehmen. Eine Wertminderung liegt vor, wenn der erzielbare Betrag („recoverable amount") eines Vermögensgegenstands unter dessen fortgeführten Anschaffungs- bzw. Herstellungskosten liegt. Der erzielbare Betrag[437] wurde als der höhere Wert aus dem Nettoveräußerungspreis und dem „Value in Use" ermittelt. Der Nettoveräußerungspreis eines Vermögenswerts ergab sich als dessen Verkaufspreis abzüglich der anfallenden Veräußerungskosten („Exit Value").

Im Zuge der Revision des IAS 36 wurde der Wertmaßstab Nettoveräußerungserlös durch den „Fair Value" abzüglich der Veräußerungskosten ersetzt.[438] Der „Value in Use" als Synonym für den „Entity Specific Value" berechnet sich als Barwert der erwarteten Zahlungen, die aus der Nutzung und dem Abgang eines Vermögenswerts resultieren. Der verwendete Diskontierungszinssatz sollte dabei Annahmen des Marktes widerspiegeln.[439] Durch die Schätzung der Zahlungsströme durch das Unternehmen beinhaltet der „Value in Use" wie bereits erläutert eine deutliche unternehmensspezifische Komponente, die die Subjektivität der Bewertung erhöht.

Liegt jedoch in den folgenden Perioden eine unternehmensexterne oder -interne Indikation[440] dafür vor, dass vorangegangene Wertminderungen nicht mehr oder nicht mehr in vollem Umfang bestehen, ist der erzielbare Betrag erneut zu ermitteln.[441] [442]

---

eine Wertminderung. Im Gegensatz dazu ist eine nachteilige Änderung des Einsatzes eines Vermögensgegenstands als unternehmensinterner Indikator eines Wertverlusts zu betrachten. Vgl. KPMG 2003, S. 42, vgl. Wagenhofer 2002, S. 139.

437 Zur Ermittlung des erzielbaren Betrags und dessen Determinanten Nettoveräußerungspreis und Nutzungswert („Value in Use") vgl. KPMG 2003, S. 42 ff., vgl. Wagenhofer 2002, S. 119 ff.

438 Vgl. Hitz 2005a, S. 120, vgl. Hitz 2005b, S. 1018.

439 Vgl. KPMG 2003, S. 43, vgl. Varain 2004, S. 94.

440 Als unternehmensexterne Indikatoren gelten die Steigerung des Marktpreises eines Vermögensgegenstands oder eine Senkung des Marktzinssatzes, die den „Value in Use" erhöhen würde. Analog zur Indikation einer Wertminderung würde ein wesentlich geänderter vorteilhafter Einsatz eines Vermögensgegenstands als unternehmensinternes Anzeichen für eine Werterhöhung gewertet werden. Vgl. KPMG 2003, S. 49 f.

441 Zur Korrektur vergangener außerplanmäßiger Wertminderungen (Werterhöhung, Zuschreibung) von Vermögensgegenständen nach IAS 36 vgl. KPMG 2003, S. 49 f., vgl. Varain 2004, S. 93 f., vgl. Wagenhofer 2002, S. 140, vgl. Zons 2006, S. 249.

442 Prinzipiell sind nicht mehr bestehende außerplanmäßige Wertminderungen von Finanzinstrumenten gemäß IAS 39 ebenfalls ertragswirksam zuzuschreiben. Vgl. KPMG 2003, S. 152, vgl. Wagenhofer 2002, S. 183, vgl. Zons 2006, S. 249. Eine Ausnahme vom Wertaufholungsgebot

Ergibt sich hierbei ein höherer erzielbarer Betrag als der Buchwert, so ist diese Werterhöhung erfolgswirksam zuzuschreiben. Die Zuschreibung bleibt jedoch auf einen Wert in Höhe der fortgeführten Anschaffungs- bzw. Herstellungskosten limitiert.

Sobald ein Abschlussposten die Kriterien einer Schuld erfüllt, ist dieser zu passivieren. Unter dem Begriff Schulden sind sowohl fixe Verbindlichkeiten als auch ungewisse Verbindlichkeiten (Rückstellungen)[443] zu subsumieren. Dabei ist die Bewertung einer Schuld nicht einheitlich geregelt. Finanzielle Verbindlichkeiten[444] sind, sofern sie nicht der Kategorie „financial assets and financial liabilities at fair value through profit or loss“[445] zugeordnet werden oder Bestandteil eines Sicherungsgeschäfts[446]

---

stellt jedoch das Verbot einer Wertaufholung bei einem Eigenkapitalinstrument der Kategorie „available for sale“ dar. Vgl. IAS 39 Nr. 69, vgl. Zons 2006, S. 249.

443 Die Vorschriften zur Bilanzierung und Bewertung von Rückstellungen sind nicht innerhalb eines Standards normiert. Sofern nicht separat geregelte Sachverhalte wie die Bilanzierung von Steuerrückstellungen (IAS 12) oder von Pensionsrückstellungen (IAS 19) tangiert werden, erweist sich IAS 37 bei der Bilanzierung von Rückstellungen als einschlägig. Vgl. KPMG 2003, S. 133 f., vgl. Wagenhofer 2002, S. 194 f. Der Ansatz einer Rückstellung erfolgt, sofern die abstrakte und konkrete Bilanzierungsfähigkeit einer Schuld gemäß dem IAS-Rahmenenkonzept gegeben ist. Das Wahrscheinlichkeitskriterium des Rahmenkonzepts wird dabei mit einer Eintrittswahrscheinlichkeit von mehr als 50 Prozent („more likely than not“) konkretisiert. Das Kriterium der zuverlässigen Bewertbarkeit ist sehr weit auszulegen, so dass der Verzicht auf den Ansatz einer Rückstellung aufgrund der fehlenden Zuverlässigkeit der Ermittlung schwer vorstellbar erscheint. Vgl. Wagenhofer 2002, S. 199.

444 Entsprechend der Ausweisregeln des IAS 32 sind finanzielle Verbindlichkeiten von finanziellen Vermögenswerten und Eigenkapitalinstrumenten abzugrenzen. Finanzielle Verbindlichkeiten sind vor allem durch den Anspruch einer dritten Person gekennzeichnet, vom Unternehmen flüssige Mittel oder andere finanzielle Vermögenswerte zu fordern. Alternativ kann die Verpflichtung des Unternehmens auch darin bestehen, Finanzinstrumente zu für das Unternehmen nachteiligen Bedingungen zu tauschen. Demnach stellen z.B. erhaltene Anzahlungen keine finanziellen Verbindlichkeiten dar, da die Erfüllung in einer Sachleistung besteht. Vgl. Isert/Schaber 2005, S. 299 ff., vgl. KPMG 2003, S. 139 ff. und S. 144, vgl. Wagenhofer 2002, S. 173.

445 Finanzielle Schulden, die dem Handelsbestand zugeordnet werden, wurden eingegangen, um Gewinne aus kurzfristigen Preisänderungen zu erzielen. So werden z.B. Derivate mit Schuldcharakter, sofern sie keiner Sicherungsbeziehung dienen, immer dem Handelsbestand zugewiesen. Vgl. KPMG 2003, S. 144. Darüber hinaus sind finanzielle Verbindlichkeiten, die im Rahmen der neugeschaffenen „Fair Value Option“ der Kategorie „financial assets and financial liabilities at fair value through profit or loss“ zur Vermeidung von Ergebnisverzerrungen zugeordnet wurden, ebenfalls erfolgswirksam mit dem beizulegenden Zeitwert zu bewerten. Vgl. Hitz 2005b, S. 1018, vgl. Schmidt 2005, S. 270 ff., vgl. Löw/Blaschke 2005, S. 1729.

446 Die Bilanzierung von Sicherungsgeschäften („Hedge Accounting“) soll dazu dienen, finanzwirtschaftliche Sicherungsbeziehungen ökonomisch korrekt in der externen Rechnungslegung abzubilden. Dabei wird zwischen einem so genannten „Fair Value Hedge“ und einem „Cash Flow Hedge“ unterschieden. Im Fall des „Fair Value Hedge“ wird ein Grundgeschäft gegen Zeitwertschwankungen abgesichert. Sofern die Effektivitätsbedingungen der Sicherungsbeziehung erfüllt sind, werden Wertänderungen sowohl beim Grund- als auch beim Sicherungsgeschäft erfolgswirksam erfasst. Beim „Cash Flow Hedge“ besteht das Ziel in der (Wert-)Sicherung zu-

sind, mit den fortgeführten Anschaffungskosten zu bewerten.[447] Die Bewertung von Rückstellungen im Sinne des IAS 37 hat mit der besten Schätzung, dem („best estimate"), zu erfolgen.[448] Dieser dürfte in der Regel dem Erwartungswert entsprechen.

Um die Ausgestaltung der zukünftigen Bewertungsregeln von Versicherungsverträgen durch den Standardsetzer abzuschätzen, muss man zunächst konstatieren, dass sich der „Fair Value" trotz fehlender konzeptioneller Fundierung im Rahmenkonzept als Wertmaßstab in den einzelnen Standards etabliert hat.[449] Dabei setzt sich der im IAS 39 angelegte Dualismus[450] der Wertmaßstäbe fortgeführte Anschaffungs- und Herstellungskosten sowie eines Zeitwertkonzepts in den Bewertungsregeln für nichtfinanzielle Aktiva und der Passiva fort. So existiert für die Bewertung des Sachanlagevermögens nach IAS 16 und IAS 40 ein Wahlrecht zwischen den fortgeführten Anschaffungs- und Herstellungskosten und dem beizulegenden Zeitwert. Nur landwirtschaftliches Vermögen bzw. Erzeugnisse sind gemäß IAS 41 zwingend mit dem „Fair Value" zu bewerten, sofern diese hinreichend zuverlässig ermittelt werden können.

Auch auf Passivpositionen finden beide Wertkonzeptionen Anwendung. Die finanziellen Verbindlichkeiten sind, sofern sie nicht als der Kategorie „financial assets and financial liabilities at fair value through profit or loss" zugehörig qualifiziert werden, mit den fortgeführten Anschaffungskosten anzusetzen. Im Gegensatz dazu sind die finanziellen Verbindlichkeiten der Anlageklasse „financial assets and financial liabilities at fair value through profit or loss" sowie die ungewissen Verbindlichkeiten des IAS 37 jeweils mit Zeitwerten zu bewerten.

---

künftiger Zahlungsströme. Die Wertänderungen des Sicherungsinstruments, das wiederum die Effektivitätsbedingungen zu erfüllen hat, sind zunächst erfolgsneutral im Eigenkapital zu verbuchen. Vgl. Hitz 2005b, S. 1019, vgl. KPMG 2003, S. 152 ff., vgl. Löw/Blaschke 2005, S. 1729.

447 Vgl. Hitz 2005a, S. 114 f., vgl. Hitz 2005b, S. 1018, vgl. KPMG 2003, S. 151 f., vgl. Varain 2004, S. 95 f., vgl. Wagenhofer 2002, S. 173.

448 Vgl. KPMG 2003, S. 135, vgl. Wagenhofer 2002, S. 203.

449 Vgl. Hitz 2005a, S. 121 ff., vgl. Hitz 2005b, S. 1018.

450 Siehe hierzu Abschnitt 2.2.1.2 dieser Arbeit, vgl. Hitz 2005b, S. 1018 f., vgl. Jerzembek/Große 2005, S. 221 f., vgl. Löw/Blaschke 2005, S. 1727 ff., vgl. Zons 2006, S. 243 ff.

Hinzu kommt, dass sofern Zeitwertkonzepte Anwendung finden, diese in den unterschiedlichen Standards nicht konsistent ausgestaltet sind.[451] So findet bei Ausübung der Neubewertungs- bzw. „Fair Value"-Option bei Vermögensgegenständen des Sachanlagevermögens der beizulegende Zeitwert abzüglich der kumulierten Abschreibungen Verwendung. Für die finanziellen Vermögensgegenstände der Kapitalanlagekategorien „available for sale" und „financial assets and financial liabilities at fair value through profit or loss" erweist sich der „Fair Value" als der relevante Wertmaßstab. Im Gegensatz dazu werden Rückstellungen des IAS 37 mit einem Zeitwert, der einem unternehmensspezifischen „Value in Use" („Entity Specific Value") nahe kommt, bewertet.[452] Auch bei der Ermittlung des erzielbaren Betrags zur Quantifizierung von Wertänderungen unterhalb der Anschaffungs- und Herstellungskosten wird mit dem beizulegenden Zeitwert („Exit Value") und dem Nutzungswert („Value in Use") auf unterschiedliche Bewertungsmaßstäbe rekurriert.

Sofern der „Fair Value" in den einzelnen Standards als zwingend oder optional anzuwendender Wertmaßstab normiert wurde, ist festzuhalten, dass eine konsistente erfolgswirksame Verbuchung von (Zeit-)Wertänderungen oberhalb der Anschaffungs- und Herstellungskosten unterbleibt. So werden Wertschwankungen im Rahmen der Neubewertungsoption des IAS 16 oder in der Kapitalanlagekategorie „jederzeit veräußerbar" des IAS 39 erfolgsneutral außerhalb der Gewinn- und Verlustrechnung im Eigenkapital erfasst. Aber selbst die vom Konzept der Substanzerhaltung inspirierte erfolgsneutrale Verbuchung von Wertänderungen im Eigenkapital wurde nicht einheitlich ausgestaltet. So bleiben Werterhöhungen oberhalb der Anschaffungs- und Herstellungskosten nach IAS 16 auch bei Ausbuchung des Vermögensgegenstands erfolgsneutral, wohingegen im Rahmen des IAS 39 spätestens mit dem Abgang eine Rückführung der Wertsteigerung in die Gewinn- und Verlustrechnung („recycling") erfolgt.

---

451 Vgl. Hitz 2005b, S. 1018.

452 Die Bestimmung, abzuzinsende Rückstellungen mit einem Marktzinssatz zu diskontieren, steht im Widerspruch zum unternehmensspezifischen Konzept des „Value in Use", welches eine Diskontierung mit einem unternehmensindividuellen Zinssatz erforderte.

Im Gegensatz dazu sind Schwankungen des beizulegenden Zeitwerts oberhalb der Anschaffungs- und Herstellungskosten im Rahmen des IAS 40 und 41 sowie der aktiven und passiven Finanzinstrumente in der Kapitalanlagekategorie „financial assets and financial liabilities at fair value through profit or loss" immer erfolgswirksam in der Gewinn- und Verlustrechnung zu erfassen. (Zeit-)Wertänderungen unterhalb der fortgeführten Anschaffungs- und Herstellungskosten finden i.d.R. in Form von erfolgswirksamen Zu- und Abschreibungen Berücksichtigung.[453] In diesem Fall stellen die ermittelten Zeitwerte („erzielbarer Betrag") auch die neuen Buchwerte dar.

Sofern die Anwendung des „Fair Value" als Wertmaßstab mit den einzelnen Rechnungslegungsstandards in Einklang steht, erfolgt dessen Ermittlung weitgehend konform mit dem am Anfang des Kapitels vorgestellten dreistufigen Konzept. Gemäß der Definition des beizulegenden Zeitwerts wird der „Fair Value" zunächst mit dem Marktpreis auf aktiven Märkten identifiziert.[454] Sofern kein Marktpreis auf aktiven Märkten für den Vermögensgegenstand oder die Schuld verfügbar ist, wird der beizulegende Zeitwert mit Hilfe ähnlicher Transaktionen bestimmt.[455] Stehen keine Marktpreise aus ähnlichen Transaktionen zur Verfügung, muss auf eine hypothetische Marktpreiskonstruktion anhand von Modellen zurückgegriffen werden.[456] I. d. R. wird versucht, mit Hilfe einfacher Zahlungsstrommodelle den Marktpreis zu approximieren.[457] Sollte es nicht möglich sein, mit einem Bewertungsmodell einen beizulegenden Zeitwert zu schätzen, wird die Bewertung des Vermögensgegenstands oder

---

[453] Ausnahme hiervon stellt das Wertaufholungsgebot für Eigenkapitalinstrumente des IAS 39 Nr. 69 dar.

[454] Die grundsätzliche Festlegung, dass der beizulegende Zeitwert dem Marktpreis entspricht, ist sowohl in IAS 16, IAS 39, IAS 40 als auch IAS 41 normiert. Vgl. Varain 2004, S. 92 ff.

[455] So werden bei Finanzinstrumenten die Marktpreise vergangener Transaktionen oder die aktuellen Marktpreise ähnlicher Finanzinstrumente auf der zweiten Stufe als „Fair Value" herangezogen. Vgl. IAS 39 AG 74. Eine ähnliche Vorgehensweise ist in IAS 40 und IAS 41 festgelegt. Vgl. Baetge/Zülch 2001, S. 555 ff., vgl. Varain 2004, S. 98 f.

[456] Im Rahmen des IAS 16 wird hierbei pragmatisch die Verwendung der Wiederbeschaffungs- bzw. Wiederherstellungskosten abzüglich der kumulierten Abschreibungen als Schätzer für den beizulegenden Zeitwert normiert. Vgl. Varain 2004, S. 93.

[457] Diese Vorgehensweise findet sowohl bei Finanzinstrumenten des IAS 39, bei fremdfinanzierten Immobilien als auch bei landwirtschaftlichen Erzeugnissen/Vermögen Anwendung. Vgl. IAS 39 AG 74, vgl. Varain 2004, S.98 f..

der Schuld mit den fortgeführten Anschaffungs- und Herstellungskosten vorgenommen.[458]

Um die Intentionen des Standardsetters bezüglich der erfolgswirksamen Behandlung von Wertänderungen des „Fair Value“ zu eruieren, ist es sinnvoll den IAS 16, einen Standard älteren Datums, mit dem relativ neuen IAS 41 zu vergleichen. Zum einen besteht ein Dualismus zwischen den Wertmaßstäben historische Anschaffungs- und Herstellungskosten und einem Zeitwertkonzept. Daneben werden bei Ausübung der „Fair Value“-Option (Zeit-)Wertänderungen oberhalb der Anschaffungs- und Herstellungskosten dauerhaft erfolgsneutral im Eigenkapital erfasst. Im Gegensatz dazu ist im Rahmen des IAS 41 die ausschließliche Bewertung mit dem „Fair Value“ normiert, wobei Wertänderungen zwingend erfolgswirksam zu erfassen sind.

Der zeitlich zwischen IAS 16 und IAS 41 verabschiedete Interimsstandard IAS 39 beinhaltet in zweifacher Weise einen Kompromiss. Zum einen kommt in den Bewertungsvorschriften für die verschiedenen Kategorien von Finanzinstrumenten der bereits mehrfach beschriebene Dualismus von Anschaffungs-/Herstellungskosten und dem „Fair Value“ zum Ausdruck. Zum anderen werden Wertänderungen bei der „Fair Value“-Bewertung von Finanzinstrumenten entweder erfolgsneutral („available for sale“) oder erfolgswirksam („financial assets and financial liabilities at fair value through profit or loss“) in der Gewinn- und Verlustrechnung verbucht. Stellt man außerdem die Tatsache in Rechnung, dass die „Joint Working Group“ der Standardsetter in ihrem Standardentwurf für die Bewertung von Finanzinstrumenten eine umfassende Zeitwertbewertung anstrebt,[459] so lässt sich eine Präferenz des Standardsetters für die Implementierung des „Full Fair Value Accounting“ vermuten.

---

[458] Die entsprechende Regelung findet sich in IAS 39, IAS 40 und IAS 41 wieder. Vgl. Varain 2004, S. 96 ff.

[459] Gegenstand des „Draft Standard Financial Instruments and similar items“ der „Joint Working Group“ (JWG) der Standardsetter ist die vollständige Umsetzung des „full fair value accounting“ für Finanzinstrumente, d.h. die vollständige erfolgswirksame Zeitwertbewertung von Finanzinstrumenten. Vgl. Pape 2001, S. 1461 ff., vgl. Zons 2006, S. 243.

3.2.2.2 Konstruktion eines hypothetischen Marktwerts für Versicherungsverträge

3.2.2.2.1 Konzeption der synthetischen Marktwertermittlung

Als problematisch bei der Bewertung von Versicherungsverträgen mit dem „Fair Value" erweist sich, dass kein aktiver Markt für Versicherungsverträge existiert.[460] Zwar ergeben sich bei Bestandsübertragungen[461] von Versicherungsverträgen oder bei Transaktionen mit Rückversicherern wie einem „Loss-Portfolio-Transfer" Preise für Versicherungsrisiken, jedoch basiert die Bewertung nicht auf Marktdaten, sondern wird individuell im Kontext des jeweiligen Kollektivs vorgenommen.[462] Eine perfekte Teilbarkeit von Versicherungsverträgen als Voraussetzung für einen aktiven Markthandel ist nicht gegeben.[463] Aufgrund des fehlenden aktiven Marktes kann der beizulegende Zeitwert nur in Einzelfällen anhand von Marktpreisen oder anhand von Marktpreisen ähnlicher Finanzinstrumente[464] abgeleitet werden.[465] Deshalb verbleibt gemäß der Ermittlungshierarchie nur die modellgestützte Approximation des „Fair

---

460 Vgl. Ellenbürger/Horbach/Kölschbach 2001, S. 46, vgl. Engeländer/Kölschbach 2007, S. 388, vgl. Klüttgens 2002a, S. 1646, vgl. Löw 2003, S. 176, vgl. Varain 2004, S. 105, vgl. Widmann/Korkow 2002, S. 1237, vgl. Zimmermann/Schweinberger 2005, S. 64, vgl. Zons 2006, S. 306 f.

461 Neben der Tatsache, dass bei Bestandsübertragungen die Bewertung nicht auf Marktdaten basiert, sondern individuell erfolgt, ist zu berücksichtigen, dass der Umfang der zu bewertenden Zahlungsströme bei einer Bestandsübertragung und einer Bewertung nach DSOP differiert. So werden bei einer Bestandsbewertung die wirtschaftlichen Vertragslaufzeiten sowie das erwartete Neugeschäft herangezogen. Daneben finden weitere wirtschaftliche Potenziale wie der Wert der Kundenbeziehungen Eingang in die Bewertung. Im Gegensatz dazu werden einer Bewertung nach DSOP nur rechtliche Vertragslaufzeiten zugrunde gelegt. Vertragsverlängerungen werden nur insofern berücksichtigt als eine Option zugunsten des Versicherungsnehmers besteht und die Verlängerung für diesen wirtschaftlich vorteilhaft ist. Vgl. Ellenbürger/Horbach/Kölschbach 2001, S. 50, vgl. Varain 2004, S. 112 und S. 136.

462 Vgl. Rittmann/Rockel 2004b, S. 444, vgl. Varain 2004, S. 137, vgl. Zons 2006, S. 306.

463 Vgl. Rockel 2004b, S. 811.

464 Zur Replikation der aus einem Portfolio versicherungstechnischer Verbindlichkeiten resultierenden Zahlungsströme vgl. Wallace 2002, S. 30 f. Eine Ermittlung des beizulegenden Zeitwerts mit Hilfe von Duplikationsportfolien scheitert jedoch in der Praxis an der fehlenden Replizierbarkeit der Zahlungsströme eines Versicherungsvertrags durch andere Finanzinstrumente. Vgl. Rockel 2004b, S. 811.

465 Vgl. Kreeb/Rohlfs 2005, S. 351, vgl. Rockel 2004b, S. 811, vgl. Zons 2006, S. 306 f.

Value“ von Versicherungsverträgen anhand wissenschaftlicher Bewertungsmethoden.[466]

Darum soll in diesem Abschnitt zunächst die Grundkonzeption der hypothetischen Marktwertkonstruktion von Versicherungsverträgen vorgestellt werden. Daran schließt sich eine detaillierte Betrachtung der Komponenten einer synthetischen Marktwertermittlung nämlich des erwarteten Barwerts, der erwarteten Zahlungsströme, des Diskontierungszinssatzes und der Risikoprämie an. In diesem Zusammenhang soll zunächst Prognose und Aggregation der erwarteten Zahlungsströme erörtert werden. Anschließend wird die Notwendigkeit begründet bei der hypothetischen Marktwertkonstruktion einen Risikozuschlag anzusetzen. In diesem Zusammenhang wird der zu verwendende Diskontierungszinssatz spezifiziert. Danach soll der Umfang des anzusetzenden Risikozuschlags eruiert werden. Die Risikoadjustierung soll gemäß DSOP 5.13 bevorzugt in den Zahlungsströmen oder alternativ im Diskontierungszinssatz vorgenommen werden.

Im Gegensatz zu den US-GAAP, in denen die hypothetische Marktpreiskonstruktion in Form von Barwertkalkülen („Present Value“) im SFAC Nr.7 kodifiziert wurde,[467] [468] wird auf eine Spezifizierung der fiktiven Zeitwertermittlung in den Einzelstandards der IAS/IFRS weitgehend verzichtet.[469] [470] Allenfalls der Rahmen, innerhalb dessen die

---

466 Vgl. Klüttgens 2002a, S. 1646, vgl. Kreeb/Rohlfs 2005, S. 351, vgl. Rittmann/Rockel 2004b, S. 444, vgl. Rockel 2004b, S. 812 ff., vgl. Varain 2004, S. 107, vgl. Zons 2006, S. 307.

467 Vgl. Hitz 2005b, S. 1016, vgl. Rockel 2004b, S. 813, vgl. Rockel/Sauer 2007, S. 744, vgl. SFAC 7.17 und 7.40, vgl. Streim/Bieker/Esser 2003, S. 463, vgl. Varain 2004, S. 108.

468 Im Rahmen der Ermittlung des „Present Value“ ist zwischen deterministischen („Contractual Cash Flows) und stochastischen Zahlungsströmen („Non Contractual Cash Flows“) zu unterscheiden. Auf festgelegte Zahlungsansprüche bzw. -verpflichtungen findet nach SFAC 7.40 der „Traditional Approach“ Anwendung. Dabei werden die feststehenden Zahlungsströme mit einem risikoäquivalenten (Markt-)Zinssatz diskontiert. Wahrscheinlichkeitsverteilte Zahlungsströme werden entweder in Form des Erwartungswerts aggregiert und mit einem risikoadjustierten Zinssatz diskontiert, oder es werden „Cash Flow Sicherheitsäquivalente“ gebildet, die dann mit dem risikolosen Marktzins abgezinst werden. Vgl. Streim/Bieker/Esser 2003, S. 464.

469 Vgl. Hitz 2005b, S. 1016, vgl. Varain 2004, S. 107.

470 In diesem Zusammenhang sei auf die Bemühungen der internationalen Standardsetter verwiesen, Definition und Ermittlungsmethodik des „Fair Value“ zu konkretisieren. So wurde im Frühjahr 2006 mit „Fair Value Measurements“ (SFAS 157) ein US-GAAP zu dieser Thematik verabschiedet. Dieser wurde inhaltsgleich vom IASB in ein Diskussionspapier mit dem gleich lautenden Titel übertragen und am 11.12.2006 verabschiedet. Vgl. Hitz 2007, S. 361-367.

Ermittlung zu erfolgen hat, wird skizziert. So sollen im größtmöglichen Umfang Marktdaten in die geschätzten Marktpreise eingehen, d.h. diese sollen möglichst alle Faktoren, die die Marktteilnehmer bei der Preisbildung berücksichtigen würden, widerspiegeln.[471] Dabei ist die Offenlegung der der Bewertung zugrunde liegenden Annahmen von großer Bedeutung.[472]

Die zur Bestimmung von fiktiven Marktwerten verwendeten Modelle sollen anerkannten wirtschaftlichen Methoden für die Preisfindung von Finanzinstrumenten entsprechen.[473] Als Methoden zur Bewertung von Finanzinstrumenten werden im Anhang zum IAS 39[474] namentlich die Diskontierung der aus den Vermögensgegenständen und Schulden resultierenden Zahlungsströme sowie Optionspreismodelle genannt.[475] Die Bestimmungen sind weitgehend identisch mit dem Konzept des „Present Value" in den US-GAAP.[476] Bei der modellgestützten Ermittlung des Marktwerts nicht-finanzieller Positionen wird grundsätzlich auf Barwertkalküle rekurriert.[477]

Der Erwartungsbarwert (EBW) nachschüssiger Zahlungen berechnet sich formal:[478]

---

471 Vgl. Hitz 2006, S. 111, vgl. IAS 39 AG 75 und 76, vgl. Kreeb/Rohlfs 2005, S. 351, vgl. Rockel 2004b, S. 812.

472 Vgl. Varain 2004, S. 109.

473 Vgl. Hitz 2005a, S. 89, vgl. IAS 39 AG 76.

474 Zwar sind Versicherungsverträge formal betrachtet unter der Definition von Finanzinstrumenten zu subsumieren, jedoch unterscheiden sich die Ursachen für die Stochastizität der Zahlungsströme grundlegend von den an aktiven Märkten gehandelten Finanzinstrumenten. Unsichere Zahlungsströme von börsennotierten Finanzinstrumenten haben in finanziellen Risiken wie Marktpreis- oder Kreditrisiken ihre Ursache. Im Gegensatz dazu resultieren stochastische Zahlungsströme bei Versicherungsverträgen – wie bereits mehrfach erläutert – aus dem arteigenen versicherungstechnischen Risiko. Dieses ist in stochastischen Schadenzahlungen bei vorschüssig entrichteter deterministischer Prämie begründet. Eine vorbehaltlose Übertragung kapitalmarkttheoretischer Konzepte auf die Bewertung von Vermögensgegenständen und Schulden aus Versicherungsverträgen ist daher abzulehnen.

475 Vgl. Hitz 2006, S. 111, vgl. Hitz 2005a, S. 89, vgl. Hitz 2005b, S. 1015, vgl. IAS 39 AG 74.

476 Zu den Anforderungen an die Modelle zur hypothetischen Marktwertkonstruktion nach IAS 39 und US-GAAP (SFAC 7) vgl. Hitz 2005a, S. 89, vgl. IAS 39 AG 82, vgl. Rockel 2004b, S. 813 f., vgl. Varain 2004, S. 108 ff.

477 Vgl. Hitz 2006, S. 111, vgl. Hitz 2005b, S. 1016.

478 Siehe hierzu Varain 2004, S. 109.

$$EBW = \sum_{t=1}^{T} e_t \, (1+i)^{-t}$$

mit:

e_t := erwartete Zahlungsüberschüsse zum Zeitpunkt t

i := Diskontierungszinssatz

T := Projektende (Ende der Vertragslaufzeit)

Für die Ermittlung des hypothetischen Marktwerts von Versicherungsverträgen ist laut DSOP unabhängig vom verwendeten Zeitwertkonzept auf eine Bewertung mit erwarteten Barwertkalkülen („Expected Present Value“) abzustellen.[479] Bei der Ermittlung des „Fair Value“ wird eine Übertragung der versicherungstechnischen Verpflichtungen auf einen externen Dritten fingiert („Exit Value“),[480] wohingegen beim „Entity Specific Value“ die während der Vertragslaufzeit zu leistenden Zahlungen an Versicherungsnehmer oder begünstigte Dritte zugrunde gelegt werden.[481] In die „Discounted Cash Flow“-Modelle[482] sollen neben den erwarteten Zahlungsströmen – unabhängig vom verwendeten Zeitwertkonzept – Marktfaktoren wie der Diskontierungszinssatz[483] und die Risikoprämie[484] Eingang finden. Dabei soll sich im Diskontierungsfaktor der Zeitwert des Geldes widerspiegeln, während die Stochastizität der Zahlungsströme in Form einer Risikoprämie berücksichtigt wird.

---

479 Vgl. DSOP 2001, Nr. 4.3, vgl. DSOP 4.88, vgl. Ellenbürger/Horbach/Kölschbach 2001, S. 46 ff., vgl. Geib 2001, S. 121, vgl. Hassler/Sauer/Schneider 2006, S. 1541, vgl. Hipp 2007, S. 141, vgl. Hitz 2006, S. 111, vgl. Hitz 2005a, S. 89 ff., vgl. Löw 2003, S. 173 und S. 175, S. 796, vgl. Perlet 2001, S. 298, vgl. Rockel/Sauer 2007, S. 741 ff., vgl. Varain 2004, S. 108 ff., vgl. Widmann 2006, S. 1841, vgl. Zielke 2002 a), vgl. Zons 2006, S. 307.

480 So kann der „Exit Value“ einer versicherungstechnischen Verpflichtung grundsätzlich als Ablösezahlung gegenüber dem Versicherungsnehmer oder gegenüber einem externen Dritten bestimmt werden. Vgl. DSOP 2001, Nr. 3.4, vgl. Engeländer/Kölschbach 2007, S. 388, vgl. Löw 2003, S. 181, vgl. Varain 2004, S. 105.

481 Vgl. DSOP 2001, Nr. 3.4, vgl. Engeländer/Kölschbach 2007, S. 387, vgl. Fourie/Harbort 2003a, S. 1532.

482 Optionspreismodelle sollen im Rahmen des DSOP „Insurance Contracts“ nur zur Bewertung von in den Versicherungsverträgen enthaltenen Garantien und Optionen herangezogen werden. Vgl. DSOP 2001, Nr. 5.68.

483 Vgl. DSOP 2001, Nr. 6.2, vgl. Rockel/Sauer 2007, S. 741 ff.

484 Vgl. DSOP 2001, Nr. 5.1 ff., vgl. Rockel/Sauer 2007, S. 741 ff.

3.2.2.2.2 Prognose der erwarteten Zahlungsströme

Die Prognose der Höhe und zeitlichen Struktur der aus den bilanzierten Versicherungsverträgen[485] resultierenden Zahlungsströme vor Steuern[486] und vor Rückversicherung[487] erweist sich aufgrund der Stochastizität der Zahlungen als ausgesprochen schwierig.[488] [489] Bezüglich der Unsicherheit der Zahlungsströme ist zwischen Ein- und Auszahlungsströmen sowie den Sparten Personen- und Schadenversicherung zu unterscheiden. Für die Prognose der erwarteten Zahlungsströme in der Personenversicherung kann auf die Daten der Prämien- und Deckungsrückstellungskalkulation rekurriert werden.[490]

Bei Rückgriff auf die Daten der Deckungsrückstellungskalkulation ist jedoch zu beachten, dass die Überschüsse zugunsten der Versicherungsnehmer in den prognos-

485 Zum Umfang der zu bewertenden Zahlungsströme vgl. DSOP 2001, Nr. 4.3, vgl. Abschnitt 3.2.1 dieser Arbeit.

486 Steuerzahlungen auf das zu versteuernde Einkommen werden laut DSOP explizit nicht erfasst. Vgl. DSOP 2001, Nr. 4.69 a).

487 Auch Zahlungen aus Rückversicherungsverträgen werden bei der hypothetischen Marktwertkonstruktion von Versicherungsverträgen nicht berücksichtigt. Dies liegt darin begründet, dass Rückversicherungsverträge ebenfalls als Versicherungsverträge qualifiziert werden und deshalb separat zu bilanzieren sind. Vgl. DSOP 2001, Nr. 8.1. Das in DSOP 2001, Nr. 4.69 c) kodifizierte Verbot Zahlungen aus Rückversicherungsverträgen bei der Bemessung des synthetischen Marktwerts von Versicherungsverträgen zu berücksichtigen, hat demnach nur deklaratorischen Charakter.

488 Neben den Prämienzahlungen der Versicherungsnehmer und den Zahlungen für Versicherungsleistungen beinhalten die erwarteten „Cash Flows" vor allem Zahlungen für die Verwaltung der Versicherungsverträge. Vgl. DSOP 4.3.

489 Bei Verwendung des Zeitwertkonzepts des „Entity Specific Value" sind darüber hinaus auch Zahlungen aus den Versicherungsverträgen zu berücksichtigen, die Dritte bei Übernahme der Verträge nicht realisieren könnten. Vgl. DSOP 2001, Nr. 4.88 c), vgl. Hipp 2007, S. 145.

490 Bei der prospektiven Ermittlung der Deckungsrückstellung wird der Erwartungsbarwert der Prämienzahlungen vom Erwartungsbarwert der Versicherungsleistungen subtrahiert. Da sowohl die Prämienzahlungen als auch die Auszahlungen für Versicherungsleistungen in der Personenversicherung stochastischer Natur sind, sind die jeweiligen Zahlungen mit Wahrscheinlichkeiten zu gewichten. So werden die Prämienzahlungen mit Verbleibewahrscheinlichkeiten im Kollektiv multipliziert, die das Sterblichkeits- und Stornorisiko reflektieren. Je nach Leistungsprofil der Produkte sind die Auszahlungen für Versicherungsleistungen in der Lebensversicherung mit den aufgeschobenen Sterbewahrscheinlichkeiten (Todesfallschutz) oder der jeweiligen Erlebenswahrscheinlichkeit (Erlebensfallleistung) zu multiplizieren. In der Krankheitskostenvollversicherung reflektieren die erwarteten Auszahlungen für Versicherungsleistungen (Kopfschäden) das Morbititätsrisiko. Zur Kalkulation der Deckungsrückstellung in der Lebensversicherung vgl. Fourie/Harbort 2003b, S. 1635, vgl. Rockel et al. 2005, S. 172. Zur Berechnung der Alterungsrückstellung in der Krankenversicherung vgl. Milbrodt/Kniep 2005, S. 103 ff.

tizierten Auszahlungsströmen enthalten sein sollten, sofern diese die Versicherungsleistungen erhöhen.[491] So gehen Überschüsse in die Deckungsrückstellung der gemischten Lebensversicherung nach HGB nur dann ein, wenn sich der Versicherungsnehmer für das Bonussystem als Form der Überschussbeteiligung entschieden hat. Bei einer Überschussbeteiligung der Versicherungsnehmer in Form der verzinslichen Ansammlung, die in die Bilanzposition Verbindlichkeiten gegenüber Versicherungsnehmern Eingang findet, sind die erwarteten Auszahlungen aus der Deckungsrückstellungskalkulation entsprechend zu korrigieren.

Die Kalkulation von Prämien- und Deckungsrückstellung in der substitutiven Krankenversicherung basiert auf der Annahme stabiler Rechnungsgrundlagen.[492] Durch Kostensteigerungen im Gesundheitswesen oder eine Verlängerung der Lebenserwartung der Versicherungsnehmer können jedoch die in den Prämien enthaltenen Sicherheitszuschläge aufgezehrt und Beitragsanpassungen ausgelöst werden. Dadurch können sich bei der Prognose der Zahlungsströme, sofern diese auf Daten aus der Deckungsrückstellungskalkulation basiert, umfangreichere Korrekturen als notwendig erweisen. Dabei sollte man versuchen, den Auszahlungsströmen in der privaten Krankenversicherung möglichst realistische Steigerungsraten der Gesundheitskosten zugrunde zu legen.[493]

Da Überschüsse der Versicherungsnehmer in der nach Art der Lebensversicherung betriebenen privaten Krankenversicherung hauptsächlich dazu verwendet werden, Beitragserhöhungen zu vermeiden oder zu limitieren,[494] reflektiert der Prämienbarwert bereits die erwarteten Überschüsse. Deshalb kann auf einen separaten Ausweis der Überschüsse verzichtet werden. Im Gegensatz dazu erhöhen Überschüsse, die für Rückvergütungen wegen (teilweiser) Leistungsfreiheit verwendet werden,[495] den

---

491 Als Beispiel zur Berechnung von Ein- und Auszahlungsströmen vgl. Zielke 2002 b), S. 1941 f.

492 Vgl. Milbrodt/Kniep 2005, S. 14.

493 So wird im Rahmen des DSOP gefordert, zukünftige Ereignisse wie Preisänderungen oder Änderungen der rechtlichen Rahmenbedingungen grundsätzlich zu berücksichtigen. Vgl. Varain 2004, S. 118.

494 Vgl. Milbrodt/Kniep 2005, S. 19.

495 Vgl. Milbrodt/Kniep 2005, S. 19.

erwarteten Barwert der Leistungen. Gleichzeitig sollten zukünftige als notwendig erachtete Prämiensteigerungen bei der Berechnung des erwarteten Barwerts der Prämien berücksichtigt werden.[496]

Da gemäß DSOP grundsätzlich Zahlungsströme erfasst werden, die während der rechtlichen Laufzeit von Versicherungsverträgen entstehen, erweist sich die Erfassung der erwarteten Prämienzahlung von Schadenversicherungsverträgen als vergleichsweise einfach. Zahlungen aus Vertragsverlängerungen sind nur dann relevant, wenn eine Verlängerungsoption vereinbart wurde und die Vertragsverlängerung für den Versicherungsnehmer wirtschaftliche Vorteile beinhaltet.[497]

Die rechtliche Laufzeit eines Schadenversicherungsvertrages erstreckt sich über dessen Grundlaufzeit.[498] Während der Grundlaufzeit besteht für den Versicherer und den Versicherungsnehmer grundsätzlich nur ein außerordentliches[499] Kündigungsrecht. Bei Grundlaufzeiten von über 5 Jahren können bei einem Vertrag in der Schadenversicherung beide Vertragsparteien zum Ende des fünften oder zum Ende jedes weiteren Jahres mit einer dreimonatigen Kündigungsfrist kündigen.[500] Potenzielle Kündigungen sind bei der Prognose zukünftiger Prämienzahlungen in Form von Stornowahrscheinlichkeiten zu berücksichtigen.

Im Gegensatz dazu erweist sich die Prognose von Auszahlungen, die aus Versicherungsverträgen der Schadenversicherung resultieren, als ausgesprochen schwierig. Voraussetzung hierfür stellt die Identifikation der Zufallsgesetzmäßigkeit der Scha-

---

496 Dies gilt umso mehr vor dem Hintergrund der fehlenden Portabilität der Alterungsrückstellung, die sich mit fortschreitender Vertragsdauer als Barriere beim Wechsel des Versicherungsunternehmens erweist, wodurch eine Ausweichreaktion des Versicherungsnehmers auf Prämienerhöhungen erschwert wird. Vgl. Milbrodt/Kniep 2005, S. 34 f.

497 Vgl. Varain 2004, S. 112, vgl. Zimmermann/Schweinberger 2005, S. 64.

498 Die Grundlaufzeit eines Vertrages in der Schadenversicherung reicht von einem Zeitraum von weniger als einem Jahr in der Reiseversicherung bis zu 10 Jahren in der Sach-, Haftpflicht- und Rechtsschutzversicherung. Vgl. Farny 2000, S. 381.

499 Ein außerordentliches Kündigungsrecht besteht für beide Vertragsparteien nach Eintritt des Schadenfalles, für den Versicherungsnehmer nach Anpassung der Prämien sowie für den Versicherer bei Prämienverzug bzw. Verletzung bestimmter Obliegenheiten. Vgl. Farny 2000, S. 382.

500 Vgl. Farny 2006, S. 399.

denauszahlungen dar. Von hoher praktischer Relevanz erweist sich die Tatsache, dass für die Schätzung von zukünftigen Auszahlungen aus Schadenversicherungsverträgen oftmals nicht die notwendige Datenbasis vorhanden ist.[501]

Abweichend von dem in den IAS/IFRS postulierten Grundsatz der Einzelbewertung sollen Verbindlichkeiten aus Versicherungsverträgen auf Basis von (Teil-)Kollektiven ähnlicher Risiken bewertet werden.[502] Diese Teilbestände dienen auch als Ausgangsbasis für die Ermittlung der Risikozuschläge. Dadurch sollen Risikoausgleichseffekte bei der Bewertung versicherungstechnischer Verbindlichkeiten berücksichtigt werden.[503] Eine Erfassung von Risikoausgleichseffekten zwischen Teilbeständen sowie zwischen versicherungstechnischen Verbindlichkeiten und Vermögensgegenständen unterbleibt jedoch, so dass der Umfang der Risikoausgleichseffekte auf den einzelnen Teilbestand beschränkt bleibt.[504] [505]

Dem Abgrenzungskriterium „ähnliche Risiken" liegt die Vorstellung zugrunde, dass Verbindlichkeiten, die gleichartigen Risiken unterliegen, zu Teilbeständen zusammengefasst werden. Dies bedeutet, dass unter dem Begriff „ähnliche Risiken" neben homogenen auch heterogene Risiken zu subsumieren sind. Damit wird der Tatsache Rechnung getragen, dass Risikoausgleichseffekte gleichermaßen bei homogenen und heterogenen Risiken auftreten, sofern diese nur nicht vollständig positiv korreliert sind.[506] Die Bildung von Teilbeständen auf Basis ähnlicher Risiken stellt somit eine Erweiterung gegenüber der ursprünglichen Absicht der Arbeitsgruppe dar, die (Teil-) Kollektivbildung auf homogene Risiken zu begrenzen.[507] [508] Außerdem wird im

---

501 Dieses Problem besteht insbesondere bei versicherten Risiken, für die erst seit kurzer Zeit Versicherungsschutz angeboten wird.

502 Zur Bildung von Teilbeständen auf Basis von ähnlichen Risiken vgl. DSOP 2001, Nr. 5.61, vgl. Hipp 2007, S. 147, vgl. Varain 2004, S. 114 ff.

503 Vgl. Hipp 2007, S. 147 f., vgl. Kreeb/Rohlfs 2005, S. 352, vgl. Zons 2006, S. 306.

504 Vgl. Hipp 2007, S. 148, vgl. Kreeb/Rohlfs 2005, S. 354, vgl. Varain 2004, S. 115.

505 Auch Risikoausgleichseffekte in der Zeit werden durch die fehlende Bilanzierungsfähigkeit der Schwankungsrückstellung nicht erfasst. Siehe hierzu Abschnitt 3.1.1 und 3.2.1 dieser Arbeit.

506 Zu Risikoausgleichseffekten vgl. Albrecht 1982, S. 523 ff.

507 Vgl. Ellenbürger/Horbach/Kölschbach 2001, S. 48 ff.

508 Eine Abgrenzung auf Basis homogener Risiken dient vor allem der besseren Schätzung der Erwartungswerte der Auszahlungen. In diesem Zusammenhang wird das Gesetz der großen

DSOP auf konkrete Vorschriften zur Abgrenzung der Teilbestände verzichtet, so dass nicht nur die Schätzung der Ausgleichseffekte sondern auch der Umfang mit dem diese berücksichtigt werden im Ermessens des einzelnen Versicherungsunternehmens bleibt.[509] [510]

Die Verdichtung der zu prognostizierenden wahrscheinlichkeitsverteilten Zahlungsströme soll unabhängig davon, ob der „Fair Value" oder der „Entity Specific Value" zur Bewertung herangezogen werden, in Form des Erwartungswerts erfolgen.[511] Grundsätzlich kann gegen die Verwendung des Erwartungswerts eingewendet werden, dass dieser als erwarteter Durchschnittswert nicht zwangsläufig mit einer Ausprägung des Zufallsexperiments übereinstimmen muss.[512] Bei Nutzung des Erwartungswerts als Entscheidungskriterium kommt eine risikoneutrale Einstellung der Marktteilnehmer zum Ausdruck.[513]

3.2.2.2.3 Konzeptualisierung eines Risikozuschlags für versicherungstechnische Auszahlungsverpflichtungen und Spezifizierung des Diskontsatzes

Im Rahmen einer möglichst marktnahen Zeitwertkonstruktion erweist sich jedoch eine Bewertung der Zahlungsströme mit dem Erwartungswert unter der Prämisse risikoaverser[514] Investoren als nicht ausreichend, da Investoren für die Übernahme

---

Zahlen zu Nutze gemacht. Siehe hierzu Unterkapitel 2.1.2.1 dieser Arbeit, vgl. Ellenbürger/Horbach/Kölschbach 2001, S. 49.

509 Vgl. Varain 2004, S. 115.

510 Eine ausführliche Diskussion der rudimentären Erfassung der Risikoausgleichseffekte auf die Entscheidungsrelevanz im entscheidungstheoretischen Sinne erfolgt dann in Abschnitt 4.2.1 dieser Arbeit.

511 Vgl. DSOP 2001, Nr. 4.3 und 4.88, vgl. Ellenbürger/Horbach/Kölschbach 2001, S. 49, vgl. Varain 2004, S. 116 ff., vgl. Widmann 2006, S. 1841, vgl. Zimmermann/Schweinberger 2005, S. 64, vgl. Zons 2006, S. 286 und S. 307.

512 Vgl. Varain 2004, S. 118.

513 Vgl. Ellenbürger/Horbach/Kölschbach 2001, S. 52, vgl. Kreeb/Rohlfs 2005, S. 352 und 362, vgl. Varain 2004, S. 119, vgl. Zons 2006, S. 286.

514 Ein risikoaverser Investor gewichtet negative Abweichungen von einem erwarteten Wert stärker als positive. Das heißt der risikoaverse Investor zieht einen sicheren Wert dem Erwartungswert

unsicherer Zahlungskonsequenzen eine Risikoprämie fordern würden.[515] Sofern man jedoch neutrale Risikopräferenzen der Marktteilnehmer unterstellt, impliziert die Berücksichtigung einer Risikoprämie bei der Bewertung versicherungstechnischer Verbindlichkeiten immer die Bildung von stillen Reserven bzw. eines expliziten Eigenkapitalpuffers.[516]

Auch aus der Perspektive der Rechnungslegung erscheint eine Risikoadjustierung unsicherer Zahlungsströme vor dem Hintergrund des Vorsichtsprinzips als sinnvoll. So fordert das Handelsrecht sowohl in den allgemeinen Vorschriften[517] als auch in den versicherungsspezifischen Normen[518] eine vorsichtige Bewertung. Das heißt auf den Erwartungswert der Verpflichtungen ist ein Risikozuschlag vorzunehmen,[519] wobei eine Spezifizierung des Sicherheitsniveaus jedoch unterbleibt.[520] Im Gegensatz dazu verzichten die US-GAAP auf ein Vorsichtsprinzip, was einen geringeren Grad der Risikoaversion als in der handelsrechtlichen Rechnungslegung vermuten lässt.[521] Analog zum Handelsrecht unterbleibt eine Spezifizierung des Sicherheitsniveaus.[522]

Das Vorsichtsprinzip nach IAS/IFRS besitzt nicht die dominierende Bedeutung wie im HGB, so dass dessen Anwendung auf ein gewisses Maß an Sorgfalt bei Ermessens-

---

wahrscheinlichkeitsverteilter Zahlungen in gleicher Höhe vor. Vgl. Kreeb/Rohlfs 2005, S. 352, vgl. Varain 2004, S. 126.

515 Vgl. Hassler/Sauer/Schneider 2006, S. 1541, vgl. Hipp 2007, S. 145, vgl. Kreeb/Rohlfs 2005, S. 352, vgl. Rockel et al. 2005, S. 91, vgl. Varain 2004, S. 123 ff., vgl. Widmann 2006, S. 1841, vgl. Zons 2006, S. 286.

516 Vgl. Ellenbürger/Horbach/Kölschbach 2001, S. 54, vgl. Kreeb/Rohlfs 2005, S. 352 und 362, vgl. Rohlfs 2008, S. 86 f.

517 So sind das Realisations- und das Imparitätsprinzip Ausfluss des handelsrechtlichen Vorsichtsprinzips. Nach dem Realisationsprinzip werden grundsätzlich nur am Markt realisierte Erträge und Aufwendungen erfasst. Gemäß Imparitätsprinzip sind jedoch noch nicht realisierte Risiken bzw. Verluste zu antizipieren. Nicht realisierte Erträge bleiben hiervon unberührt. Vgl. § 252 Abs. 1 Nr. 4 HGB, vgl. Bauch/Oestreicher 1993, S. 68 ff., vgl. Varain 2004, S. 130 f.

518 Vgl. § 341e Abs. 1 S. 1 HGB, vgl. Ellenbürger/Horbach/Kölschbach 2001, S. 51, vgl. Varain 2004, S. 131 ff.

519 Vgl. Ellenbürger/Horbach/Kölschbach 2001, S. 51, vgl. Varain 2004, S. 131.

520 In der Literatur wird ein Sicherheitsniveau von 95 Prozent als ausreichend erachtet. Vgl. Varain 2004, S. 130 ff.

521 Vgl. Varain 2004, S. 133 f.

522 Vgl. Varain 2004, S. 134.

entscheidungen wie der Schätzung unsicherer Zahlungsströme begrenzt bleibt.[523] Dabei ist jedoch sowohl eine Unterbewertung von Verbindlichkeiten als auch das Legen stiller Reserven durch systematische Überbewertung zu vermeiden.[524] Der Ansatz eines Risikozuschlags wird dabei mit dem Vorsichtsprinzip nach IAS/IFRS als vereinbar erachtet.[525] Eine Spezifizierung des Sicherheitsniveaus unterbleibt jedoch analog zu HGB und US-GAAP, wobei der Grad der Risikoaversion grundsätzlich zwischen Handelsrecht und US-GAAP anzusiedeln ist.[526]

Die Risikoadjustierung von unsicheren Zahlungsströmen kann zum einen durch eine Korrektur der Zahlungsströme in Form eines Risikoabschlags für Einzahlungen oder eines Risikozuschlags für Auszahlungen erfolgen. Alternativ kann eine Modifizierung des (Basis-)Diskontsatzes in Form einer Erhöhung bei Einzahlungen oder einer Absenkung bei Auszahlungen vorgenommen werden.[527] [528] Die gleichzeitige Berücksichtigung der Risiken in den Zahlungsströmen und im Diskontsatz ist zu vermeiden.[529] Im Rahmen des DSOP wird die Risikoadjustierung der Zahlungsströme gegenüber einer Modifizierung des Diskontsatzes präferiert.[530] [531]

---

523 Vgl. Ellenbürger/Horbach/Kölschbach 2001, S. 52, vgl. Löw 2003, S. 188, vgl. Varain 2004, S. 134 ff., vgl. Wagenhofer 2002, S. 86.

524 Vgl. Kreeb/Rohlfs 2005, S. 362, vgl. Löw 2002, S. 188, vgl. Varain 2004, S. 134, vgl. Wagenhofer 2002, S. 86.

525 Vgl. Löw 2003, S. 189.

526 Vgl. Varain 2004, S. 135, vgl. Wagenhofer 2002, S. 86.

527 Vgl. D'Arcy 1988, S. 485, vgl. Hipp 2007, S. 46, vgl. Kreeb/Rohlfs 2005, S. 353 und 365, vgl. Rockel et al. 2005, S. 87, vgl. Rockel 2004b, S. 813, vgl. Varain 2004, S. 125 f., vgl. Wallace 2002, S. 30, vgl. Widmann/Korkow 2002, S. 1238, vgl. Zimmermann/Schweinberger 2005, S. 65, vgl. Zons 2006, S. 286 und S. 307.

528 Des Weiteren kommt eine Modifizierung der Eintrittswahrscheinlichkeiten, mit denen die „Cash Flows" gewichtet werden, durch die Berücksichtigung von Sicherheitszuschlägen in Betracht. Vgl. Wallace 2003, S. 30. Von dieser Form der Risikoadjustierung wurde jedoch im Rahmen des DSOP „Insurance Contracts" abgesehen. Explizit wird dies in DSOP 5.13, wonach die Risikoadjustierung bevorzugt in den Zahlungsströmen und alternativ im Diskontsatz zu erfolgen hat. Demnach müssten die in den Sterbe-, Erlebens- bzw. Morbititätswahrscheinlichkeiten implizit enthaltenen Sicherheitszuschläge im Rahmen der hypothetischen Marktwertkonstruktion aufgelöst und durch „realitätsnahere" Werte ersetzt werden.

529 Vgl. DSOP 2001, Nr. 5.13, vgl. Varain 2004, S. 134 f., vgl. Widmann/Korkow 2002, S. 1238, vgl. Zons 2006, S. 307.

530 Siehe hierzu Abschnitt 3.2.2.3 und 3.2.2.4 dieser Arbeit, vgl. DSOP 2001, Nr. 5.13, vgl. Hipp 2007, S. 146, vgl. Varain 2004, S. 126, vgl. Zons 2006, S. 307.

Im (Basis-)Diskontsatz kommt der Zeitwert des Geldes zum Ausdruck, wonach Zahlungen zu unterschiedlichen Zeitpunkten bei positiven Zinssätzen einen unterschiedlichen ökonomischen Wert haben.[532] Um einer auf Marktannahmen basierenden fiktiven Zeitwertermittlung gerecht zu werden, wird gemäß DSOP eine Abzinsung mit einem risikoneutralen Marktzinssatz der jeweils relevanten Währung verlangt.[533] [534] Eine Diskontierung mit einer unternehmensindividuellen Kapitalanlagerendite würde den Modellprämissen zur Ermittlung eines marktorientierten „Fair Value" widersprechen.[535] Der risikolose Marktzins soll dabei der Vorsteuerrendite von Staatsanleihen mit höchster Bonität entsprechen.[536] Die der Zeitstruktur der Zahlungen entsprechende Verzinsung kann theoretisch der Zinsstrukturkurve entnommen werden.[537] Die Anwendung in der Praxis erweist sich jedoch oftmals als problematisch, da die Zahlungszeitpunkte meist stochastischer Natur sind.[538]

Im Rahmen der Bemessung von Risikozuschlägen[539] wurde vom „Steering Committee Insurance" intensiv die Frage diskutiert, inwiefern Diversifikationseffekte bei der Bewertung versicherungstechnischer Rückstellungen Berücksichtigung finden sollen. Da das unsystematische Risiko durch die Zusammenfassung von Titeln zu-

---

531 Im Diskussionspapier vom Mai 2007 hat sich der Standardsetter dann mit dem „Current Exit Value" für Erst- und Folgebewertung von Versicherungsverträgen auf den „Fair Value" in Form des „Exit Value" festgelegt. Siehe hierzu Kapitel fünf dieser Arbeit.

532 Vgl. Ellenbürger/Horbach/Kölschbach 2001, S. 55, vgl. Hassler/Sauer/Schneider 2006, S. 1541, vgl. Löw 2003, S. 185, vgl. Rockel et al. 2005, S. 90, vgl. Rockel/Sauer 2007, S. 744, vgl. Rockel 2004b, S. 813, vgl. Varain 2004, S. 120 f.

533 Vgl. DSOP 2001, Nr. 6.2, vgl. Ellenbürger/Horbach/Kölschbach 2001, S. 55, vgl. Geib 2001, S. 123, vgl. Hipp 2007, S. 141, vgl. Löw 2003, S. 186, vgl. Perlet 2001, S. 300, vgl. Rockel 2004b, S. 813, vgl. Varain 2004, S. 121 f., vgl. Widmann 2006, S. 1841, vgl. Widmann/Korkow 2002, S. 1238, vgl. Zimmermann/Schweinberger 2005, S. 65.

534 Entgegen der abstrakten Konzeption des "Entity Specific Value" als unternehmensspezifischer Ertragswert sind die aus Managementsicht ermittelten erwarteten Zahlungsströme ebenfalls mit dem risikolosen Marktzins zu diskontieren. Vgl. DSOP Nr. 6.2.

535 Vgl. Löw 2003, S. 186, vgl. Varain 2004, S. 121 f., vgl. Widmann/Korkow 2002, S. 1238.

536 Vgl. Hipp 2007, S. 141, vgl. Varain 2004, S. 122, vgl. Widmann/Korkow 2002, S. 1238.

537 Vgl. DSOP Nr. 6.2, vgl. Hipp 2007, S. 141, vgl. Rockel et al. 2005, S. 90.

538 Vgl. Varain 2004, S. 123.

539 Die Bemessung der Risikozuschläge erfolgt ausschließlich auf Basis von Marktdaten, so dass es für die Ermittlung der Risikozuschläge unerheblich ist, ob das Zeitwertkonzept des „Fair Value" oder des „Entity Specific Value" Verwendung findet. Vgl. DSOP 2001, Nr. 5.21.

mindest teilweise „wegdiversifiziert“ werden kann,[540] wurde im Rahmen des „Issues Paper“ eine Differenzierung nach diversifizierbaren und nicht diversifizierbaren Risiken gefordert.[541]

Eine vorbehaltlose Anwendung der kapitalmarkttheoretischen Erkenntnisse im Kontext der Bewertung von Rückstellungen erscheint jedoch problematisch,[542] obgleich Versicherungsverträge formal die Definition eines Finanzinstruments erfüllen. Bei einer kapitalmarkttheoretisch motivierten Risikobetrachtung stehen die Volatilität der erwarteten Rendite der Einzeltitel bzw. des Portfolios und damit die Risikomaße Varianz und Standardabweichung im Fokus. [543] Bei den Schwankungsmaßen werden sowohl positive als auch negative Abweichungen erfasst, was eindeutig im Widerspruch zu einem Risikobegriff steht, der eine adverse finanzielle Entwicklung zum Inhalt hat.[544] Die Volatilität spiegelt nicht das ökonomisch relevante Risiko wider.[545]

Folgerichtig findet bei der Konzeptualisierung des Risikos im Versicherungskontext und den darauf aufbauenden Untersuchungen zum Ausgleich im Kollektiv das Shortfallmaß „Ruinwahrscheinlichkeit“ Anwendung.[546] Analog dazu ist das für die Bewertung versicherungstechnischer Rückstellungen relevante Unterreservierungsrisiko[547] nicht identisch mit den oben genannten Schwankungsmaßen. Diesen Bedenken gegen die Übertragung kapitalmarkttheoretischer Überlegungen trägt der Standardsetter im DSOP Rechnung, indem er eine Unterscheidung in diversifizierbare und nicht diversifizierbare Risiken unterlässt.[548]

---

540 Vgl. Albrecht 1995, S. 70 ff., vgl. Rockel 2004a, S. 67, vgl. Wallace 2002, S. 32.

541 Vgl. Ellenbürger/Horbach/Kölschbach 2001, S. 53, vgl. Kreeb/Rohlfs 2005, S. 353 f., vgl. Rockel et al. 2005, S. 88, vgl. Varain 2004, S. 128.

542 Vgl. Ellenbürger/Horbach/Kölschbach 2001, S. 53.

543 Vgl. Albrecht 1995, S. 71 ff., vgl. Kreeb/Rohlfs 2005, S. 374.

544 Vgl. Albrecht 1995, S. 16 ff.

545 Vgl. Albrecht 1995, S. 16 ff.

546 Vgl. Abschnitt 2.1.2.1 dieser Arbeit.

547 Siehe hierzu Kreeb/Rohlfs 2005, S. 353.

548 Vgl. DSOP 2001, Nr. 5.42, vgl. Hipp 2007, S. 147, vgl. Löw 2003, S. 190, vgl. Rockel et al. 2005, S. 88, vgl. Varain 2004, S. 128, vgl. Zimmermann/Schweinberger 2005, S. 65, vgl. Zons 2006, S. 307.

3.2.2.2.4 Bemessung eines Risikozuschlags für versicherungstechnische Auszahlungsverpflichtungen im Rahmen des „Entry Value“

Sofern der Risikozuschlag auf die erwarteten Zahlungsströme im Rahmen des „Entry Value“ bestimmt werden soll, wird der Umfang des Risikozuschlags so festgelegt, dass bei der Erstbewertung von versicherungstechnischen Verbindlichkeiten keine Gewinne oder Verluste ausgewiesen werden.[549] [550] Folglich müssen entsprechend dem Konzept des „Entry Value“ die Risikozuschläge so hoch bemessen sein, dass der Erwartungsbarwert der Verpflichtungen dem Barwert der erwarteten Prämienzahlungen abzüglich der Abschlussaufwendungen entspricht.[551] [552] Somit werden sämtliche in den Prämien enthaltenen Risiko- und Gewinnzuschläge als Risikozuschlag interpretiert.[553] Formal:

$$E(\pi) = E(S) + RZ + AK$$

mit:

E (S)	:=	Erwartungsbarwert der Schadenzahlungen
RZ	:=	Risikozuschlag
E (π)	:=	Erwartungsbarwert Prämienzahlungen
AK	:=	Abschlusskosten

---

549 Vgl. Ellenbürger/Horbach/Kölschbach 2001, S. 54, vgl. Fourie/Harbort 2003a, S. 1534, vgl. Hassler/Sauer/Schneider 2006, S. 1541, vgl. Hipp 2007, S. 47 und S. 148, vgl. Löw 2003, S. 190, vgl. Rockel et al. 2005, S. 88, vgl. Varain 2004, S. 136, vgl. Wallace 2002, S. 31 ff., vgl. Widmann 2006, S. 1841, vgl. Zimmermann/Schweinberger 2005, S. 65, vgl. Zons 2006, S. 308 ff.

550 Die Verwendung des „Entry Value“ als Marktpreis für versicherungstechnische Verbindichkeiten im Sinne des „Fair Value“ wird damit begründet, dass die Prämie und damit der darin enthaltene Risikozuschlag am Markt bestätigt wurde. Vgl. Varain 2004, S. 187, vgl. Wallace 2002, S. 31.

551 Vgl. Fourie/Harbort, S. 1534, vgl. Hipp 2007, S. 201, vgl. Varain 2004, S. 187 ff., vgl. Zimmermann/Schweinberger 2005, S. 65, vgl. Zons 2006, S. 308.

552 In diesem Zusammenhang sei auf die Problematik hingewiesen, dass der Wertmaßstab „Entry Value“ von der Höhe der unternehmensindividuellen Prämien abhängig ist, was nur schwer mit den Objektivierungserfordernissen eines Marktwerts in Einklang zubringen ist. Selbst bei einer markteinheitlichen Nettorisikoprämie verbleiben unternehmensspezifische Sicherheits- und Betriebskostenzuschläge. Vgl. Zons 2006, S. 311.

553 Vgl. Varain 2004, S. 187.

Der bei der Erstbewertung von Versicherungsverträgen ausgewiesene Gewinn in Höhe der Differenz zwischen Prämien- und Verpflichtungsbarwert wird durch die sofortige aufwandswirksame Verbuchung der Abschlusskosten kompensiert.[554] Die obige Vorgehensweise zur Bestimmung der hypothetischen Marktpreise wird vom Standardsetter nach einem im Jahr 2003 getroffenen Beschluss für die Erstbewertung von versicherungstechnischen Verbindlichkeiten präferiert.[555]

3.2.2.2.5 Bemessung des Risikozuschlags für versicherungstechnische Auszahlungsverpflichtungen im Rahmen des „Exit Value“

Um den Risikozuschlag im Rahmen des „Exit Value“ zu ermitteln, wird ein „Verkauf“ von versicherungstechnischen Verbindlichkeiten an einen Dritten fingiert, so dass der Verkaufspreis R und der darin enthaltene Risikozuschlag über den Absatzmarkt ermittelt werden.[556] [557] Dabei kann die Risikoadjustierung sowohl in den Zahlungsströmen als auch im Diskontsatz vorgenommen werden. So können die Risikozuschläge auf die erwarteten Zahlungsströme mit Hilfe risikotheoretischer Modelle wie dem „Economic Capital Model“ aus den Opportunitätskosten des eingesetzten Kapitals abgeleitet werden.[558] Soll die Risikoadjustierung beim verwendeten Diskontsatz vorgenommen werden, können kapitalmarkttheoretische Modelle wie z.B. das CAPM Verwendung finden.[559]

Um den Veräußerungspreis R von versicherungstechnischen Rückstellungen („Exit Value“) und damit die Risikozuschläge auf die (Aus-)Zahlungsströme mittels eines

---

554 Vgl. Varain 2004, S. 180 f..

555 Vgl. Kreeb/Rohlfs 2005, S. 349, vgl. Engeländer/Kölschbach 2003, S. 53, vgl. Löw 2003, S. 191, vgl. Rockel et.all. 2005, S. 88.

556 Vgl. Hipp 2007, S. 47, vgl. Rockel et al. 2005, S. 87, vgl. Varain 2004, S. 136, vgl. Zons 2006, S. 284 und S. 307.

557 Zur Struktur einer Veräußerung von versicherungstechnischen Verbindlichkeiten vgl. Kreeb/Rohlfs 2005, S. 351.

558 Vgl. Löw 2003, S. 191, vgl. Kreeb/Rohlfs 2005, S. 354 ff.

559 Vgl. Fairley 1987, S. 1-26, vgl. Hill/Modigliani 1987, S .27-53, vgl. Löw 2003, S. 191, vgl. Kreeb/Rohlfs 2005, S. 364 ff., vgl. Rockel et al. 2005, S. 92 , vgl. Rockel 2004 a, S. 67 ff., vgl. Rockel 2004 b, S. 815 ff.

risikotheoretischen Modells („Economic Capital Model") zu ermitteln, kann dies statisch[560] mit Hilfe einer risikoadjustierten Rentabilität [561] oder dynamisch[562] anhand der Betrachtung der Zahlungsströme erfolgen.[563] Bei der statischen Ermittlung des Veräußerungspreises findet das risikoadjustierte Performancemaß RORAC Verwendung.[564] Dabei wird ein „Verkauf" der versicherungstechnischen Verpflichtungen an eine Investorengruppe unterstellt.[565]

Die Sicherheitsmittel um ein Sicherheitsniveau (1-ε) zu generieren (F_ε-Quantil),[566] werden zum Einen durch den an die Investorengruppe zu entrichtenden Verkaufspreis R und zum Anderen durch das von der Investorengruppe aufzubringende „Economic Capital" (EC) zur Verfügung gestellt. Die Kapitalkosten auf das von der Investorengruppe bereitgestellte „Economic Capital" gehen als Risikozuschlag auf den Erwartungswert der Schadenzahlung (E(S)) in die hypothetische Konstruktion des Verkaufspreises R ein. Formal:[567]

$$R = E(S) + EC \cdot r^{*}_{vt}$$

---

560 In der Investitionsrechnung wird zwischen statischen und dynamischen Verfahren unterschieden. Statische Verfahren wie die Kosten-, Gewinn- und Rentabilitätsvergleichsrechnung basieren auf Größen der Kosten- und Leistungsrechnung. Ihnen ist die Verwendung von Durchschnittswerten und damit eine einperiodige Betrachtungsweise gemein, so dass sie nur auf kurzfristige Investitionsprobleme Anwendung finden. Vgl. Eilenberger 2003, S. 156 ff., vgl. Günther/Schittenhelm 2003, S. 26, vgl. Kruschwitz 2005, S. 31 ff.

561 Zur risikoadjustierten Performancesteuerung vgl. Albrecht 1998a, S. 10 ff.

562 Dynamische Verfahren wie Kapital-, Endwert-, Annuitäten- und Interne Zinsfußmethode sind durch die Betrachtung von Zahlungsströmen gekennzeichnet, die durch Bezug auf einen Zeitpunkt durch Auf- und Abzinsen vergleichbar gemacht werden. Vgl. Günther/Schittenhelm 2003, S. 26 ff., vgl. Eilenberger S. 164 ff., vgl. Kruschwitz 2005, S. 44 ff.

563 Zur Ermittlung der Risikozuschläge mit Hilfe des „Economic Capital Model" vgl. Kreeb/Rohlfs 2005, S. 354 ff.

564 Vgl. Albrecht 1998a, S. 7 ff., vgl. Kreeb/Rohlfs 2005, S. 355.

565 Zu den Prämissen des verwendeten „Economic Capital Model" vgl. Kreeb/Rohlfs 2005, S. 353 f. So wird, um von der Berücksichtigung von Ausgleichseffekten im Mehrspartenversicherungsunternehmen abstrahieren zu können, ein Verkauf an eine Investorengruppe unterstellt. Außerdem wird eine vollständige Kenntnis der Schadengesetzmäßigkeit angenommen. Das heißt bei der Analyse des Unterreservierungsrisikos wird das Vorliegen eines Irrtumsrisikos ausgeschlossen, so dass die Betrachtung auf das Zufallsrisiko reduziert wird. Außerdem findet analog zu der Vorgehensweise bei *Maurer* ein einperiodiges Zahlungsstrommodell Verwendung. Vgl. Kreeb/Rohlfs 2005, S. 357, vgl. Maurer 2000, S. 209.

566 Das Sicherheitsniveau 1-ε resultiert aus einem Verhandlungsprozess zwischen abgebendem Versicherungsunternehmen und Investorengruppe. Vgl. Kreeb/Rohlfs 2005, S. 356.

567 Siehe hierzu Kreeb/Rohlfs 2005, S. 357.

Dabei stellt r^*_{vt} den Kapitalkostensatz dar. Dieser kann zum Beispiel als risikoadjustierte Mindestrendite aus einer vorgegebenen Zielrendite auf das physische Eigenkapital abgeleitet werden.[568] Bei Verwendung einer risikoadjustierten Mindestrendite ist allerdings zu beachten, dass das „Economic Capital" bereits risikoadjustiert wurde.[569] Wenn bei der Bestimmung des Kapitalkostensatzes auf das in der Kapitalmarkttheorie häufig verwendete Capital Asset Pricing Model (CAPM) rekurriert wird, sind jedoch die hierbei entstehenden subjektiven Ermessensspielräume in Rechnung zu stellen.[570]

Das „Economic Capital" kann alternativ als Differenz zwischen den nötigen Sicherheitsmitteln, um ein Sicherheitsniveau 1-ε zu gewährleisten (F_ε-Quantil), und dem Erwartungswert der Schadenzahlung E(S) oder als Differenz zwischen F_ε-Quantil und dem Veräußerungspreis R berechnet werden,[571] so dass sich aus obiger Gleichung in Abhängigkeit vom „Economic Capital" folgender „Exit Value" ergibt:[572] [573]

$$R = E(S) + (F_\varepsilon - E(S)) \cdot r^*_{vt} \qquad \text{bzw.} \qquad R = \frac{1}{1 + r^*_{vt}} \cdot (r^*_{vt} \cdot F_\varepsilon + E(S))$$

Sofern das „Economic Capital" als Differenz zwischen F_ε-Quantil und dem Erwartungswert der Schadenzahlungen E(S) bestimmt wird, ergibt sich eine erwartete risikoadjustierte Rentabilität E(RORAC), die über der vorgegebenen Mindestrentabilität r^*_{vt} liegt.[574] Dies liegt in der Tatsache begründet, dass für das angestrebte Sicher-

---

568 Vgl. Albrecht 1998a, S. 4 ff.

569 Vgl. Schradin 2004a, S. 7.

570 Vgl. Hartung 2001, S. 635-645. Der aus dem CAPM hergeleitete Kapitalkostensatz r_{EK} berechnet sich als Summe aus dem risikolosen Zins r_f und der mit dem ß-Faktor multiplizierten Differenz aus Marktrendite μ_M und risikolosem Zins. Formal:

$$r_{EK} = r_f + \beta(\mu_M - r_f)$$

Dabei identifiziert *Hartung* bei sämtlichen verwendeten Parametern subjektive Ermessensspielräume, so dass eine objektive Ermittlung des Kapitalkostensatzes schwer vorstellbar erscheint.

571 Vgl. Kreeb/Rohlfs 2005, S. 357 ff.

572 Siehe hierzu Kreeb/Rohlfs 2005, S. 357.

573 Da der Verkaufspreis in t_0 gezahlt wird, ergibt sich der Gegenwartswert des Verkaufspreises durch Diskontierung mit dem risikolosen Zinssatz r_f. Vgl. Kreeb/Rohlfs 2005, S. 358.

574 Vgl. Kreeb/Rohlfs 2005, S. 359 f.

heitsniveau nur „Economic Capital“ in Höhe der Differenz von F_ε-Quantil und Verkaufspreis R benötigt wird. Deshalb werden im ersten Fall das „Economic Capital“, die Opportunitätskosten der Kapitalbereitstellung und damit verbundenen auch die Höhe des Risikozuschlags zu hoch angesetzt. Folgerichtig ergibt sich, sofern das „Economic Capital“ der Differenz aus F_ε-Quantil und Verkaufspreis R entspricht, eine erwartete Rentabilität in Höhe der Mindestrentabilität.

Statische Verfahren der Investitionsrechnung verzerren aufgrund des fehlenden Zeitbezugs systematisch die Erfolgswirkung, so dass die Anwendung dynamischer Verfahren allgemein als sinnvoller erachtet wird.[575] So kann mittels eines einfachen Zahlenbeispiels gezeigt werden, dass die beiden vorgestellten statischen Methoden zur Ermittlung des Verkaufspreis R bei einer Betrachtung der Zahlungsströme eine deutlich über der Vorgabe r^*_{vt} hinausgehende Rendite erwirtschafteten.[576] Dies bedeutet, dass der im Rahmen der obigen Verfahren ermittelte Verkaufspreis R und damit implizit die Höhe der Risikozuschläge systematisch überhöht angegeben werden.

Um die Verzerrungen statischer Verfahren zu vermeiden, erscheint es sinnvoller, die Analyse auf die erwarteten Zahlungsströme zu konzentrieren.[577] In dem verwendeten Einperiodenmodell werden die notwendigen Sicherheitsmittel F_ε am Ende des betrachteten Zeitraums aus den im Zeitpunkt t_0 zum risikolosen Zinssatz angelegten Mitteln, dem „Economic Capital“ und dem in t_0 zugeflossenen „Verkaufspreis“ der versicherungstechnischen Rückstellungen, aufgebracht. Die „Tilgung“ des von der Investorengruppe bereitgestellten „Economic Capital“ erfolgt dann mittels des erwarteten Zahlungsüberschusses. Der erwartete Zahlungsüberschuss berechnet sich dabei als Differenz der Sicherheitsmittel (F_ε-Quantil) und den erwarteten Auszahlungen für Schadenzahlungen (E(S)). Dabei ist zu berücksichtigen, dass auf das „Economic Capital“ die von der Investorengruppe vorgegebene Zielrendite r^*_{vt} zu er-

575 Vgl. Kruschwitz 2005, S. 44.

576 Vgl. Kreeb/Rohlfs 2005, S. 359 f.

577 Siehe hierzu Kreeb/Rohlfs 2005, S. 358 ff.

wirtschaften ist, so dass sich das „Economic Capital“ am Periodenende unter Verwendung der bisherigen Notation ergibt als:[578]

$$EC = \left(\frac{F_\varepsilon - E(S)}{1 + r^*_{vt}} \right) \cdot (1 + r_f)$$

Die unterschiedlichen Zinssätze r^*_{vt} und r_f sind in diesem Zusammenhang Ausdruck eines unvollkommenen Kapitalmarkts. [579] Der Verkaufspreis R (am Periodenende) wird dann als Differenz aus F_ε-Quantil und dem „Economic Capital“ ermittelt:[580] [581]

$$R = F_\varepsilon - EC$$

Sofern die Anwendbarkeit[582] des „Economic Capital Model“ im Rechnungslegungskontext diskutiert wird, ist zu konstatieren, dass dieses Modell grundsätzlich für die Bestimmung des Veräußerungspreises R und damit für die Ableitung des Risikozuschlags geeignet erscheint. Begründet wird dies zum einen damit, dass sich die Gefährlichkeit der Verteilung in der Höhe des „Economic Capital“ widerspiegelt. Dagegen kann eingewendet werden, dass die Gesamtschadenverteilung nur bis zum F_ε-Quantil im Rahmen des „Economic Capital“ abgebildet wird, was sich insbesondere bei extrem rechtsschiefen Verteilungen als problematisch erweisen kann. Jedoch sind unter der Prämisse, dass den versicherungstechnischen Verbindlichkeiten bei der Investorengruppe nur Vermögenswerte in gleicher Höhe gegenüberstehen, die Ruinhöhe und damit die Betrachtung des Ruinbereichs für die Investorengruppe nicht von Relevanz. Dies erklärt sich aus der Tatsache, dass im Ruinfall sämtliche Vermögenswerte aufgezehrt werden.

---

578 Siehe hierzu Kreeb/Rohlfs 2005, S. 358.

579 Ein unvollkommener Kapitalmarkt ist gekennzeichnet durch das Auseinanderfallen von Soll- und Habenzinssatz. Dabei dürfte der Sollzinssatz i.d.R. den Habenzinssatz übersteigen. Vgl. Kruschwitz 2005, S. 63 ff.

580 Siehe hierzu Kreeb/Rohlfs 2005, S. 358.

581 Der Gegenwartswert des Verkaufspreises R ergibt sich wiederum durch Diskontierung mit dem risikolosen Zinssatz r_f.

582 Zur Diskussion der Anwendbarkeit des „Economic Capital Model“ für die Bemessung von Risikozuschlägen im Rahmen des „Exit Value“ vgl. Kreeb/Rohlfs 2005, S. 360 ff.

Des Weiteren ist zu berücksichtigen, dass die Höhe des „Economic Capital" und damit die Höhe des Risikozuschlags durch exogen vorgegebene Größen wie dem Sicherheitsniveau ε oder der risikoadjustierten Mindestrendite r_{vt} beeinflusst werden. Die Ausprägung dieser Einflussfaktoren resultiert aus dem Verhandlungsprozess zwischen Investorengruppe und abgebendem Versicherungsunternehmen und basiert damit auf den subjektiven Präferenzen der Verhandlungspartner. Zur Erhöhung der Transparenz für die Abschlussadressaten erscheinen Angaben im Anhang über die Höhe des spezifizierten Sicherheitsniveaus und der Höhe der Renditeforderung nötig.

Um jedoch einen auf Marktannahmen basierenden fiktiven Zeitwert der versicherungstechnischen Verpflichtungen herzuleiten, ist es notwendig, die exogenen Einflussfaktoren des „Economic Capital" zu objektivieren. So wäre es wünschenswert, wenn der Standardsetter ein einheitliches Sicherheitsniveau ε für Versicherungsunternehmen mit einem ähnlichen Risikoprofil spezifizieren oder alternativ zumindest Bandbreiten hierfür vorgegeben würde. Die Renditevorgabe für das physische Eigenkapital, die dann in eine risikoadjustierte Mindestrendite transformiert wird, könnte mittels der Eigenkapital-Betas der Versicherungsunternehmen ermittelt werden.

Außerdem ist zu beachten, dass die vorstehenden Überlegungen zur Ableitung von Risikozuschlägen auf sehr restriktiven Annahmen fußen. So wurde bisher ein einperiodiges Zahlungsstrommodell betrachtet. Bei mehreren Betrachtungszeiträumen sind weitere teilweise gegenläufige Effekte auf die Höhe des „Economic Capital" zu berücksichtigen. Zum einen erhöht sich das Irrtumsrisiko – von dessen Existenz bisher vollständig abstrahiert wurde –, da die Prognose zukünftiger Schadengesetzmäßigkeiten mit Unsicherheiten behaftet ist (Prognoserisiko).[583] Andererseits sind Risikoausgleichseffekte in der Zeit, die den Risikoausgleichseffekten im Kollektiv ähneln, zu erwarten.

Um den „Exit Value" einer versicherungstechnischen Verpflichtung und damit implizit den Umfang des Risikozuschlags zu bestimmen, muss nicht zwangsläufig eine Risi-

583 Vgl. Kreeb/Rohlfs 2005, S. 363.

koadjustierung der (Aus-)Zahlungsströme vorgenommen werden. Gemäß DSOP Nr. 5.13 kann die Risikoadjustierung alternativ auch im Diskontsatz erfolgen. Sofern die Risikoadjustierung unsicherer Auszahlungsströme in Form einer Modifizierung des Diskontsatzes vorgenommen wird, erfordert dies die Reduzierung des Diskontsatzes, da sich hierdurch der erwartete Barwert der Auszahlungen erhöht.[584] Die Ableitung des Risikoabschlags im Diskontsatz kann dabei im Rahmen des „Capital Asset Pricing Model" (CAPM) erfolgen.[585] [586] Dabei ergibt sich der risikoadjustierte Gegenwartswert einer versicherungstechnischen Verbindlichkeit (PV (R)) im Zweiperiodenmodell aus der Diskontierung der erwarteten Schadenzahlungen (E(S)) mit dem risikoadjustierten Diskontierungsfaktor i_L. Formal:[587]

$$PV(R) = \frac{E(S)}{1 + i_L}$$

In diesem Zusammenhang resultiert i_L aus dem risikolosen Zinssatz r_f und der mit dem versicherungstechnischen β-Faktor β_L gewichteten erwarteten Überrendite des Marktporfolios μ_m. Formal:[588]

$$i_L = r_f + (\mu_m - r_f) \cdot \beta_L ,$$

wobei β_L die normierte stochastische Abhängigkeit zwischen der Rendite des Versicherungsgeschäfts[589] r_L und der Rendite des Marktportfolios r_m beschreibt.[590] Um

---

584 Vgl. Kreeb/Rohlfs 2005, S. 365.

585 Zur Ableitung eines Risikoabschlags vom Diskontierungszinssatz vgl. Kreeb/Rohlfs 2005, S. 364 ff.

586 Erstmalig wurde das CAPM im Versicherungskontext Ende der siebziger Jahre des vorigen Jahrhunderts im Rahmen der kapitalmarkttheoretisch fundierten Kalkulation von Versicherungsprämien verwendet. In diesem Kontext wurde das CAPM dazu verwendet, Risikozuschläge auf die Prämie abzuleiten, um eine Preisuntergrenze für die zu fordernden Prämien festlegen zu können. Vgl. Fairley 1987, S. 11 ff., vgl. Rockel 2004 a, S. 71, vgl. Rockel 2004 b, S. 816 f.

587 Siehe hierzu Kreeb/Rohlfs 2005, S. 365.

588 Vgl. D'Arcy 1988, S. 484 f., siehe hierzu Kreeb/Rohlfs 2005, S. 365, vgl. Rockel 2004 a, S. 78, vgl. Rockel 2004 b, S. 822.

589 Dabei ist neben der Ableitung eines versicherungstechnischen β-Faktors für das gesamte Versicherungsunternehmen auch die Ermittlung spartenspezifischer β-Faktoren möglich. Vgl. Anhang 1 Abschnitt V. dieser Arbeit, vgl. Kreeb/Rohlfs 2005, S. 368 f.

einen Risikozuschlag auf den Erwartungsbarwert der (Schaden-)Zahlungen zu generieren, muss der risikoadjustierte Diskontierungsfaktor einer Auszahlung einen Risikoabschlag beinhalten.[591] Das heißt, dass der risikoadjustierte Diskontierungsfaktor i_L kleiner als der risikoneutrale Abzinsungsfaktor $(1+ r_f)$ sein muss, was einen negativen Wert von β_L impliziert.[592]

Neben dem Rückgriff auf die Modellparameter[593] risikoloser Zinssatz r_f und die erwartete Rendite des Marktportfolios μ_m erweist sich auch die Ermittlung des versicherungstechnischen Beta-Faktors β_L als problematisch, da versicherungstechnische Verbindlichkeiten in der Regel nicht Bestandteil eines Marktportfolios sind.[594] Deshalb muss versucht werden, β_L aus am Markt beobachtbaren β-Faktoren abzuleiten. So wird β_L im Modell von *Fairley* über den Zwischenschritt einer Beziehung zwischen der Eigenkapitalrendite sowie der Kapitalanlagerendite und der Rendite des Versicherungsgeschäfts mittels des Beta-Faktors der eigenen Aktien eines Versicherungsunternehmens (β_E) und des Beta-Faktors von dessen Vermögensgegenständen (β_A) bestimmt.[595]

Eine Erweiterung des Modells zur synthetischen Ermittlung des versicherungstechnischen β-Faktors wird von *Fairley* in Form der Berücksichtigung von Ertragssteuern mittels einer proportionalen[596] Gewinnsteuer vorgenommen.[597] Eine Weiterentwick-

---

590 Vgl. Kreeb/Rohlfs 2005, S. 365.

591 Vgl. D'Arcy 1988, S. 485.

592 So wurde von *Fairley* in einer empirischen Untersuchung aus den siebziger Jahren (1971-1975) für US-amerikanische Versicherungsunternehmen ein ß-Faktor der versicherungstechnischen Verbindlichkeiten von -0,21 ermittelt. Bei der Untersuchung von *Hill* (1978) ergab sich ein $ß_L$ von -0,23. Vgl. D'Arcy 1988, S. 482 und S. 485, vgl. Fairley 1987, S. 15 ff., vgl. Kreeb/Rohlfs 2005, S. 368.

593 In diesem Zusammenhang basieren die Modellparameter r_f und μ_m entweder auf Vergangenheitswerten und sind demnach nur eingeschränkt aussagefähig für die Zukunft oder sie stellen Schätzungen der zukünftigen Entwicklung dar und sind damit mit einer entsprechend hohen Schätzunsicherheit verbunden.

594 Siehe hierzu Abschnitt 3.2.2.2 dieser Arbeit und vgl. Kreeb/Rohlfs 2005, S. 365.

595 Zur Ermittlung des Beta-Faktors der versicherungstechnischen Verbindlichkeiten nach *Fairley* vgl. Anhang 1 dieser Arbeit, siehe hierzu Fairley 1987, S. 6 ff., vgl. Kreeb/Rohlfs 2005, S. 366 ff.

596 Eine differenziertere Betrachtung der Ertragsbesteuerung von US-amerikanischen Versicherungsunternehmen beinhaltet die Untersuchung von *Hill/Modigliani.* Darin wird analog zu den damaligen Vorschriften der US-amerikanischen Ertragsbesteuerung zwischen vier Typen von Einkünften aus Kapitalanlagen („investment income“) unterschieden. Neben Zinseinnahmen,

lung des Modells von *Fairley* erfolgt durch *Hill* und *Modigliani*.[598] Dabei wird bei der Ableitung des versicherungstechnischen β-Faktors zwischen am (Kapital-)Markt gehandelten Vermögensgegenständen und nicht gehandelten „assets" differenziert.[599] Eine weitere Differenzierung des Grundmodells von *Fairley* stellt die Ableitung eines separaten ß-Faktors für Schadenrückstellungen ($ß_{SR}$) durch *D'Arcy* dar.[600]

Sofern man die Eignung des CAPM für die Bestimmung von Risikozuschlägen im Rahmen der Bewertung versicherungstechnischer Verbindlichkeiten diskutiert, sind zunächst einige Modellprämissen einer kritischen Betrachtung zu unterziehen.[601] So fließt bei der Ermittlung des ß-Faktors der versicherungstechnischen Verbindlichkeiten der eigentlich erst zu bestimmende Marktwert der Verbindlichkeiten in Form des Verhältnisses von Reserven zu Prämien (k) als Parameter in die Berechnung ein. Des Weiteren ist die von der Kapitalanlagepolitik des Versicherungsunternehmens abhängige Ausprägung des ß-Faktors der Kapitalanlagen ($ß_A$) eine weitere Determinante der Berechnung von $ß_L$.

Außerdem ist der generierte ß-Faktor der versicherungstechnischen Verbindlichkeiten $ß_L$ nicht nach den einzelnen versicherungstechnischen Bilanzpositionen differenziert und damit zu unpräzise. Dem versucht *D'Arcy* mit der Weiterentwicklung des

---

die vollständig in die steuerliche Bemessungsgrundlage einfließen, sind Kapitalgewinne mit 61 Prozent und Dividenden mit 15 Prozent zu berücksichtigen. Zinserträge aus steuerfreien Anleihen werden naturgemäß nicht in die Bemessungsgrundlagen einbezogen. Vgl. Hill Modigliani 1987, S. 32 ff.

597 Vgl. Anhang 1 Abschnitt II. dieser Arbeit, vgl.Fairley 1987, S. 14, vgl. Kreeb/Rohlfs 2005, S. 367.

598 Vgl. Anhang 1 Abschnitt III. dieser Arbeit, vgl. Hill/Modigliani 1987, S. 35 ff., vgl. Kreeb/Rohlfs 2005, S. 370 ff.

599 In diesem Zusammenhang erweist sich die Angabe eines ß-Faktors für die nicht gehandelten „Assets" ($ß_{NG}$) als ähnlich problematisch wie die Bestimmung von $ß_L$, so dass sich *Hill/Modigliani* in ihrer Untersuchung darauf beschränken zwei alternative Ausprägungen von $ß_{NG,}$ nämlich 0 und 0,125, vorzugeben. Mit steigenden Werten von $ß_{NG}$ erhöht sich auch der Wert von $ß_L$, so dass sich sogar positive Ausprägungen von $ß_L$ ergeben, was dem Gedanken eines Risikozuschlags auf den Erwartungswert der Schadenzahlungen zuwiderläuft. Vgl. Hill/Modigliani 1987, S. 38 ff., vgl. Kreeb/Rohlfs 2005, S. 371.

600 Vgl. Anhang 1 Abschnitt IV. dieser Arbeit, siehe hierzu *D'Arcy* , S. 481 ff., vgl. Kreeb/Rohlfs 2005, S. 369 f.

601 Zur Prämissenkritik bei der Ermittlung von Risikozuschlägen mittels des CAPM vgl. Kreeb/Rohlfs 2005, S. 371 ff.

Modells von *Fairley* mittels der Berechnung des ß-Faktors für Schadenrückstellungen Rechnung zu tragen.[602] Jedoch erscheint die von *D'Arcy* getroffene Annahme, dass außer der Schadenrückstellung kein stochastischer Zusammenhang mit der Renditeentwicklung des Marktportfolios besteht, wenig realistisch. Auch die Modifizierung des Grundmodells durch *Hill/Modigliani*, die „Assets" in handelbare und nicht handelbare zu unterscheiden,[603] erweist sich als äußerst problematisch. Zwar sind die marktinduzierten ß-Faktoren der handelbaren Kapitalanlagen ($ß_A$) leicht zu generieren, bei der Vorgabe der ß-Faktoren der nicht handelbaren Kapitalanlagen ($ß_{NG}$) bleibt man jedoch auf Schätzungen angewiesen,[604] was die Präzision von $ß_L$ weiter vermindert.

Neben der vorstehenden Prämissenkritik erhebt sich die grundsätzliche Frage, inwiefern die Ermittlung von Risikozuschlägen für versicherungstechnische Rückstellungen mittels des CAPM ökonomisch sinnvoll ist. Wie bereits erläutert, beschreibt $ß_L$ die normierte stochastische Abhängigkeit zwischen der erwarteten Rendite aus versicherungstechnischen Verbindlichkeiten und der erwarteten Rendite des Marktportfolios und damit den Risikobeitrag der versicherungstechnischen Verbindlichkeiten zum Marktportfolio. Das Risiko im CAPM besteht in Abweichungen der realisierten Rendite von der erwarteten Rendite, d.h. in der Volatilität der erwarteten Rendite, und manifestiert sich in den symmetrischen Risikomaßen Varianz und Standardabweichung der erwarteten Rendite.[605] [606]

Im Kontext der Ermittlung von $ß_L$ bedeutet dies, dass nur die Variabilität der vom Versicherer gehaltenen Kapitalanlagen sowie die Volatilität der eigenen Aktien oder alternativ nur die Variabilität der Prämienrendite[607] Eingang in die Berechnung fin-

---

602 Vgl. D'Arcy 1988, S. 486.

603 Vgl. Hill/Modigliani 1987, S. 35 ff.

604 Vgl. Hill/Modigliani 1987, S. 38 ff.

605 Vgl. Albrecht 1995, S. 71, vgl. Kreeb/Rohlfs 2005, S. 374.

606 In diesem Zusammenhang bleiben höhere Zentralmomente wie z.B. die Schiefe einer Renditeverteilung unberücksichtigt. Vgl. Kreeb/Rohlfs 2005, S. 375.

607 Die Identität $p = -r_L \cdot k$ kann durch Berücksichtigung der stochastischen Abhängigkeit zwischen der Prämienrendite (p) und der versicherungstechnischen Rendite (r_L) mit der Rendite

den. Von dem für die Glaubwürdigkeit von Versicherungsschutz höchst relevanten Insolvenzrisiko (Ruinwahrscheinlichkeit) wird jedoch im Rahmen des CAPM abstrahiert.[608] Im Kontext der Bewertung von versicherungstechnischen Verbindlichkeiten bedeutet dies, dass das Unterreservierungsrisiko[609] und damit die Eintrittswahrscheinlichkeit eines Abwicklungsverlusts im CAPM nicht abgebildet wird.[610]

Daneben bildet das CAPM nur das systematische Marktrisiko ab.[611] Das Diversifikationspotential versicherungstechnischer Risiken wird jedoch nicht durch den Kapitalmarkt determiniert, sondern vollzieht sich durch die Einbettung von Versicherungsrisiken in ein Kollektiv („Ausgleich im Kollektiv").[612] [613] Auch unterbleibt eine Betrachtung des Irrtumsrisikos in Form des Diagnose-[614] und Prognoserisikos[615] vollständig, da Wertpapiere gemäß CAPM richtig bewertet werden.[616] Eine explizite Berücksichtigung des Irrtumsrisikos würde den Risikozuschlag erhöhen.[617] Als prob-

---

des Marktportfolios (r_m) sowie mittels der Division mit der Varianz des Marktportfolios (Var (r_m)) in folgende Gleichung überführt werden:

$$\beta_P = k \cdot \beta_L$$

Damit kann β_L auch aus der Variabilität der Prämienrendite (β_p) hergeleitet werden. Trotz großer empirisch beobachtbarer Schwankungen der Profitabilität im versicherungstechnischen Bereich ergaben bisherige Schätzungen laut *Fairley* allenfalls geringe Werte für β_L. Dies kann damit erklärt werden, dass im CAPM nur das systematische Risiko erfasst wird. Vgl. Fairley 1987, S. 9 ff.

608 Vgl. Fairley 1987, S. 3 f., vgl. Kreeb/Rohlfs 2005, S. 374 f., vgl. Rockel 2004 a, S. 80, vgl. Rockel 2004 b, S. 823 f.

609 Das Unterreservierungsrisiko beschreibt die Gefahr, dass die stochastischen Schadenzahlungen die hierfür gebildeten Rückstellungen überschreiten. Vgl. Albrecht/Koryciorz 1999, S. 9 f.

610 Vgl. Kreeb/Rohlfs 2005, S. 375.

611 Vgl. Fairley 1987, S. 11, vgl. Rockel 2004 a, S. 71 und 80 f.

612 Vgl. Rockel 2004 a, S. 81, vgl. Rockel 2004 b, S. 824.

613 Zum Ausgleich im Kollektiv vgl. Abschnitt 2.4.1 dieser Arbeit.

614 Das Diagnoserisiko besteht in der Gefahr, falsche Verteilungsannahmen zu treffen. Vgl. Kreeb/ Rohlfs 2005, S. 375.

615 Die Berechnung von β_L vollzieht sich auf Basis historischer Daten. Um einen aktuellen ß-Faktor für die versicherungstechnischen Verbindlichkeiten zu berechnen, müssten die ß-Faktoren für die „Assets" und die eigenen Aktien prognostiziert werden, woraus sich ein Prognoserisiko ergibt. Vgl. Kreeb/Rohlfs, S. 376.

616 Vgl. Kreeb/Rohlfs 2005, S. 374 f.

617 Vgl. Kreeb/Rohlfs 2005, S. 375.

lematisch erweist sich außerdem die mangelnde zeitliche Konsistenz der ß-Faktoren, da diese marktinduzierten Schwankungen unterliegen.[618]

Außerdem bleibt zweifelhaft, ob der unterstellte Zusammenhang zwischen der Rendite der versicherungstechnischen Verbindlichkeiten und der Rendite des Marktportfolios, der sich in $ß_L$ manifestiert, überhaupt existiert.[619] Zweifelsohne hatten die Terroranschläge auf das „World Trade Center" am 11. September 2001 und Naturkatastrophen wie der Hurrikan „Katrina" mit hohen Versicherungsschäden Einfluss auf die Rendite des Marktportfolios. Ein genereller Zusammenhang zwischen dem Umfang der Schadenzahlungen der Versicherungsunternehmen und der Rendite des Marktportfolios erscheint jedoch schwer vorstellbar.[620] Deshalb findet laut *Fairley* in einigen Untersuchungen ein $ß_L$ von null Verwendung.[621]

In der erweiterten empirischen Untersuchung von *Hill/Modigliani* erhält man in Abhängigkeit vom betrachteten Fünfjahreszeitraum und dem angenommenen Wert für $ß_{NG}$ Ausprägungen von $ß_L$ zwischen – 0,17 und 0,08.[622] Ein positiver Wert für $ß_L$ erweist sich jedoch im Kontext der Ermittlung von Risikozuschlägen auf unsichere Auszahlungen als kontraproduktiv, da dies eine Erhöhung des Diskontierungszinssatzes und damit eine Minderung des Erwartungsbarwerts der Auszahlungen zur Folge hat, woraus ein steigendes Unterreservierungsrisiko resultiert.[623]

Zumindest basiert die Ableitung von Risikozuschlägen im Rahmen des CAPM auf Markdaten und erfolgt nicht in Abhängigkeit von unternehmensspezifischen Faktoren wie der Einbettung in ein Versichertenkollektiv, wodurch die Verwendung eines markteinheitlichen ß-Faktors für die jeweilige Kategorie von Verbindlichkeiten ermöglicht wird.[624] In diesem Punkt erfolgt die kapitalmarkttheoretisch fundierte Ermittlung

---

618 Vgl. Kreeb/Rohlfs 2005, S. 377.

619 Vgl. Kreeb/Rohlfs 2005, S. 376, vgl. Rockel 2004 a, S. 81, vgl. Rockel 2004 b, S. 824.

620 Vgl. Fairley 1987, S. 10 f., vgl. Rockel 2004 a, S. 81, vgl. Rockel 2004 b, S. 824.

621 Vgl. Fairley 1987, S. 11.

622 Vgl. Hill/Modigliani 1987, S. 38 ff.

623 Vgl. Kreeb/Rohlfs 2005, S. 376.

624 Vgl. Kreeb/Rohlfs 2005, S. 377.

der Risikozuschläge konform mit dem Konzept der hypothetischen Marktwertkonstruktion.

3.2.2.2.6 Bonitätsrisiko

Im Rahmen einer hypothetischen Marktwertkonstruktion von versicherungstechnischen Verbindlichkeiten[625] ist zu prüfen, ob neben den risikoadjustierten Zahlungsströmen oder dem Diskontsatz weitere Faktoren Eingang in die Bewertung finden sollen. So wird gemäß IAS 39 für Finanzinstrumente insbesondere für die Bewertung von Schuldtiteln die Berücksichtigung der Bonität gefordert.[626] Dabei ist jedoch die Einbeziehung von Bonitäts- und (Kredit-)Ausfallrisiken[627] in die Bewertung von Finanzinstrumenten nicht unumstritten.

Als plausibel erweist sich die Berücksichtigung von Bonitätsänderungen bei aktivierten Forderungen. Durch eine Verschlechterung der Bonität des Schuldners erhöht sich die Ausfallwahrscheinlichkeit der Forderung, wodurch sich der erwartete Barwert der Forderung vermindert.[628] Im Falle börsennotierter Forderungen (Anleihen) werden Bonitätsänderungen des Schuldners bei der Kursfindung der Anleihe eskomptiert. Das bedeutet, dass die Kursentwicklung der Anleihe die Veränderung der Bonität des Schuldners widerspiegelt.[629] [630] Die Bonität eines Schuldners kommt ge-

---

625 Zur Berücksichtigung von Bonitäts- und Kreditausfallrisiken im Rahmen der synthetischen Marktwertermittlung ausführlich siehe Rohlfs 2008 insbesondere S. 64 ff. und S. 141 ff.

626 Vgl. IAS 39 AG 77-79, vgl. Rockel et al. 2005, S. 93.

627 Das Kreditausfallrisiko beschreibt die Möglichkeit, dass der Schuldner Zins- oder Tilgungszahlungen nicht oder nicht vollständig leistet. Im Gegensatz dazu erfasst das Bonitätsrisiko nur mögliche Änderungen der Bonität während der Vertragslaufzeit. Vgl. Varain 2004, S. 138.

628 Vgl. Rockel et al. 2005, S. 93.

629 Exemplarisch hierfür steht die jeweilige Kursentwicklung der Anleihen der US-amerikanischen Automobilhersteller *General Motors* und *Ford* in den Jahren 2005-2008, die eine massive Bonitätsverschlechterung der Emittenten reflektieren.

630 Die Konsequenzen für die Behandlung von bonitätsinduzierten Wertänderungen im Jahresabschluss nach IAS/IFRS hängen von der Zuordnung der Anleihe zu einer bestimmten Kapitalanlagekategorie ab. Sofern die Anleihe mit dem beizulegenden Zeitwert zu bewerten ist, wird die Anleihe mit deren Kurs am Bilanzstichtag, der den jeweiligen Bonitätsstatus des Schuldners widerspiegelt, bewertet. Die Erfassung der durch eine Bonitätsänderung verursachten Wertänderung in der Gewinn- und Verlustrechnung wird wiederum durch die Zuordnung der Anleihe zu einer Kapitalanlagekategorie determiniert. So werden durch Veränderungen der Bonität eines Anleiheschuldners verursachte Wertänderungen in der Kategorie „financial assets or liabilities

nerell in der Renditedifferenz zwischen Anleihen bester Bonität, i.d.R. Staatsanleihen von Emittenten wie der Bundesrepublik Deutschland oder der USA, und der Anleihe des jeweiligen Schuldners, i.d.R. eines Unternehmens, zum Ausdruck („credit spread").[631] Diese bonitätsbedingten Risikozuschläge unterliegen im Zeitablauf Schwankungen.[632]

Als problematischer erweist sich die Erfassung bonitätsinduzierter Wertänderungen im Zeitwert von passiven Finanzinstrumenten beim Schuldner.[633] [634] Die Berücksichtigung von durch Bonitätsänderungen induzierten Wertschwankungen im Zeitwert von passiven Finanzinstrumenten wird durch die Tatsache gerechtfertigt, dass am Kapitalmarkt ebenfalls Risikozuschläge für Bonitätsschwankungen empirisch beo-

---

through profit or loss" erfolgswirksam in der Gewinn- und Verlustrechnung erfasst, wohingegen sich bonitätsinduzierte Wertänderungen der Kategorie „available for sale" erfolgsneutral im Eigenkapital niederschlagen. Vgl. IAS 39 Nr. 55 a) und b). Bei objektivierten Hinweisen auf eine Wertminderung erfolgt bei erfolgsneutral erfassten bonitätsinduzierten Wertminderungen deren „recycling" in der Gewinn- und Verlustrechnung mit anschließender erfolgswirksamer Abschreibung. Vgl. IAS 39 Nr. 58 und 59 i.V.m. IAS 39 Nr. 67 und 68. Sollte die Anleihe der Kategorie „held to maturity" zugeordnet werden, so erfolgt eine Bewertungsänderung erst, wenn die Voraussetzungen des „impairment" erfüllt sind. Vgl. IAS 39 Nr. 56.

631 Vgl. Varain 2004, S. 138 f.

632 Vgl. Varain 2004, S. 138 f.

633 Die Bewertung passiver Finanzinstrumente erfolgt nur dann mit dem beizulegenden Zeitwert, wenn diese entweder dem Handelsbestand zwecks Erzielung kurzfristiger Gewinne zugeordnet wurden oder bei Nutzung der „Fair Value Option". Im Zusammenhang mit der Nutzung der „Fair Value Option" sei nochmals auf den restriktiven Anwendungsbereich verwiesen, der alternativ das Vorliegen einer Sicherungsbeziehung oder die Beseitigung eines „Mismatch" voraussetzt. Als Konsequenz einer Bewertung der passiven Finanzinstrumente mit dem Zeitwert ergibt sich die erfolgswirksame Erfassung der Wertänderungen und damit auch der bonitätsinduzierten Wertänderungen in der Gewinn- und Verlustrechnung. Vgl. IAS 39 Nr. 47, vgl. Rockel et al. 2005, S. 124 ff., vgl Abschnitt 4.2.2.1 dieser Arbeit.

634 Sofern ein passives Finanzinstrument mit den fortgeführten Anschaffungs- und Herstellungskosten bewertet wird, sind Gewinne und Verluste aus diesem Finanzinstrument nur bei Ausbuchung oder Wertminderung zu erfassen. Vgl. IAS 39 Nr. 56. Das den fortgeführten Anschaffungs- und Herstellungskosten immanente Prinzip der imparitätischen Behandlung von unrealisierten Gewinnen und Verlusten bedeutet übertragen auf ein passives Finanzinstrument, dass nur Wertänderungen erfasst werden, die eine Erhöhung der Verpflichtung zur Folge haben. Das heißt, dass durch Bonitätsverschlechterungen reduzierte beizulegende Zeitwerte der Verpflichtungen und daraus resultierende Gewinne des Emittenten grundsätzlich nicht vor Ausbuchung des passiven Finanzinstruments erfasst werden. Erhöht sich durch Bonitätsverbesserungen der beizulegende Zeitwert der Verpflichtung, führt dies in Analogie zu den Regelungen zum „impairment„ nur zu Konsequenzen, sofern objektiv gesicherte Hinweise auf eine Werterhöhung der Verpflichtung vorliegen. Da eine Bonitätsverbesserung des Schuldners i.d.R. nicht zu einer Erhöhung der Rückzahlungsverpflichtung führt, sollte die verbesserte Bonität für die Bewertung des passiven Finanzinstruments mit fortgeführten Anschaffungs- und Herstellungskosten irrelevant sein.

bachtet werden können.[635] Dies bedeutet für abzuzinsende Forderungen, dass diese mit einem höheren Zinssatz als dem risikofreien Zinssatz zu diskontieren sind. Als Konsequenz für Verpflichtungen ergibt sich ein niedrigerer erwarteter Barwert verglichen mit einer Diskontierung mit dem risikofreien Zinssatz.[636] Dies gilt auch vor dem Hintergrund der Tatsache, dass unter der Annahme der Unternehmensfortführung im Erfüllungszeitpunkt die Nominalbeträge der Verbindlichkeiten zurückgezahlt werden müssen.[637]

Als weiteres Argument für eine Erfassung von Bonitätsänderungen im Zeitwert von passiven Finanzinstrumenten wird angeführt, dass wirtschaftlich gleichwertige Zahlungsströme im „Fair Value“ mit gleichen Wertansätzen darzustellen sind.[638] *Varain* legt dies konkret am Beispiel der Kreditaufnahme zweier abgezinster Darlehen mit dem gleichen Rückzahlungsbetrag, deren Kreditaufnahme an zwei unterschiedlichen Zeitpunkten erfolgt, dar.[639] Ohne Berücksichtigung der Bonität bzw. der Änderungen der Bonität würden diese Darlehen unterschiedlich bewertet werden, obwohl sie zu gleichen Zahlungskonsequenzen in Form der Zahlung des identischen Rückzahlungsbetrags führen.[640] Des Weiteren wird die Symmetrie zwischen der Bewertung der Forderung beim Gläubiger und der Verpflichtung beim Schuldner durch die Einbeziehung von Veränderungen der Kreditwürdigkeit bei der Bewertung passiver Finanzinstrumente gewahrt.

Umstritten ist jedoch die Berücksichtigung der Kreditwürdigkeit eines Schuldners bei der Bewertung von passiven Finanzinstrumenten, weil dies ein kontraintuitives öko-

---

635 Vgl. Varain 2004, S. 138 und S. 140, vgl. Wallace 2002, S. 34.

636 *Varain* illustriert die Notwendigkeit, die Bonität im Diskontierungszinssatz und damit in der Bewertung der Verpflichtung zu berücksichtigen, anhand eines Zahlenbeispiels für abgezinste Verbindlichkeiten von zwei Unternehmen mit unterschiedlicher Bonität. Bei einer Diskontierung der Verbindlichkeiten mit dem risikofreien Zinssatz würden beide Unternehmen im Zeitpunkt der Kreditaufnahme einen Verlust in Abhängigkeit von der Höhe des Risikozuschlags ausweisen. Vgl. Varain 2004, S. 139 f.

637 Vgl. Varain 2004, S. 140.

638 Vgl. Varain 2004, S. 141.

639 Das zugehörige Zahlenbeispiel findet sich bei Varain 2004, S. 140 f.

640 Vgl. Varain 2004, S. 140 f.

nomisches Ergebnis zur Folge hat.[641] Bei einer Verschlechterung der Bonität des Schuldners erhöht sich durch den steigenden „credit spread“ der Diskontierungszinssatz. Dadurch sinkt der Barwert der Schuld, wodurch sich analog dazu das bilanzielle Eigenkapital des Schuldners erhöht. Sofern Wertänderungen bei Verpflichtungen erfolgswirksam verbucht werden, resultiert aus einer Bonitätsverschlechterung beim Schuldner neben einer Verbesserung der Eigenkapitalsituation auch eine Verbesserung der Ertragslage.

Dieses Ergebnis erscheint ökonomisch fragwürdig, da die Verschlechterung der Kreditwürdigkeit des Schuldners einen sinkenden ökonomischen Unternehmenswert reflektiert. Unter der Prämisse der Unternehmensfortführung, d.h. der Annahme, dass die Verpflichtung vom Schuldner in der Zukunft erfüllt wird, besteht dieser Effekt jedoch nur temporär. In den Folgeperioden ist die erfolgswirksame bonitätsinduzierte Schuldenreduktion mit zusätzlichen Aufwendungen zur Darstellung des Rückzahlungsbetrags verbunden. Somit stellen Gewinne aus Bonitätsverschlechterungen nur eine Aufwandsverlagerung in die Zukunft dar.[642]

Im umgekehrten Fall einer Bonitätsverbesserung des Schuldners reduziert sich der „credit spread“, was ein Absinken des Diskontierungszinssatzes zur Folge hat, woraus ein steigender Verpflichtungsbarwert resultiert. Analog dazu ergibt sich ein Rückgang des Eigenkapitals.[643] Bei einer erfolgswirksamen Erfassung der Wertänderungen von Verpflichtungen folgt aus einer Verbesserung der Kreditwürdigkeit des Schuldners für diesen ein Aufwand. Auch diese Konsequenz der bilanziellen Abbildung von Bonitätsänderungen widerspricht der ökonomischen Intuition, da die Bonitätsverbesserung des Schuldners einen steigenden ökonomischen Unternehmenswert widerspiegelt. Unter der Prämisse der Unternehmensfortführung ist dieser Effekt ebenfalls nur temporär und stellt eine Ertragsverlagerung in die Zukunft dar.

---

641 Vgl. Hitz 2005a, S. 304 ff., vgl. Rockel et al. 2005, S. 93 f., vgl. Varain 2004, S. 142 ff., vgl. Wallace 2002, S. 34, vgl. Zons 2006, S. 284 ff.

642 Vgl. Varain 2004, S. 147.

643 Vgl. Rockel et al. 2005, S. 93 f., vgl. Varain 2004, S. 146 ff., vgl. Wallace 2002, S. 34.

Die Abbildung einer Bonitätsänderung im Jahresabschluss eines Schuldners mit einer Zu- oder Abnahme des Eigenkapitals und einer Aufwands- oder Ertragsverlagerung in die Zukunft können bei den Bilanzadressaten zu Fehlinterpretationen führen.[644] Diese Fehlinterpretationen entstehen, wenn die Folgen einer veränderten Bonität im Jahresabschluss des Schuldners ausschließlich auf Seiten der Passiva erfasst werden. Dies ist dann der Fall, wenn die Bonitätsänderung durch eine entsprechende Entwicklung des originären Unternehmenswerts verursacht wurde. Die Veränderung des Unternehmenswerts findet bekanntlich im Jahresabschluss keinen Niederschlag.[645]

Andererseits werden bonitätsinduzierte Vermögensverschiebungen zwischen Gläubigern und Eigenkapitalgebern durch die oben beschriebene Erfassung von Bonitätsänderungen im „Fair Value" eines passiven Finanzinstruments korrekt abgebildet.[646] [647] So kann eine Verschlechterung der Kreditwürdigkeit des Schuldners nach vertraglichem Abschluss der Verpflichtung als ein Vermögenstransfer vom Gläubiger zu den Eigenkapitalgebern des Schuldners interpretiert werden. Dies wird damit begründet, dass das Schuldverhältnis zu einem Zinssatz begründet wurde, der nunmehr unter dem als marktgerecht erachteten liegt.[648] Die Möglichkeit, im Falle einer Insolvenz den Zahlungsverpflichtungen nicht oder nur teilweise nachkommen zu müssen bei gleichzeitiger Chance auf Beteiligung an den grundsätzlich nicht limitierten Ausschüttungen des Unternehmens, kann aus Sicht der Eigenkapitalgeber als eine Option bezeichnet werden. Dabei steigt der Wert der fiktiven Option mit abnehmender Kreditwürdigkeit.[649]

---

644 Vgl. Hitz 2005a, S. 305, vgl. Rockel et al. 2005, S. 93 f., vgl. Varain 2004, S. 144 ff., vgl. Wallace 2002, S. 34.

645 Vgl. Hitz 2005a, S. 305, vgl. Varain 2004, S. 145 ff., vgl. Zons 2006, S. 285.

646 Vgl. Hitz 2005a, S. 305 f., vgl. Varain 2004, S. 142 ff.

647 Zu den unterschiedlichen Erscheinungsformen eines Vermögenstransfers von den Gläubigern zu den Eigentümern eines Unternehmens vgl. Wagenhofer/Ewert 2003, S. 153 ff.

648 Vgl. Varain 2004, S. 142 f.

649 Vgl. Hitz 2005a, S. 305 f., vgl. Varain 2004, S. 145, vgl. Zons 2006, S. 285.

Ob dieser fiktiven Option im Fall der Eigenkapitalgeber einer Versicherungsunternehmung ein positiver Wert beizumessen ist, erscheint jedoch aufgrund einer auf Konkursvermeidung ausgerichteten Versicherungsaufsicht zweifelhaft.[650] Auch weitere Schutzvorschriften zugunsten der Versicherungsnehmer wie die Bedeckungspflicht der Deckungsrückstellung oder versicherungstechnischer Passiva mit Kapitalanlagen in Verbindung mit einem Aussonderungsrecht im Konkursfall wirken einem Vermögenstransfer vom Gläubiger Versicherungsnehmer zu den Eigenkapitalgebern entgegen. Im Gegensatz dazu beinhaltet die Einrichtung von unternehmensübergreifend finanzierten Konkurssicherungsfonds für die Eigentümer einer Versicherungsunternehmung implizit einen Anreiz zu einem den Gläubiger schädigenden Verhalten. Obwohl der Gläubiger Versicherungsnehmer vor einem Forderungsausfall geschützt wird, generiert die Tatsache, dass die Verpflichtungen im Insolvenzfall auf den Konkurssicherungsfonds übertragen werden können, für den Eigenkapitalgeber eines Versicherers einen positiven Wert der Option.

Auch für Versicherungsunternehmen gilt, dass Änderungen der eigenen Kreditwürdigkeit bei einer Bewertung mit dem „Fair Value“ in Bilanz und Gewinn- und Verlustrechnung asymmetrisch erfasst werden. Zwar wird in der Untersuchung von *Wakker/ Thaler/Tversky* aus dem Jahr 1997 ein Zusammenhang zwischen dem Sicherheitsniveau eines Versicherungsunternehmens und somit dessen Kreditwürdigkeit und der Zahlungsbereitschaft der Versicherungsnehmer und damit der Prämienhöhe nachgewiesen.[651] Jedoch reflektiert der entsprechend dem „Asset-Liability-Measurement-Ansatz“ zu aktivierende Erwartungsbarwert der Prämien nur die Bonität des Versicherungsunternehmens zum Zeitpunkt des Vertragsabschlusses. Bonitätsänderungen während der Vertragslaufzeit bleiben jedoch unberücksichtigt, da sie keine Änderung des Erwartungsbarwerts der bereits aktivierten Prämien zur Folge haben. Im Gegensatz dazu schlagen sich Änderungen der Kreditwürdigkeit eines Versicherungsunternehmens in dessen Neugeschäft nieder, wel-

---

650 Vgl. Varain 2004, S. 147.

651 Vgl. Wakker/Thaler/Tversky 1997, S. 8 ff., vgl. Zons 2006, S. 148 ff.

ches jedoch aufgrund des „closed book approaches“ im Jahresabschluss nicht abgebildet wird.[652]

Gleichzeitig würde eine Änderung der Bonität analog zu den Auswirkungen auf passive Finanzinstrumente zu einer Veränderung des „credit spread“ und damit zu einer Modifizierung des Diskontierungszinssatzes führen. Als Konsequenz ergibt sich ein neuer Zeitwert der versicherungstechnischen Verbindlichkeiten in der Bilanz. Sofern die Wertänderungen erfolgswirksam in der Gewinn- und Verlustrechnung erfasst werden, resultiert aus der Veränderung der Kreditwürdigkeit eines Versicherungsunternehmens ein temporärer Effekt auf die Ertragslage des Versicherers. Dieser Effekt spiegelt die ökonomische Realität – wie vorstehend erläutert – nur teilweise wider, kehrt sich jedoch im Zeitablauf wieder um.[653] Sollte sich der Standardsetter dazu entschließen, eine Berücksichtigung von Bonitätsänderungen bei der hypothetischen Marktwertkonstruktion für versicherungstechnische Verbindlichkeiten zu normieren, ist in einem zweiten Schritt zu klären, inwiefern die Quantifizierung von Bonitätsänderungen erfolgen soll.[654]

3.2.2.3 Abbildung der Erstbewertung von Versicherungsverträgen im Jahresabschluss

3.2.2.3.1 Erstbewertung „Exit Value“ bei Prämienbarwert größer Verpflichtungsbarwert

Im Jahr 2003 hat das IASB den „DSOP Insurance“ konzeptionell weiterentwickelt und einen (vorläufigen) Rahmen für die Bewertung von Versicherungsverträgen in Phase II spezifiziert.[655] Dabei wurde grundsätzlich der „Fair Value“ als maßgeblicher Wert-

---

[652] Vgl. Varain 2004, S. 145, vgl. Zons 2006, S. 285.

[653] *Varain* schlägt in diesem Zusammenhang zur Verbesserung der Informationsqualität eines Jahresabschlusses einen Bruttoausweis der Verbindlichkeiten in der Bilanz d.h. ohne Berücksichtigung der Bonitätsänderungen im „Fair Value“ vor. Demnach sollen bonitätsinduzierte Zeitwertänderungen in einem Korrekturposten auf der Aktivseite erfasst werden. Vgl. Varain 2004, S. 148.

[654] Vgl. Varain 2004, S. 148.

[655] Vgl. Fourie/Harbort 2003a, S. 1531 f., vgl. Kreeb/Rohlfs 2005, S. 349, vgl. Engeländer/Kölschbach 2003, S. 51, vgl. Rockel et al. 2005, S. 88 f., vgl. Rockel/Sauer 2007, S. 742 f.

maßstab favorisiert, wobei auch eine Anwendung des unternehmensspezifischen Zeitwertkonzepts „Entity Specific Value“ möglich sein soll, wenn marktbezogene Bewertungsprämissen nicht verfügbar sind. Die Erstbewertung von Versicherungsverträgen soll mit dem beizulegenden Zeitwert in Form des „Entry Value“ vorgenommen werden, um einen Gewinnausweis im Zeitpunkt des Vertragsabschlusses zu vermeiden.

Im Gegensatz dazu verzichtete der Standardsetter darauf, für die Folgebewertung über die im Rahmen festgelegten, allgemeinen Bewertungsgrundsätze hinausgehende Regelungen zu spezifizieren. Da die Festlegung auf das Zeitwertkonzept des „Entry Value“ für die Erstbewertung von Versicherungsverträgen nur vorläufig erfolgte, kann diese Entscheidung jederzeit von der neu zu konstituierenden Arbeitsgruppe revidiert werden.[656] Damit behalten sämtliche im DSOP intendierten und im Rahmen dieser Arbeit diskutierten Zeitwertkonzepte ihre Relevanz für die Bewertung von Versicherungsverträgen.

Deshalb soll im Folgenden die Erstbewertung von Versicherungsverträgen sowohl anhand des absatzmarktorientierten „Exit Value“ als auch des beschaffungsmarktorientierten „Entry Value“ erörtert werden. Auf eine gesonderte Betrachtung des „Entity Specific Value“ soll verzichtet werden, da dieser konzeptionell dem „Exit Value“ ähnelt, auch wenn bei dessen Ermittlung die Zahlungsströme aus unternehmensspezifischer Perspektive darzustellen sind.

Da der „Exit Value“ der versicherungstechnischen Verpflichtungen allenfalls zufällig dem Prämienbarwert entsprechen dürfte, soll zunächst am Beispiel eines Schadenversicherungsvertrags der Fall untersucht werden, bei dem der Prämienbarwert den Verpflichtungsbarwert übersteigt. Dies dürfte vor allem durch den Ansatz von Gewinnzuschlägen verursacht sein. Sofern jedoch die erwarteten Kapitalanlagegewinne

---

656 Tatsächlich wurde in dem „Discussion Paper“ vom Mai 2007 eine durchgängige Bewertung von Versicherungsverträgen mit dem „Current Exit Value“ postuliert. Siehe hierzu Kapitel fünf dieser Arbeit. Im Zuge der Diskussion um einen „Exposure Draft“ für einen endgültigen Versicherungsstandard zeichnet sich für die Erstbewertung von Versicherungsverträgen die Anwendung eines Zeitwertkonzepts ab, bei dem ein Gewinnausweis im Zeitpunkt des Vertragsabschlusses vermieden werden soll. Vgl. Deloitte 2009a), S. 2 ff., vgl. Deloitte 2009b), S. 1 ff.

imparitätisch erfasst werden, kann der Verpflichtungsbarwert trotz der Berücksichtigung von Gewinnzuschlägen den Prämienbarwert übersteigen.

Da sich diese Problematik vor allem bei Lebens- und Krankenversicherungsverträgen als einschlägig erweist, soll dieser Fall anhand eines Kapitallebensversicherungsvertrags mit unterschiedlichen Laufzeiten und eines privaten Rentenversicherungsvertrags im anschließenden Unterabschnitt eingehender betrachtet werden. Abschließend wird in diesem Unterkapitel die Vermeidung von Gewinnausweisen im Zeitpunkt der Erstbewertung von Versicherungsverträgen mittels des „Entry Value" illustriert.

Sofern der Prämienbarwert im Zeitpunkt der Erstbewertung den gemäß dem Zeitwertkonzept des „Exit Value" ermittelten Verpflichtungsbarwert übersteigt, hat das eine Gewinnrealisierung in der Gewinn- und Verlustrechnung zur Folge.[657] Als Ursache hierfür ist vor allem die Berücksichtigung von Gewinnzuschlägen[658] [659] bei der Prämienkalkulation zu nennen.[660] [661] Die vorgezogene Gewinnrealisierung in Höhe des erwarteten Gewinnbarwerts erklärt sich aus der Tatsache, dass beim „Asset-Liability-Measurement-Ansatz" dem Prämienbarwert inklusive den darin enthaltenen Gewinnzuschlägen nur der erwartete Barwert der Versicherungsleistungen (Ver-

---

657 Vgl. Varain 2004, S. 172 ff., vgl. Zimmermann/Schweinberger 2005, S. 66.

658 In diesem Zusammenhang sei darauf hingewiesen, dass eine Trennung zwischen Sicherheits- und Gewinnzuschlägen nur schwer möglich ist. So erhöhen Gewinn- und Risikozuschläge sowohl die Unternehmenssicherheit als auch den erwarteten Gewinn. Risikozuschläge werden bei der Prämienkalkulation auf den Erwartungswert der Schadenzahlungen vorgenommen um ein vorgegebenes Sicherheitsniveau einzuhalten. Dieser Wert dient dann als Ausgangsbasis für die Addition von Gewinnzuschlägen. Gewinn- und Risikozuschläge unterscheiden sich somit nicht im Effekt sondern allenfalls in der Wahrscheinlichkeit ihrer Realisierung.

659 Bei der hypothetischen Marktwertkonstruktion in Form des „Exit Value" wird unterstellt, dass der Gewinnzuschlag in voller Höhe von dem veräußernden Versicherungsunternehmen vereinnahmt wird. Tatsächlich dürfte die Aufteilung des Gewinnzuschlags jedoch Gegenstand von Verhandlungen zwischen Veräußerer und Käufer der versicherungstechnischen Verbindlichkeit sein. Vgl. Ellenbürger/Horbach/Kölschbach 2001, S. 54, vgl. Varain 2004, S. 181 f., vgl. Wallace 2002, S .31.

660 Vgl. Varain 2004, S. 177 ff., vgl. Zimmermann/Schweinberger 2005, S. 66, vgl. Zons 2006, S. 309.

661 Auch im Rahmen des „Deferal and Matching-Ansatzes" kann sich eine Gewinnrealisierung im Zeitpunkt der Erstbewertung ergeben, sofern eine vorschüssige Prämienzahlungsweise bei gleichzeitiger Diskontierung der (Auszahlungs-)Verpflichtungen vorliegt. Vgl. Varain 2004, S. 177.

pflichtungsbarwert) gegenübergestellt wird. Die im Prämienbarwert enthaltenen Gewinnzuschläge sind nicht passivierungsfähig, da sie keine Leistungsverpflichtung gegenüber den Versicherungsnehmern enthalten.[662]

Im Gegensatz dazu verhindert beim „Deferal-Matching-Ansatz" die Bilanzierung von Beitragsüberträgen den Ausweis von Gewinnen im Zeitpunkt der Erstbewertung.[663] Dadurch werden die Gewinne gleichmäßig über die Vertragslaufzeit vereinnahmt.[664] Der in der Totalperiode zu realisierende Erfolg ist jedoch bei beiden Ansätzen identisch.[665] Die mit der Anwendung des „Asset-Liability-Measurement-Ansatzes" einhergehende vorgezogene Gewinnrealisierung soll anhand eines Schadenversicherungsvertrags mit einer Laufzeit von fünf Jahren und folgenden erwarteten (risikoadjustierten) Auszahlungen illustriert werden:[666]

	T=1	T=2	T=3	T=4	T=5
EW	-10	-15	-20	-25	-30

Tabelle 1: Risikoadjustiertes Auszahlungsprofil Schadenversicherungsvertrag (Exit Value)

In diesem Zusammenhang wird unterstellt, dass die jeweiligen Auszahlungen, die durch einen Schadeneintritt innerhalb eines Zeitabschnitts verursacht werden, erst am Periodenende anfallen. Aus der Zahlungsreihe resultieren in Abhängigkeit von den verwandten risikofreien Diskontsätzen in Höhe von drei, vier oder fünf Prozent folgende Verpflichtungs- und Prämienbarwerte:[667]

662 Vgl. Varain 2004, S. 180.

663 Vgl. Varain 2004, S. 180.

664 Vgl. Varain 2004, S. 180 f.

665 Vgl. Varain 2004, S. 180.

666 Siehe hierzu Anhang 3 dieser Arbeit.

667 Siehe hierzu Anhang 3 dieser Arbeit.

Aktiva		Passiva	
Prämienbarwert (3%)	104,23	Verpflichtungsbarwert (3%)	90,24
Prämienbarwert (4%)	100,82	Verpflichtungsbarwert (4%)	87,29
Prämienbarwert (5%)	97,57	Verpflichtungsbarwert (5%)	84,48

Tabelle 2: Prämien- und Verpflichtungsbarwerte, Erstbewertung Schadenversicherungsvertrag (Exit Value in Abhängigkeit vom Diskontsatz)

Dabei enthalten die jeweiligen Prämienbarwerte neben einem fünfprozentigen Zuschlag auf den korrespondierenden Verpflichtungsbarwert für Abschlusskosten auch einen Gewinnzuschlag in Höhe von zehn Prozent auf den kombinierten Erwartungsbarwert aus Schadenzahlungen und Abschlusskosten. Der jeweilige Erwartungsbarwert des Gewinns (EBW Gewinn) spiegelt nicht im vollen Umfang die Differenz aus Prämien- und Verpflichtungsbarwert wider, da bei der Gewinnermittlung auch die sofort aufwandswirksamen Abschlusskosten zu berücksichtigen sind.[668]

EBW Gewinn (3%)	9,48	JP (3%, o. Storno)	22,10
EBW Gewinn (4%)	9,17	JP (4%, o. Storno)	21,78
EBW Gewinn (5%)	8,87	JP (5%, o. Storno)	21,46

Tabelle 3: Erwartungsbarwert des Gewinns und Jahresprämie Schadenver-sicherungsvertrag (Exit Value in Abhängigkeit vom Diskontsatz)

Die im Zeitablauf konstante Jahresprämie (JP) ergibt sich bei Vernachlässigung des Stornorisikos durch die Verteilung des Prämienbarwerts mit Hilfe des vorschüssigen Annuitätenfaktors. [669] [670]

---

668 Vgl. Varain 2004, S. 179 ff.

669 Siehe hierzu Anhang 3. dieser Arbeit.

670 Bei Berücksichtigung einer jährlichen Stornowahrscheinlichkeit werden die jeweiligen Prämien- und Schadenzahlungen mit der Verbleibewahrscheinlichkeit im Kollektiv gewichtet. Sofern zur Berechnung der konstanten Jahresprämie der Prämienbarwert mit Hilfe des Annuitätenfaktors über den Beitragszahlungszeitraum verteilt wird, muss der Annuitätenfaktor zu einem erwarteten Annuitätenfaktor modifiziert werden. Unter der Annahme einer jährlichen Stornowahrscheinlichkeit in Höhe von 5% unter Verwendung des (vorschüssigen) Annuitätenfaktors ergibt sich für das obige Beispiel eine Jahresprämie in Abhängigkeit vom verwandten Diskontsatz von: 20,45 (3%), 20,15 (4%) und 19,86 (5%). Siehe hierzu Anhang 3 dieser Arbeit.

Unter der Prämisse, dass der Prämienbarwert sämtliche Prämienzahlungen enthält,[671] führt die (Erst-)Konsolidierung des obigen Schadenversicherungsvertrags abhängig vom verwendeten Diskontsatz zu folgender Bilanz:

Aktiva		**Passiva**	
Prämienbarwert (3%)	104,23	Verpflichtungsbarwert (3%)	90,24
Prämienbarwert (4%)	100,82	Verpflichtungsbarwert (4%)	87,29
Prämienbarwert (5%)	97,57	Verpflichtungsbarwert (5%)	84,48
		Eigenkapital (3%)	9,48
		Eigenkapital (4%)	9,17
		Eigenkapital (5%)	8,87

Tabelle 4: Bilanzpositionen, Erstbewertung Schadenversicherungsvertrag (Exit Value in Abhängigkeit vom Diskontsatz)

Die Veränderung des Eigenkapitals reflektiert den im Zeitpunkt der Erstbewertung realisierten Gewinn. Wie bereits mehrfach betont, wird im Rahmen des „Asset-Liability-Measurement-Ansatzes" die Erfolgsrechnung von der Bilanz abgeleitet, so dass die Bilanzierung des Schadenversicherungsvertrags in Abhängigkeit vom verwendeten Diskontsatz in der Gewinn- und Verlustrechnung folgendermaßen abgebildet wird:

---

671 Alternativ dazu ist auch eine sofortige ertragswirksame Erfassung der Prämieneinnahme als Prämienertrag denkbar. Der Prämienbarwert vermindert sich entsprechend.

Soll		Haben	
Erhöhung VBW (3%)	90,24	Erhöhung PBW (3%)	104,23
Erhöhung VBW (4%)	87,29	Erhöhung PBW (4%)	100,82
Erhöhung VBW (5%)	84,48	Erhöhung PBW (5%)	97,57
Abschlussaufwend. (3%)	4,51		
Abschlussaufwend. (4%)	4,36		
Abschlussaufwend. (5%)	4,22		
(EBW) Gewinn (3%)	9,48		
(EBW) Gewinn (4%)	9,17		
(EBW) Gewinn (5%)	8,87		

Tabelle 5: Gewinn- und Verlustrechnung, Erstbewertung Schadenversicherungsvertrag (Exit Value in Abhängigkeit vom Diskontsatz)

In Anlehnung an *Varain* wird die Konsolidierung des Verpflichtungsbarwerts (VBW) als Aufwand und die Bilanzierung des Prämienbarwerts (PBW) als Ertrag erfasst.[672] Der bei der Erstbewertung realisierte Gewinn ergibt sich aus der Differenz zwischen Prämien- und Verpflichtungsbarwert, wovon noch die sofort aufwandswirksamen Abschlusskosten zu subtrahieren sind.[673]

3.2.2.3.2 Erstbewertung „Exit Value" bei Verpflichtungsbarwert größer Prämienbarwert

Entgegen der Intuition und den meisten einschlägigen Publikationen, die weitgehend den Fall der vorgezogenen Gewinnrealisierung zum Gegenstand haben,[674] kann sich trotz der Kalkulation von Gewinnzuschlägen ein Leistungsüberhang, d.h. ein Übersteigen des Prämienbarwerts durch den Verpflichtungsbarwert ergeben.[675] Dieser Effekt erklärt sich aus der Tatsache, dass der Ansatz zukünftiger Kapitalanlagegewinne, die nicht bereits durch die Diskontierung von Prämien- und Verpflichtungs-

672 Vgl. Varain 2004, S. 175 ff.

673 Vgl. Varain 2004, S. 180 f., vgl. Widmann 2006, S. 1841.

674 Vgl. Geib 2001, S. 118, vgl. Perlet 2001, S. 298 f.

675 Siehe hierzu Anhang 6 dieser Arbeit, vgl. Zielke 2002b, S. 1941 ff.

barwert mit dem risikolosen Zinssatz erfasst werden,[676] negiert wird.[677] Gleichzeitig sind die Versicherungsnehmer an den Überschüssen, die aus einer über dem Garantiezins liegenden Nettokapitalanlagerendite eines Versicherers resultieren, in der Lebens- und Krankenversicherung beteiligt.[678] [679]

Als Konsequenz finden die erwarteten Überschüsse aus zukünftigen Kapitalanlagegewinnen zwar Eingang in die Berechnung des Verpflichtungsbarwerts,[680] die Bilanzierung der zukünftigen über den risikolosen Zinssatz hinausgehenden Kapitalanlageerträge als Aktivum unterbleibt jedoch.[681] Vor allem eine deutliche Divergenz zwischen dem bei der Berechnung von Prämien- und Verpflichtungsbarwert verwendeten Diskontsatz und der vom Unternehmen erwirtschafteten Kapitalanlagerendite dient als Indiz für einen negativen Erfolgsbeitrag im Zeitpunkt der Erstbewertung.[682]

Aus Simplifizierungsgründen wird im folgenden Beispiel eines Lebensversicherungsvertrages eine Identität zwischen „Garantiezins" und dem risikolosen Zinssatz in Höhe von 3 Prozent unterstellt.[683] Den Berechnungen liegt der Vertragsabschluss

---

676 Vgl. Perlet 2001, S. 300.

677 Vgl. Geib 2001, S. 123.

678 Zur Gewinnbeteiligung in der Lebensversicherung vgl. Abschnitt 2.2.1.1 dieser Arbeit.

679 In diesem Zusammenhang sei nochmals darauf verwiesen, dass die Gewinnbeteiligung der Versicherungsnehmer an den „Zinsüberschüssen" anhand der Differenz zwischen garantiertem Rechnungszins der Deckungsrückstellung und der Nettokapitalanlagerendite des Versicherungsunternehmens ermittelt wird. Die Diskontierung von Prämien- und Verpflichtungsbarwert erfolgt jedoch mittels des risikolosen Zinssatzes. Dabei müssen der garantierte Rechnungszins der Deckungsrückstellung und der risikolose Zinssatz nicht zwangsläufig übereinstimmen.

680 Die Erfassung noch nicht deklarierter künftiger Überschüsse im Rahmen des Verpflichtungsbarwerts ist strittig. Laut IASB sind jedoch die künftigen Überschüsse zu erfassen, sofern eine unbedingte Verpflichtung zur Leistung besteht. Darunter sind u. a. gesetzliche Regelungen der Überschussbeteiligung, wie sie in Deutschland normiert wurden, zu subsumieren, so dass deutsche Lebensversicherer künftige Überschüsse im Verpflichtungsbarwert berücksichtigen müssen. Vgl. Hipp 2007, S. 171, vgl. Widmann 2006, S. 1841 f.

681 Diese imparitätische Behandlung von zukünftigen Kapitalanlageerträgen wurde in dem im Jahr 2003 verabschiedeten vorläufigen Rahmen für die Verträge, deren Vertragsleistung von der Performance der Vermögensgegenstände abhängig sind („performance linked bonds"), durch die Möglichkeit, zukünftige Kapitalanlageerträge zu berücksichtigen, beseitigt. Vgl. Rockel et al. 2005, S. 89.

682 Vgl. Zielke 2002b, S. 1941 ff.

683 Siehe hierzu Anhang 6 dieser Arbeit.

eines heute 30-Jährigen zugrunde, der einen Vertrag einer gemischten Lebensversicherung mit einer alternativen Laufzeit von 10, 20 und 30 Jahren über die Versicherungssumme 100 abschließt. Dabei findet die Sterbetafel 1994 T Männer der DAV Anwendung.[684] Im Rahmen dieses Beispiels wird angenommen, dass die vom Unternehmen erwirtschaftete Kapitalanlagerendite 5 Prozent beträgt.

Bei einer Überschussbeteiligung der Versicherungsnehmer von 90 Prozent resultiert hieraus ein Überzins in Höhe von 1,8 Prozent.[685] Der dem Versicherungsnehmer gutzuschreibende Überzins wurde auf die mittlere Deckungsrückstellung einer Periode berechnet. In diesem Zusammenhang wird eine Überschussverwendung in Form der verzinslichen Ansammlung unterstellt, die wiederum eine Verzinsung des Bestands der Überschüsse mit dem versicherungsnehmerrelevanten Zinssatz von 4,8 Prozent einschließt. Hierbei ergeben sich für den Prämienbarwert in Abhängigkeit vom Gewinnzuschlag und für den Verpflichtungsbarwert folgende Werte:[686]

Laufzeit 10 Jahre			
Prämienbarwert (0%)	78,31	Verpflichtungsbarwert	81,79
Prämienbarwert (5%)	82,23		
Prämienbarwert (10%)	86,14		

Tabelle 6: Bilanz, Erstbewertung Kapitallebensversicherungsvertrag, Laufzeit 10 Jahre (in Abhängigkeit vom Gewinnzuschlag)

In der Gewinn- und Verlustrechnung führt dies zu folgenden Konsequenzen bezüglichen der erwarteten Barwerte des Gewinns bzw. Verlusts:[687]

---

684 Vgl. Milbrodt/Helbig 1999, S. 599 ff.

685 Grundsätzlich sind für die Bemessung der Überschussbeteiligung der Versicherungsnehmer die einschlägigen nationalen Regelungen heranzuziehen. Da sich in der Totalperiode unabhängig vom verwendeten Rechnungslegungssystem identische Erfolgswirkungen ergeben, wurde aufgrund der langen Vertragslaufzeiten von Lebensversicherungsverträgen auf die Festlegung auf ein spezifisches Rechnungslegungssystem verzichtet.

686 Siehe hierzu Anhang 6 dieser Arbeit.

687 Siehe hierzu Anhang 6 dieser Arbeit.

Soll		Haben	
		EBW Verlust (0%)	7,29
		EBW Verlust (5%)	3,29
EBW Gewinn (10%)	0,62		

Tabelle 7: Erwartungsbarwert des Gewinns, Erstbewertung Kapitallebensversicherungsvertrag, Laufzeit 10 Jahre (in Abhängigkeit vom Gewinnzuschlag)

Im Rahmen dieses Beispiels wurde der Prämienbarwert aus der Auszahlungsreihe generiert, die entsprechend dem versicherungstechnischen Äquivalenzprinzip nur garantierte Versicherungsleistungen beinhaltet, d.h. ohne Berücksichtigung von Überschüssen. Vom Ansatz von Verwaltungskosten wurde abstrahiert. Der Prämienbarwert beinhaltet einen Abschlusskostenaufschlag in Höhe von 5 Prozent auf den Erwartungsbarwert der garantierten Versicherungsleistungen.

Im Gegensatz zum Prämienbarwert wurde der Verpflichtungsbarwert auf Basis der Auszahlungsreihe ermittelt, die sämtliche Versicherungsleistungen inklusive der Überschüsse beinhaltet. Bei der Berechnung des Erwartungsbarwerts des Gewinns oder Verlusts ist analog zum Schadenversicherungsvertrag zu berücksichtigen, dass die Abschlusskosten sofort aufwandswirksam zu erfassen sind. Unter den vorgegebenen Modellprämissen wird schon bei einer Laufzeit von zehn Jahren ein Gewinnzuschlag von 10 Prozent auf den Leistungsbarwert inklusive Abschlusskosten benötigt, um im Zeitpunkt der Erstbewertung noch einen Gewinn auszuweisen.[688]

Analog dazu ergeben sich für eine Laufzeit von 20 Jahren folgende Werte in der Bilanz:[689]

---

688 In diesem Kontext wird jedoch nicht berücksichtigt, dass höhere Gewinnzuschläge ein größeres Kapitalanlagevolumen und damit auch höhere Kapitalanlageerträge zur Folge haben, an denen die Versicherungsnehmer mit mindestens 90% zu beteiligen sind, was wiederum einen steigenden Verpflichtungsbarwert impliziert. Demnach dürfte der notwendige Gewinnzuschlag, um einen Verlustausweis im Zeitpunkt der Erstbewertung zu vermeiden, noch deutlich höher liegen.

689 Siehe hierzu Anhang 6 dieser Arbeit.

Laufzeit 20 Jahre			
Prämienbarwert (0%)	58,95	Verpflichtungsbarwert	67,87
Prämienbarwert (10%)	64,84		
Prämienbarwert (20%)	70,74		

Tabelle 8: Bilanz, Erstbewertung Kapitallebensversicherungsvertrag, Laufzeit 20 Jahre (in Abhängigkeit vom Gewinnzuschlag)

Daraus leiten sich folgende Barwerte der erwarteten Gewinne und Verluste in der Gewinn- und Verlustrechnung ab:[690]

Soll		**Haben**	
		EBW Verlust (0%)	11,73
		EBW Verlust (10%)	5,84
EBW Gewinn (20%)	0,06		

Tabelle 9: Erwartungsbarwert des Gewinns, Erstbewertung Kapitallebensversicherungsvertrag, Laufzeit 20 Jahre (in Abhängigkeit vom Gewinnzuschlag)

Für eine Vertragslaufzeit von 30 Jahren nehmen der Prämienbarwert in Abhängigkeit vom Gewinnzuschlag und der Verpflichtungsbarwert folgende Ausprägungen an:[691]

Laufzeit 30 Jahre			
Prämienbarwert (0%)	45,44	Verpflichtungsbarwert	57,46
Prämienbarwert (10%)	49,99		
Prämienbarwert (20%)	54,53		
Prämienbarwert (30%)	59,07		
Prämienbarwert (35%)	61,35		

Tabelle 10: Bilanz, Erstbwertung Kapitallebensversicherungsvertrag, Laufzeit 30 Jahre (in Abhängigkeit vom Gewinnzuschlag)

Daraus resultieren für den Erwartungsbarwert des Gewinns bzw. des Verlusts folgende Werte:[692]

---

690 Siehe hierzu Anhang 6 dieser Arbeit.

691 Siehe hierzu Anhang 6 dieser Arbeit.

692 Siehe hierzu Anhang 6 dieser Arbeit.

Soll		Haben	
		EBW Verlust (0%)	14,19
		EBW Verlust (10%)	9,64
		EBW Verlust (20%)	5,09
		EBW Verlust (30%)	-0,55
EBW Gewinn (35%)	1,72		

Tabelle 11: Erwartungsbarwert des Gewinns, Erstbewertung Kapitallebensversicherungsvertrag, Laufzeit 30 Jahre (in Abhängigkeit vom Gewinnzuschlag)

Mit zunehmender Vertragslaufzeit verstärkt sich erkennbar der Effekt, dass der Verpflichtungsbarwert bedingt durch die Überschussbeteiligung der Versicherungsnehmer den Prämienbarwert übersteigt, so dass im Zeitpunkt der Erstbewertung ein negativer Erfolg realisiert wird. So reicht bei einer Laufzeit von 20 Jahren ein Gewinnzuschlag von 20 Prozent auf den Erwartungsbarwert aus garantierten Leistungen und Abschlusskosten gerade aus, um einen negativen Erfolgsausweis bei der Einbuchung zu vermeiden. Bei einer Laufzeit von 30 Jahren sind hierfür schon mehr als 30 Prozent nötig.

Noch deutlicher tritt der Effekt zu Tage, wenn der Untersuchung die erwarteten prospektiven Zahlungsströme einer privaten Rentenversicherung[693] zugrunde gelegt werden. So wurde unterstellt, dass der Vertrag für eine versicherte Person im Alter von 30 Jahren abgeschlossen wurde, wobei die Prämien vorschüssig entrichtet werden. Der Renteneintritt erfolgt im Alter von 60 Jahren. Durch die nachschüssige Zahlung der Jahresrente in Höhe von 10.000 Geldeinheiten (GE) beträgt das tatsächliche Renteneintrittsalter 61. Da der Berechnung die Sterbetafel 2004 R[694] zugrunde liegt, wird die letzte Rentenzahlung im Alter von 122 geleistet. Ein Todesfallschutz für geleistete Beiträge und Überschüsse besteht nicht, so dass diese dem Kollektiv vererbt werden.

---

693 Zum Leistungsprofil der privaten Rentenversicherung vgl. Feiguine/Maurer/Schradin 1997, S. 15 ff.

694 Die Sterbetafel 2004 R beinhaltet einen Sicherheitsabschlag auf die tatsächlichen Sterbewahrscheinlichkeiten, da in der privaten Rentenversicherung das Langlebigkeitsrisiko versichert wird. Dies erfolgt im Gegensatz zu der bei der Berechnung von gemischten Lebens- und Risikolebensversicherungen verwendeten Sterbetafel 1994 T bei der ein Sicherheitszuschlag auf die Sterbewahrscheinlichkeiten vorgenommen wird.

Die Berechnung des Überzinses erfolgt analog zur Vorgehensweise bei der gemischten Lebensversicherung auf die mittlere Deckungsrückstellung einer Periode unter der Annahme, dass der garantierte Zinssatz dem risikolosen in Höhe von drei Prozent entspricht. Das Versicherungsunternehmen erwirtschaftet wiederum eine Kapitalanlagerendite von 5 Prozent. Die Beteiligungsquote der Versicherungsnehmer an den (Kapitalanlage-)Überschüssen beträgt wiederum 90 Prozent. Der Bestand, d.h. der vom Versicherungsnehmer bis zum Alter von 60 Jahren akkumulierten Überschüsse, wird anschließend bis zum Endalter in Form einer jährlich konstanten Überschussrente verrentet. Die ab dem Alter von 61 Jahren anfallenden jährlichen Überzinsen auf die Deckungsrückstellung werden im Erlebensfall zusammen mit der Alters- und Überschussrente an den Versicherungsnehmer sofort ausgezahlt.

Der Erwartungsbarwert der Prämien ergibt sich in Abhängigkeit von der Höhe des Gewinnzuschlags. Dieser wird auf den Barwert der erwarteten garantierten Leistungen, der wiederum einen fünfprozentigen Abschlusskostenzuschlag enthält, vorgenommen. Von der Berücksichtigung von Verwaltungskosten wurde sowohl bei der Bemessung der Prämien als auch der Leistungen abstrahiert. Unter diesen Prämissen ergeben sich folgende Werte für den Prämien- und Verpflichtungsbarwert:[695]

Aktiva		**Passiva**	
Prämienbarwert (0%)	62.121,70	Verpflichtungsbarwert	87.792,07
Prämienbarwert (10%)	68.334,06		
Prämienbarwert (20%)	74.546,24		
Prämienbarwert (30%)	80.758,43		
Prämienbarwert (40%)	86.970,62		
Prämienbarwert (50%)	93.182,80		

Tabelle 12: Bilanz, Erstbewertung Rentenversicherungsvertrag (in Abhängigkeit vom Gewinnzuschlag)

Wie aus der Tabelle ersichtlich ist, benötigt man einen Gewinnzuschlag von über 40%, um bei der Erstbewertung ein Übersteigen des Prämienbarwerts durch den

695 Siehe hierzu Anhang 7 dieser Arbeit.

Verpflichtungsbarwert zu vermeiden. Dies erklärt sich aus der Einbeziehung der Überschussbeteiligung der Versicherungsnehmer in die Berechnung des Leistungsbarwerts in Verbindung mit der potenziell langen Laufzeit eines Vertrags der privaten Rentenversicherung. Dies spiegelt sich auch in der Höhe der erwarteten Verluste im Zeitpunkt der Erstbewertung in der Gewinn- und Verlustrechnung wider. Unter Berücksichtigung der Abschlusskosten ergeben sich folgende Werte:[696]

Soll		**Haben**	
		Erwarteter Verlust (0%)	28.628,55
		Erwarteter Verlust (10%)	22.416,20
		Erwarteter Verlust (20%)	16.204,01
		Erwarteter Verlust (30%)	7.033,64
		Erwarteter Verlust (40%)	821,45
		Erwarteter Gewinn (50%)	5.390,74

Tabelle 13: Erwartungsbarwert des Erfolgs, Erstbewertung Rentenversicherungsvertrag (in Abhängigkeit vom Gewinnzuschlag)

Im Gegensatz zur Lebensversicherung erhöhen Überschüsse in der privaten Krankenversicherung die Versicherungsleistungen nicht zwangsläufig, da diese i. d. R. dazu verwendet werden, Beitragssteigerungen zu vermeiden.[697] Nur bei Rückvergütungen im Falle leistungsfreier Verträge entstehen weitere auszahlungswirksame Versicherungsleistungen.[698] Die Verwendung von Überschüssen zur Vermeidung von ansonsten notwendigen Beitragssteigerungen führt jedoch zu einer Reduktion des Prämienbarwerts und damit ebenfalls zu einem Übersteigen des Prämien- durch den Verpflichtungsbarwert. Als Konsequenz erfolgt auch bei Krankenversicherungsverträgen ein erfolgswirksamer Verlustausweis im Zeitpunkt der Erstbewertung.

Natürlich kann ein negativer Erfolgsausweis im Zeitpunkt der Erstbewertung auch bewusst durch die Berechnung einer nicht auskömmlichen Prämie in Kauf genom-

[696] Siehe hierzu Anhang 7 dieser Arbeit.

[697] Vgl. Abschnitt 3.2.2.2.2 dieser Arbeit.

[698] Vgl. Abschnitt 3.2.2.2.2 dieser Arbeit.

men werden.[699] Dieses Verhalten kann entweder durch die Wettbewerbssituation am Versicherungsmarkt induziert sein, wobei versucht wird, durch das Erwirtschaften von Kapitalanlageerträgen insgesamt einen positiven erwarteten Gewinnbarwert zu erzielen („Cash Flow Underwriting"), oder ein Marktaustritt ist aufgrund bestehender Marktaustrittsbarrieren nicht möglich bzw. nicht gewollt.

3.2.2.3.3 Erstbewertung „Entry Value"

Durch die Verwendung des Konzepts des „Entry Value" zur Bestimmung des Verpflichtungsbarwerts kann unter Berücksichtigung der Abschlusskosten der Ausweis von Gewinnen im Zeitpunkt der Erstbewertung vermieden werden.[700] Der Prämienbarwert abzüglich der Abschlusskosten entspricht dabei dem Verpflichtungsbarwert.[701] Dies wird durch eine Aufstockung der Risikozuschläge im Umfang des vorgenommenen Gewinnzuschlags erreicht.[702] Unter der Annahme einer risikoproportionalen Aufstockung[703] der Risikozuschläge zur Ermittlung des „Entry Value" ändert sich die Zahlungsreihe aus dem Eingangsbeispiel zu:[704]

	T=1	T=2	T=3	T=4	T=5
EW	-11,05	-16,575	-22,1	-27,625	-33,15

Tabelle 14: Risikoadjustiertes Auszahlungsprofil Schadenversicherungsvertrag (Entry Value)

699 Vgl. Zielke 2002b), S. 1940, vgl. Zons 2006, S. 332.

700 Vgl. Abschnitt 3.2.2.2.4 dieser Arbeit, vgl. Ellenbürger/Horbach/Kölschbach 2001, S. 54, vgl. Rockel et al. 2005, S. 88, vgl. Varain 2004, S. 187 ff.

701 Vgl. Abschnitt 3.2.2.2.4 dieser Arbeit, vgl. Varain 2004, S. 187 ff.

702 Siehe hierzu Anhang 4 dieser Arbeit, vgl. Ellenbürger/Horbach/Kölsch-bach 2001, S.54, vgl. Varain 2004, S.187 ff..

703 Bei der zeitproportionalen Berechnung der Risikozuschläge wird der Erwartungsbarwert des Gewinns mittels des Annuitätenfaktors in Abhängigkeit vom verwendeten Diskontsatz in jährlich gleich hohen Beträgen über die Laufzeit des Versicherungsvertrags verteilt. Dies bedeutet, die erwarteten Auszahlungen der einzelnen Perioden werden jeweils um diesen konstanten Betrag erhöht. Für die Erstbewertung ist die Methode, nach der die jeweiligen Risikozuschläge ermittelt werden, irrelevant. Für die Folgebewertung ergeben sich jedoch unterschiedliche Konsequenzen. In Fortführung des Eingangsbeispiels ergibt sich abhängig vom jeweiligen Diskontsatz der periodisch aufzustockende Betrag als: 2,07 GE (3%), 2,06 GE (4%), 2,05 GE (5%). Siehe hierzu Anhang 4 dieser Arbeit.

704 Siehe hierzu Anhang 4 dieser Arbeit.

Die prozentuale Höhe des auf jede einzelne Auszahlung vorzunehmenden Risikozuschlags ergibt sich, indem der erwartete Barwert des Gewinns (EBW Gewinn) in Relation zum Verpflichtungsbarwert (VBW) gesetzt wird. Diese Relation ist unabhängig vom verwendeten Diskontierungszins stabil. Formal:

$$\frac{\text{EBW Gewinn}\,(x\%)}{\text{VBW}\,(x\%)} = \frac{\text{EBW Prämien}\,(x\%) - [\text{EBW Abschlusskosten}\,(x\%) + \text{VBW}\,(x\%)]}{\text{VBW}\,(x\%)}$$

Durch die risikoproportionale Aufstockung („Entry Value“) erhöhen sich im Vergleich mit dem Zeitwertkonzept des „Exit Value“ die erwarteten Auszahlungen und damit die Verpflichtungsbarwerte, die in Bilanz sowie Gewinn- und Verlustrechnung Eingang finden. Im Gegensatz dazu bleiben sowohl die Prämienbarwerte (PBW) als auch die Abschlussaufwendungen von der Erhöhung der Risikozuschläge unberührt, so dass die Gewinn- und Verlustrechnung wiederum in Abhängigkeit vom verwendeten Diskontsatz folgende Gestalt annimmt:[705]

Soll		**Haben**	
Erhöhung VBW (3%)	99,72	Erhöhung PBW (3%)	104,23
Erhöhung VBW (4%)	96,46	Erhöhung PBW (4%)	100,82
Erhöhung VBW (5%)	93,35	Erhöhung PBW (5%)	97,57
Abschlusskosten (3%)	4,51		
Abschlusskosten (4%)	4,36		
Abschlusskosten (5%)	4,22		
EBW Gewinn (3%,4%,5%)	0,00		

Tabelle 15: Gewinn- und Verlustrechnung, Erstbewertung Schadenversicherungsvertrag (Entry Value in Abhängigkeit vom Diskontsatz)

705 Siehe hierzu Anhang 4 dieser Arbeit.

3.2.2.4 Abbildung der Folgebewertung von Versicherungsverträgen im Jahresabschluss

3.2.2.4.1 Folgebewertung von Prämienbarwerten unter konstanten Bewertungsprämissen

Bezüglich der Folgebewertung von Versicherungsverträgen wurde vom Standardsetter bisher nur ein vorläufiger Rahmen spezifiziert.[706] Demnach kommt der Zeitwert des Geldes in der Diskontierung der zukünftigen Zahlungsströme zum Ausdruck. Im Gegensatz zu der im Rahmen des DSOP präferierten Vorgehensweise soll bei der hypothetischen Marktwertkonstruktion die Risikoadjustierung mittels einer Risikoprämie auf den risikolosen Zinssatz vorgenommen werden. In diesem Kontext soll auch das (Eigen-)Bonitätsrisiko Eingang in die Bewertung der versicherungstechnischen Verbindlichkeiten finden.

Auch in der relevanten Literatur wird die Abbildung der Folgebewertung von Versicherungsverträgen im Jahresabschluss bisher nur skizziert, wobei sich die Ausführungen weitgehend auf Änderungen von Bewertungsprämissen und die damit einhergehenden „Nachadjustierungen“ konzentrieren.[707] Deshalb sollen im folgenden Abschnitt die Abbildung der Folgebewertung von Versicherungsverträgen unter konstanten und variablen Bewertungsprämissen jeweils separat detailliert erörtert werden. Dabei basieren die ausgewählten Zahlenbeispiele auf eigenen Berechnungen.

In diesem Kontext werden zunächst die jeweilige Folgebewertung von Prämien- und Verpflichtungsbarwerten unter konstanten Bewertungsprämissen anhand ausgewählter Verträge der Schaden- und Lebensversicherung dargestellt. Anschließend soll die Transformation der kalkulatorischen Größen Prämien- und Verpflichtungsbarwert in konventionelle Jahresabschlusspositionen eines Versicherungsunternehmens analysiert werden. Dabei werden ausgewählte Szenarien mit und ohne Eintritt des Versicherungsfalls bei Schaden- und Lebensversicherungsverträgen betrachtet.

---

706 Zum Rahmen für die Bewertung von Versicherungsverträgen vgl. Rockel et al. 2005, S. 88 f.

707 Vgl. Perlet 2001, S. 299 ff., vgl. Varain 2004, S. 189 ff., vgl. Zimmermann/Schweinberger 2005, S. 67 ff.

Abgeschlossen wird dieser Abschnitt mit der Untersuchung der „Nachadjustierungen“. Diese sollen exemplarisch anhand der Änderungen des Risikozuschlags und des Diskontsatzes erörtert werden.

Unabhängig vom verwandten Zeitwertkonzept können unter der Annahme konstanter Bewertungsprämissen bei der Folgebewertung von Versicherungsverträgen drei zeitraumbezogene[708] Effekte identifiziert werden.[709] Zum einen fallen mit voranschreitendem Betrachtungszeitpunkt geleistete Prämien- und potenzielle Auszahlungen weg. Gleichzeitig verkürzt sich der Diskontierungszeitraum („Aufzinsungseffekt“). In der Lebens- und Krankenversicherung ändern sich außerdem die Erlebens- und Verbleibewahrscheinlichkeiten sowie die aufgeschobenen Mortalitäts- und Morbiditätswahrscheinlichkeiten. Diese Effekte sollen exemplarisch anhand der Entwicklung der Prämienbarwerte des Schadenversicherungs- bzw. Kapitallebensversicherungsvertrags aus dem Abschnitt 3.2.2.3.2 dieser Arbeit illustriert werden. Dabei findet bei der Folgeberwertung des Prämienbarwerts des Schadenversicherungsvertrags auch das Stornoverhalten Berücksichtigung.

Betrachtet man die Entwicklung des Prämienbarwerts aus einem Schadenversicherungsvertrag in den folgenden Perioden, so finden die bis zu diesem Zeitpunkt eingegangenen Prämienzahlungen bei der prospektiven Berechnung des Prämienbarwerts keine Berücksichtigung mehr. Diesem den Prämienbarwert im Zeitablauf mindernden Effekt wirkt entgegen, dass sich der jeweilige Diskontierungszeitraum für die noch ausstehenden Prämienzahlungen verkürzt und damit der Erwartungsbarwert der Prämien erhöht.[710] Bei Fortführung des Eingangsbeispiels[711] zur Erstbewertung von Schadenversicherungsverträgen ergeben sich abhängig vom Diskontier-

---

708 Zeitraumbezogene Effekte treten allein durch ein Näherrücken des Erfüllungszeitpunktes auf. Vgl. Zimmermann/Schweinberger 2005, S. 69, vgl. Zons 2006, S. 325.

709 Siehe hierzu die Vorgehensweisen bei der Folgebewertung in den Anhängen 3-7 dieser Arbeit, vgl. Hitz 2005a, S. 301, vgl. Zimmermann/ Schwein-berger 2005, S. 67, vgl. Zons 2006, S. 326 f.

710 Vgl. Hitz 2005a, S. 301, vgl. Zimmermann/Schweinberger 2005, S. 67.

711 Vgl. Abschnitt 3.2.2.3 dieser Arbeit.

ungszinssatzes für die Folgebewertung des Prämienbarwerts folgende Werte (ohne Storno):[712]

	t=1	t=2	t=3	t=4	t=5
3%	84,60	64,38	43,55	22,10	0
4%	82,21	62,85	42,71	21,78	0
5%	80,50	61,37	41,91	21,46	0

Tabelle 16: Prämienbarwert, Folgebewertung Schadenversicherungsvertrag (Exit Value in Abhängigkeit vom Diskontsatz, ohne Storno)

Sofern die Stornowahrscheinlichkeit bei der Kalkulation der Jahresprämie berücksichtigt wurde, ändert sich die Berechnung des Prämienbarwerts unter Verwendung der bisherigen Notation zu:[713]

$$EBW(P) = \pi \cdot \sum_{t=0}^{n-1} v^t \cdot {}_t k_x$$ [714]

Dabei stellt ${}_t k_x$ die Verbleibewahrscheinlichkeit im Kollektiv im Betrachtungszeitpunkt t eines im Jahr x abgeschlossenen Vertrages und v^t den korrespondierenden Diskontfaktor dar. Diese ermittelt sich analog zur Erlebenswahrscheinlichkeit als multiplikative Verknüpfung der jährlichen Verbleibewahrscheinlichkeiten im Kollektiv. Die jährlichen Verbleibewahrscheinlichkeiten ergeben sich als Komplement zur jährlichen Stornowahrscheinlichkeit s_t. Somit berechnet sich die jährliche Verbleibewahrscheinlichkeit als $(1-s_t)$. Mit voranschreitendem Betrachtungszeitpunkt erhöht sich die Verbleibewahrscheinlichkeit im Kollektiv,[715] was entsprechend der Verkürzung des

[712] Siehe hierzu Anhang 3 dieser Arbeit.

[713] Siehe hierzu Anhang 3 dieser Arbeit.

[714] Ausgangspunkt der Berechnung der konstanten Jahresprämie π ist der Verpflichtungsbarwert, bei dessen Ermittlung die Auszahlungen mit den Schadeneintritts- und Stornowahrscheinlichkeiten gewichtet wurden. Der Prämienbarwert resultiert aus einem fünfprozentigen Zuschlag auf den Verpflichtungsbarwert für die Abschlusskosten, worauf noch ein zehnprozentiger Gewinnzuschlag vorgenommen wurde. Der Prämienbarwert wird dann mit Hilfe des erwarteten Annuitätenfaktors über den Prämienzahlungszeitraum verteilt. Siehe hierzu Anhang 3 dieser Arbeit.

[715] Ökonomisch lässt sich der Anstieg der Verbleibewahrscheinlichkeit im Zeitablauf mit der Tatsache begründen, dass sich Stornorisiken in den vorhergehenden Perioden nicht realisiert haben.

Diskontierungszeitraums dem Abschmelzungsprozess des Prämienbarwerts entgegen wirkt. Bei einer Stornowahrscheinlichkeit von 5 Prozent p.a. ändern sich die Werte für die Folgebewertung des Prämienbarwerts ceteris paribus zu:[716]

	t=1	t=2	t=3	t=4	t=5
3%	72,74	56,70	39,31	20,45	0
4%	70,73	55,37	38,56	20,15	0
5%	68,79	54,08	37,83	19,86	0

Tabelle 17: Prämienbarwert, Folgebewertung Schadenversicherungsvertrag (Exit Value in Abhängigkeit vom Diskontsatz, Stornowahrscheinlichkeit 5%)

Verglichen mit der vorhergehenden Zahlungsreihe ohne Berücksichtigung des Stornorisikos ist der retardierende Effekt der im Zeitablauf steigenden Verbleibewahrscheinlichkeiten auf den Abschmelzungsprozess des Prämienbarwerts gut zu erkennen. Dieser Effekt tritt unabhängig vom verwendeten Diskontsatz ein.

In Analogie zur Folgebewertung des Prämienbarwerts eines Schadenversicherungsvertrags sind auch bei der Ermittlung des Prämienbarwerts eines Lebensversicherungsvertrags[717] drei Effekte zu beobachten. Zum einen folgt aus der Formel zur Berechnung des Prämienbarwerts,[718]

$$EBW\,(P) = \pi \cdot \sum_{t=0}^{n-1} v^t \cdot {}_t p_x$$

Technisch ist der Anstieg durch den Wegfall von Verbleibewahrscheinlichkeiten im Kollektiv mit einem Wert kleiner eins bedingt.

716 Siehe hierzu Anhang 3 dieser Arbeit.

717 Die Ermittlung des Prämienbarwerts eines Krankenversicherungsvertrags ähnelt der Berechnung des Prämienbarwerts eines Lebensversicherungsvertrags. Dabei werden jedoch die jeweiligen Erlebenswahrscheinlichkeiten durch Verbleibewahrscheinlichkeiten im Kollektiv ersetzt. Im Gegensatz zum Schadenversicherungsvertrag reflektieren die Verbleibewahrscheinlichkeiten beim Krankenversicherungsvertrag das Ausscheiderisiko sowohl durch Kündigung als auch durch Tod. Vgl. Milbrodt/Kniep 2005, S. 58 ff.

718 Die Berechnung des Prämienbarwerts ist identisch mit der Vorgehensweise zur Ermittlung des Erwartungsbarwerts der Prämien bei der prospektiven Ermittlung der Deckungsrückstellung, so dass auf dessen Formel zurückgegriffen wurde. Siehe hierzu Schradin 2004c, S. 206 und S. 225.

dass mit dem Voranschreiten des Betrachtungszeitpunkts t bereits vereinnahmte Prämienzahlungen wegfallen. Der Diskontierungszeitraum verkürzt sich ebenfalls. Auch die Erlebenswahrscheinlichkeit ($_tp_x$) bzw. im Fall des Krankversicherungsvertrags die Verbleibewahrscheinlichkeiten im Kollektiv, mit denen die noch ausstehenden Prämienzahlungen multipliziert werden, erhöhen sich mit fortschreitender Zeitdauer, was einen höheren Prämienbarwert induziert.[719] Die beiden letztgenannten Effekte mildern wiederum den Abschmelzungsprozess des Prämienbarwerts.

Der Prämienbarwert des Lebensversicherungsvertrags mit einer Laufzeit von zehn Jahren aus Abschnitt 3.2.2.3.2 wird bei einem Gewinnzuschlag in Höhe von zehn Prozent auf den (Netto-)Leistungsbarwert in den folgenden Perioden je nach verwendetem Diskontsatz folgendermaßen bewertet:[720] [721]

	t=1	t=2	t=3	t=4	t=5	t=6	t=7	t=8	t=9	t=10
3%	78,68	70,97	63,03	54,84	46,39	37,68	28,70	19,43	9,87	0
4%	71,80	65,05	58,02	50,71	43,09	35,16	26,91	18,30	9,34	0
5%	65,57	59,66	53,44	46,90	40,04	32,81	25,22	17,24	8,84	0

Tabelle 18: Prämienbarwert, Folgebewertung Kapitallebensversicherungsvertrag, 10 Jahre Laufzeit (in Abhängigkeit vom Diskontsatz)

Die unterschiedliche Ausgangsbasis in Abhängigkeit vom verwendeten Diskontsatz resultiert aus der Tatsache, dass die Zuschläge für Abschlusskosten und Gewinne auf den (Netto-)Leistungsbarwert vorgenommen werden. Dieser ergibt sich aus der Diskontierung der (Netto-)Auszahlungsreihe und differiert entsprechend dem angewandten Diskontsatz. Im Kontext der Folgebewertung des Prämienbarwerts fällt auf,

---

719 Dies liegt ökonomisch darin begründet, dass sich die Sterbe- bzw. Ausscheiderisiken in den vorausgegangenen Perioden nicht realisiert haben. Technisch gesehen wird eine geringere Anzahl von Wahrscheinlichkeiten < 1 miteinander multipliziert.

720 Siehe hierzu Anhang 6 dieser Arbeit.

721 Auch bei der Folgebewertung von Prämienbarwerten einer Risikolebensversicherung bzw. einer privaten Leibrentenversicherung ergibt sich ein identischer Verlauf. Siehe hierzu die Berechnungen im Anhang dieser Arbeit.

dass sich der Abschmelzungsprozess kontinuierlich verstärkt.[722] Deutlich wird dies bei Betrachtung der periodischen Reduktion Δ t:[723]

	Δt_1	Δt_2	Δt_3	Δt_4	Δt_5	Δt_6	Δt_7	Δt_8	Δt_9
3%	-7,71	-7,94	-8,19	-8,45	-8,71	-8,98	-9,27	-9,56	-9,87
4%	-6,75	-7,03	-7,31	-7,62	-7,93	-8,25	-8,61	-8,96	-9,34
5%	-5,91	-6,22	-6,54	-6,86	-7,23	-7,59	-7,98	-8,40	-8,84

Tabelle 19: Jährliche Reduktion Prämienbarwert, Folgebewertung Kapitallebensversicherungsvertrag, 10 Jahre Laufzeit (in Abhängigkeit vom Diskontsatz)

Die Beschleunigung des Abschmelzungsprozess resultiert aus der Tatsache, dass die beiden der Verminderung des Prämienbarwerts entgegenstehenden Effekte an Wirkung verlieren, da sie sich auf eine immer kleinere Basis beziehen.[724] Dies bedeutet, dass die mit der Verkürzung des Diskontierungszeitraums im Wert gestiegenen Diskontierungsfaktoren und die steigenden Erlebenswahrscheinlichkeiten mit einem immer geringeren (Rest-)Prämienbarwert multipliziert werden. Gleichzeitig wird die konstante Jahresprämie vom (Rest-)Prämienbarwert subtrahiert, was die zukünftige Basis, auf die die beiden bremsenden Effekte einwirken können, vermindert, wodurch sich der Abschmelzungsprozess weiter beschleunigt.

3.2.2.4.2 Folgebewertung von Verpflichtungsbarwerten unter konstanten Bewertungsprämissen

Unabhängig vom angewandten Zeitwertkonzept fallen analog zur Folgebewertung des Prämienbarwerts mit fortschreitender Zeitdauer potenzielle Auszahlungen eines Schadenversicherungsvertrags weg. Dies erfolgt unabhängig davon, ob sich das Schadeneintrittsrisiko innerhalb der vorangegangenen Periode realisiert hat oder

---

722 Vgl. Hitz 2005a, S. 301.

723 Siehe hierzu Anhang 6 dieser Arbeit.

724 Vgl. Hitz 2005a, S. 301.

nicht.[725] Als Konsequenz finden die weggefallenen potenziellen Schadenzahlungen bei der prospektiven Ermittlung des Verpflichtungsbarwerts keine Berücksichtigung mehr.[726] Gleichzeitig verkürzt sich der Diskontierungszeitraum für die zukünftigen erwarteten Auszahlungen ebenfalls, was einen erhöhenden Effekt auf den erwarteten Verpflichtungsbarwert zur Folge hat.[727] Wie bereits mehrfach erläutert, mindert der Aufzinsungseffekt jedoch nur die periodische Reduktion des Verpflichtungsbarwerts eines Schadenversicherungsvertrags.

Um die Folgebewertung des Verpflichtungsbarwerts eines Schadenversicherungsvertrags mit dem „Exit Value" darzustellen, wird das Eingangsbeispiel zur Erstbewertung fortgeführt. Danach erfolgt der Vergleich mit dem Abschmelzungsprozess eines mit dem „Entry Value" bewerteten Schadenversicherungsvertrags. Für die Lebensversicherung wird der Verlauf der Verpflichtungsbarwerte einer Risikolebensversicherung, einer gemischten Lebensversicherung mit zehn Jahren Laufzeit und des privaten Rentenversicherungsvertrags aus dem Abschnitt 3.2.2.3.2 untersucht.

Unter den im vorigen Abschnitt formulierten Prämissen ergeben sich in Abhängigkeit vom verwendeten Diskontsatz für den mit dem „Exit Value" bewerteten Schadenversicherungsvertrag folgende Werte:[728] [729]

Diskontsatz	t=1	t=2	t=3	t=4	t=5
3%	82,95	70,44	52,55	29,13	0
4%	80,78	69,01	51,78	28,85	0
5%	78,70	67,64	51,02	28,57	0

Tabelle 20: Verpflichtungsbarwert, Folgebewertung Schadenversicherungsvertrag (Exit Value in Abhängigkeit vom Diskontsatz, ohne Storno)

[725] Sofern sich das Schadeneintrittsrisiko realisiert hat, ist eine konventionelle Schadenrückstellung für eingetretene, aber noch nicht regulierte Schäden zu bilden.

[726] Siehe hierzu die Vorgehensweise bei der Folgebewertung in den Anhängen 3-7 dieser Arbeit.

[727] Vgl. Zimmermann/Schweinberger 2005, S. 67.

[728] Siehe hierzu Anhang 3 dieser Arbeit.

[729] Bei der Berücksichtigung von Stornowahrscheinlichkeiten reduziert sich zwar der Umfang der jeweiligen Verpflichtungsbarwerte, die grundsätzliche Struktur mit dem Abschmelzen des Verpflichtungsbarwerts im Zeitablauf bleibt jedoch erhalten. Siehe hierzu Anhang 3 dieser Arbeit.

Denkbar wäre es, die im jeweiligen Betrachtungszeitpunkt anfallende erwartete Auszahlung in die Folgebewertung des Verpflichtungsbarwerts einzubeziehen mit der Konsequenz, dass im Betrachtungszeitpunkt t_1 die (Folge-)Bewertung des Verpflichtungsbarwertes nur vom Aufzinsungseffekt beeinflusst werden würde. Da die jeweiligen potenziellen Auszahlungen generell das Schadenrisiko der Vorperiode reflektieren, ist die Erfassung der im Betrachtungszeitpunkt erwarteten Auszahlung mit dem prospektiven Charakter des Verpflichtungsbarwerts nicht zu vereinbaren.

Die Folgebewertung von Schadenversicherungsverträgen nach dem Zeitwertkonzept des „Entry Value", bei dem die Risikozuschläge im Zeitpunkt der Erstbewertung auf ein gewinnneutrales Niveau aufgestockt werden, verläuft nach einem dem Bewertungskonzept des „Exit Value" vergleichbaren Muster. So reduzieren sich die Verpflichtungsbarwerte in den folgenden Perioden wegen wegfallender potenzieller Auszahlungen und betragen am Ende null, wobei dieser Prozess im Zeitablauf kontinuierlich an Dynamik gewinnt. Unter der Prämisse einer risikoproportionalen Verteilung der Gewinnzuschläge ergeben sich für die Folgebewertung der Verpflichtungsbarwerte des obigen Schadenversicherungsvertrags nach dem „Entry Value" folgende Werte:[730]

Diskontsatz	t=1	t=2	t=3	t=4	t=5
3%	91,66	77,83	58,07	32,18	0
4%	89,27	76,26	57,21	31,88	0
5%	86,97	74,74	56,38	31,57	0

Tabelle 21: Verpflichtungsbarwert, Folgebewertung Schadenversicherungsvertrag (Entry Value in Abhängigkeit vom Diskontsatz, ohne Storno)

Neben der verglichen mit dem Zeitwertkonzept des „Exit Value" erhöhten Ausgangsbasis ist eine stärkere Reduktion der nach dem „Entry Value" berechneten Verpflichtungsbarwerte im Zeitablauf zu beobachten. Dieser Effekt beruht auf dem Wegfall der um die Gewinnzuschläge erhöhten potenziellen Auszahlungen bei der

730 Siehe hierzu Anhang 4 dieser Arbeit.

Ermittlung der Verpflichtungsbarwerte in den Folgeperioden.[731] Die im Vergleich mit dem „Exit Value“ größere Dynamik im Abschmelzungsprozess der Verpflichtungsbarwerte manifestiert sich in den untenstehenden Daten. So berechnet sich die periodische Reduktion Δ t der nach dem „Exit Value“ berechneten Verpflichtungsbarwerte in Abhängigkeit vom verwendeten Diskontsatz als:[732]

	Δt_1	Δt_2	Δt_3	Δt_4	Δt_5
3%	7,29	12,51	17,89	23,42	29,13
4%	6,50	11,77	17,24	22,93	28,85
5%	5,78	11,06	16,62	22,45	28,57

Tabelle 22: Jährliche Reduktion Verpflichtungsbarwert, Schadenversicherungsvertrag (Exit Value in Abhängigkeit vom Diskontsatz, ohne Storno)

Dem steht die periodische Reduktion Δ t der gemäß dem „Entry Value-Konzept“ berechneten Verpflichtungsbarwerte gegenüber. Dabei ergeben sich in Abhängigkeit vom verwendeten Diskontsatz folgende Werte:[733]

	Δt_1	Δt_2	Δt_3	Δt_4	Δt_5
3%	8,06	13,83	19,77	25,88	32,18
4%	7,19	13,00	19,05	25,34	31,88
5%	6,38	12,23	18,36	24,81	31,57

Tabelle 23: Jährliche Reduktion Verpflichtungsbarwert, Schadenversicherungsvertrag (Entry Value in Abhängigkeit vom Diskontsatz, ohne Storno)

Betrachtet man exemplarisch für Lebensversicherungsprodukte die Formel zur Berechnung des Verpflichtungsbarwerts eines gemischten Lebensversicherungsvertrags (Kapitallebensversicherung) mit:[734]

---

731 Vgl. Zimmermann/Schweinberger 2005, S. 67.

732 Siehe hierzu Anhang 3 dieser Arbeit.

733 Siehe hierzu Anhang 4 dieser Arbeit.

734 Vgl. Schradin 2004c, S.225. Die dort verwendete Formel wurde um die bis zum Zeitpunkt t akkumulierte und dem Versicherungsnehmer bei Eintritt des Versicherungsfalls auszuzahlenden Überschüsse $Ü_t$ erweitert. Bei den Rechenbeispielen zur Illustration der Erst- und Folgebewertung von Prämien- und Verpflichtungsbarwerten wurde von der Berücksichtigung von Verwaltungskosten abstrahiert.

$$EBW(VL) = (VS + Ü_t) \cdot \sum_{t=0}^{n-1} V^{t+1} \cdot {}_tp_x \cdot q_{x+t} + K \sum_{t=0}^{n-1} V^{t+1} \cdot {}_tp_x + (VS + Ü_n) \cdot V^n \cdot {}_np_x \quad ,$$

so ist zu konstatieren, dass mit fortschreitendem Betrachtungszeitpunkt t wiederum potenzielle Auszahlungen wegfallen. Dies führt zu einer tendenziellen Minderung des Verpflichtungsbarwerts in den Folgeperioden.[735] Im Einklang mit den bisherigen Ausführungen verkürzt sich im Zeitablauf der Diskontierungszeitraum, was dem Abschmelzungsprozess des Verpflichtungsbarwerts entgegensteht.

Daneben erhöhen sich mit fortschreitender Zeitdauer die aufgeschobenen Sterbewahrscheinlichkeiten,[736] mit denen die Todesfallleistungen gewichtet werden. Außerdem sind bei der Folgebewertung von Verpflichtungsbarwerten im Zeitablauf steigende Erlebenswahrscheinlichkeiten, mit denen etwaige Erlebensfallleistungen multi-pliziert werden, zu berücksichtigen. Sowohl steigende aufgeschobene Sterbewahrscheinlichkeiten als auch der Anstieg der Erlebenswahrscheinlichkeiten haben eine erhöhende Wirkung auf den Verpflichtungsbarwert eines Lebensversicherungsvertrags.

Welcher Effekt bei der Folgebewertung von Verpflichtungsbarwerten eines Lebensversicherungsvertrags dominiert, hängt von der Ausgestaltung des Leistungsprofils eines Lebensversicherungsprodukts ab. So überwiegt bei einer reinen Todesfallversicherung (Risikolebensversicherung) der Wegfall potenzieller Auszahlungen die erhöhende Wirkung steigender aufgeschobener Sterbewahrscheinlichkeiten und den Aufzinsungseffekt. Am Vertragsende beträgt der Verpflichtungsbarwert null.

---

735 Im Gegensatz dazu fallen bei einem idealtypischen Versicherungsvertrag der privaten Rentenversicherung Auszahlungen an den Versicherungsnehmer erst mit dem Erreichen des Renteneintrittsalters an. Somit entfallen bei der Folgebewertung des Verpflichtungsbarwerts in der Ansparphase keine potentiellen Auszahlungen. Der Verpflichtungsbarwert wird hierdurch erst in der Rentenphase gemindert.

736 Die aufgeschobene Sterbewahrscheinlichkeit ist das Produkt aus der Wahrscheinlichkeit, die vorletzte betrachtete Periode zu erleben, und der Wahrscheinlichkeit, in der darauf folgenden Periode zu sterben. Da die Erlebenswahrscheinlichkeit aufgrund von nicht realisierten Sterberisiken in den vergangenen Perioden mit zunehmender Zeitdauer steigt, erhöht sich bei gleichbleibender Wahrscheinlichkeit, in der betreffenden Periode zu sterben, auch die aufgeschobene Sterbewahrscheinlichkeit.

Exemplarisch hierfür ist die Entwicklung des Verpflichtungsbarwerts einer Risikolebensversicherung mit einer Laufzeit von zehn Jahren für einen männlichen Versicherten mit dem Eintrittsalter von 30 Jahren. Die Versicherungssumme beträgt 10.000 Geldeinheiten (GE). Die Berechnungen basieren auf der Sterbetafel 1994 T. Es wurde wiederum eine Identität von risikolosem Diskontsatz und dem Garantiezins in Höhe von 3 Prozent angenommen, wohingegen der Versicherer eine Nettokapitalanlagerendite in Höhe von 5 Prozent erwirtschaftet. Die Überschussverzinsung in Höhe von 1,8 Prozent auf die mittlere Deckungsrückstellung wird in Form der verzinslichen Ansammlung akkumuliert. Die angesammelten Überschüsse werden im Todesfall zusammen mit der Versicherungssumme ausgezahlt. Spätestens am Vertragsende erhält der Versicherungsnehmer das akkumulierte Überschussguthaben. Unter diesen Prämissen ergeben sich für den Verpflichtungsbarwert der jeweiligen Periode folgende Werte:[737] [738]

t=1	t=2	t=3	t=4	t=5	t=6	t=7	t=8	t=9	t=10
139,71	129,33	118,49	106,7	93,65	79,12	62,92	44,83	24,55	1,75

Tabelle 24: Verpflichtungsbarwert, Folgebewertung Risikolebensversicherungsvertrag, 10 Jahre Laufzeit (Diskontsatz 3%)

Im Gegensatz dazu wird bei der gemischten Lebensversicherung (Kapitallebensversicherung) die Entwicklung des Verpflichtungsbarwerts durch die am Vertragsende auszuzahlende Erlebensfallleistung dominiert.[739] Im Zeitablauf fallen zwar potenzielle Auszahlungen für Todesfallleistungen weg. Bedingt durch deren geringe erwartete Höhe fallen diese jedoch kaum ins Gewicht. Im Gegenzug erhöht sich neben den aufgeschobenen Sterbewahrscheinlichkeiten auch die Erlebenswahrscheinlichkeit der Erlebensfallleistung. Daneben verkürzt sich der Diskontierungszeitraum, so dass der Verpflichtungsbarwert im Zeitablauf kontinuierlich ansteigt. Am Vertragsende repräsentiert dieser die garantierte Erlebensfallleistung sowie die erwirtschafteten Überschüsse. Für die gemischte Lebensversicherung mit einer Vertragslaufzeit von

---

737 Siehe hierzu Anhang 5 dieser Arbeit.

738 Der Wert von 1,75 in t_{10} entspricht dem Anspruch des Versicherungsnehmers auf dessen akkumuliertes Überschussguthaben im Erlebensfall.

739 Siehe hierzu Anhang 5 dieser Arbeit.

zehn Jahren[740] ergeben sich für die Folgebewertung des Verpflichtungsbarwerts bei einem Diskontsatz von 3 Prozent folgende Werte:[741]

t=1	t=2	t=3	t=4	t=5	t=6	t=7	t=8	t=9	t=10
82,78	85,39	88,08	90,86	93,74	96,72	99,81	103,01	106,58	109,78

Tabelle 25: Verpflichtungsbarwert, Folgebewertung Kapitallebensversicherungsvertrag, 10 Jahre Laufzeit (Diskontsatz 3%)

Auch der zeitliche Verlauf des Verpflichtungsbarwerts eines privaten Rentenversicherungsvertrags ist zunächst durch den systematischen Aufbau der Erlebensfallleistung bis zum Zeitpunkt des Renteneintritts charakterisiert. Technisch betrachtet fallen während der Ansparphase keine potenziellen Auszahlungen weg, so dass die Erhöhung der Erlebenswahrscheinlichkeiten und die Verkürzung des Diskontierungszeitraums ihre Wirkungen entfalten. Mit dem Erreichen des Renteneintrittsalters beginnt der Verrentungsprozess. Dabei dominiert der Wegfall von Rentenzahlungen, die gemäß dem Beispiel aus Abschnitt 3.2.2.3.2 neben der garantierten Rente auch die Überschussrente und die jährlichen Überzinsen beinhalten, den weiteren Anstieg der Erlebenswahrscheinlichkeiten und den Diskontierungseffekt. Als Konsequenz ergibt sich eine vollständige Reduktion des Verpflichtungsbarwerts bis zum Endalter von 122 Jahren.

Für den Verpflichtungsbarwert ergibt sich folgender Verlauf:[742]

740 Vgl. Abschnitt 3.2.2.3.2 dieser Arbeit.

741 Siehe hierzu Anhang 6 dieser Arbeit.

742 Siehe hierzu Anhang 7 dieser Arbeit.

Alter x	x+1	x+2	x+3	x+4	x+5	x+6
30	90.490,0	93.271,6	96.141,0	99.103,2	102.162,6	105.324,2
36	108.593,4	111.976,5	115479,2	119.106,4	122.863,2	126.755,2
42	130.787,8	134.967,9	139.302,9	143.800,8	148.471,2	153.324,1
48	158.369,3	163.617,5	169.079,6	174.769,6	180.700,6	186.885,6
54	193.336,5	200.064,1	207.080,9	214.403,7	222.053,8	230.060,3
60	238.459,9	231.170,1	223.732,5	216.286,3	208.846,0	201.416,6
66	194.012,3	186.675,4	179.411,0	172.220,6	165.102,7	158.055,4
72	151.080,8	144.179,0	137.351,1	130.615,4	123.980,4	117.465,4
78	111.091,0	104.884,0	98.878,4	93.099,0	87.569,6	82.308,6
84	77.336,4	72.671,0	68.322,2	64.295,9	60.585,6	57.173,8
90	54.036,1	51.151,3	48.497,3	46.055,1	43.807,7	41.740,1
96	39.839,7	38.098,5	36.512,8	35.083,7	33.616,9	32.239,5
102	30.945,1	29.727,5	28.580,8	27.500,0	26.480,2	25.517,3
108	24.607,5	23.747,3	22.933,5	22.163,4	21.434,2	20.743,3
114	20.087,8	19.463,3	18.860,0	18.248,5	17.527,4	16.305,7
120	12.947,7	0				

Tabelle 26: Verpflichtungsbarwert, Folgebewertung Rentenversicherungsvertrag (Diskontsatz 3%)

Wie aus der Formel zur Ermittlung des Verpflichtungsbarwerts eines Vertrags der privaten Krankenversicherung ersichtlich,[743]

$$EBW(VL) = \sum_{v=0}^{xmax-x-m} V^{v} \cdot \left(K_{x+m+v} + \ddot{U}_{x+m+v}\right) \cdot {}_{v}p_{x+m},$$

[743] Vgl. Milbrodt/Kniep 2005, S. 104. Die dortige Formel zur Berechnung des Leistungsbarwerts eines privaten Krankenversicherungsvertrags wurde um zahlungswirksame Überschüsse einer Periode, die dem Versicherungsnehmer für leistungsfreie Verträge ausgezahlt werden, modifiziert.

ist analog zur Folgebewertung von Verträgen der Schaden- und Lebensversicherung mit fortschreitender Zeitdauer ein Wegfall potenzieller Auszahlungen zu konstatieren. Dem wirken ein Anstieg der Verbleibewahrscheinlichkeiten im Kollektiv sowie der Aufzinsungseffekt entgegen. Die Entwicklung des Verpflichtungsbarwerts eines Krankenversicherungsvertrags bleibt in der Phase nach Vertragsabschluss unklar, da anfangs nur relativ geringe potenzielle Auszahlungen (Kopfschäden und Beitragsrückerstattungen für leistungsfreie Verträge) wegfallen. Mit zunehmendem Alter des Versicherungsnehmers steigen die Kopfschäden und damit der Umfang der nicht mehr zu berücksichtigenden Zahlungen an, so dass sich der Verpflichtungsbarwert bis zum Ende des Betrachtungszeitraums auf null reduziert.

3.2.2.4.3 Transformation von Prämien- und Verpflichtungsbarwert in konventionelle Jahresabschlussgrößen

Die Erfolgswirkungen der Folgebewertung von Versicherungsverträgen sind durch die dem „Asset-Liability-Measurement-Ansatz" immanente erfolgswirksame Erfassung der Wertänderungen von Vermögensgegenständen und Schulden determiniert.[744] In diesem Zusammenhang sind die Wertminderungen des Vermögensgegenstands Prämienbarwert als aufwandswirksame Abschreibung und dessen Werterhöhungen als Ertrag zu buchen. Im Gegensatz dazu stellt die Minderung der Passivposition Verpflichtungsbarwert einen Ertrag und dessen Erhöhung einen Aufwand dar.

Die Erfolgswirkungen der Zeitwertschwankungen eines Versicherungsvertrags können jedoch nicht isoliert von konventionellen Jahresabschlussgrößen wie den periodisch vereinnahmten Prämien, den Kapitalanlageerträgen und -aufwendungen sowie den Aufwendungen für Versicherungsleistungen und Verwaltungskosten betrachtet werden.[745] Dabei findet im Rahmen der Folgebewertung eine erfolgswirksame Trans-

---

[744] Vgl. Abschnitt 4.2.1 dieser Arbeit, vgl. Zimmermann/Schweinberger 2005, S. 60.

[745] Vgl. Zons 2006, S. 326.

formation des kalkulatorischen Zeitwerts eines Versicherungsvertrags in konventionelle Jahresabschlusspositionen eines Versicherers statt. Um diesen Effekt zu illustrieren, sollen im Folgenden Unterabschnitt die Folgebewertung des Schadenversicherungsvertrags aus dem Eingangsbeispiel mittels des „Exit Value" und des „Entry Value" näher betrachtet werden. Anschließend wird die Folgebewertung von ausgewählten Lebensversicherungsverträgen detailliert erörtert.

Für den Schadenversicherungsvertrag aus dem Eingangsbeispiel dessen Bewertung mit dem „Exit Value" erfolgt, ergeben sich unter der Annahme eines Schadenaufwands von 30 GE in der dritten Periode für die Gewinn- und Verlustrechnung im Zeitablauf folgende Konsequenzen:

	Periode 1	Periode 2	Periode 3	Periode 4	Periode 5
Abschr. PBW	-19,63	-20,22	-20,83	-21,45	-22,10
AuflöS. VBW	7,29	12,51	17,89	23,42	29,13
Prämienertrag	22,10	22,10	22,10	22,10	22,10
Bestand KA Periodenanfang	17,59	40,57	64,70	60,04	85,14
KA-ertrag	0,88	2,03	3,24	3,00	4,25
Schadenaufw.	0	0	-30	0	-50
Periodenerfolg	**10,64**	**16,42**	**-7,60**	**27,07**	**-16,62**

Tabelle 27: Gewinn- und Verlustrechnung, Folgebewertung Schadenversicherungsvertrag (Exit Value, Diskontsatz 3%, Schadenaufwand 30 GE in Periode 3, 50 GE in Periode 5)

Dabei wird unterstellt, dass die Prämienzahlungen jeweils am Periodenanfang und die Auszahlungen für Schäden immer am Periodenende geleistet werden. Sofern die Schadenzahlungen nicht im Jahr des Eintretens auszahlungswirksam werden, ist hierfür eine konventionelle Schadenrückstellung zu bilden. Die Abschlusskosten fließen am Anfang der ersten Periode ab und mindern damit den Umfang der Kapitalanlagen. Die Prämienzahlungen werden sofort in festverzinsliche Kapitalanlagen mit einer Rendite von 5 Prozent p. a. angelegt. Die erwirtschafteten Kapitalanlageerträge fallen jeweils zu Beginn der nächsten Periode an und werden aus Vereinfachungsgründen ebenfalls zum Zinssatz von 5 Prozent umgehend reinvestiert. Die Schadenzahlungen werden aus der Liquidation von Kapitalanlagen bestritten. Von der

Berücksichtigung von Steuern und Verwaltungskosten wurde abstrahiert. Die Gewinne werden ausschließlich thesauriert.

Sowohl Prämien- als auch Verpflichtungsbarwert werden mittels aufwandswirksamen Abschreibungen bzw. ertragswirksamen Auflösungen kontinuierlich über die Vertragslaufzeit bis auf null reduziert. Der periodische Nettoeffekt aus der Reduktion von Prämien- und Verpflichtungsbarwert auf das Ergebnis ist abhängig vom Risikoverlauf des jeweiligen Schadenversicherungsvertrags, d.h. von der zeitlichen Struktur der erwarteten Auszahlungen. Dem Nettoeffekt aus der Reduktion der kalkulatorischen Größen stehen die eingegangenen Prämien, die erwirtschafteten Kapitalanlageergebnisse und die tatsächlich realisierten Schadenaufwendungen entgegen. Als problematisch kann sich die Ausschüttung von Gewinnen in Unterschadenjahren erweisen, da hierdurch in Überschadenjahren kein ausreichendes Liquiditätspolster zur Verfügung steht. Deshalb sollte nach Ansicht von *Zimmermann/Schweinberger* die Möglichkeit bestehen, Gewinne aus Unterschäden erfolgsneutral ins Eigenkapital einzustellen.[746]

Bei der Abbildung des Schadenversicherungsvertrags, dessen Verpflichtungsbarwert nach dem „Entry Value" ermittelt wurde, ändert sich nichts an der zeitlichen Struktur und Höhe der Prämienzahlungen, so dass sich ein identischer Prämienbarwert und gleiche periodische Prämienerträge wie im Ausgangsbeispiel ergeben. Aus der Identität der tatsächlich geleisteten Schadenzahlungen resultieren ein unveränderter Kapitalanlagebestand und damit unveränderte Kapitalanlageerträge. Damit wird die Folgebewertung des Schadenversicherungsvertrags nach dem „Entry Value" in der Gewinn- und Verlustrechnung folgendermaßen abgebildet:

---

[746] Vgl. Zimmermann/Schweinberger 2005, S. 67.

	Periode 1	Periode 2	Periode 3	Periode 4	Periode 5
Abschr. PBW	-19,63	-20,22	-20,83	-21,45	-22,10
AuflöS. VBW	8,06	13,83	19,77	25,88	32,18
Prämienertrag	22,10	22,10	22,10	22,10	22,10
Bestand KA Periodenanfang	17,59	40,57	64,70	60,04	85,14
KA-ertrag	0,88	2,03	3,24	3,00	4,25
Schadenaufw.	0	0	-30	0	-50
Periodenerfolg	**11,41**	**17,74**	**-5,72**	**29,53**	**-13,57**

Tabelle 28: Gewinn- und Verlustrechnung, Folgebewertung Schadenversicherungsvertrag (Entry Value, Diskontsatz 3%, Schadenaufwand 30 GE in Periode 3, 50 GE in Periode 5)

Das im Vergleich mit dem Ausgangsbeispiel jeweils höhere Periodenergebnis erklärt sich aus dem bereits beschriebenen schnelleren Absinken des nach dem „Entry Value" ermittelten Verpflichtungsbarwerts, worin die Auflösung der im Verpflichtungsbarwert enthaltenen Gewinnzuschläge zum Ausdruck kommt. Es wird nochmals deutlich, dass der im Zeitpunkt der Erstbewertung ausgewiesene Gewinn, sofern eine Bewertung der versicherungstechnischen Verbindlichkeiten entsprechend dem Wertmaßstab des „Exit Value" vorgenommen wurde, beim „Entry Value" über die Vertragslaufzeit entsprechend dem Risikoverlauf realisiert wird.[747]

Die Ergebniswirkung der Folgebewertung von Lebensversicherungsverträgen ist zum einen abhängig vom Leistungsprofil des Produkts und zum anderen vom zeitlichen Eintritt des Versicherungsfalls. So werden bei der Risikolebensversicherung im Zeitablauf sowohl Prämien- als auch Verpflichtungsbarwert erfolgswirksam vermindert.[748] Im Gegensatz dazu reduziert sich bei der gemischten Lebensversicherung sowie der privaten (Leib-)Rentenversicherung in der Ansparphase nur der Prämienbarwert, wohingegen der Verpflichtungsbarwert aufwandswirksam weiter erhöht wird. Erst mit

---

747 Vgl. Ellenbürger/Horbach/Kölschbach 2001, vgl. Zimmermann/Schweinberger 2005, S. 67.

748 Siehe hierzu Anhang 5 dieser Arbeit.

Beginn der Rentenphase wird der Verpflichtungsbarwert ertragswirksam aufgelöst. Eine separate Deckungsrückstellung sowie eine Rückstellung für Beitragsrückerstattung sind nicht zu bilanzieren, da im prospektiven Verpflichtungsbarwert bereits sämtliche Verpflichtungen enthalten sind.

Mit dem Eintreten des Versicherungsfalls sind – unabhängig davon, ob der Tod oder das Erleben versichert ist – die Auszahlungen für Versicherungsleistungen aufwandswirksam zu erfassen. Außerdem sind im Versicherungsfall, sofern die Entschädigungsleistung in einer einmaligen Kapitalzahlung besteht, Prämien- und Verpflichtungsbarwert – soweit noch vorhanden[749] – erfolgswirksam auszubuchen. Auch sofern der Todesfall bei einem Rentenversicherungsvertrag in der Rentenphase eintritt, ist der Verpflichtungsbarwert ertragswirksam auszubuchen.[750] Nur bei Bezug der Renten im Falle des Erlebens wird der Verpflichtungsbarwert versicherungsmathematisch korrekt gemindert und nicht vollständig ausgebucht.[751]

In diesem Zusammenhang sollen die Folgebertung eines Risikolebensversicherungsvertrags, eines Kapitallebensversicherungsvertrags mit 10 Jahren Laufzeit sowie eines privaten Rentenversicherungsvertrags näher analysiert werden. Dabei wird sowohl beim Risiko- als auch beim Kapitallebensversicherungsvertrag der Eintritt des Versicherungsfalls in Periode fünf unterstellt. Alternativ dazu bleibt der Risikolebensversicherungsvertrag schadenfrei und der Versicherungsfall tritt bei der gemischten Lebensversicherung erst mit dem Erleben der Endfälligkeit ein. Die Folgebewertung des Rentenversicherungsvertrags soll detaillierter betrachtet werden, so dass sowohl die ersten als auch die letzten fünf Perioden der Anspar- und Rentenphase betrachtet werden.

Die Abbildung des Vertrags der Risikolebensversicherung in der Gewinn- und Verlustrechnung erfolgt zunächst unter der Annahme, dass der Versicherungsfall in der

---

749 So besteht bei einer gemischten Lebensversicherung bei Erleben des Vertragsendes kein Prämienbarwert mehr. Siehe hierzu Anhang 6 dieser Arbeit.

750 Sofern der Tod in der Rentenphase eines Rentenversicherungsvertrags eintritt, ist der Prämienbarwert nicht mehr existent. Siehe hierzu Anhang 7 dieser Arbeit.

751 Siehe hierzu Anhang 7 dieser Arbeit.

fünften Periode eintritt. Alternativ dazu wird der Vertrag bis zum Ablauf der Vertragslaufzeit ohne Eintritt des Versicherungsfalls betrachtet. Unter Verwendung der Prämissen, die in die Abbildung der Folgebewertung des Schadenversicherungsvertrags Eingang gefunden haben, ergibt sich bei einem Diskontsatz von drei Prozent und einem Gewinnzuschlag von zehn Prozent für die Gewinn- und Verlustrechnung folgendes Bild:[752]

	Periode 1	Periode 2	Periode 3	Periode 4	Periode 5
Abschr. PBW	-14,86	-15,33	-15,81	-16,30	-109,17
AuflöS. VBW	8,77	10,38	10,83	11,79	106,71
Prämienertrag	19,65	19,65	19,65	19,65	19,65
Bestand KA Periodenanfang	12,23	32,49	53,76	76,1	99,56
KA-ertrag	0,61	1,62	2,69	3,81	4,98
Schadenaufw.	0	0	0	0	-10.000,64
Periodenerfolg	**14,17**	**16,32**	**17,36**	**18,95**	**-9.978,47**

Tabelle 29: Gewinn- und Verlustrechnung, Folgebewertung Risikolebensversicherungsvertrag, Laufzeit 10 Jahre (Diskontsatz 3%, Gewinnzuschlag 10%, Versicherungsfall Periode 5)

Die aufwandswirksame Abschreibung auf den Prämienbarwert in Höhe von 109,17 GE setzt sich zusammen aus der planmäßigen Abschreibung in Höhe von 16,81 GE und der außerplanmäßigen Abschreibung auf den Restbuchwert des Prämienbarwerts von 92,36 GE. Korrespondierend erfolgt die ertragswirksame Auflösung des Verpflichtungsbarwerts mit der planmäßigen Komponente in Höhe von 13,06 GE und der außerplanmäßigen Komponente in Höhe von 93,65 GE, in der die Ausbuchung des Verpflichtungsbarwerts zum Ausdruck kommt. Die Entschädigungsleistung beinhaltet zum einen die Versicherungssumme in Höhe von 10.000 GE und zum anderen das Überschussguthaben des Versicherungsnehmers von 0,64 GE.

Der hohe Periodenverlust von 9.978,47 GE spiegelt die Tatsache wider, dass bei der Berechnung des Verpflichtungsbarwerts die Versicherungssumme jeweils mit den aufgeschobenen Sterbewahrscheinlichkeiten einer Periode multipliziert wird. Diese

752 Zur Entwicklung von Prämien- und Verpflichtungsbarwert im Zeitablauf siehe hierzu Anhang 5.

bewegen sich bei Männern im Alter zwischen dreißig und vierzig Jahren bei ein bis zwei Promille.[753] Bei Eintritt des Versicherungsfalls reicht dann der zurückgestellte Verpflichtungsbarwert nicht annähernd dazu aus, die zu leistende Entschädigungszahlung inklusive des Überschussguthabens der Versicherungsnehmer zu decken.[754]

Alternativ dazu führt die Folgebewertung in Periode 5 ohne Eintritt des Versicherungsfalls zu einem Periodenergebnis in Höhe von 20,88. Für die Perioden sechs bis zehn ergeben sich ohne Versicherungsfall folgende Werte:

	Periode 6	Periode 7	Periode 8	Periode 9	Periode 10
Abschr. PBW	-17,33	-17,88	-18,44	-19,03	-19,65
AuflöS. VBW	14,52	16,20	18,10	20,28	22,80
Prämienertrag	19,65	19,65	19,65	19,65	19,65
Bestand KA Periodenanfang	124,19	150,05	177,2	205,71	235,65
KA-ertrag	6,21	7,50	8,86	10,29	11,78
Schadenaufw.	0	0	0	0	0
Periodenerfolg	**23,05**	**25,47**	**28,17**	**31,19**	**34,58**

Tabelle 30: Gewinn- und Verlustrechnung, Folgebewertung Risikolebensversicherungsvertrag (Diskontsatz 3%, Gewinnzuschlag 10%, kein Versicherungsfall während Vertragslaufzeit)

Der kontinuierliche Anstieg des Periodenerfolgs, sofern der Eintritt des Versicherungsfalls unterbleibt, erklärt sich zum einen aus den im Zeitablauf steigenden Kapitalanlageerträgen. Diese resultieren aus dem zunehmenden Umfang der Kapitalanlagen, welcher wiederum aus den jährlichen Investitionen des periodischen Zahlungssaldos herrührt. Zum anderen findet darin auch der Saldo aus aufwandswirksamen Abschreibungen auf den Prämienbarwert und ertragswirksamen Auflö-

753 Vgl. Tafel 1994 T für Männer.

754 Dies steht im Einklang mit der Praxis im HGB, bei der die gebildete Deckungsrückstellung einer Risikolebensversicherung im Versicherungsfall ebenfalls nicht einmal annähernd dazu ausreicht, die Auszahlung der Versicherungssumme zu decken. Aufsichtsrechtlich kommt dieser Sachverhalt in den Vorschriften zum riskierten Kapital einer Risikolebensversicherung zum Ausdruck.

sungen des Verpflichtungsbarwerts seinen Niederschlag. Dieser Saldo entwickelt sich von -6 GE in Periode 1 zu einem positiven Wert von 3,15 GE in Periode zehn. Dies ist in erster Linie durch den Anstieg der ertragswirksamen Auflösungen des Verpflichtungsbarwerts von 8,77 GE in Periode eins auf 22,80 GE in Periode zehn begründet. Neben der bereits beschriebenen zunehmenden Dynamik im Abschmelzungsprozess manifestiert sich hierin die Tatsache, dass erst gegen Ende der Vertragslaufzeit bei der Berechnung des Verpflichtungsbarwerts die höchsten erwarteten Auszahlungen wegfallen. Dies liegt daran, dass die aufgeschobenen Sterbewahrscheinlichkeiten, mit denen die zu leistenden Entschädigungszahlungen gewichtet werden, in den letzten Perioden die höchsten Ausprägungen aufweisen. Darin spiegelt sich die Tatsache wider, dass mit steigendem Lebensalter des Versicherungsnehmers die Wahrscheinlichkeit zunimmt, innerhalb einer Periode zu sterben. Im Gegensatz dazu ist der Anstieg der Überschüsse im Zeitablauf für die Höhe der erwarteten Auszahlungen nur von untergeordneter Bedeutung.

Zwar gewinnt auch der Abschmelzungsprozess des Prämienbarwerts im Zeitablauf an Dynamik,[755] jedoch wird diese durch die Tatsache gemindert, dass bei der Berechnung des Prämienbarwerts in den Folgeperioden immer die Einzahlungen mit der höchsten Erlebenswahrscheinlichkeit – nämlich der Wahrscheinlichkeit eins – wegfallen. Die verbleibenden aufgeschobenen (n-periodigen) Erlebenswahrscheinlichkeiten nehmen mit zunehmender Zahl der betrachteten Perioden geringere Werte an. Dies liegt zum einen darin begründet, dass mit der Anzahl der betrachteten Perioden auch die Anzahl der Faktoren kleiner eins, die miteinander multipliziert werden, ansteigt. Zum anderen nimmt mit steigendem Alter (x) die einperiodige Erlebenswahrscheinlichkeit als Komplement zur einperiodigen Sterbewahrscheinlichkeit ab.

Ein anderes Bild ergibt die Abbildung der Folgebewertung des gemischten Lebensversicherungsvertrags mit einer Laufzeit von zehn Jahren in der Gewinn- und Verlustrechnung. Wiederum wird der Eintritt des Versicherungsfalls (Tod) in der fünften

---

[755] Siehe hierzu die Erläuterungen zur Folgebewertung des Prämienbarwerts zu Beginn dieses Unterkapitels.

Periode unterstellt. Unter Verwendung der vorstehenden Prämissen ergeben sich für die Perioden eins bis fünf folgende Werte:

	Periode 1	Periode 2	Periode 3	Periode 4	Periode 5
Abschr. PBW	-7,47	-7,7	-7,94	-8,19	-54,83
Δ VBW	-2,43	-2,51	-2,58	-2,66	91,97
Prämienertrag	9,87	9,87	9,87	9,87	9,87
Bestand KA Periodenanfang	6,14	16,32	27,01	37,58	49,33
KA-ertrag	0,31	0,82	1,35	1,88	2,47
Aw. V-leistung.	0	0	0	0	-102,14
Periodenerfolg	**0,28**	**0,48**	**0,7**	**0,9**	**-52,66**

Tabelle 31: Gewinn- und Verlustrechnung, Folgebewertung Kapitallebensversicherungsvertrag, Laufzeit 10 Jahre (Diskontsatz 3%, Versicherungsfall in Periode 5)

Im Gegensatz zur Risikolebensversicherung wird der Verpflichtungsbarwert bei der Folgebewertung nicht ertragswirksam aufgelöst, sondern weiter aufwandswirksam erhöht. Dies liegt darin begründet, dass die Erlebensfallleistung mit einer relativ hohen Eintrittswahrscheinlichkeit die Auszahlungsreihe dominiert und diese bis zum Vertragsende systematisch aufgebaut wird.[756] Analog zur Vorgehensweise bei der Risikolebensversicherung wird der Prämienbarwert planmäßig abgeschrieben. Mit Eintritt des Versicherungsfalls in Periode fünf kommt zu der planmäßigen aufwandswirksamen Abschreibung in Höhe von 8,44 GE die ebenfalls aufwandswirksame Ausbuchung des Prämienbarwerts in Höhe von 46,39 GE hinzu. Der Bestand des Verpflichtungsbarwerts Ende Periode fünf (94,72 GE) wird ertragswirksam aufgelöst. Hiervon ist noch die aufwandswirksame planmäßige Zuführung zum Verpflichtungsbarwert in Höhe von 2,75 GE zu subtrahieren. Der Aufbau des Kapitalanlagebestands erfolgt entsprechend der bei der Risikolebensversicherung beschriebenen Vorgehensweise.

Ohne Eintritt des Versicherungsfalls (Tod) in Periode fünf ergibt sich hierfür ein Periodenergebnis von 1,15 GE. Der Versicherungsfall (Erleben) wird automatisch am Vertragsende in Periode zehn ausgelöst, sofern der Versicherte bis dahin nicht ver-

---

756 Siehe hierzu Anhang 6 dieser Arbeit.

stirbt. Daraus ergeben sich für die Gewinn- und Verlustrechnung folgende Konsequenzen:

	Periode 6	Periode 7	Periode 8	Periode 9	Periode 10
Abschr. PBW	-8,71	-8,98	-9,27	-9,56	-9,87
Δ VBW	-2,82	-2,93	-3,00	-3,10	106,58
Prämienertrag	9,87	9,87	9,87	9,87	9,87
Bestand KA Periodenanfang	61,67	74,62	88,22	102,50	117,50
KA-ertrag	3,08	3,73	4,41	5,13	5,87
Aw. V-leistung.	0	0	0	0	-109,78
Periodenerfolg	**1,42**	**1,69**	**2,01**	**2,34**	**2,67**

Tabelle 32: Gewinn- und Verlustrechnung, Folgebewertung Kapitallebensversicherungsvertrag, Laufzeit 10 Jahre (Diskontsatz 3%, Erlebensfall)

Die Auszahlung der Erlebensfallleistung inklusive Überschussguthaben in Höhe von 109,78 GE erfolgt erfolgsneutral, da hierfür der Verpflichtungsbarwert in derselben Höhe ertragswirksam aufgelöst wird. Da in der letzten Periode noch eine aufwandswirksame Zuführung zum Verpflichtungsbarwert vorgenommen wird (3,20 GE), geht nur ein ertragswirksamer Saldo von 106,58 GE in die Gewinn- und Verlustrechnung ein. Der kontinuierliche Anstieg des Periodenergebnisses wird ausschließlich aus der Steigerung des Kapitalanlageergebnisses von 0,31 GE in Periode 1 auf 5,87 GE in Periode 10 gespeist. Dem wirkt die Ausweitung des aufwandswirksamen Saldos aus planmäßiger Abschreibung auf den Prämienbarwert und Zuführung zum Verpflichtungsbarwert von -9,9 in Periode 1 auf -13,07 in Periode 10 entgegen.

Die Ausweitung des aufwandswirksamen Saldos ist zum einen in dem bereits mehrfach beschriebenen dynamischen Abschmelzungsprozess des Prämienbarwerts begründet, zum anderen wird die Auszahlungsreihe einer gemischten Lebensversicherung durch den Aufbau der Erlebensfallleistung dominiert. Aufgrund der relativ hohen Eintrittswahrscheinlichkeit der Erlebensfallleistung sind die Wirkungen des Aufzinsungseffekts und der Veränderung der Erlebenswahrscheinlichkeiten durch das nicht eingetretene Sterblichkeitsrisiko in vergangenen Perioden bei der Folgebewertung besonders ausgeprägt.

Die Abbildung der Folgebewertung eines Vertrags der privaten Rentenversicherung erfolgt in der Ansparphase analog zur Abbildung der Folgebewertung eines gemischten Lebensversicherungsvertrags. Für den vorstehenden Rentenversicherungsvertrag ergibt sich bei einem Diskontsatz von 3 Prozent und einem Gewinnzuschlag von 10 Prozent in der Gewinn- und Verlustrechnung für die ersten fünf Perioden unter den bisher gültigen Prämissen folgendes Bild:[757]

	Periode 1	Periode 2	Periode 3	Periode 4	Periode 5
Abschr. PBW	-1.387,2	-1.429,3	-1.471,7	-1.514,2	-1.557,2
Δ VBW	-2.697,9	-2.781,6	-2.869,5	-2.962,1	-3.059,4
Prämienertrag	3.383,2	3.383,2	3.383,2	3.383,2	3.383,2
Bestand KA Periodenanfang	425,0	3.829,5	7.404,1	11.157,6	15.098,6
KA-ertrag	21,25	191,5	370,2	557,9	754,9
Aw. V-leistung.	0	0	0	0	0
Periodenerfolg	**-680,7**	**-636,2**	**-587,7**	**-535,2**	**-478,5**

Tabelle 33: Gewinn- und Verlustrechnung, Folgebewertung Rentenversicherungsvertrag, Beginn Ansparphase (Diskontsatz 3%, Gewinnzuschlag 10%)

Der Prämienbarwert wird wie bei sämtlichen bisher betrachteten Versicherungsverträgen im Zeitablauf aufwandswirksam abgeschrieben. Der Verpflichtungsbarwert hingegen wird in der Ansparphase entsprechend der Vorgehensweise bei der gemischten Lebensversicherung aufwandswirksam erhöht, um die Versicherungsleistung in Form der periodischen Rentenzahlungen systematisch aufzubauen. Die kontinuierliche Verbesserung des Periodenergebnisses resultiert wie beim gemischten Lebensversicherungsvertrag vollständig aus der Steigerung des Kapitalanlageergebnisses, wohingegen der Saldo aus Abschreibungen auf den Prämienbarwert und die Erhöhung des Verpflichtungsbarwertes dem entgegen wirkt. Damit ergeben sich in den letzten fünf Perioden vor Aufnahme der Rentenzahlungen für die Gewinn- und Verlustrechnung folgende Werte:[758]

---

[757] Siehe hierzu Anhang 7 dieser Arbeit.

[758] Siehe hierzu Anhang 7 dieser Arbeit.

	Periode 27	Periode 28	Periode 29	Periode 30	Periode 31
Abschr. PBW	-2.947,7	-3.048,4	-3.154,1	-3.265,5	-3.383,2
Δ VBW	-7.016,8	-7.322,8	-7.650,1	-8.006,6	-8.399,6
Prämienertrag	3.383,2	3.383,2	3.383,2	3.383,2	3.383,2
Bestand KA Periodenanfang	174.438,3	186.543,4	199.253,8	212.599,6	226.612,8
KA-ertrag	8.721,9	9.327,2	9.962,7	10.630,0	11.330,6
Aw. V-leistung.	0	0	0	0	0
Periodenerfolg	**2.140,5**	**2.339,2**	**2.541,7**	**2.741,2**	**2.931,1**

Tabelle 34: Gewinn- und Verlustrechnung, Folgebewertung Rentenversicherungsvertrag, Ende Ansparphase (Diskontsatz 3%, Gewinnzuschlag 10%)

Der mit dem zunehmenden Umfang des Kapitalanlagebestands einhergehende Anstieg des Kapitalanlageergebnisses übersteigt die Ausweitung des negativen Saldos aus Abschreibungen auf den Prämienbarwert und der Erhöhung des Verpflichtungsbarwerts, so dass in den letzten fünf Perioden vor Eintritt des Versicherungsfalls ein positives Ergebnis zu verzeichnen ist, welches sich kontinuierlich erhöht.

Mit dem Eintritt des Versicherungsfalls in Form der Rentenzahlung wird der Verpflichtungsbarwert kontinuierlich ertragswirksam aufgelöst. Gleichzeitig wird die garantierte Rentenzahlung zuzüglich der konstanten periodischen Überschussrente und der sofort auszahlungswirksamen jährlichen Überzinsen, die auf die Deckungsrückstellung erwirtschaftet werden, als Aufwand in der Gewinn- und Verlustrechnung erfasst. Unter Beibehaltung der bisherigen Prämissen ergibt sich in der Gewinn- und Verlustrechnung folgendes Bild:[759]

---

759 Siehe hierzu Anhang 7 dieser Arbeit.

	Periode 32	Periode 33	Periode 34	Periode 35	Periode 36
Abschr. PBW	0	0	0	0	0
Δ VBW	7.289,8	7.437,6	7.446,2	7.440,2	7.429,5
Prämienertrag	0	0	0	0	0
Bestand KA Periodenanfang	222.383,6	217.905,2	213.282,8	208.510,0	203.579,8
KA-ertrag	11.119,2	10.895,3	10.664,1	10.425,5	10.179,0
Aw. V-leistung.	-15.559,9	-15.597,5	-15.517,7	-15.437,0	-15.355,7
Periodenerfolg	**2.849,1**	**2.735,3**	**2.592,7**	**2.428,7**	**2.252,8**

Tabelle 35: Gewinn- und Verlustrechnung, Folgebewertung Rentenversicherungsvertrag, Beginn Rentenphase (Diskontsatz 3%, Gewinnzuschlag 10%)

Die Abschreibungen auf den Prämienbarwert entfallen ab Periode 32, da im Alter von 60 die letzte Prämienzahlung geleistet und damit der Prämienbarwert auf null reduziert wurde. Im weiteren Verlauf verliert die Auflösung des Verpflichtungsbarwerts an Dynamik, was sich aus der Tatsache erklärt, dass die bei der jeweiligen Folgebewertung des Verpflichtungsbarwerts wegfallenden erwarteten Rentenzahlungen einen geringeren Umfang aufweisen. Zum einen nimmt mit zunehmender Zeitdauer der Umfang der Auszahlungen ab, da die wegfallenden Rentenzahlungen neben den fixen Komponenten auch die flexiblen laufenden Überzinsen enthalten.[760] Zum anderen sinkt der Erwartungswert der Rentenzahlungen durch die mit dem zunehmenden Alter des Versicherten steigende Sterblichkeit, welche in niedrigeren Erlebenswahrscheinlichkeiten zum Ausdruck kommt. Die abnehmende Dynamik bei der Minderung des Verpflichtungsbarwerts findet erst bei einem Alter von 116 Jahren ihr Ende.[761]

Analog dazu vollzieht sich die Reduktion der Rentenzahlungen aufgrund des Rückgangs der laufenden Überzinsen in den Aufwendungen für Versicherungsleistungen. Gleichzeitig wird durch die periodischen Rentenzahlungen der Umfang der Kapitalanlagen zum jeweiligen Periodenanfang reduziert, was wiederum ein Absinken des Kapitalanlageergebnisses in den Folgeperioden induziert. Als Konsequenz ergibt

[760] Die variablen laufenden Überzinsen reduzieren sich mit fortschreitender Zeitdauer bedingt durch den Rückgang der mittleren Deckungsrückstellung. Siehe hierzu Anhang 7 dieser Arbeit.

sich schon in Periode 45 ein Periodenverlust, der sich in den Folgeperioden aufgrund des weiteren Rückgangs des Kapitalanlageergebnisses stetig ausweitet.[762] Ab Periode 61 werden sogar der Kapitalanlagebestand und damit das Kapitalanlageergebnis negativ. Dies bedeutet, dass anderweitig verfügbare Kapitalanlagen liquidiert werden müssen, um die weiteren Rentenzahlungen leisten zu können.[763]

Sowohl der relativ frühe Eintritt eines Periodenverlusts bei einer Erlebenswarscheinlichkeit der versicherten Person von 74% (Alter 74 Jahre) als auch die Aufzehrung des Kapitalanlagebestands, sofern die versicherte Person ein Alter von 90 Jahren erreicht, legen in diesem Beispiel nahe, eine Bruttoprämie mit einem höheren Gewinnzuschlag zu verlangen, um einen höheren Kapitalanlagebestand und damit höhere Kapitalanlageerträge zu generieren. Für die letzten fünf Perioden vor Erreichen des Endalters ergeben sich in der Gewinn- und Verlustrechnung folgende Werte:[764]

	Periode 88	Periode 89	Periode 90	Periode 91	Periode 92
Abschr. PBW	0	0	0	0	0
Δ VBW	611,45	721,14	1.221,68	3.357,96	12.947,7
Prämienertrag	0	0	0	0	0
Bestand KA Periodenanfang	-737.644,0	-787.527,7	-839.896,5	-894.870,5	-952.561,7
KA-ertrag	-36.882,2	-39.376,4	-41.994,8	-44.743,5	-47.628,1
Aw. V-leistung.	-13.009,7	-13.001,5	-12.992,4	-12.979,2	-12.947,7
Periodenerfolg	**-49.280,0**	**-51.656,7**	**-53.765,7**	**-54.364,8**	**-47.628,1**

Tabelle 36: Gewinn- und Verlustrechnung, Folgebewertung Rentenversicherungsvertrag, Ende Rentenphase (Diskontsatz 3%, Gewinnzuschlag 10%)

Auffallend in diesem Zusammenhang ist die Entwicklung der ertragswirksamen Auflösungen des Verpflichtungsbarwerts, die sich in den betrachteten Perioden kontinuierlich erhöhen, nachdem sie bei einem Alter des Versicherten von 116 Jahren in

---

761 Siehe hierzu Anhang 7 dieser Arbeit.

762 Siehe hierzu Anhang 7 dieser Arbeit.

763 Siehe hierzu Anhang 7 dieser Arbeit.

764 Siehe hierzu Anhang 7 dieser Arbeit.

Periode 87 ihren Tiefpunkt gefunden haben. Zwar vermindern sich auch danach die bei der Ermittlung des jeweiligen Leistungsbarwerts wegfallenden erwarteten Rentenzahlungen von 13.018,0 GE in Periode 87 auf 12.947,7 GE in Periode 92, trotzdem erhöhen sich dessen ertragswirksame Auflösungen von 603,4 GE in Periode 86 auf 12.947,7 GE in Periode 92. Dies erklärt sich aus der Tatsache, dass die dem Abschmelzungsprozess des Verpflichtungsbarwerts entgegenwirkenden Aufzinsungseffekte und die Erhöhung der Erlebenswahrscheinlichkeiten nur noch auf eine im Umfang schrumpfende Basis einwirken können.

Trotz erhöhter Auflösungen des Verpflichtungsbarwerts verschlechtert sich das Periodenergebnis kontinuierlich, d.h. die negative Dynamik des Kapitalanlageergebnisses überlagert die positiven Auswirkungen der ertragswirksamen Auflösungen des Verpflichtungsbarwerts auf die Ertragslage. Erst in Periode 92, sofern der Versicherte das Endalter von 121 Jahren erreicht, wird der negative Ergebnistrend durch den Anstieg der ertragswirksamen Auflösungen des Verpflichtungsbarwerts auf 12.947,7 GE gebrochen.[765] Dem stehen ein Kapitalanlageergebnis von -47.628,1 GE und Aufwendungen für Versicherungsleistungen in Höhe von 12.947,7 GE gegenüber, so dass sich im Schlussabschnitt ein Ergebnis von -47.628,1 GE ergibt.

3.2.2.4.4 Ursachen zeitpunktbezogener „Nachadjustierungen“

Wertänderungen bei der Folgebewertung von Prämien- und Verpflichtungsbarwerten resultieren nicht nur aus zeitraumbezogenen Effekten wie Wegfall von Zahlungen, Aufzinsungseffekten und der Änderung von Wahrscheinlichkeiten, sondern auch aus der zeitpunktbezogenen Modifizierung der bisher bei der Bewertung verwendeten Rechnungsgrundlagen.[766] [767] Diese so genannten „Nachadjustierungen“ werden not-

---

765 Siehe hierzu Anhang 7 dieser Arbeit.

766 Vgl. Engeländer/Kölschbach 2007, S.388, vgl. Perlet 2001, S. 299 ff., vgl. Rockel/Sauer 2007, S. 748, vgl. Zimmermann/Schweinberger 2005, S. 67 ff., vgl. Zons 2006, S. 311 f. und S. 326 ff.

767 Der „current estimate approach“ der Rechnungsgrundlagen, bei dem die gesamten während der Vertragslaufzeit zur Verfügung stehenden Informationen für die Bewertung von versicherungstechnischen Vermögensgegenständen und Schulden genutzt werden, unterscheidet sich fundamental von dem bisher im Rahmen von HGB und US-GAAP praktizierten „lock-in-Prinzip“, nach dem die zu Vertragsbeginn gültigen Rechnungsgrundlagen für die restliche Vertragslauf-

wendig, sofern sich die in die Bewertung eingehenden Parameter im Zeitablauf verändern. In diesem Zusammenhang ist es unerheblich, ob die Änderungen in den erwarteten „Cash Flows“ oder im Diskontierungszinssatz auftreten.[768] [769] Durch Änderungen der Rechnungsgrundlagen induzierte Wertänderungen von Prämien- und Verpflichtungsbarwert sind in der Periode des Entstehens sofort in vollem Umfang erfolgswirksam zu erfassen.[770]

Deshalb sollen im Folgenden zunächst die Ursachen von Änderungen in den Rechnungsgrundlagen analysiert werden. Dabei werden die Auslöser von zeitpunktbezogenen Wertänderungen in den erwarteten „Cash Flows“ und den Zinssätzen separat untersucht. Anschließend werden exemplarisch für die zahlreichen Ursachen zeitpunktbezogener Wertänderungen die Erfolgswirkungen von Änderungen des risikolosen Zinssatzes und der Risikozuschläge anhand von Zahlenbeispielen erörtert. In diesem Kontext werden die Auswirkungen eines volatilen risikolosen Zinssatzes wegen des großen Einflusses des Diskontfaktors auf die Höhe von Prämien- und Verpflichtungsbarwert insbesondere bei Verträgen mit langer Laufzeit betrachtet.[771] Im Gegensatz dazu werden Veränderungen von Risikozuschlägen analysiert, da diese Modifikationen der erwarteten Zahlungsströme zur Folge haben.

Anpassungen in den erwarteten Zahlungsströmen können ihre Ursache in veränderten Annahmen über die „Cash Flows“ oder die (Eintritts-)Wahrscheinlichkeiten, mit denen diese gewichtet werden, haben. Exemplarisch für modifizierte Schätzungen von Wahrscheinlichkeiten sind Abweichungen der Sterbe- bzw. Erlebenswahrschein-

---

zeit fixiert werden und eine Korrektur nur bei einer bestehenden Unterdeckung vorgenommen wird. Vgl. Rockel/Sauer 2007, S. 744.

768 Vgl. Rockel/Sauer 2007, S. 748, vgl. Zimmermann/Schweinberger 2005, S. 69.

769 Änderungen in den Schätzannahmen bezüglich der Zahlungsströme werden auch im Rahmen des „Deferral/Matching-Ansatz“ ergebniswirksam erfasst, wobei sich Differenzen in der Höhe der Anpassung zum „Asset-Liability-Measurement-Ansatz“ ergeben können. Dies ist dadurch bedingt, dass nach dem „Deferral/Matching-Ansatz“ bewertete versicherungstechnische Verbindlichkeiten i.d.R. nicht diskontiert werden. Änderungen im Zinssatz sind im Rahmen des „Deferral-Matching-Ansatzes“ nicht bewertungsrelevant. Vgl. Zimmermann/Schweinberger 2005, S. 69.

770 Vgl. Perlet 2001, S. 300, vgl. Rockel/Sauer 2007, S. 748, vgl. Varain 2004, S. 151, vgl. Zimmermann/Schweinberger 2005, S. 67.

771 Vgl. Perlet 2001, S. 299 ff.

lichkeiten von den bisherigen Rechnungsgrundlagen in der Lebensversicherung mit entsprechenden Konsequenzen sowohl für Prämien- als auch Verpflichtungsbarwert. Auch die Prämien- und Verpflichtungsbarwerte einer Krankheitskostenversicherung werden von einer Veränderung der Sterbe- bzw. Erlebenswahrscheinlichkeiten oder einer Änderung der Stornowahrscheinlichkeiten tangiert.

Im Gegensatz dazu zeitigen Abweichungen der Morbiditätswahrscheinlichkeiten von den bisher kalkulierten Rechnungsgrundlagen nur Auswirkungen auf den Verpflichtungsbarwert, sofern hierdurch keine Prämienerhöhungen begründet werden.[772] Auch für den Prämien- und Verpflichtungsbarwert eines Schadenversicherungsvertrags ergibt sich aufgrund der Veränderung der Stornowahrscheinlichkeiten Anpassungsbedarf, wohingegen Änderungen der Schadeneintrittswahrscheinlichkeiten, sofern keine Erfahrungstarifierung vorgenommen wird, nur Wertänderungen des Verpflichtungsbarwerts induzieren.

Zeitpunktbezogene „Nachadjustierungen" in den erwarteten Zahlungsströmen können auch durch Abweichungen in den zugrunde liegenden Ein- oder Auszahlungen begründet sein. Veränderte Schätzannahmen bezüglich der Einzahlungen (Prämien) setzen die Möglichkeit des Versicherers voraus, Prämienanpassungen im Bestandsgeschäft vorzunehmen.[773] So sind bei Lebensversicherungsverträgen und bei nach Art der Lebensversicherung betriebenen Krankenversicherungsverträgen Beitragsanpassungen während der Laufzeit mit Zustimmung des unabhängigen Treuhänders möglich bzw. sogar erforderlich.[774] Auch bei einem Schadenversicherungsvertrag kann eine „Nachadjustierung" des Prämienbarwerts notwendig werden, sofern das

---

772 Sofern die erforderlichen Versicherungsleistungen von den kalkulierten Versicherungsleistungen in der nach Art der Lebensversicherung betriebenen Krankenversicherung um mehr als zehn Prozent abweichen, ist zu prüfen, ob eine Prämienanpassung vorzunehmen ist. Sollten die Abweichungen als dauerhaft qualifiziert werden, ist die Prämie entsprechend anzupassen. Vgl. § 12 b Abs. 2 VAG.

773 Vgl. Farny 2006, S. 689.

774 Vgl. § 11b VAG, vgl. § 12b Abs. 1 und 2 VAG, vgl. Farny 2006, S. 121.

Versicherungsunternehmen das Prinzip der Erfahrungstarifierung[775] bei der Beitragsbemessung anwendet oder Prämienanpassungsklauseln[776] vorliegen.[777]

Abweichungen der Auszahlungshöhe von den Rechnungsgrundlagen sind in der Lebensversicherung bei den nicht garantierten Leistungsbestandteilen insbesondere der Überschussbeteiligung denkbar. Annahmen über die Überschussbeteiligung müssen vor allem dann korrigiert werden, wenn die erwirtschaftete Kapitalanlagerendite von der kalkulierten differiert. Bei Krankenversicherungsverträgen können „Nachadjustierungen" des Verpflichtungsbarwerts durch überproportionale Steigerungen der Ausgaben für Behandlungs- und Heilkosten bedingt sein, die ihre Ursache in einem allgemeinen Anstieg der Kosten im Gesundheitswesen haben. In der Schadenversicherung können Abweichungen der Auszahlungen von den Rechnungsgrundlagen nach Änderungen in den erwarteten Schadenzahlungen und der Veränderung der Sicherheitszuschläge differenziert werden. Während geänderte Annahmen über die Höhe der Schadenzahlungen z. B. durch inflationäre bzw. deflationäre Tendenzen ausgelöst werden können, werden Modifizierungen der Risikozuschläge durch Schwankungen der Prämienhöhe verursacht.[778]

Neben veränderten Annahmen über die Höhe der erwarteten „Cash Flows" können auch Schwankungen des risikolosen Zinssatzes Ursache für die Anpassung der Rechnungsgrundlagen darstellen.[779] Schwankungen des (nominellen) risikolosen Zinssatzes reflektieren Veränderungen des Realzinses oder veränderte Inflationser-

---

775 Die nachträgliche Prämiendifferenzierung berücksichtigt bei der zukünftigen Beitragsbemessung den individuellen Schadenverlauf eines Versicherungsvertrags. Vgl. Farny 2006, S. 71 f.

776 Prämienanpassungsklauseln eröffnen dem Versicherer die Möglichkeit, die Prämien insbesondere von langfristigen Versicherungsverträgen an die Entwicklung der Schadenerwartungswerte anzupassen. Vgl. Farny 2006, S. 539.

777 Vgl. Farny 2006, S. 687.

778 In diesem Kontext wird der „Fair Value" der versicherungstechnischen Verpflichtungen bei *Varain* als „Entry Value" approximiert, d.h. der beizulegende Zeitwert der versicherungstechnischen Verbindlichkeiten ergibt sich aus der Differenz aus (anteiliger) Prämie und (anteiligen) Abschlusskosten. Dabei wird die Höhe der Risikozuschläge aus der (anteiligen) Prämie abzüglich der (anteiligen) Abschlusskosten und der erwarteten (anteiligen) Auszahlungen für Schäden und Verwaltungskosten ermittelt. Vgl. Varain 2004, S. 187 ff.

779 Vgl. Perlet 2001, S. 299 ff., vgl. Zimmermann/Schweinberger 2005, S. 67 und 69.

wartungen der Marktteilnehmer, wobei beide Effekte sich bei gleichzeitigem Auftreten sowohl kumulieren als auch kompensieren können.

3.2.2.4.5 Erfolgswirkungen zeitpunktbezogener Änderungen in der Rechnungsgrundlage risikoloser Zinssatz

Um die Erfolgswirkungen von Schwankungen des risikolosen Zinssatzes zu approximieren, werden die Auswirkungen einer Diskontsatzänderung auf Prämien- und Verpflichtungsbarwerte von Kapitallebensversicherungsverträgen untersucht. Dabei werden auf die vorstehend verwandten Verträge mit einer Laufzeit von zehn, zwanzig oder dreißig Jahren zurückgegriffen. In diesem Zusammenhang wird im Zeitpunkt t_5 eine Verminderung des Diskontsatzes in Höhe von drei Prozent für die restliche Laufzeit auf zwei Prozent bzw. alternativ ein Anstieg auf vier oder fünf Prozent unterstellt. Damit ergeben sich für Prämien- und Verpflichtungsbarwert für den Kapitallebensversicherungsvertrag mit einer Laufzeit von zehn Jahren in Abhängigkeit vom Zinssatz unter Verwendung der vorstehenden Prämissen folgende Werte:[780]

Laufzeit 10 Jahre			
EBW Prämien (3%) Alter VN 34	54,84	VBW (3%) Alter VN 34	91,98
EBW Prämien (2%) Alter VN 35	49,95	VBW (2%) Alter VN 35	99,44
EBW Prämien (3%) Alter VN 35	46,39	VBW (3%) Alter VN 35	94,72
EBW Prämien (4%) Alter VN 35	43,09	VBW (4%) Alter VN 35	90,27
EBW Prämien (5%) Alter VN 35	40,04	VBW (3%) Alter VN 35	86,07

Tabelle 37: Prämien- und Verpflichtungsbarwert, Folgebewertung Kapitallebensversicherungsvertrag, Laufzeit 10 Jahre, Zinssatzänderung in t_5

Aus der Wertänderung von Prämien- und Verpflichtungsbarwert resultieren in Abhängigkeit von der Höhe des risikolosen Zinssatzes für die Restlaufzeit in Periode fünf folgende Erträge und Aufwendungen:

780 Siehe hierzu Anhang 6 dieser Arbeit.

	2%	3%	4%	5%
Abschreibungen PBW	-4,89	-8,45	-11,75	-14,80
Δ VBW	-7,49	-2,74	1,71	5,91
Saldo	-12,38	-11,19	-10,04	-8,89

Tabelle 38: Gewinn- und Verlustrechnung, Folgebewertung Kapitallebensversicherungsvertrag, Laufzeit 10 Jahre, Zinssatzänderung in t_5

Aus der Gewinn- und Verlustrechnung wird ersichtlich, dass die zeitpunktbezogenen Veränderungen des risikolosen Zinssatzes und die damit einher gehenden Zeitwertänderungen von Prämien- und Verpflichtungsbarwert die zeitraumbezogenen Erträge und Aufwendungen, die bei einem risikolosen Zinssatz von drei Prozent anfallen, überlagern. So setzt sich die Abschreibung auf den Prämienbarwert in Periode fünf bei einem risikolosen Zinssatz von zwei Prozent in Höhe von 4,89 GE zusammen aus der zeitraumbezogenen Abschreibung in Höhe von 8,45 GE und einem zinsinduzierten Ertrag in Höhe von 3,56 GE. Bei einem risikolosen Zinssatz von fünf Prozent für die restliche Laufzeit wird hingegen eine Abschreibung von 14,80 GE vorgenommen, welche sich wiederum aus der zeitraumbezogenen Abschreibung von 8,45 GE und der durch die Nachadjustierung der Rechnungsgrundlage „Zins" bedingten Abschreibung von 6,35 GE zusammensetzt.

Eine Absenkung des Diskontsatzes für die Restlaufzeit auf zwei Prozent führt zu einer aufwandswirksamen Zuführung zum Verpflichtungsbarwert in Höhe von 7,49 GE, welche sich aus der Zuführung im Rahmen der Folgebewertung um 2,74 GE und der aus der Anpassung des risikolosen Zinssatzes resultierenden Zuführung um 4,75 GE zusammensetzt. Mit steigendem Diskontsatz wird die aufwandswirksame Zuführung zum Verpflichtungsbarwert aus der Folgebewertung überlagert durch dessen zinsinduzierte ertragswirksame Minderung. So ergibt sich bei einem risikolosen Zinssatz von fünf Prozent ein Ertrag von 5,91 GE trotz einer zeitraumbezogenen Zuführung von 2,74 GE.

Auffallend in diesem Kontext ist die gegenläufige Gewinnwirkung einer Zinsanpassung auf Prämien- und Verpflichtungsbarwert. Während eine Absenkung des risikolosen Zinses zu einer Minderung der aufwandswirksamen Abschreibungen auf den Prämienbarwert und damit zu einer Verbesserung der Ertragslage führt, verursacht eine Zinssenkung eine höhere Zuführung zum Verpflichtungsbarwert und damit eine Belastung der Ertragslage des Versicherers. Umgekehrt erhöhen sich mit steigendem Diskontsatz die aufwandswirksamen Abschreibungen auf den Prämienbarwert, wohingegen der Verpflichtungsbarwert ertragswirksam gemindert wird. Diese Effekte erklären sich aus der Zinsreagibilität von Prämien- und Verpflichtungsbarwert, deren Wert sich mit steigendem Diskontsatz reduziert, was auch aus Tabelle 37 ersichtlich wird.

Bei Betrachtung der Saldogröße wird deutlich, dass beide Effekte sich nicht vollständig kompensieren. Mit steigendem risikolosem Zinssatz geht eine Erhöhung des Periodenergebnisses einher, was auf einen „Mismatch" zwischen Prämien- und Verpflichtungsbarwert schließen lässt. Die größere Zinsreagibilität des Verpflichtungsbarwerts liegt in der Tatsache begründet, dass mit der Erlebensfallleistung die betragsmäßig höchste erwartete Auszahlung am Ende des Versicherungsvertrags anfällt und diese damit den längsten Diskontierungszeitraum aufweist, wodurch sich Zinssatzänderungen auf diese erwartete Auszahlung am stärksten auswirken.

Mit zunehmender Restlaufzeit des Kapitallebensversicherungsvertrags verstärkt sich bei Änderungen des risikolosen Zinssatzes die Volatilität von Prämien- und Verpflichtungsbarwert. Dies erklärt sich aus der Tatsache, dass der Zinseffekt auf mehr Zahlungen und über längere Zeiträume wirken kann. So ergeben sich für Prämien- und Verpflichtungsbarwert des Kapitallebensversicherungsvertrags mit einer Gesamtlaufzeit von 20 Jahren im Alter der versicherten Person von 35 Jahren bei einer Änderung des risikolosen Zinssatzes unter den vorstehenden Prämissen folgende Werte:[781]

[781] Siehe hierzu Anhang 6 dieser Arbeit.

Laufzeit 20 Jahre			
EBW Prämien (3%) Alter VN 34	54,79	VBW (3%) Alter VN 34	76,22
EBW Prämien (2%) Alter VN 35	61,70	VBW (2%) Alter VN 35	90,58
EBW Prämien (3%) Alter VN 35	52,09	VBW (3%) Alter VN 35	78,47
EBW Prämien (4%) Alter VN 35	44,01	VBW (4%) Alter VN 35	68,09
EBW Prämien (5%) Alter VN 35	37,22	VBW (3%) Alter VN 35	59,18

Tabelle 39: Prämien- und Verpflichtungsbarwert, Folgebewertung Kapitallebensversicherungsvertrag, Laufzeit 20 Jahre, Zinssatzänderung in t_5

Abgeleitet davon nimmt die Gewinn- und Verlustrechnung in Periode fünf in Abhängigkeit vom Diskontsatz für die restliche Vertragslaufzeit folgende Form an:

	2%	3%	4%	5%
Δ PBW	6,91	-2,70	-10,78	-17,57
Δ VBW	-14,36	-2,25	8,13	17,04
Saldo	-7,45	-4,95	-2,65	-0,53

Tabelle 40: Gewinn- und Verlustrechnung, Folgebewertung Kapitallebensversicherungsvertrag, Laufzeit 20 Jahre, Zinssatzänderung in t_5

Aus der erhöhten zinsinduzierten Volatilität von Prämien- und Verpflichtungsbarwert resultiert bei dem Vertrag mit einer Laufzeit von 20 Jahren eine deutlich größere Bandbreite der Veränderungen von Prämien- und Verpflichtungsbarwert. So erweitert sich die Bandbreite von einer aufwandswirksamen Abschreibung auf den Prämienbarwert in Höhe von 4,39 GE bis zu 14,80 GE bei einer Vertragslaufzeit von 10 Jahren auf eine ertragswirksame Zuschreibung von 6,91 GE bis zu einer Abschreibung von 17,57 GE bei 20 Jahren Vertragslaufzeit. Auch das Spektrum der Veränderung des Verpflichtungsbarwerts verbreitert sich von einer aufwandswirksamen Zuführung von 7,49 GE bis zu einer ertragswirksamen Auflösung von 5,91 GE bei einem Vertrag mit der Laufzeit von zehn Jahren zu einer Erhöhung von 14,36 GE bis zu einer Auflösung von 17,04 GE bei 20 Jahren Vertragslaufzeit.

Bei einer Vertragslaufzeit von 20 Jahren nimmt trotz der erhöhten Volatilität von Prämien- und Verpflichtungsbarwert die kompensatorische Ergebniswirkung der Schwankungen zumindest in absoluten Werten zu. So reduziert sich die negativste Ausprägung der Saldogröße von -12,38 GE bei einer Vertragslaufzeit von 10 Jahren auf -7,45 GE bei 20 Jahren Vertragslaufzeit. Gleichzeitig verbessert sich das beste Ergebnis von -8,89 GE auf -0,53 GE. Relativ zur Saldogröße ohne zeitpunktbezogene Effekte, d.h. dem Saldo bei einem Diskontsatz von drei Prozent, weitet sich die Bandbreite der Werte jedoch aus. Der negativste Wert bei einer Vertragslaufzeit von zehn Jahren weicht um 10,6% vom Wert ohne Zinssatzänderung ab, während die positivste Ausprägung davon um 20,6% differiert. Bei einem Vertrag über 20 Jahre jedoch beträgt die Abweichung im negativsten Fall 62,5% und beim positivsten 89,3%. Dies bedeutet, dass die Volatilität des Saldos bezogen auf den Wert, der nur zeitraumbezogene Anpassungen berücksichtigt, mit steigender Vertragslaufzeit zunimmt.

Die oben beschriebenen Effekte werden bei einer Vertragslaufzeit von dreißig Jahren noch verstärkt. Dabei ergeben sich bei einer Zinssatzänderung in t_5 in Abhängigkeit vom neuen Diskontsatz für Prämien- und Verpflichtungsbarwert folgende Werte:[782]

Laufzeit 30 Jahren			
EBW Prämien (3%) Alter VN 34	45,58	VBW (3%) Alter VN 34	62,55
EBW Prämien (2%) Alter VN 35	57,31	VBW (2%) Alter VN 35	81,88
EBW Prämien (3%) Alter VN 35	44,37	VBW (3%) Alter VN 35	64,36
EBW Prämien (4%) Alter VN 35	34,47	VBW (4%) Alter VN 35	50,79
EBW Prämien (5%) Alter VN 35	26,89	VBW (3%) Alter VN 35	40,31

Tabelle 41: Prämien- und Verpflichtungsbarwert, Folgebewertung Kapitallebensversicherungsvertrag, Laufzeit 30 Jahre, Zinssatzänderung in t_5

Die Zeitwertänderungen von Prämien- und Verpflichtungsbarwert in Abhängigkeit von dem für die Restlaufzeit gültigen Zinssatz schlagen sich in folgender Form in der Gewinn- und Verlustrechnung nieder:

782 Siehe hierzu Anhang 6 dieser Arbeit.

	2%	3%	4%	5%
Δ Prämienbarwert	11,73	-1,21	-11,11	-18,69
Δ Verpflichtungsbarwert	-19,33	-1,81	11,76	22,24
Saldo	-7,6	-3,02	0,65	3,55

Tabelle 42: Gewinn- und Verlustrechnung, Folgebewertung Kapitallebensversicherungsvertrag, Laufzeit 30 Jahre, Zinssatzänderung in t_5

Das Spektrum der Veränderungen von Prämien- und Verpflichtungsbarwert weitet sich bei einer Vertragslaufzeit von 30 Jahren gegenüber zehn und 20 Jahren Laufzeit weiter aus. Auch die Tendenz zur Verbesserung des absoluten Ergebnisses der Saldogröße bleibt bestehen. So nimmt die Saldogröße bei einem Zinssatz von vier oder fünf Prozent für die restliche Vertragslaufzeit sogar positive Werte an, was durch die höhere Zinsreagibilität der Auszahlungsreihe erklärt werden kann. Außerdem steigt die Volatilität der Saldogröße um den Wert, der nur zeitraumbezogene Veränderungen beinhaltet, weiter an, worin der „Mismatch“ zwischen erwarteter Ein- und Auszahlungsreihe zum Ausdruck kommt. Dieses Ergebnis bestätigt zunächst entsprechende Aussagen in der Literatur.[783]

Die Auswirkungen einer Zinssatzänderung auf das Jahresergebnis eines Versicherers beim „Full-Fair Value Accounting“ können jedoch nicht isoliert von den restlichen Positionen der Aktiva und Passiva betrachtet werden. Insbesondere von den Kapitalanlagen kann hierbei nicht abstrahiert werden, da auf der Aktivseite mit dem Eingang der Prämienzahlungen eine Transformation des Prämienbarwerts in Kapitalanlagen erfolgt, sofern der Versicherungsfall eintritt. Durch den Einsatz geeigneter Finanzinstrumente können Aktiv- und Passivseite „gematcht“ und damit zinsinduzierte Ergeb-

---

783 Vgl. Perlet 2001, S. 302, vgl. Varain 2004, S. 149 ff.

nisschwankungen vermieden werden.[784] Eine erhöhte Volatilität des Jahresergebnisses ist deshalb nicht zwangsläufig.[785]

3.2.2.4.6 Erfolgswirkungen zeitpunktbezogener Wertänderungen in der Rechnungsgrundlage Risikozuschlag

Wie in Abschnitt 3.2.2.4.4 erörtert, stellen neben Änderungen des Diskontsatzes auch geänderte Schätzannahmen bezüglich der erwarteten Zahlungsströme einen Auslöser für „Nachadjustierungen" dar. Exemplarisch für Modifikationen der erwarteten Zahlungsströme sollen die durch Änderungen des Risikozuschlags eines Schadenversicherungsvertrags induzierten Erfolgswirkungen untersucht werden. Da der Risikozuschlag eine Komponente der Prämien darstellt,[786] indizieren Schwankungen des Prämienniveaus für identische versicherte Risiken ceteris paribus eine Veränderung der Höhe der Risikozuschläge,[787] was ausschließlich eine Anpassung des Verpflichtungsbarwerts zur Folge hat.[788] In diesem Zusammenhang soll auf das Zeitwertkonzept des „Entry Value" rekurriert werden.[789]

Damit eine Neubewertung der Verpflichtungsbarwerte („Entry Value") bei einer Änderung des Prämienniveaus während der Vertragslaufzeit vorgenommen werden kann,

---

784 In diesem Zusammenhang sei auf die Untersuchung über die Auswirkungen von Zinssatzänderungen auf das Jahresergebnis von *Varain* verwiesen. Dabei unterstellt *Varain* eine einmalige Prämienzahlung für eine mehrperiodige Versicherungsdauer, welche sofort in Wertpapiere investiert wird, so dass die Aktivierung eines Prämienbarwerts unterbleibt. Durch die Herstellung von Laufzeitenkongruenz zwischen Aktiv- und Passivseite können zinsinduzierte Schwankungen weitgehend neutralisiert werden. Im Gegensatz dazu resultieren schon aus einer geringen Laufzeiteninkongruenz von zwei Jahren zwischen Kapitalanlagen und Verpflichtungsbarwert beträchtliche Ergebnisschwankungen. Vgl. Varain 2004, S. 151 ff.

785 Vgl. Varain 2004, S. 154.

786 Neben dem Schadenerwartungswert für ein versichertes Risiko sowie einem Risiko- bzw. Sicherheitszuschlag beinhalten die kalkulierten Prämien Kosten- und Gewinnzuschläge.

787 Vgl. Varain 2004, S. 189.

788 Im Gegensatz zum Verpflichtungsbarwert wird die Bewertung des Prämienbarwerts von einer Änderung des Prämienniveaus am Versicherungsmarkt nicht tangiert, da die Höhe der noch ausstehenden Prämienzahlungen vertraglich fixiert ist.

789 Für die Ermittlung von Risikozuschlägen mittels risikotheoretischer bzw. kapitalmarkttheoretischer Modelle, wie dies im Rahmen des Zeitwertkonzepts des „Exit Value" praktiziert wird, ist die tatsächlich am Versicherungsmarkt realisierbare Prämie völlig irrelevant. Vgl. Abschnitt 3.2.2.2.5 dieser Arbeit.

ist es notwendig, zunächst die Höhe der in Form von Risikozuschlägen zu verteilenden Gewinne zu ermitteln.[790] In diesem Zusammenhang wird unter der Annahme eines konstanten Diskontsatzes der Prämienbarwert für das neue Prämienniveau berechnet. Dabei wird unterstellt, dass die Abschlusskosten in den Prämien enthalten sind. Der Erwartungsbarwert des Gewinns im Zeitpunkt des Vertragsabschlusses ergibt sich dann für das neue Prämienniveau, indem vom Prämienbarwert der Verpflichtungsbarwert (vor Aufstockung der Risikozuschläge) inklusive der erwarteten Abschlusskosten subtrahiert wird.

Anschließend wird der Erwartungsbarwert des Gewinns in Relation zum korrespondierenden (Netto-)Leistungsbarwert[791] gesetzt. Als Ergebnis erhält man den prozentualen Risikozuschlag, um welchen die verbleibenden erwarteten Auszahlungen der Zahlungsreihe erhöht werden. Mit Hilfe dieser neuen Zahlungsreihe können in Abhängigkeit vom verwendeten Diskontsatz die Verpflichtungsbarwerte für die folgenden Bewertungszeitpunkte generiert werden.

Um die Erfolgswirkungen einer Änderung des Prämienniveaus auf den Jahresabschluss zu illustrieren, wurde unterstellt, dass die Jahresprämie ohne Storno für den Schadenversicherungsvertrag aus dem Eingangsbeispiel im Zeitpunkt t_2 von 22,10 GE auf 20 GE sinkt oder alternativ auf 25 GE oder 28 GE ansteigt. In Abhängigkeit vom verwendeten Diskontsatz ergeben sich aus den in diesen Szenarien zu verteilenden Gewinnen folgende prozentualen Risikozuschläge:[792]

---

790 Zur Vorgehensweise bei der Ermittlung von Risikozuschlägen und den korrespondierenden Verpflichtungsbarwerten nach dem Zeitwertkonzept des „Entry Value“ bei Änderungen des Prämienniveaus siehe hierzu Anhang 4 dieser Arbeit.

791 In diesem Kontext ist darauf hinzuweisen, dass die dem Leistungsbarwert zugrunde liegenden Auszahlungen bereits risikoadjustiert wurden. Der Leistungsbarwert beinhaltet jedoch noch keine in Form von Risikozuschlägen zu verteilenden erwartete Gewinne.

792 Siehe hierzu Anhang 4 dieser Arbeit.

	3%	4%	5%
Jahresprämie 20	-0,45	25,68	41,37
Jahresprämie 25	1,07	27,59	43,51
Jahresprämie 28	2,63	29,53	45,68

Tabelle 43: Prozentuale Risikozuschläge Schadenversicherungvertrag, Änderung Risikozuschlag in t_2 (Entry Value in Abhängigkeit vom Diskontsatz und Jahresprämie)

Ausgehend von den modifizierten (Aus-)Zahlungsreihen werden für den Zeitpunkt t_2 im Rahmen der skizzierten Szenarien in Abhängigkeit vom verwendeten Diskontsatz folgende Verpflichtungsbarwerte ermittelt:[793]

	3%	4%	5%
VBW in t=2 (JP 20)	70,12	69,75	69,42
VBW in t=2 (JP 25)	88,52	88,06	87,61
VBW in t=2 (JP 28)	99,58	99,04	98,54

Tabelle 44: Verpflichtungsbarwert Schadenversicherungvertrag, Änderung Risikozuschlag in t_2 (Entry Value in Abhängigkeit vom Diskontsatz und Jahresprämie)

Da sich entsprechend dem „Asset-Liability-Measurement-Ansatz“ Zeitwertänderungen von Vermögensgegenständen und Schulden in der Gewinn- und Verlustrechnung widerspiegeln, wird die jeweilige Zeitwertänderung der Verpflichtungsbarwerte in der Gewinn- und Verlustrechnung erfolgswirksam erfasst. Aus der Folgebewertung von Prämien- und Verpflichtungsbarwert resultieren bei unverändertem Prämienniveau in Abhängigkeit vom verwendeten Diskontsatz in Periode zwei folgende Erträge und Aufwendungen:[794]

793 Siehe hierzu Anhang 4 dieser Arbeit.

794 Siehe hierzu Anhang 4 dieser Arbeit.

	3%	4%	5%
Abschreibungen PBW	-20,22	-19,36	-18,55
Auflösung VBW	13,83	13,01	12,23
Saldo	-6,39	-6,35	-6,32

Tabelle 45: Gewinn- und Verlustrechnung, Folgebewertung Schadenversicherungsvertrag, unveränderter Risikozuschlag (Entry Value in Abhängigkeit vom Diskontsatz)

Verglichen damit ergeben sich in t_2 bei einem Absinken des Prämienniveaus auf 20 GE in Abhängigkeit vom verwendeten Diskontsatz folgende Werte:[795]

	3%	4%	5%
Abschreibungen PBW	-20,22	-19,36	-18,55
Auflösung VBW	21,54	19,51	17,55
Saldo	1,32	0,15	-1,00

Tabelle 46: Gewinn- und Verlustrechnung, Folgebewertung Schadenversicherungsvertrag, Jahresprämie 20 GE (Entry Value in Abhängigkeit vom Diskontsatz)

Da die Höhe des Prämienbarwerts nicht von den Schwankungen des Prämienniveaus während der Vertragslaufzeit tangiert wird, bleiben die Abschreibungen auf den Prämienbarwert unverändert. Im Gegensatz dazu beinhaltet die Auflösung des Verpflichtungsbarwerts („Entry Value“) neben einer zeitraumbezogenen Komponente auch eine weitere durch die Änderung des Prämienniveaus induzierte Komponente. Diese ergibt sich als Differenz aus der gesamten Veränderung des Verpflichtungsbarwerts und der zeitraumbezogenen Komponente, die sich wiederum in der Höhe der Auflösung bei gleich bleibendem Prämienniveau manifestiert.

So setzt sich die Auflösung des Verpflichtungsbarwerts bei einem Diskontsatz von drei Prozent in Höhe von 21,54 GE aus der zeitraumbezogenen Auflösung in Höhe von 13,83 GE und einer weiteren durch die Absenkung der Jahresprämie induzierten Auflösung in Höhe von 7,71 GE zusammen. Analog dazu beträgt die zeitpunktbezogene Anpassung des Verpflichtungsbarwerts 6,5 GE bei vier Prozent und 5,32 GE

795 Siehe hierzu Anhang 4 dieser Arbeit.

bei fünf Prozent, woraus eine Verbesserung der Saldogröße resultiert. Da sich die Auflösung des Verpflichtungsbarwerts jedoch über die gesamte Vertragslaufzeit vollzieht, verringert die zusätzliche Auflösung in Periode zwei das Auflösungspotenzial zukünftiger Perioden. Somit ist die Ergebnisverbesserung nur temporärer Natur und kehrt sich in den Folgeperioden um.[796]

Analog dazu führt die Folgebewertung von Prämien- und Verpflichtungsbarwert bei einem Anstieg des Prämienniveaus auf 25 GE in Periode zwei in der Gewinn- und Verlustrechnung in Abhängigkeit vom verwendeten Diskontsatz zu folgenden Konsequenzen:[797]

	3%	4%	5%
Abschreibungen PBW	-20,22	-19,36	-18,55
Veränderung VBW	3,13	1,21	-0,64
Saldo	-17,09	-18,15	-19,19

Tabelle 47: Gewinn- und Verlustrechnung, Folgebewertung Schadenversicherungsvertrag, Jahresprämie 25 GE (Entry Value in Abhängigkeit vom Diskontsatz)

Im Gegensatz zur Absenkung des Prämienniveaus induziert ein Anstieg des Prämienniveaus im Zeitpunkt t_2 eine zeitpunktbezogene Zuführung zum Verpflichtungsbarwert, die dem zeitraumbezogenen Abschmelzungsprozess entgegenwirkt. So reduziert sich die Auflösung des Verpflichtungsbarwerts bei einem Diskontsatz von drei Prozent auf 3,13 GE verglichen mit 13,83 GE bei unverändertem Prämienniveau, d.h. der Anstieg des Prämienniveaus geht mit einer zeitpunktbezogenen aufwandswirksamen Zuführung zum Verpflichtungsbarwert in Höhe von 10,7 GE einher. Bei einem Diskontsatz von vier Prozent erhöht sich diese Zuführung auf 11,8 GE und bei einem Diskontsatz von fünf Prozent wird sogar die zeitraumbezogene Abschmelzung in Höhe von 12,23 GE durch die zeitpunktbezogene Zuführung in Höhe von 12,87 GE überkompensiert.

---

796 Bei einem Diskontsatz von drei Prozent beginnt die Ergebnisumkehr schon in der dritten Periode, wohingegen dieser Effekt bei Zinssätzen von vier Prozent und fünf Prozent erst in der vierten Periode eintritt. Siehe hierzu Anhang 4 dieser Arbeit.

797 Siehe hierzu Anhang 4 dieser Arbeit.

Als Konsequenz ergibt sich in Periode zwei verglichen mit einem unveränderten Prämienniveau eine Verschlechterung der Ertragslage, die sich in der Ausweitung des negativen Saldos von -6,39 GE auf -17,09 GE bei einem Diskontsatz von drei Prozent niederschlägt. Dieser Effekt bleibt jedoch temporär und führt in den folgenden Perioden im Vergleich zu einem unveränderten Prämienniveau zu erhöhten Auflösungen und damit einhergehend zu einer Verbesserung der Ertragslage.[798]

Unterstellt man einem Anstieg der jährlichen Prämie auf 28 GE in t_2, verstärken sich die vorstehend erläuterten Effekte noch. In diesem Zusammenhang nimmt die Gewinn- und Verlustrechnung in Abhängigkeit vom verwendeten Diskontsatz folgende Form an:[799]

	3%	4%	5%
Abschreibungen PBW	-20,22	-19,36	-18,55
Veränderung VBW	-7,92	-9,78	-11,57
Saldo	-28,14	-29,14	-30,12

Tabelle 48: Gewinn- und Verlustrechnung, Folgebewertung Schadenversicherungsvertrag, Jahresprämie 28 GE (Entry Value in Abhängigkeit vom Diskontsatz)

Bei jedem angewandten Zinssatz wird die zeitraumbezogene Auflösung des Verpflichtungsbarwerts durch die mit dem Anstieg des Prämienniveaus einhergehende zeitpunktbezogene Zuführung überkompensiert. Diese Komponente beträgt bei einem Diskontsatz von drei Prozent 21,75 GE. Bei einem Diskontsatz von vier Prozent steigt dieser Wert auf 22,79 GE und bei fünf Prozent auf 23,8 GE. Dies führt zu einer deutlichen temporären Verschlechterung der Ertragslage. So erhöht sich der negative Saldo von -6,39 bei unverändertem Prämienniveau und einem Diskontsatz von drei Prozent auf -28,14 GE. In den Folgeperioden fällt dann die Ergebnisumkehr entsprechend deutlicher aus.[800]

---

798 Siehe hierzu Anhang 4 dieser Arbeit.

799 Siehe hierzu Anhang 4 dieser Arbeit.

800 Siehe hierzu Anhang 4 dieser Arbeit.

4. Ökonomische Analyse des Standardentwurfs für Versicherungsverträge

4.1. Entscheidungsrelevanz und Objektivierung des Wertmaßstabs „Fair Value“ auf konzeptioneller Ebene

4.1.1 Spezifizierung des Begriffs der Entscheidungsnützlichkeit

Ausgehend vom Prinzipal-Agenten-Modell der Versicherungsunternehmung, in dem Informationsasymmetrien zu Lasten der Prinzipale über die Gewinn- und Sicherheitslage des Versicherers sowie über die Handlungen des Versicherungsmanagements vorliegen, besteht die Informationsfunktion der Rechnungslegung darin, mittels der Bereitstellung von entscheidungsnützlichen Informationen diese Informationsasymmetrien zu reduzieren und damit die Entscheidungsfindung der Prinzipale zu verbessern.[801] [802] Der Begriff der Entscheidungsnützlichkeit bedarf in diesem Zusammenhang einer näheren Spezifizierung mittels der beiden prägenden Grundsätze, nämlich der Entscheidungserheblichkeit („relevance“) und der Verlässlichkeit („reliability“).[803] Anschließend soll in diesem Unterabschnitt die Entscheidungsnützlichkeit einer Bewertung mit dem Wertmaßstab „Fair Value“ anhand der beiden Kriterien auf einer abstrakt-konzeptionellen Ebene diskutiert werden.

---

801 Vgl. Hitz 2005a, S. 140 ff., vgl. Zons 2006, S. 297.

802 Neben der Bereitstellung von entscheidungsnützlichen Informationen, die potentiellen Investoren vor Vertragsabschluss oder für bereits im Unternehmen engagierte Kreditgeber bzw. Anteileigner zur Verminderung von Informationsasymmetrien über die Erfolgs- und Sicherheitslage („hidden characteristics“ bzw. „hidden information“) zur Verfügung gestellt werden, kann eine der Rechenschaftsfunktion verpflichtete Form der Rechnungslegung einen Beitrag zur Reduktion von Informationsasymmetrien über die Handlungen des Managements („hidden action“) leisten. Diese kontrolliert nicht nur ex post die Handlungen des Agenten, sondern beeinflusst auch das zukünftige Handeln des Agenten. Um der Kontrollfunktion gerecht zu werden, ist ein besonderer Anspruch an die Verlässlichkeit der Rechnungslegungsdaten zu stellen. Da vor allem die Auswirkungen der Handlungen des Managements auf die Erfolgs- und Sicherheitslage abgeschätzt werden sollen, ist es sinnvoll zum Zwecke der Rechenschaftslegung auf durch Markttransaktionen bestätigte Größen zurückzugreifen. Vgl. Coenenberg/Straub 2008, S. 17-22.

803 Vgl. Baetge/Zülch 2001, S. 559, vgl. Bieker 2006, S. 191, vgl. Haaker 2007a, S. 254 ff., vgl. Hassler/Sauer/Schneider 2006, S. 1546, vgl. Hitz 2005b, S. 1017 und S. 1021, vgl. Mölls/Strauß 2007, S. 79, vgl. Rohlfs 2008, S. 48, vgl. Streim/Bieker/Esser 2003, S. 458 und S. 469, vgl. Varain 2004, S. 164 ff., vgl. Wagenhofer 2008, S. 187, vgl. Wagenhofer/Ewert 2003, S. 120.

Ziel des Grundsatzes der Verlässlichkeit („reliability") bzw. des synonym verwendeten Begriffs der Objektivierung ist es, das subjektive Ermessen der Rechnungslegenden zu beschränken.[804] Dabei wird Objektivierung zunächst als intersubjektive Nachprüfbarkeit von Wertansätzen verstanden, welche in der inversen Streuung der Messergebnisse, die unterschiedliche Anwender bei identischer Ermittlungsmethodik ermitteln, zum Ausdruck kommt.[805] Erweitert wird der Begriff der Objektivierung durch die Vermeidung von Verzerrungen, welche sich in der Abweichung des Mittelwerts der Messergebnisse vom Abbildungsziel manifestiert. Im weiteren Verlauf dieser Arbeit steht die Vermeidung von Verzerrungen in Form von bilanzpolitischen Maßnahmen („earnings management") im Mittelpunkt des Begriffs der Objektivierung.

Entscheidungsrelevanz im entscheidungstheoretischen Sinne erlangt eine Information der Rechnungslegung, indem sie unmittelbar Größen der Ergebnisfunktion eines entscheidungstheoretischen Modells[806] generiert.[807] Betrachtet man das Entscheidungsproblem eines Investors, nämlich die Optimierung seines Investitionsprogramms und damit des entnahmefähigen Konsumpotentials,[808] so besteht dessen Entscheidungsregel unter der Annahme einer neutralen Risikoeinstellung in der Maximierung des erwarteten Barwerts der Zahlungen.[809] Entscheidungsrelevanz einer

804 Vgl. Hitz 2005a, S. 157 f., vgl. Rohlfs 2008, S. 49, vgl. Streim/Bieker/Esser 2003, S. 470, vgl. Wagenhofer/Ewert 2003, S. 120.

805 Zum Begriff der Objektivierung vgl. Ballwieser 2001, S. 118, vgl. Hitz 2005a, S. 157 f., vgl. Hitz 2005b, S. 1025, vgl. Streim/Bieker/Esser 2003, S. 469 und S. 472 f., vgl. Wagenhofer 2008, S. 187 f.

806 Das Grundmodell der präskriptiven Entscheidungstheorie besteht aus dem Entscheidungsfeld und der Entscheidungsregel (Zielfunktion). Das Entscheidungsfeld beinhaltet die Menge der Handlungsalternativen, der Umweltzustände sowie der subjektiven Eintrittswahrscheinlichkeiten. Die Ergebnisfunktion ordnet den einzelnen Handlungsalternativen und den zugehörigen Umweltzuständen Konsequenzen zu. Diese Konsequenzen (Ergebnisse) werden mittels der Präferenzen des Entscheiders in Form einer Nutzenfunktion bewertet. Die optimale Handlungsalternative maximiert dann den Erwartungsnutzen. Vgl. Hitz 2005a, S. 143, vgl. Wagenhofer/Ewert 2003, S. 56 ff.

807 Damit korrespondiert der in der angelsächsischen Literatur gebräuchliche Begriff vom „messtheoretischen Ansatz". Dieser kann in eine investitionstheoretische Sichtweise, bei der die Ermittlung des ökonomischen Gewinns bzw. des ökonomischen Effektivvermögens im Mittelpunkt steht, und eine weitere Fassung, bei der versucht wird, über den Ausweis von Aggregatgrößen wie Vermögen, Schulden oder Gewinn Entscheidungsnutzen zu stiften, unterteilt werden. Vgl. Hitz 2005a, S. 154 f.

808 Siehe hierzu Kapitel 2.1.2.1 dieser Arbeit.

809 Vgl. Hitz 2005a, S. 144 ff.

Information im entscheidungstheoretischen Sinne liegt dann vor, wenn diese über das Zahlungsstromprofil des Investments, d.h. über Höhe, zeitlichen Anfall und Unsicherheit der Zahlungen, Auskunft gibt.[810] Dabei ist es unerheblich, ob die Entscheidungsprobleme von Investoren oder Gläubigern betrachtet werden,[811] da zur Lösung des jeweiligen Entscheidungsproblems das Zahlungsprofil des Unternehmens herangezogen wird. Für Gläubiger stehen jedoch die Ruinwahrscheinlichkeit und die erwartete Ruinhöhe im Vordergrund.[812] [813]

Im Gegensatz dazu besteht der Beitrag des Rechnungswesens zur Verbesserung der Entscheidungsfindung beim informationsökonomischen Ansatz in der durch das Aussenden von Signalen induzierten Erwartungsrevision.[814] Dabei werden bestehende *a-priori*-Erwartungen über die Eintrittswahrscheinlichkeit eines Umweltzustands f (θ) nach Aussenden des Signals y aufgrund des angenommenen Zusammenhangs[815] zwischen dem ausgesandten Signal und einem bzw. mehreren Umweltzuständen zu einer veränderten (erwarteten) Eintrittswahrscheinlichkeit des Umweltzustands transformiert. Diese Erwartungsrevision basiert auf dem so genannten *Bayes-Theorem*. Die *a-posteriori*-Wahrscheinlichkeit des Umweltzustands in Abhängigkeit vom ausgesandten Signal $f(\theta|y)$ ergibt sich formal:[816]

---

810 Vgl. Coenenberg/Straub 2008, S. 20 f., vgl. Haaker 2007a, S. 255, vgl. Hassler/Sauer/Schneider 2006, S. 1546, vgl. Hitz 2005a, S. 144 ff., vgl. Kahle 2003, S. 264, vgl. Moxter 2000, S. 2146 ff., vgl. Rohlfs 2008, S. 46, vgl. Schultze/Fink/Straub 2007, S. 565, vgl. Streim 2000, S. 114 f. vgl. Streim/Bieker/Esser 2003, S. 470, vgl. Wagenhofer 2008, S. 187.

811 Vgl. Auer 1999, S. 991, vgl. Schön 2001, S. 74 f.

812 Vgl. Burger/Buchhart 2000, S. 2199, vgl. Hitz 2005a, S. 145 f., vgl. Streim 2000, S. 120, vgl. Streim/Bieker/Esser 2003, S. 470.

813 In diesem Zusammenhang sei nochmals auf den langfristigen Zusammenhang von Sicherheit und der Fähigkeit eines Versicherers, Gewinn zu erzielen, hingewiesen, so dass Versicherungsnehmer auch ein Interesse an der Entwicklung des Residualeinkommens („entity Methode") der Anteilseigner haben.

814 Zum informationsökonomischen Ansatz vgl. Ballwieser 2002, S. 117, vgl. Hitz 2005a, S. 148 ff., vgl. Mölls/Strauss 2007, S. 81, vgl. Rohlfs 2008, S. 48, vgl. Wagenhofer/Ewert 2003, S.59 ff.

815 Die Verknüpfung zwischen Signal und Umweltzustand wird mittels bedingter Eintrittswahrscheinlichkeiten der so genannten *a-posteriori*-Wahrscheinlichkeit („*likelihood*") beschrieben. In diesem Kontext bezeichnen diese die Wahrscheinlichkeit mit der ein Signal bei Eintritt eines Umweltzustands θ auftritt. Formal: $f(y|\theta)$. Vgl. Hitz 2005a, S. 148, vgl. Wagenhofer/Ewert 2003, S. 60.

816 Siehe hierzu Wagenhofer/Ewert 2005, S. 62.

$$f(\theta|y) = \frac{f(y|\theta) \cdot f(\theta)}{\sum_{\theta} f(y|\theta) \cdot f(\theta)}$$

Bei vollkommener Information wird jedem Signal genau ein Umweltzustand zugeordnet, so dass die Eintrittswahrscheinlichkeit eines Umweltzustands nach Empfang des zugehörigen Signals eins beträgt. Im Gegensatz dazu werden bei unvollkommener Information einem Signal mehrere Zustände zugeordnet. Auch nach Erhalt des Signals ist der Umweltzustand nicht eindeutig bestimmbar. Der Erwartungsrevision der Eintrittswahrscheinlichkeiten eines Zustands liegt eine Partitionierung des Zustandsraums zugrunde, d.h. nach dem Empfang eines Signals werden nur noch die möglichen und damit relevanten Umweltzustände betrachtet. Die nach dem Empfang eines Signals einschlägigen Umweltzustände $\Theta(y)$ stellen eine Teilmenge des ursprünglichen Zustandsraums dar. Dadurch, dass sich die „likelihoods" auf den neuen Zustandsraum beziehen, ergeben sich automatisch revidierte Eintrittswahrscheinlichkeiten. Formal:[817]

$$f(\theta|y) = \begin{cases} \dfrac{f(\theta)}{\sum_{\theta \in \Theta(y)} f(\theta)} & \text{für } \theta \in \Theta(y) \\ 0 & \text{sonst} \end{cases}$$

Eng verbunden mit der Partitionierung des Zustandraums ist die Frage nach der Feinheit eines Rechnungslegungssystems. Ein Rechnungslegungssystem gilt dann als feiner, wenn es dieselben Informationen beinhaltet wie das Vergleichssystem und mindestens ein Signal eine weitere Partitionierung des Zustandsraums erlaubt.[818] Dies bedeutet, dass die jedem Signal y^f des neuen Informationssystems zugeordneten Umweltzustände $\Theta(y^f)$ eine Teilmenge der den jeweiligen Signalen y des alten Systems zugehörigen Umweltzustände $\Theta(y)$ darstellen. Entsprechend dem *Blackwell-Theorem* entspricht der Erwartungsnutzen des feineren Informationssystems im individuellen Entscheidungskontext mindestens dem Erwartungsnutzen des gröbe-

817 Siehe hirzu Wagenhofer/Ewert 2003, S. 66.

818 Vgl. Hitz 2005a, S. 150, vgl. Wagenhofer/Ewert 2003, S. 70 ff..

ren, so dass bei Abstraktion von Informationskosten das feinere System immer vorziehen ist.

Bisher wurde von der Betrachtung von Informationskosten abstrahiert und nur auf die Analyse des Bruttowerts der Informationen abgestellt. Informationskosten können sowohl aktions- als auch zustandsabhängig sein und korrelieren selbstverständlich auch mit der Ausgestaltung des Rechnungslegungssystems. [819] Die Informationskosten k mindern die jeweiligen zustandsabhängigen Ergebnisse x der Aktionen a. Der „Nettoerwartungsnutzen", d.h. der Erwartungsnutzen nach Informationskosten in Abhängigkeit vom erhaltenen Signal y, ergibt sich dann als:[820]

$$EU(a|\,y)_k \;=\; \sum_{\theta\in\Theta} U(\,x(a,\theta)-k(Y,a,\theta))\cdot f(\theta|\,y)$$

Die Beschaffung von Informationen lohnt unter der Berücksichtigung von Informationskosten nur dann, wenn der „Nettoerwartungsnutzen" bei Informationsbeschaffung größer ist als der Erwartungsnutzen aus der optimalen Handlung ohne die Berücksichtigung von Informationen. Formal:[821]

$$EU^*(\,Y)_k \;=\; EU(a^*)$$

Das vereinfachte Kriterium, dass der Nettonutzen der Informationsverwendung, d.h. die Differenz des Erwartungsnutzens, aus der jeweils optimalen Handlung mit und ohne Nutzung von Informationen die Informationskosten übersteigen muss, gilt nur, sofern sich sowohl Nutzen als auch Kosten der Information separieren lassen.

Zusammenfassend kann festgehalten werden, dass die Beschaffung von Informationen ein ökonomisches Entscheidungsproblem darstellt, bei dessen Lösung sowohl Bruttonutzen als auch Informationskosten zu berücksichtigen sind. Insofern stellt die-

---

819 Zur Berücksichtigung von Informationskosten in informationsökonomischen Modellen vgl. Hitz 2005a, S. 148 ff., vgl. Wagenhofer/Ewert 2003, S. 75 f.

820 Siehe hierzu Wagenhofer/Ewert 2003, S. 75.

821 Siehe hierzu Wagenhofer/Ewert 2003, S. 75.

se Erkenntnis eine Relativierung des Feinheitstheorems dar. Eine weitere Partitionierung des Zustandsraums im Sinne des Feinheitstheorems ist jedoch die Voraussetzung dafür, dass ein Rechnungslegungssystem einen Bruttonutzen stiftet, was dessen Implementierung überhaupt erst ökonomisch sinnvoll erscheinen lässt.

Daneben induziert die Existenz von Informationskosten im Mehrpersonenkontext Verteilungseffekte, sofern die Rechnungslegung dem Regime eines Regulators unterworfen ist.[822] Zwar wird in einer Welt ohne Informationskosten aufgrund des Feinheitstheorems trotz unterschiedlicher individueller Entscheidungsprobleme niemand schlechter gestellt als ohne Information. Diese Aussage gilt jedoch nicht mehr beim Vorliegen von Informationskosten. Augenfällig werden Verteilungseffekte von Informationen durch entsprechende Preisreaktionen der Kapitalmärkte, die den Wert der Anfangsausstattung der Investoren verändern. Die externen Effekte der Rechnungslegung werden in der Theorie des gesellschaftlichen Werts von öffentlich verfügbaren Informationen untersucht, welche jedoch nicht Gegenstand dieser Arbeit ist.[823]

Neben der Erwartungsrevision durch Partitionierung des Zustandsraums leistet Rechnungslegung auch durch die Aggregations- und Disziplinierungsfunktion einen Beitrag zur Verbesserung der Entscheidungsnützlichkeit im informationsökonomischen Sinne.[824] Dabei dient die Aggregation einer Vielzahl von Einzelinformationen zu wenigen Kennzahlen zum einen dazu, Informationskosten zu sparen, und andererseits, den Grenzen der Informationsverarbeitung durch die Adressaten Rechnung zu tragen. Gleichzeitig übt die zeitverzögerte periodisierte Publikation durch die Prüfung durch Dritte und die damit einhergehende Objektivierung eine disziplinierende

---

822 Vgl. Hitz 2005a, S. 151, vgl. Wagenhofer/Ewert 2003, S. 80 ff.

823 So stellt das im Rahmen der Handlungsverbundenheit von Kapitalanlegern erforschte *Informationsablehnungstheorem* einen Widerspruch zu den Erkenntnissen dar, die im Rahmen der informationsökonomischen Untersuchungen im Individualkontext gewonnen wurden. Obwohl die vollkommene Information, die ex post sämtliche Risiken beseitigt, vor der Eröffnung des Handels kostenlos zur Verfügung gestellt wird, wird kein Anleger verglichen mit der Situation ohne Information besser gestellt. Die Begründung hierfür liegt vor allen in der gewählten Modellstruktur. Die verfügbare Information beseitigt zwar ex post sämtliche Risiken, vor deren Publikation besteht jedoch ein Informationsrisiko, welches dem Überschussrisiko des Wertpapiers entspricht. Ohne Information konnte dieses Risiko durch Handel unter Berücksichtigung der unterschiedlichen Risikoaversion der Marktteilnehmer optimiert werden, was im Fall der Information durch die Modellstruktur ausgeschlossen wird. Vgl. Wagenhofer/Ewert 2003, S. 80 ff.

824 Vgl. Hitz 2005a, S. 152 ff., vgl. Mölls/Strauß 2007, S. 85.

Wirkung auf die gesamte Unternehmenspublizität aus.[825] Deshalb werden die Aggregationsfunktion und die Disziplinierungsfunktion auch als informationsökonomische Entscheidungsnützlichkeit im weiteren Sinne bezeichnet.

Im *Rahmenkonzept des IASB* ist der Begriff der Entscheidungsrelevanz vor allem informationsökonomisch und weniger entscheidungstheoretisch geprägt. Dabei ist ausdrücklich nicht die Bereitstellung von unmittelbaren Informationen über Zielgrößen der Investoren intendiert. Informationen gelten dann als relevant, wenn sie einen Beitrag zur Bestätigung oder Revision von Erwartungen bzw. Entscheidungen der Investoren leisten. In diesem Zusammenhang werden Informationen dann Relevanz beigemessen, wenn sie entweder zur Prognose des künftigen Zahlungsstromprofils eines Unternehmens beitragen (Prognosewert) oder vergangene Prognosen bestätigen oder revidieren (Rückkopplungswert).[826]

Eine weitere Möglichkeit, sich dem Begriff der Entscheidungsnützlichkeit von Rechnungslegungsinformationen zu nähern, stellt die empirische Forschung dar. Dabei wird vor allem unter dem Stichwort „value relevance" versucht, mit Hilfe statistischer Methoden einen Zusammenhang zwischen Größen der Rechnungslegung und der Entwicklung der Marktpreise von Eigenkapitaltiteln nachzuweisen.[827] In diesem Zusammenhang erfolgt keine Differenzierung nach Entscheidungsrelevanz und Objektivität der Information.

Je nach Länge des Beobachtungszeitreitraums können von „value relevance"-Studien,[828] die über längere Zeiträume einen statistischen Zusammenhang zwischen Marktwerten bzw. (Markt-)Renditen und Jahresabschlussgrößen analysieren, so ge-

---

825 Vgl. Hitz 2005a, S. 53 f., vgl. Mölls/Strauß 2007, S. 85, vgl. Pfaff/Kukule 2006, S. 544 und 548, vgl. Streim 2000, S. 122.

826 Vgl. Ballwieser 2002, S. 120 f., vgl. Coenenberg/Straub 2008, S. 20, vgl. Framework Nr. 26, vgl. Hitz 2005a, S. 159 ff., vgl. Streim/Bieker/Esser 2003, S. 469 f., vgl. Varain 2004, S. 166.

827 Vgl. Auer 1999, S. 989 ff., Bieker 2006, S. 205 ff., vgl. Hipp 2007, S. 207 ff., vgl. Hitz 2005a, S. 167 ff., vgl. Hitz 2005b, S. 1025, vgl. Mölls/Strauß 2007, S. 79 ff., vgl. Wagenhofer 2008, S. 189, vgl. Wagenhofer/Ewert 2003, S. 120 ff.

828 Einen Überblick über längerfristige Studien, insbesondere bezüglich des Phänomens der „Post-earnings announcement drift", vermittelt die Arbeit von *Mölls/Strauß*. Vgl. Mölls/Strauß 2007, S. 87 f.

nannte Ereignisstudien („event studies“) unterschieden werden. Ereignisstudien untersuchen die kurzfristige Reaktion des Kapitalmarktes auf die Veröffentlichung von Rechnungslegungsinformationen, insbesondere auf Abweichungen von den vorher in den Kursen „eingepreisten“ Erwartungen.[829]

Im Basisszenario[830] wird die Kursreaktion eines börsennotierten Wertpapiers – mit dem zufallsverteilten Barwert x – nach Erhalt eines Signals über die Gewinnentwicklung y zum einen von der Abweichung des erhaltenen Signals y von dessen Erwartungswert (E (y)) determiniert. Zum anderen hängt die Stärke der Preisreaktion auf das Signal y vor allem von der Genauigkeit ab, mit der die Gewinngröße y den Barwert x abbildet. Die Abbildungstreue manifestiert sich vor allem in einer geringen Varianz der Störvariable ε.[831] Eine Indikatorfunktion des Gewinnsignals y für den Zahlungsüberschuss x setzt jedoch einen Zusammenhang zwischen Gewinngröße und Zahlungsstromgröße voraus. Ausgangspunkt hierfür stellt das so genannte „Clean Surplus Accounting“ dar, bei dem sich sämtliche Reinvermögensänderungen, die nicht durch Transaktionen mit den Anteilseignern verursacht wurden, in den Gewinnen und damit dem Eigenkapital niederschlagen (Kongruenzprinzip).[832]

Das „Cleans Surplus Accounting“ ist eine hinreichende, aber nicht notwendige Bedingung[833] für die Gültigkeit des Summen- bzw. Lücke-Theorems, welches besagt,

829 Vgl. Ballwieser 2001, S. 162, vgl. Hitz 2005a, S. 169, vgl. Mölls/Strauß 2007, S. 81 ff., vgl. Wagenhofer/Ewert 2003, S. 121 ff.

830 Das Modelldesign basiert auf einer Arbeit von *Lev* aus dem Jahr 1989. Siehe hierzu Wagenhofer/Ewert 2003, S. 122, vgl. Mölls/Strauß 2007, S. 81 ff.

831 Im Gegensatz dazu ergibt sich ein Korrelationskoeffizient zwischen ausgewiesenen Gewinnen und den Kapitalmarktrenditen von eins, da die Höhe des Gewinnausweises die einzige Determinante der Kursentwicklung darstellt. Erst unter der Annahme, dass die Investoren einzelne Gewinnkomponenten bei der Erwartungsrevision negieren, resultiert ein Korrelationskoeffizient von kleiner eins. Je umfangreichere Modifikationen an der Gewinngröße vorgenommen werden, desto schwächer ausgeprägt ist die Korrelationsstruktur. In diesem Kontext kommt die Entscheidungsnützlichkeit einer Gewinngröße vor allem in möglichst geringen Korrekturen zum Ausdruck. Vgl. Wagenhofer/Ewert 2003, S. 123 ff.

832 Vgl. Hitz 2005a, S. 289, vgl. Streim 2000, S. 122, vgl. Wagenhofer/Ewert 2003, S. 125, vgl. Zons 2006, S. 227 ff.

833 So erfüllt auch das „Dirty Surplus Accounting“ die Voraussetzungen für die Gültigkeit des Summentheorems, sofern die erfolgsneutral erfassten Wertänderungen (ΔEK_t^n) zu einem späteren Zeitpunkt wieder in die Gewinn- und Verlustrechnung überführt werden („recycling“). Beim „Dirty Surplus Accounting“ werden Erfolgswirkungen, die auf außerordentliche Vorgänge zurückge-

dass die Summe der Periodenerfolge, also der Totalerfolg unabhängig von der Art der Erfolgsmessung und damit dem verwendeten Rechnungslegungssystem ist.[834] Daraus ergibt sich dann die Möglichkeit, eine kapitalwertneutrale Periodisierung der Zahlungsströme vorzunehmen.[835] Dadurch ist es möglich, das zahlungsstrombasierte Dividendenbarwertmodell zur Ermittlung des Marktwerts des Eigenkapitals in das ausschließlich auf Rechnungslegungsdaten basierende Residualgewinnmodell („residual income model“) zu überführen.[836]

Der Marktwert des Eigenkapitals (MV_t) im Zeitpunkt t ergibt sich im Residualgewinnmodell aus dem Buchwert des Eigenkapitals im Zeitpunkt t (BV_t) und der Summe der diskontierten erwarteten Residualgewinne (E (RG_T)).[837] [838] Dabei wird der jährliche Übergewinn (Residualgewinn) als Differenz aus dem buchhalterischen Periodengewinn G_t und den Kapitalkosten in Form der Zinsen auf das buchmäßige Eigenkapital der Vorperiode (BV_{t-1}) ermittelt. Da die Summe der diskontierten erwarteten Residualgewinne genau der Differenz zwischen Markt- und Buchwert des Eigenkapitals entspricht, stellt diese den Goodwill der Unternehmung dar.[839]

Noch deutlicher wird der Zusammenhang zwischen Zahlungsströmen und Größen der Rechnungslegung bei der Weiterentwicklung des Residualgewinnmodells durch

hen, separiert und erfolgsneutral erfasst. Vgl. Zons 2006, S. 231 ff.. Die Voraussetzungen für die Gültigkeit des Summentheorems sind erfüllt, wenn formal gilt:

$$BV_t = BV_{t-1} + G_t - D_t + \Delta EK_t^n \qquad \text{mit } \sum_{t=0}^{T} \Delta EK_t^n = 0$$

Siehe hierzu Zons 2006, S. 232.

834 Vgl. Hitz 2005a, S. 171, vgl. Zons 2006, S. 218 f.

835 Vgl. Zons 2006, S. 227.

836 Vgl. Hitz 2005a, S. 264 ff., siehe hierzu Wagenhofer/Ewert 2003, S. 125, siehe hierzu Zons 2006, S. 230, vgl. Schultze/Fink/Straub 2007, S. 566, vgl. Streim 2000, S. 122 f.

837 Vgl. Hitz 2005a, S. 264 ff., vgl. Streim 2000, S. 123, vgl. Wagenhofer/Ewert 2004, S. 125, vgl. Zons 2006, S. 222 ff.

838 Damit stellt das „Residual Income Model“ ein Mischkonzept aus Substanzwert und (Rest-) Ertragswert dar. Vgl. Zons 2006, S. 225.

839 Vgl. Hitz 2005a, S. 269, vgl. Schultze/Fin/Straub 2007, S. 566, vgl. Zons 2006, S. 225.

die Arbeiten von *Ohlson.*[840] Dabei wird unter der Prämisse der Gültigkeit des Kongruenzprinzips der Nettowert des Eigenkapitals (cum Dividende) ausschließlich aus dem Buchwert des Eigenkapitals der Vorperiode und dem laufenden buchhalterischen Gewinn und damit aus Größen der Rechnungslegung ermittelt.[841] Da der Eigenkapitalbuchwert der Vorperiode eine Konstante darstellt, besteht somit ein linearer Zusammenhang zwischen Gewinngröße und des eigentlich zahlungsstrombasierten Marktwerts des Eigenkapitals. [842]

4.1.2 Diskussion der Entscheidungsnützlichkeit des Wertmaßstabs „Fair Value“

Nachdem im vorigen Abschnitt der Begriff der Entscheidungsnützlichkeit anhand der Kriterien Entscheidungsrelevanz und Objektivierung spezifiziert wurde, soll im folgenden Abschnitt die Entscheidungsnützlichkeit des beizulegenden Zeitwerts („Fair Value“) als Wertmaßstab diskutiert werden. Dabei soll die Entscheidungsrelevanz von Marktpreisen und synthetischen Marktwerten bei vollkommenen und unvollkommenen bzw. unvollständigen Märkten vor entscheidungstheoretischem Hintergrund erörtert werden. Anschließend soll die Entscheidungsrelevanz von beizulegenden Zeitwerten im informationsökonomischen Kontext untersucht werden. In diesem Zusammenhang wird auch der „trade off“ zwischen Entscheidungsrelevanz und Objektivierung herausgearbeitet.

Da annahmegemäß im neoklassischen Modell mit vollkommenen und vollständigen Märkten weder Informationsasymmetrien noch aus Wettbewerbsvorteilen resultierende Renten vorhanden sind, ist der „Fair Value“ eindeutig bestimmt.[843] Außerdem entspricht in diesem Kontext der „Fair Value“ dem „Entity Specific Value“. Aufgrund

---

840 Vgl. Ohlson 2001, S. 107-120, vgl. Ohlson 1995, S. 661-687, vgl. Streim 2000, S. 123 ff., vgl. Zons 2006, S. 233 ff.. Eine vereinfachte Version ohne die Modellierung sonstiger Informationen findet sich bei Wagenhofer/Ewert 2003, S. 126 ff.

841 Siehe hierzu Anhang 2 dieser Arbeit.

842 Vgl. Sreim 2000, S. 124, vgl. Wagenhofer/Ewert 2003, S. 127.

843 Vgl. Hitz 2005a, S. 178 f., vgl. Hitz 2005b, S. 1021, vgl. Pfaff/Kukule 2006, S. 544, vgl. Rohlfs 2008, S. 51.

der dem neoklassischen Modell zugrunde liegenden Prämissen bleibt der Wert von Rechnungslegungsinformationen, die eigentlich als Instrument zur Reduktion von Informationsasymmetrien dienen, jedoch zweifelhaft.[844]

Solange die Bedingungen „spanning“ und „competitivity“ erfüllt sind, können auch bei einem unvollkommenen bzw. unvollständigen (Kapital-)Markt Investitions- und Konsumentscheidung weiterhin separiert werden, so dass der Kapitalwert als handlungsleitendes Kriterium erhalten bleibt.[845] Jedoch fallen in diesem Szenario „Fair Value“ und „Entity Specific Value“ auseinander.[846] Dies liegt darin begründet, dass im Marktpreis die aus unternehmensspezifischen Wettbewerbsvorteilen bzw. -nachteilen resultierenden Renten nicht erfasst werden und somit der Unternehmenswert systematisch unter- bzw. überzeichnet wird.[847]

Aus entscheidungstheoretischer Perspektive ist die Ermittlung hypothetischer Marktwerte auf der dritten Stufe der Ermittlungshierarchie ebenfalls kritisch zu betrachten. So liegt der modelltheoretischen Berechnung die Annahme eines vollkommenen Marktes zugrunde, was in der Regel zu einer Überschätzung des Marktwerts eines Vermögensgegenstands verglichen mit Marktpreisen der ersten und zweiten Hierarchieebene führt.[848] Andererseits ist der synthetischen Marktwertermittlung insbesondere bei Verzicht auf objektivierende Marktannahmen vor allem bei Zahlungsstromschätzungen eine gewisse konzeptionelle Nähe zum entscheidungsrelevanten „Ideal“ des „Entity Specific Value“ zuzubilligen.[849]

---

844 Vgl. Hitz 2005a, S. 179, vgl. Hitz 2005b, S. 1021.

845 Vgl. Hitz 2005a, S. 179 ff.

846 Vgl. Hitz 2005a, S. 179, vgl. Hitz 2005b, S. 1021, vgl. Zons 2006, S. 292.

847 Vgl. Haaker 2007a, S. 260, vgl. Hitz 2005a, S. 179 ff., vgl. Hitz 2005b, S. 1021, vgl. Varain 2004, S. 168.

848 Dieser Effekt liegt in der Negierung von Transaktionskosten und dem Verzicht auf Abschläge wegen geringer Liquidität bei der hypothetischen Marktwertkonstruktion begründet. Vgl. Hitz 2005a, S. 240, vgl. Hitz 2005b, S. 1022. Für Passivposten, deren Wert mittels einer modelltheoretischen Konstruktion ermittelt wird, bedeutet dies umgekehrt, dass diese aus den vorstehend genannten Gründen systematisch unterbewertet werden.

849 Vgl. Hitz 2006, S. 112, vgl. Hitz 2005b, S. 1022, vgl. Pfaff/Kukule 2006, S. 546.

Damit ist im realistischen Szenario unvollkommener bzw. unvollständiger Märkte dem „Fair Value" die Fähigkeit zur unmittelbaren Indikation des (anteiligen) Unternehmenswerts abzusprechen.[850] Im Gegensatz zum „Fair Value" beinhaltet der „Entity Specific Value" als unternehmensspezifischer Ertragswert auch die bei einer Marktwertbewertung im originären „Goodwill" erfassten Wettbewerbsvorteile bzw. -nachteile.[851] Deshalb ist der Wertmaßstab „Entity Specific Value" dem „Fair Value" bezüglich der Entscheidungsrelevanz im engen messtheoretischen Sinne vorzuziehen.[852]

Unter dem Gesichtspunkt der Objektivierung ist eine Bewertung mit dem „Entity Specific Value" jedoch abzulehnen, da dieser aufgrund seines unternehmensspezifischen Charakters als Träger privater Informationen anzusehen ist, was die große Gefahr bewusster Verzerrungen in sich trägt.[853] Im Gegensatz dazu sind Marktpreise intersubjektiv nachvollziehbar und sofern diese auf liquiden Märkten zustande kommen auch weitgehend frei von willkürlichen Verzerrungen.[854] In diesen Überlegungen kommt der „trade off" zwischen Entscheidungsrelevanz und Objektivierung zum Ausdruck.[855] Die hinreichend objektivierten Marktpreise induzieren durch die Nichterfassung von unternehmensspezifischen Renten eine systematische Verzerrung der Zielgröße im entscheidungstheoretischen Sinne.

---

850 Vgl. Hitz 2005a, S. 181, vgl. Hitz 2005b, S. 1021, vgl. Moxter 2000, S. 2143 ff.

851 Vgl. Bieker 2005, S. 192, vgl. Hitz 2005a, S. 180 f., vgl. Hitz 2005b, S. 1021, vgl. Kahle 2003, S. 264 ff., vgl. Moxter 2000, S. 2143 ff., vgl. Zons 2006, S. 308.

852 Vgl. Bieker 2005, S. 192, vgl. Hipp 2007, S. 204, vgl. Hitz 2005a, S. 181 ff., vgl. Hitz 2005b, S. 1020, vgl. Rohlfs 2008, S. 57, vgl. Streim/Bieker/Esser 2003, S. 471 und S. 477, vgl. Varain 2004, S. 167, vgl. Wagenhofer 2008, S. 187, vgl. Zons 2006, S. 293.

853 Vgl. Bieker 2005, S. 194, vgl. Coenenberg/Straub 2008, S .21, vgl. Haaker 2007a, S. 256, vgl. Hitz 2005a, S. 182, vgl. Moxter S. 2143 ff., vgl. Pfaff/Kukule 2006, S. 548, vgl. Rohlfs 2008, S. 57, vgl. Streim/Bieker/Esser 2003, S. 472 f., vgl. Zons 2006, S. 293.

854 Vgl. Albrecht 2003d, S. 1413, vgl. Bieker 2005, S. 194, vgl. Coenenberg/Straub 2008, S. 21, vgl. Hitz 2005b, S. 1025, vgl. Streim/Bieker/Esser 2003, S. 473.

855 Vgl. Baetge/Zülch 2001, S. 558 f., vgl. Ballwieser 2002, S. 118, vgl. Ballwieser 2001, S. 161, vgl. Bieker 2005, S. 191 f., vgl. Coenenberg/Straub 2008, S. 22, vgl. Haaker 2007a, S. 255 ff., vgl. Hipp 2007, S. 206, vgl. Hitz 2005a, S. 158, vgl. Lüdenbach/Hoffmann 2003, S. 13 f., vgl. Moxter 2000, S. 2145, vgl. Pfaff/Kukule 2006, S. 548, vgl. Rohlfs 2008, S. 49, vgl. Streim/Bieker/Esser 2003, S. 458, vgl. Varain 2004, S. 166, vgl. Wagenhofer 2008, S. 188.

Im informationsökonomischen Kontext resultiert der Wert einer Information vor allem aus der Erwartungs- und Entscheidungsrevision, die durch diese ausgelöst wird.[856] Der Prozess des *Bayesianischen* Lernens erfordert jedoch die Publikation bisher unbekannter privater Informationen im Rahmen der Rechnungslegung.[857] Bereits anderweitig veröffentlichte Informationen der Rechnungslegung stiften in diesem Sinne keinen Entscheidungsnutzen. Allerdings können diese in Form der Kostenersparnis (Aggregationsfunktion) oder der Disziplinierung im Sinne einer Objektivierung der Unternehmenspublizität ebenfalls Entscheidungsnützlichkeit im informationsökonomischen Kontext erlangen.

Da öffentlich verfügbare Informationen in Form von Marktpreisen keine privaten Informationen beinhalten, ist die Entscheidungsrelevanz des Wertmaßstabs „Fair Value" im informationsökonomischen Sinne kritisch zu betrachten.[858] Allenfalls der Publikation des Mengengerüsts der einzelnen Positionen kann der Charakter einer unternehmensspezifischen privaten Information zugebilligt werden. Im Gegensatz dazu kann die Konstruktion hypothetischer Marktwerte zum Transport privater Informationen durch das Management genutzt werden.[859] Die durch die Verwendung von Marktannahmen intendierte Objektivierung der Marktwertapproximation reduziert jedoch wiederum die Entscheidungsnützlichkeit im Sinne der Informationsökonomie. Nur sofern keine Informationen verfügbar sind bzw. die Marktannahmen widerlegt werden können, kann im Rahmen der synthetischen Marktwertermittlung auf eigene Schätzungen zurückgegriffen werden.[860]

Diesen Überlegungen steht die Beurteilung von Marktpreisen und Marktwerten unter dem Gesichtspunkt der Objektivierung diametral entgegen. Wie bereits betont, ist der Marktpreispublizität ein hohes Maß an Objektivität immanent. Im Gegensatz dazu ist

---

[856] Vgl. Abschnitt 4.1.1 dieser Arbeit.

[857] Vgl. Hitz 2005a, S. 191 f.

[858] Zur Entscheidungsnützlichkeit von Marktpreisen im informationsökonomischen Kontext vgl. Hitz 2005a, S. 191 ff., vgl. Rohlfs 2008, S. 48.

[859] Zur Entscheidungsnützlichkeit von hypothetischen Marktwerten im informationsökonomischen Kontext vgl. Hitz 2005a, S. 192 f. und S. 242 ff., vgl. Rohlfs 2008, S. 48.

[860] Vgl. Hitz 2005a, S. 243, vgl. Pfaff/Kukule 2006, S. 546, vgl. Zons 2006, S. 309.

die Ermittlung hypothetischer Marktwerte im hohen Maße anfällig für willkürliche Verzerrungen, da diese weitgehend auf Schätzungen der Zahlungsströme und Risikoprämien basiert.[861] Die weitgehende Entobjektivierung auf der dritten Stufe der Ermittlungshierarchie wird allenfalls durch die im informationsökonomischen Kontext kritisierte Verwendung von Marktannahmen gemildert.[862] Bezüglich der Beurteilung der Entscheidungsnützlichkeit der Marktpreis- bzw. Marktwertpublizität kommt in informationsökonomischen Kontext der „trade off" zwischen Entscheidungsrelevanz einerseits und der Verlässlichkeit andererseits besonders deutlich zum Ausdruck.

Da die Verwendung von Marktpreisen der Vermeidung individueller Suchkosten dient, können diese als entscheidungsrelevant im weiteren informationsökonomischen Sinne betrachtet werden.[863] Auch die Publikation modellgestützt ermittelter hypothetischer Marktwerte kann unter dem Aspekt der Vermeidung von Informationskosten im weiteren informationsökonomischen Sinne als entscheidungsrelevant qualifiziert werden. Als Voraussetzung hierfür muss die Information als bewertungsrelevant qualifiziert werden.[864] Das bedeutet, dass die Publikation der Information unter der fiktiven Annahme einer erstmaligen Veröffentlichung zu einer Erwartungs- und Entscheidungsrevision im informationsökonomischen Sinne führen würde. In diesem Zusammenhang billigt *Hitz* Marktpreisen bei hinreichend liquiden[865] Märkten zu, im informationsökonomischen Sinne erwartungsrevidierend zu wirken.[866]

---

[861] Vgl. Bieker 2005, S. 195, vgl. Coenenberg/Straub 2008, S. 21, vgl. Hassler/Sauer/Schneider 2006, S. 1545, vgl. Hipp 2007, S. 48, vgl. Hitz 2006, S. 111 f., vgl. Hitz 2005a, S. 94 ff. und S. 240 f., vgl. Hitz 2005b, S. 1025 und 1027, vgl. Pfaff/Kukule 2006, S. 546 ff., vgl. Rohlfs 2008, S. 49, vgl. Streim/Bieker/Esser 2003, S. 473.

[862] Vgl. Bieker 2005, S. 195, vgl. Hitz 2005b, S. 1025, vgl. Lüdenbach/Hoffmann 2003, S. 9 f., vgl. Pfaff/Kukule 2006, S. 548.

[863] Vgl. Hitz 2005a, S. 194 f.

[864] Vgl. Hitz 2005a, S. 195.

[865] In diesem Zusammenhang ist jedoch festzuhalten, dass selbst auf liquiden Märkten dauerhafte Abweichungen der Marktpreise von ihrem ökonomischen Wert auftreten können. Dies kann unter anderem mit irrationalem Verhalten von Anlegern erklärt werden. Vgl. Albrecht 2003c, S. 1-33, vgl. Albrecht, 2003d, S. 1413, vgl. Hitz 2005a, S. 235, vgl. Hitz 2005b, S. 1022.

[866] Vgl. Hitz 2005a, S. 234.

Im Gegensatz zu Marktpreisen stehen modellgestützt ermittelte Marktwerte im Widerspruch zu den dem „Fair Value"-Paradigma zugrunde liegenden Hypothesen.[867] Dies wird damit begründet, dass die hypothetischen Marktwerte gerade nicht aus der Aggregation der am Markt verstreuten privaten Informationen über das Zahlungsstromprofil der zu bewertenden Position resultieren, sondern das Ergebnis eines auf Modellen basierenden und vom Management durchgeführten Approximationsverfahren darstellen. Die informationsökonomische Bedeutung von hypothetischen Marktwerten dürfte eher im Transport privater Informationen und weniger in der Reduktion von Informationskosten liegen.

Diese konzeptionellen Überlegungen werden durch die Ergebnisse empirischer „Value Relevance"-Studien tendenziell gestützt.[868] So werden „Fair Values" von Finanzinstrumenten, die auf liquiden Märkten im Rahmen der ersten Ermittlungsstufe gewonnen werden, grundsätzlich Wertrelevanz zugebilligt. Im Gegensatz dazu bleiben die Ergebnisse bezüglich der beizulegenden Zeitwerte von illiquiden bzw. nicht börsennotierten Finanzinstrumenten und nicht-finanzieller Positionen uneinheitlich. Dies kann mit der Tatsache begründet werden, dass bei „Value Relevance"-Studien nicht zwischen den Komponenten Entscheidungserheblichkeit und Objektivierung differenziert wird.[869] Der Gegenstand der Untersuchungen stellt nur die Korrelation zwischen Rechnungslegungsinformation und Kursentwicklung dar, so dass das „Signaling" privater Informationen bei der Konstruktion hypothetischer Marktwerte möglicherweise durch deren geringe Objektivität in der Wirkung kompensiert wird.[870] [871]

---

867 Vgl. Hitz 2005a, S. 242 ff., vgl. Hitz 2005b, S. 1022 und S.1027.

868 Zum Überblick über den Stand der empirischen Forschung beim Thema Wertrelevanz von Rechnungslegungssystemen vgl. Bieker 2006, S. 205 ff., vgl. Hipp 2007, S. 208 ff., vgl. Hitz 2005a, S. 244 ff., vgl. Hitz 2005b, S. 1025 f.. Eher knapp Auer 1999, S. 989 ff.

869 Vgl. Abschnitt 4.1.1 dieser Arbeit, vgl. Hitz 2005a, S. 247, vgl. Wagenhofer/Ewert 2003, S. 130.

870 Vgl. Hipp 2007, S. 209 f., vgl. Hitz 2005a, S. 247 ff., vgl. Hitz 2005b, S. 1026 f.

871 Eine vergleichbare kompensatorische Wirkung von „relevance" und „reliability" ist auch bei der empirischen Untersuchung zur Entscheidungsnützlichkeit von Zwischen- und Jahresergebnissen zu konstatieren. So wird die größere Entscheidungsrelevanz aufgrund der zeitlichen Nähe von Zwischenberichten durch deren geringere Objektivierung aufgrund der fehlenden Prüfung durch Wirtschaftsprüfer und den geringeren Detaillierungsgrad kompensiert. Vgl. Mölls/Strauß 2007, S. 86.

4.2 Entscheidungsnützlichkeit der „Fair Value"-Bilanz unter besonderer Berücksichtigung des Standardentwurfs für Versicherungsverträge

4.2.1 Diskussion der Entscheidungsrelevanz der „Fair Value"-Bilanz

Die mit der Umsetzung des „asset-liability-measurement approach"[872] intendierte korrekte Darstellung der Vermögenslage eines Unternehmens führt zwangsläufig zu einer Aufwertung der Bilanz als Informationsinstrument.[873] Dies steht konträr zur Funktion der Bilanz im Rahmen des dynamischen „deferal and matching"-Ansatzes bei dem dieser nur die Rolle eines Verrechnungskontos vor allem zur zeitlichen Abgrenzung von Erfolgsgrößen und Zahlungsströmen zukommt.[874] Die Aufgabe dieses Unterabschnitts besteht darin zu untersuchen, ob die solchermaßen aufgewertete fortführungsstatische Bilanz als entscheidungsnützlich im informationsökonomischen und entscheidungstheoretischen Sinne zu qualifizieren ist.

Zunächst soll die Entscheidungsrelevanz des bilanziellen Reinvermögens überprüft werden, das aus der Bewertung der Vermögensgegenstände und Schulden mit dem beizulegenden Zeitwert resultiert. Dabei liegt ein Schwerpunkt auf der Diskussion der Ansatz- und Bewertungsvorschriften des Standardentwurfs für Versicherungsverträge. Da der Begriff der Entscheidungsnützlichkeit auch den Grundsatz der Objektivierung beinhaltet, wird anschließend erörtert, inwiefern die angestrebte hypothetische Marktwertkonstruktion von Versicherungsverträgen opportunistische Handlungsspielräume des Managements zur bewussten bilanzpolitischen Verzerrung der Vermögens- und Erfolgslage eröffnen.

Die Entscheidungserheblichkeit einer Rechnungslegungsinformation im Sinne der Entscheidungstheorie („investitionstheoretische Betrachtung") bemisst sich danach, inwieweit diese den Adressaten in die Lage versetzt, den Fundamentalwert, also den

---

872 Siehe hierzu Abschnitt 3.2.1 dieser Arbeit.

873 Vgl. Hitz 2005a, S. 257.

874 Vgl. Bauch/Oestreicher 1993, S. 37 ff., vgl. Hitz 2005a, S. 257, vgl. Streim 2000, S. 117, vgl. Zons 2006, S. 299 f.

unternehmensspezifischen Ertragswert, abzubilden bzw. zu approximieren.[875] Im Kontext der „Fair Value“-Bilanz muss erörtert werden, inwiefern das mit dem beizulegenden Zeitwert bewertete bilanzielle Reinvermögen dem Unternehmenswert entspricht.[876] Divergenzen zwischen dem Buchwert des Eigenkapitals und dem wirtschaftlichen Eigenkapital können unterschiedliche Ursachen haben.

So kann die „Bilanzlücke“ zum einen mit der inkonsequenten Umsetzung der Bewertung von Vermögensgegenständen und Schulden mit dem „Fair Value“ erklärt werden („Wertlücke“).[877] Die Verwendung kostenbasierter Wertmaßstäbe führt in den dem Anschaffungs- bzw. Herstellungsvorgang folgenden Perioden beinahe zwangsläufig zu stillen Reserven bzw. stillen Lasten. Zwar sind Anschaffungs- bzw. Herstellungskosten im Zeitpunkt der Erstbilanzierung durchaus als Ausprägungen des Zeitwerts zu betrachten. Diese entsprechen jedoch dem beschaffungsmarktorientierten Konzept des „Entry Value“, wohingegen der „Fair Value“ in den einzelnen Standards bevorzugt in Form des absatzmarktorientierten „Exit Value“ Verwendung findet. Sofern keine adverse Entwicklung des Marktpreises stattfindet, die eine entsprechende Korrektur der kostenbasierten Ansätze bei Aktiv- oder Passivpositionen notwendig macht, ist eine Identität zwischen kosten- und marktorientierten Bewertungen in den folgenden Perioden nur zufälliger Natur.[878] Exemplarisch hierfür können im Rahmen der Rechnungslegung nach IAS/IFRS der bereits mehrfach erläuterte IAS 39 oder die Verwendung des „cost model“ bei selbst oder fremd genutzten Immobilien dienen.[879]

Neben der „Wertlücke“ stellt die so genannte „Mengenlücke“ eine weitere Komponente der „Bilanzlücke“ dar. Die „Mengenlücke“ resultiert daraus, dass vor allem immaterielle Vermögensgegenstände und Schulden zwar identifizierbar, aufgrund der

---

875 Vgl. Abschnitt 4.1.1 dieser Arbeit.

876 Vgl. Haaker 2007a, S. 256, vgl. Hitz 2005a, S. 260, vgl. Schultze/Fink/Straub 2007, S. 565 f., vgl. Zons 2006, S. 301.

877 Vgl. Haaker 2007a, S. 258, vgl. Hassler/Sauer/Schneider 2006, S. 1543, vgl. Hitz 2005a, S. 261, vgl. Moxter 2000, S. 2143 ff., vgl. Rohlfs 2008, S. 47 und 86, vgl. Schultze/Fink/ Straub 2007, S. 565, vgl. Zons 2006, S. 322.

878 Vgl. Hitz 2005a, S. 249 ff.

879 Vgl.Baetge/Zülch 2001, S. 559 f.

fehlenden Objektivierung jedoch nicht bilanzierungsfähig sind.[880] Vor diesem Hintergrund sind die Bestrebungen der Standardsetter verständlich, die Bilanzierungsvoraussetzungen für immaterielle Aktiva zu lockern und deren Ansatz auszudehnen.[881] Selbst im hypothetischen Fall, dass es gelingen sollte, „Wert- und Mengenlücke" zu schließen, verbleiben unternehmensspezifische Wettbewerbsvorteile, die auf nicht identifizierbaren immateriellen Vermögensgegenständen basieren und wegen des Einzelbewertungsgrundsatzes nicht erfasst werden können.[882] Diese finden ihren Niederschlag im originären „Goodwill", der sich einer Objektivierung jedoch vollständig entzieht.[883] [884] [885]

Vor dem Hintergrund des investitionstheoretischen Ideals des „Entity Specific Value" als Repräsentanten des unternehmensspezifischen Ertragswerts ist die im Rahmen des DSOP intendierte prospektive, zahlungsstrombasierte Zeitwertbewertung positiv

880 Vgl. Haaker 2007a, S. 258, vgl. Hitz 2005a, S. 261, vgl. Kahle 2003, S. 264 f., vgl. Moxter 2000, S. 2143 ff., vgl. Schultze/Fink/Straub 2007, S. 565.

881 In diesem Zusammenhang sei auf die Diskussion zur Reform des IAS 38 verwiesen. Dabei wird eine Ausdehnung der Bilanzierung von selbst erstellten immateriellen Vermögensgegenständen erwogen, was eine Reduktion der „Mengenlücke" und damit eine Erhöhung der Entscheidungsrelevanz der Bilanz zur Folge hätte. Vgl. Haaker 2007a, S. 259 ff., vgl. Kahle 2003, S. 264. In den Vereinigten Staaten wurde mit der Verabschiedung von SFAS 141 bereits die Bilanzierung immaterieller Vermögensgegenstände ausgedehnt mit der Intention deren pauschalen Ausweis im derivativen Geschäfts- oder Firmenwert im Zuge von Unternehmenskäufen zu vermeiden. Vgl. Hommel 2001, S. 1943 ff.

882 Vgl. Abschnitt 4.1.2 dieser Arbeit, vgl. Coenenberg/Straub 2008, S. 22, vgl. Kahle 2003, S. 264, vgl. Moxter 2000, S. 2143 f., vgl. Rohlfs S. 47.

883 Vgl. Haaker 2007a, S. 257 ff., vgl. Hitz 2005a, S. 261, vgl. Kahle 2003, S. 264 f., vgl. Moxter 2000, S. 2143 ff., vgl. Schultze/Fink/Straub 2007, S. 565, vgl. Varain 2004, S. 168, vgl. Zons 2006, S. 283 und S. 322.

884 Wie in Abschnitt 4.1.2 dieser Arbeit erläutert, können die den originären „Goodwill" begründenden unternehmensspezifischen Wettbewerbsvorteile erfasst werden, indem auf den Wertmaßstab „Entity Specific Value" zurückgegriffen wird. Jedoch verbietet die fehlende Objektivierung die Verwendung dieses Wertmaßstabs. Folgerichtig ist der Ansatz eines originären „Goodwill" im Rahmen der IAS/IFRS bisher explizit ausgeschlossen. Vgl. IAS 38 Nr. 48, vgl. Varain 2004, S. 183.

885 Auch die Neuregelung von Bilanzierung und Bewertung des bei Unternehmenskäufen erworbenen derivativen „Goodwill" im Rahmen von SFAS 141 und 142 sowie IFRS 3 geht mit einer verstärkten Entobjektivierung der Rechnungslegung einher. Insbesondere die Aufteilung des erworbenen Geschäfts- oder Firmenwerts auf so genannte „reporting" bzw. „cash generating units" sowie der periodisch vorzunehmende Niederstwerttest („impairment test") eröffnen den Rechnungslegenden umfangreiche Gestaltungsspielräume. Außerdem verwischen im Rahmen des Niederstwerttest die Grenzen zwischen originärem „Goodwill", dessen Bilanzierung sowohl in den US-GAAP als auch nach IAS/IFRS verboten ist, und dem derivativen „Goodwill". Vgl. Fladt/Feige 2003, S. 249-262, vgl. Hommel 2001, S. 1943-1949, vgl. Wüstemann 2003, S. 247-253.

zu beurteilen.[886] Zwar besteht dieser prospektive Zahlungsbezug auch in den einschlägigen Vorschriften des HGB und der US-GAAP zur Kalkulation der Deckungsrückstellung in der Personenversicherung.[887] [888] Für die Schadenversicherung hingegen stellt die Bilanzierung eines Prämienbarwerts sowie einer Schadenrückstellung für noch nicht eingetretene Versicherungsfälle („pre-claim-liability")[889] eine echte Neuerung dar. Obwohl die hypothetische Marktwertkonstruktion von Versicherungsverträgen grundsätzlich der abstrakten Vorgehensweise zur Berechnung des „Entity Specific Value" entspricht, wird allenfalls eine Annäherung an das wirtschaftliche Eigenkapital des Unternehmens erreicht.[890]

Selbst bei konsequenter Umsetzung des (Zeit-)Wertmaßstabs „Exit Value"[891] im Zuge der synthetischen Ermittlung der Marktwerte von Versicherungsverträgen ver-

---

886 Vgl. Coenenberg/Straub 2008, S. 21, vgl. Hassler/Sauer/Schneider 2006, S. 1545, vgl. Streim/Bieker/Esser 2003, S. 471, vgl. Zimmermann/Schweinberger 2005, S. 70 f., vgl. Zons 2006, S. 306 und S. 312 ff.

887 Vgl. Engeländer/Kölschbach 2007, S. 387.

888 Dabei wird die Differenz der Erwartungsbarwerte Prämien und Auszahlungen sowohl im Handelsrecht als auch nach US-GAAP im Gegensatz zum Standardentwurf für Versicherungsverträge netto in Form der Deckungsrückstellung ausgewiesen. In diesem Kontext finden bei der Ermittlung der Deckungsrückstellung nach HGB und FAS 120, unter den sämtliche Versicherungsverträge mit natürlichem Gewinnbeteiligungssystem zu subsumieren sind, vorsichtige Rechnungsgrundlagen Verwendung. So beinhalten die Eintrittswahrscheinlichkeiten der biometrischen Risiken implizite Sicherheitszuschlägen und die Diskontierung der Zahlungen wird im Handelsrecht mit dem für den einzelnen Vertrag relevanten (Höchst-)Rechnungszinssatz der Deckungsrückstellungsverordnung vorgenommen, wohingegen nach FAS 120 die Diskontierung der Zahlungen mit dem Zinssatz der Prämienkalkulation erfolgt, welcher in der Regel mit dem Rechnungszins der Deckungsrückstellungsverordnung übereinstimmt. Nur nach FAS 60, dem langfristige Lebensversicherungsverträge mit der Übernahme biometrischer Risiken aber ohne erfolgsabhängige Überschussbeteiligung zuzuordnen sind, werden um Sicherheitszu- bzw. -abschläge korrigierte „best estimate" Schätzungen der Rechnungsgrundlagen angewendet. So ergibt sich der bei der Diskontierung der Zahlungen zu verwendende Rechnungszinssatz aus dem Kapitalanlageergebnis auf Basis der US-GAAP, so dass implizit die „asset allocation" in den Rechnungszinssatz nach FAS 60 Eingang findet. Zur Kalkulation der Deckungsrückstellung nach HGB vgl. Fourie/Harbort 2003b, S. 1635, vgl. Rockel et al. 2005, S. 172, Schradin 2004c, S. 223 ff., vgl. Schradin 1994, S. 254 ff., von Treuberg 1995, S. 294 f.. Zur Zuordnung der einzelnen Lebensversicherungsprodukte zu den jeweiligen Rechnungslegungsstandards vgl. DAV 2000, S. 16 ff., vgl. Fourie/Harbort 2003b, S. 1636, vgl. Rockel et al. 2005, S. 156 ff.. Zur Anwendung des FAS 120 vgl. DAV 2000, S. 44 ff., vgl. IDW 2001, Kapitel G, Rdnr. 77. Zum FAS 60 vgl. DAV 2000, S. 26, Fourie/Harbort 2003b, S. 1636, vgl. IDW 2001, Kapitel G, Rdnr. 65.

889 Vgl. Engeländer/Kölschbach 2007, S. 388.

890 Vgl. Zons 2006, S. 321 ff.

891 Die Verwendung des (Zeit-)Wertmaßstabs „Entry Value" entspricht dem Konzept des Substanzwerts der organischen Bilanztheorie und ist damit vor dem Hintergrund einer Ertragswertapproximation kritisch zu betrachten. Vgl. Zons 2006, S. 308 ff.

bleibt jedoch eine „Wertlücke“. So führt die nur teilweise Berücksichtigung von Risikoausgleichseffekten[892] durch die Bilanzierung von Teilkollektiven ähnlicher Risiken zu einer Überbewertung der versicherungstechnischen Verbindlichkeiten und damit zu einer systematischen Legung stiller Reserven.

Im Hinblick auf die Entscheidungsrelevanz der Vorschriften zur Ermittlung des hypothetischen Marktwerts im entscheidungstheoretischen Sinne ist auch die Berücksichtigung eines Risikozuschlags[893] („Market Value Margin“) auf den Erwartungswert der Schadenzahlungen kritisch zu betrachten. Dies gilt insbesondere dann, wenn von der „reliability exception“[894] des DSOP Gebrauch gemacht und der Risikozuschlag so weit aufgestockt worden war, so dass bei der Erstbewertung kein Erwartungsgewinn anfällt („Entry Value“).[895] Jeder Zuschlag auf den Erwartungswert der Auszahlungen stellt eine Überbewertung der versicherungstechnischen Verbindlichkeiten und damit eine stille Reserve dar.[896] In diesem Zusammenhang ist jedoch zu berücksichtigen, dass auch im Rahmen der gängigen „Discounted Cash Flow“-Verfahren zur Bestimmung des Unternehmenswerts eine Risikoadjustierung in der Regel beim Zinssatz erfolgt.[897]

Unabhängig davon, ob eine Risikoadjustierung mit einer korrekten Ermittlung des Unternehmenswerts als konform erachtet wird, entspricht eine Diskontierung der unsicheren Ein- und Auszahlungsströme mit dem risikolosen (Markt-)Zinssatz[898] eher der Verwendung vorsichtiger Rechnungsgrundlagen als der Vorgehensweise bei der Ermittlung des Ertragswerts. Die Verwendung des unternehmensspezifischen Kapitalanlagezinssatzes, der die Anlagestrategien der einzelnen Versicherungsunter-

---

892 Beim Ansatz von Teilkollektiven ähnlicher Risiken bleiben Risikoausgleichseffekte zwischen den Teilkollektiven sowie zwischen versicherungstechnischen Verbindlichkeiten und Kapitalanlagen unberücksichtigt. Vgl. Abschnitt 3.2.2.2.2 dieser Arbeit sowie Zons 2006, S. 313 f.

893 Siehe hierzu ausführlich Abschnitt 3.2.2.2.4 und 3.2.2.2.5 dieser Arbeit.

894 Vgl. DSOP 2001, Nr. 5.74, vgl. Varain 2004, S. 186 ff.

895 Siehe hierzu Abschnitt 3.2.2.2.4 dieser Arbeit.

896 Vgl. Kreeb/Rohlfs 2005, S. 362.

897 Vgl. Hitz 2005a, S. 145, vgl. Zons 2006, S. 312.

898 Siehe hierzu Abschnitt 3.2.2.2.3 dieser Arbeit.

nehmen reflektiert, erscheint im Kontext der Unternehmensbewertung wesentlich sinnvoller.[899] [900]

Auch die im Zuge der modellgestützten Ermittlung des „Fair Value“ von Versicherungsverträgen erfassten Zahlungen bleiben unvollständig. Die aus dem unvollständigen Mengengerüst resultierende „Mengenlücke“ ist zum einen in der rudimentären Berücksichtigung von Vertragsverlängerungen der Bestandskunden in der Schadenversicherung begründet. So liegt der Zahlungsstrombemessung bei der hypothetischen Marktwertkonstruktion die rechtliche Laufzeit von Versicherungsverträgen zugrunde.[901] Vertragsverlängerungen werden nur berücksichtigt, sofern diese für den Versicherungsnehmer wirtschaftlich von Vorteil sind. Versicherungsverträge in der Schadenversicherung zeichnen sich in der Regel durch kurze Grundlaufzeiten und automatische Vertragsverlängerungen aus, sofern der Versicherungsnehmer nicht von seinem ordentlichen Kündigungsrecht Gebrauch macht.[902] Im Hinblick auf eine möglichst korrekte Ermittlung des Unternehmenswerts wäre es sinnvoller, die wirtschaftliche Vertragslaufzeit[903] eines Teilkollektivs von Versicherungsverträgen bei der Bemessung der Zahlungsströme heranzuziehen.

Der „closed book approach“[904] mit der vollständigen Negierung des Neugeschäfts („appraisal value“) ist ein weiterer Grund für das Auseinanderklaffen zwischen dem

---

[899] Vgl. Ellenbürger/Horbach/Kölschbach 2001, S. 56.

[900] So schlägt *Wallace* vor, das Kapitalanlageergebnis in sechs Komponenten aufzuteilen, welche jeweils dem Aktionär oder dem Versicherungsnehmer zuzuweisen sind. Die Komponenten, die auf den Versicherungsnehmer entfallen (u. a. Deckungsbeiträge für Zinsen und Kosten der versicherungstechnischen Verbindlichkeiten, für eingebettete Optionen und für die Kapitalanlagerisiken, die der Versicherungsnehmer trägt), sollten bei der Bewertung versicherungstechnischer Verbindlichkeiten berücksichtigt werden. Die Teile des Kapitalanlageergebnisses, die dem Anteilseigner zuzurechnen sind (je nach Zeitwertkonzept der Deckungsbeitrag für die Risikozuschläge auf den Schadenerwartungswert und in jedem Fall der Deckungsbeitrag für den Teil des Kapitalanlagerisikos, den der Versicherungsnehmer nicht trägt), fließen in den Überschuss des Unternehmens ein. Vgl. Wallace 2002, S. 33.

[901] Vgl. Abschnitt 3.2.1 dieser Arbeit.

[902] Vgl. Farny 2006, S. 398 f., vgl. Zons 2006, S. 316.

[903] Die wirtschaftliche Vertragslaufzeit eines Teilkollektivs von Versicherungsverträgen könnte anhand des Stornoverhaltens der Vergangenheit ermittelt werden. Dabei könnte das Stornoverhalten auch anhand von Trends extrapoliert werden.

[904] Vgl. Abschnitt 3.2.1 dieser Arbeit.

Buchwert des Eigenkapitals bei Anwendung der Regelungen des DSOP und dem wirtschaftlichen Eigenkapital.[905] Dabei erscheint zumindest eine Bilanzierung des Neugeschäfts mit Bestandskunden („cross selling") unter Rückgriff auf Erfahrungen in der Vergangenheit hinreichend objektivierbar. Selbst der Ansatz des Neugeschäfts mit Neukunden sollte bei lange bestehenden Versicherungsunternehmen mit einer hinreichend belastbaren Datenhistorie nicht völlig ausgeschlossen sein.

Um die aus dem Ansatzverbot des Neugeschäfts resultierende „Mengenlücke" zumindest teilweise zu schließen, könnte subsidiär die Bilanzierung von selbst erstellten immateriellen Aktiva wie der Marke des Versicherungsunternehmens oder der Qualität der Vertriebsorganisation oder des Kundenstamms erwogen werden.[906] So dient die Marke eines Versicherers als Instrument, vor Vertragsabschluss bestehende Informationsasymmetrien über die Qualität des Versicherungsschutzversprechens zu reduzieren.[907] Da die Zahlungsbereitschaft der Versicherungsnehmer mit der Sicherheit des Versicherungsunternehmens positiv korreliert ist,[908] stellt der Wert einer Versicherungsmarke einen guten Indikator für den zu erwartenden Umfang des Neugeschäfts dar.[909] Auch Ausgestaltung und Qualität der Vertriebsorganisation determinieren bis zu einem bestimmten Grad das Volumen des Neugeschäfts.[910] Daneben sind bestehende Kundenbeziehungen wichtig, um das aus dem „cross selling" resultierende Neugeschäft abzuschätzen.

Da sowohl eine Versicherungsmarke als auch die Qualität der Absatzorgane oder der Kundenbeziehungen keine vertraglichen Rechte aus Versicherungsverträgen darstellen, werden diese nicht vom Geltungsbereich des DSOP „Insurance Contracts" erfasst,[911] sondern unterliegen als selbst erstellte immaterielle Vermögensge-

---

905 Vgl. Varain 2004, S. 168, vgl. Zons 2006, S .316.

906 Vgl. Varain 2004, S. 169, vgl. Zons 2006, S. 316 ff.

907 Vgl. Varain 2004, S. 169, vgl. Zons 2006, S. 317.

908 Vgl. Abschnitt 3.2.2.2.6 dieser Arbeit.

909 Vgl. Zons 2006, S. 317.

910 Vgl. Zons 2006, S. 317.

911 Vgl. DSOP 2.5.

genstände den Vorschriften des IAS 38.[912] [913] Als Bilanzierungsvoraussetzungen normiert IAS 38 Nr. 18, dass die allgemeinen Ansatzkriterien eines Vermögensgegenstands sowie die Definition eines immateriellen Vermögensgegenstands kumulativ erfüllt sein müssen.[914]

Dabei zeichnet sich ein immaterieller Vermögensgegenstand als eine nicht monetäre Größe ohne physische Substanz[915] durch Identifizierbarkeit[916] und das Stiften von wirtschaftlichem Nutzen[917] aus. Außerdem muss dieser sich in der Verfügungsmacht des Unternehmens befinden.[918] Darüber hinaus müssen die allgemeinen Ansatzkriterien „wahrscheinlicher wirtschaftlicher Nutzenzufluss" und „verlässliche Bewertbarkeit" erfüllt sein.[919] [920] Bei kumulativer Erfüllung dieser Voraussetzungen sind immaterielle Vermögensgegenstände im Zeitpunkt der Erstbewertung mit den Anschaffungs- und Herstellungskosten zu bewerten.[921] Bezüglich der Folgebewertung immaterieller Vermögensgegenstände wurde analog zu den Regelungen des IAS 16

---

912 Vgl. Zons 2006, S. 317 ff.

913 Da die Versicherungsmarke und die Qualität des Versicherungsvertriebs sowie der Kundenbeziehungen keine vertraglichen Rechte aus Versicherungsverträgen darstellen, bleiben diese von der Ausschlussklausel des IAS 38 Nr. 3 g) unberührt.

914 Vgl. IAS 38 Nr. 18, vgl. Küting/Dawo 2003, S. 400, vgl. Zons 2006, S. 317 ff.

915 Vgl. IAS 38 Nr. 8, vgl. Küting/Dawo 2003, S. 400, vgl. Zons 2006, S. 317.

916 Durch Identifizierbarkeit wird der immaterielle Vermögensgegenstand vom Geschäfts- oder Firmenwert abgegrenzt. Vgl. IAS 38 Nr. 11, vgl. Küting/Dawo 2003, S. 401. Ein Vermögensgegenstand ist dann identifizierbar, wenn dieser separierbar ist, d.h. wenn dieser verkauft, übertragen, lizenziert oder vermietet werden kann. Vgl. IAS 38 Nr. 12a), vgl. Küting/Dawo 2003, S. 401 und S. 412, vgl. Zons 2006, S. 320.

917 Wirtschaftlicher Nutzen ist durch den Verkauf eines Produkts gegeben. Im Fall der Versicherung ist dies durch den Absatz des Produkts und den Erhalt der Prämieneinnahmen gewährleistet. Vgl. IAS 38 Nr. 17, vgl. Küting/Dawo 2003, S. 403 f., vgl. Zons 2006, S. 318.

918 Verfügungsmacht entsteht dadurch, dass das Unternehmen in der Lage ist, den Nutzenzufluss zu vereinnahmen und Dritte davon auszuschließen. Vgl. IAS 38 Nr. 13, vgl. Küting/Dawo 2003, S. 402.

919 Vgl. IAS 38 Nr. 21, vgl. Küting/Dawo 2003, S. 402 ff., vgl. Zons 2006, S. 317 ff.

920 Die objektive Anwendung der Ansatzkriterien erweist sich für selbst erstellte immaterielle Aktiva als schwierig, so dass der Standardsetter eine Trennung zwischen Forschungs- und Entwicklungsaufwendungen vorgenommen hat. Während die Bilanzierung von Forschungsaufwendungen grundsätzlich ausgeschlossen wird, können Entwicklungsaufwendungen bei Erfüllung restriktiver Voraussetzungen als immaterieller Vermögensgegenstand aktiviert werden. Vgl. Haaker 2007a, S. 254 und S. 258, vgl. IAS 38 Nr. 54 und IAS 38 Nr. 57 ff., vgl. Küting/Dawo 2003, S. 407 ff.

921 Vgl. Haaker 2007a, S. 258, vgl. IAS 38 Nr. 24, vgl. Küting/Dawo 2003, S. 412.

ein Wahlrecht zwischen dem Anschaffungskostenmodell[922] und dem Neubewertungsmodell normiert.[923] Die Neubewertung erfolgt dabei mit dem beizulegenden Zeitwert abzüglich der kumulativen Abschreibungen.[924]

Für den Ansatz des Versicherungsvertriebs oder der Kundenbeziehungen als immaterielle Aktiva erweist sich das Kriterium „in der Verfügungsmacht des Unternehmens befindlich" als problematisch, da ein Wechsel der Vertriebsmitarbeiter bzw. der Kunden rechtlich nicht ausgeschlossen werden kann, wodurch eine Aufnahme in die Bilanz unmöglich wird.[925] Im Gegensatz dazu erfüllt die Versicherungsmarke sämtliche abstrakten Bilanzierungsvoraussetzungen für einen immateriellen Vermögensgegenstand.[926] Trotzdem hat das IASB ein Aktivierungsverbot für selbst geschaffene Marken normiert,[927] [928] so dass auch der Ansatz von Versicherungsmarken unterbleibt.[929]

Auch die Anwendung des im DSOP „Insurance Contracts" verankerten alternativen Wertmaßstabs „Entity Specific Value" ermöglicht es nicht, die Bilanzlücke zu schließen. Dies liegt darin begründet, dass der „Entity Specific Value" eines Versicherungsvertrags deutlich vom Ideal eines unternehmensspezifischen Ertragswerts abweicht. Die Abweichung resultiert aus den umfangreichen Modifizierungen, die im DSOP gegenüber der abstrakten Konzeption des „Entity Specific Value" vorgenommen wurden. Analog zur hypothetischen Marktwertkonstruktion mit dem „Fair Value" ergibt sich aus der Berücksichtigung eines Risikozuschlags und der Verwendung des

---

922 Vgl. Haaker 2007a, S. 258, vgl. IAS 38 Nr. 74.

923 Vgl. Haaker 2007a, S. 258, vgl. IAS 38 Nr. 72, vgl. Lüdenbach/Hoffmann 2003, S. 10.

924 Vgl. IAS 38 Nr. 75 ff.

925 Vgl. IAS 38 Nr. 15 und 16, vgl. Küting/Dawo 2003, S. 402, vgl. Zons 2006, S. 321.

926 Vgl. Zons 2006, S. 317 ff.

927 Vgl. Gerpott/Thomas 2004, S. 2486, vgl. Haaker 2007a, S. 259, vgl. IAS 38 Nr. 63.

928 Im Gegensatz dazu besteht für isoliert erworbene Marken, sofern diese die Voraussetzungen eines immateriellen Vermögensgegenstandes erfüllen, nach IAS/IFRS ein Aktivierungsgebot. Sollte die Marke jedoch im Rahmen eines Unternehmenskaufes erworben worden sein, wird die Separierbarkeit vom Geschäfts- oder Firmenwert nur dann als gegeben erachtet, wenn die Marke mittels vergleichbarer (Markt-)Transaktionen als zuverlässig bewertbar erscheint. Vgl. Gerpott/Thomas 2004, S. 2486 f.

929 Vgl. Zons 2006, S. 321.

risikolosen Marktzinssatzes bei der Diskontierung eine „Wertlücke“. Dies gilt um so mehr, als dass die „reliability exception“ mit der Möglichkeit, die Risikozuschläge bei der Erstbewertung bis zu einem Nettogewinn von Null aufzustocken, ausdrücklich auch bei der Ermittlung des „Entity Specific Value“ angewendet werden kann.[930]

Außerdem gelten die Vorschriften zum Ansatz von Versicherungsverträgen auch für die Berechnung der erwarteten unternehmensspezifischen Zahlungsströme. Explizit ist die Anwendung des „closed book approach“ für die Schätzung des „Entity Specific Value“ normiert,[931] woraus ein Bilanzierungsverbot für das Neugeschäft abzuleiten ist.[932] Auch die Restriktionen bezüglich der Berücksichtigung von Vertragsverlängerungen behalten ihre Gültigkeit. Verglichen mit der „Fair Value“-Bewertung ergibt sich als Konsequenz eine identische „Mengenlücke“. Die einzige Verbesserung unter dem Gesichtspunkt der Entscheidungsrelevanz stellt die dem versicherungsspezifischen „Entity Specific Value“ immanente Berücksichtigung von unternehmensspezifischen Wettbewerbsvorteilen in den „cash flows“ dar.[933] Dadurch wird der Teil des originären „Goodwill“, der sich in der Höhe der generierten Zahlungsströme manifestiert, bei der hypothetischen Marktwertkonstruktion erfasst. Durch die marktgestützte Ermittlung von Diskontierungszins und Risikozuschlag verbleiben jedoch etwaige unternehmensspezifische Vorteile bei der Kapitalanlagepolitik oder beim Risikomanagement zumindest partiell in einem originären Rest-„Goodwill“.

In den intendierten Regelungen zum Versicherungsstandard gemäß DSOP sowie der Bilanzierung von immateriellen Vermögensgegenständen nach IAS 38 kommt das konkurrierende Verhältnis der beiden Prinzipien Entscheidungserheblichkeit („relevance“) und Verlässlichkeit („reliability“) zum Ausdruck. Allerdings kann ein Grundsatz niemals vollständig zu Lasten des anderen umgesetzt werden, so dass Rechnungslegungsvorschriften immer auch einen Kompromiss zwischen beiden

---

930 Vgl. DSOP 2001, Nr. 5.74.

931 Vgl. DSOP 2001, Nr. 4.88 a).

932 Vgl. DSOP 2001, Nr. 4.69 b).

933 Vgl. DSOP 2001, Nr. 4.88 a) (iii).

Prinzipien darstellen.[934] Mit den Vorschriften des DSOP „Insurance Contracts" gelingt es dem Standardsetter nicht, eine vollständige Schließung der „Bilanzlücke" zu erreichen.

Gleichzeitig wurde jedoch der Grundsatz der Entscheidungsrelevanz – verglichen mit (anschaffungs-)kostenbasierten Rechnungslegungssystemen wie dem HGB – durch die Implementierung prospektiver, zahlungsstrombasierter Vorschriften zur Ermittlung des hypothetischen Marktwerts zu Lasten der Objektivität gestärkt.[935] Damit verharrt der Standardsetter auf halbem Wege zur Ermittlung des wirtschaftlichen Eigenkapitals, wobei eventuelle Verbesserungen aus messtheoretischer Perspektive möglicherweise durch Verschlechterungen bei der Objektivierung kompensiert werden.

Im Gegensatz dazu erlangt eine Information aus enger informationsökonomischer Sicht nur dann Wert, wenn diese für die Adressaten einen „Neuigkeitswert" hat, d.h. privates Wissen des Managements transportiert wird.[936] Deshalb sind die sich im Rahmen der hypothetischen Marktwertkonstruktion von Versicherungsverträgen ergebenden Gestaltungsspielräume, die dem Management Möglichkeiten zur Kommunikation privater Informationen bieten, aus informationsökonomischer Sicht positiv zu beurteilen.[937] Andererseits ist auch einer bereits publizierten Information Wert im weiteren informationsökonomischen Sinne[938] beizumessen, wenn diese sich disziplinier-

---

[934] Vgl. Coenenberg/Straub 2008, S. 23, vgl. Haaker 2007a, S. 260 f., vgl. Hitz 2005b, S. 1026, vgl. Pfaff/Kukule 2006, S. 548, vgl. Streim/Bieker/Esser 2003, S. 477 f.

[935] Vgl. Hipp 2007, S. 205, vgl. Rohlfs 2008, S. 86 ff., vgl. Zielke 2002a, S. 798.

[936] Siehe hierzu Abschnitt 4.1.1 und 4.1.2 dieser Arbeit.

[937] Siehe hierzu Abschnitt 4.1.2 dieser Arbeit.

[938] Die Zusammenfassung von einzelnen mit dem „Fair Value" bewerteten Vermögensgegenständen und Schulden zu Aggregaten, die im Zuge des formalisierten Ausweises in der Bilanz erfolgt, muss aus informationsökonomischer Sicht ambivalent beurteilt werden. Zum einen resultiert aus der Aggregation zu einzelnen Bilanzpositionen eine Reduktion der Informationskosten („Aggregationsfunktion"). Zum anderen geht damit ein Verlust an Informationen über das Zahlungsstromprofil der einzelnen Posten einher. Deshalb erscheint es im Sinne der Agregationsfunktion sinnvoll, nur homogene Posten zu aggregieren. Damit ist die Aggregation von heterogenen Positionen wie z. B. Vermögensgegenstände und Schulden, die auf Marktpreisen oder synthetischen Marktwerten basieren, kritisch zu betrachten. Vgl. Hitz 2005a, S. 234 f. und S. 258 ff.

end auf die Rechnungslegung auswirkt,[939] woraus sich ebenfalls ein Interesse an einer hinreichend objektivierten Ermittlung hypothetischer Marktwerte ableiten lässt.

Zusammenfassend kann festgehalten werden, dass sowohl aus entscheidungstheoretischer als auch aus informationsökonomischer Perspektive von Bedeutung ist, inwiefern bei der synthetischen Ermittlung des Marktwerts von Versicherungsverträgen Spielräume zur bewussten bilanzpolitischen Verzerrung bestehen. Bei einer abschließenden Bewertung ist jedoch zu berücksichtigen, dass eventuell zu konstatierende bilanzpolitische Gestaltungsspielräume aus Sicht der Entscheidungs- und Informationsökonomie teilweise unterschiedlich zu beurteilen sind.

4.2.2 Entobjektivierung der „Fair Value"-Bilanz durch bilanzpolitische Spielräume bei der hypothetischen Marktwertkonstruktion von Versicherungsverträgen

Da im Rahmen des DSOP „Insurance Contracts" kaum explizite Wahlrechte kodifiziert wurden,[940] beschränkt sich die Analyse materieller bilanzpolitischer Gestaltungsmöglichkeiten[941] auf die im Zuge der hypothetischen Marktwertkonstruktion von Versicherungsverträgen auftretenden Ermessensspielräume.[942] Reale Bilanzpolitik in Form von Sachverhaltsgestaltungen soll nicht Gegenstand dieser Analyse sein. Mit der Verwendung von Marktfaktoren als Input-Faktoren für die modellgestützte Ermittlung des „Fair Value" soll – verglichen mit der Bestimmung des unternehmensspezifischen „Entity Specific Value" – ein Mindestmaß an Objektivierung gewährleistet werden.[943] Sofern jedoch keine Marktfaktoren verfügbar sind, muss auf unternehmensspezifische Faktoren rekurriert werden.[944] Deshalb soll im Anschluss an die

939 Siehe hierzu Abschnitt 4.1.1 und 4.1.2 dieser Arbeit.

940 So spezifiziert *Hipp* als einziges Wahlrecht des DSOP „Insurance Contracts" die alternative Vornahme der Risikoadjustierung in den Zahlungsströmen oder im Diskontsatz. Vgl. Hipp 2007, S. 156.

941 Siehe hierzu Abschnitt 2.1.2.2 dieser Arbeit.

942 Vgl. Engeländer/Kölschbach 2007, S. 388, vgl. Rohlfs 2008, S. 88.

943 Vgl. Abschnitt 4.1.2 dieser Arbeit.

944 Vgl. DSOP 2001, Nr. 4.89.

Analyse eventuell bestehender Ermessensspielräume diskutiert werden, inwiefern durch Typisierungen und Generalisierungen diese begrenzt und die Verlässlichkeit der gewonnenen Wertansätze erhöht werden können.

Um die im Rahmen der synthetischen Marktwertermittlung von Versicherungsverträgen bestehenden Bewertungsspielräume zu identifizieren, sollen die zentralen Komponenten des hypothetischen Marktwerts – nämlich die erwarteten „Cash Flows", die Risikoadjustierung sowie die Diskontierung der erwarteten Zahlungsströme – näher untersucht werden. Da die bei der Risikoadjustierung anwendbaren Methoden bereits ausführlich in Abschnitt 3.2.2.2.4 und 3.2.2.2.5 dieser Arbeit erörtert wurden, konzentrieren sich die folgenden Ausführungen auf etwaige Ermessensspielräume bei den erwarteten Zahlungsströmen sowie deren Diskontierung.

Bei der Betrachtung der erwarteten „Cash Flows" ist zunächst zwischen den erwarteten Einzahlungs- und den erwarteten Auszahlungsströmen zu differenzieren. In der Personenversicherung ergeben sich die in den Prämienbarwert eingehenden erwarteten Einzahlungen als die Gewichtung der Prämienzahlungen mit den Verbleibewahrscheinlichkeiten im Kollektiv.[945] Die Verbleibewahrscheinlichkeiten im Kollektiv reflektieren das Stornoverhalten und die Sterblichkeit der Versicherungsnehmer. Sofern zur Ermittlung der Verbleibewahrscheinlichkeiten, wie beim „Entity Specific Value" gefordert, auf unternehmensinterne Daten zum Stornoverhalten oder zur Sterblichkeit zurückgegriffen wird, ergeben sich für die Unternehmen umfangreiche Ermessensspielräume.[946]

Auch bei der Höhe der zu berücksichtigenden Beitragszahlungen ergeben sich in Abhängigkeit von der Versicherungssparte mehr oder weniger große Bewertungsspielräume. So sind die Beiträge bei Lebensversicherungsverträgen in Deutschland in der Regel über die Vertragslaufzeit fixiert, jedoch kann eine Dynamisierung der Beiträge vereinbart werden. Dabei bleibt die Dauer, während der die Dynamisierung

---

945 Siehe hierzu Abschnitt 3.2.2.3.2 und 3.2.2.4.1 dieser Arbeit sowie die korrespondierenden Abschnitte im Anhang.

946 Vgl. Zielke 2002a, S. 800.

besteht, von der Entscheidung des Versicherungsnehmers abhängig, so dass der Zeitraum der Beitragsdynamisierung vom Lebensversicherungsunternehmen approximiert werden muss.

Noch deutlicher treten die bilanzpolitischen Ermessensspielräume bei der Ermittlung des Prämienbarwerts von Krankenversicherungsverträgen zutage.[947] In diesem Kontext sind bei der Folgebewertung[948] die durch Kostensteigerungen im Gesundheitswesen induzierten über die gesamte Vertragslaufzeit anfallenden Beitragssteigerungen vom Versicherungsunternehmen zu approximieren.

Im Gegensatz zur Personenversicherung werden die Verbleibewahrscheinlichkeiten in der Schadenversicherung aufgrund der kürzeren Vertragslaufzeiten weitgehend vom Stornoverhalten der Versicherungsnehmer dominiert. Dabei eröffnet ein Rückgriff auf unternehmensinterne Daten zum Stornoverhalten wiederum bilanzpolitische Gestaltungsmöglichkeiten. Auch in der Schadenversicherung existieren Prämienbestandteile, deren Höhe in Abhängigkeit von der Schadenentwicklung variieren. So findet in der Kraftverkehrsversicherung die Erfahrungstarifierung Anwendung,[949] indem die Prämienhöhe mit der Entwicklung der Schadenfreiheitsrabatte und damit der Schadenentwicklung der Vergangenheit korreliert ist, woraus wiederum Ermessensspielräume bei der Ermittlung des Prämienbarwerts resultieren.

Die in den Verpflichtungsbarwert eingehenden erwarteten Auszahlungen ergeben sich in der Personenversicherung als Produkt der „Cash Outflows“ mit den Wahrscheinlichkeiten, mit denen ein Anspruch auf die versicherten Leistungen entsteht.[950] In der Lebensversicherung sind dies in Abhängigkeit vom Produkt – jeweils unter Berücksichtigung des Stornoverhaltens der Versicherungsnehmer – die aufgescho-

---

947 Siehe hierzu Abschnitt 3.2.2.2.2 dieser Arbeit.

948 Im Zuge der Beitragskalkulation wird zunächst eine über die gesamte Vertragslaufzeit konstante Prämie ermittelt. Prämienanpassungen können jedoch im weiteren Verlauf notwendig werden, wenn aufgrund von Kostensteigerungen im Gesundheitswesen die in den Rechnungsgrundlagen enthaltenen Sicherheitszuschläge aufgebraucht sind.

949 Erfahrungstarifierung bedeutet, dass die Höhe der (Risiko-)Prämie an die Schadenerfahrung der Vergangenheit angepasst wird. Vgl. Farny 2006, S. 443.

benen Sterbe- oder komplementär die Erlebenswahrscheinlichkeiten. In der Krankenversicherung werden die durchschnittlich anfallenden Schadenzahlungen eines Versicherten im Alter x mit den korrespondierenden Morbiditätswahrscheinlichkeiten gewichtet. Auch in der Schadenversicherung erhält man die erwartete Auszahlung, indem man die Schadenzahlung mit der Schadeneintrittswahrscheinlichkeit multipliziert.

Sofern in der Personenversicherung auf interne Schätzungen des Stornoverhaltens, der Sterblichkeit oder der Morbidität und den daraus gewonnenen (Eintritts-) Wahrscheinlichkeiten zurückgegriffen wird, eröffnet dies für das Versicherungsunternehmen erhebliche bilanzpolitische Gestaltungsspielräume.[951] Diese Ermessensspielräume bestehen unabhängig von der Frage, ob der Rückgriff durch die Anwendung des Konzepts des „Entity Specific Value" oder das Fehlen von Marktdaten motiviert wurde. In der Schadenversicherung dürften sich die bilanzpolitischen Möglichkeiten reziprok zur Standardisierung der Verträge verhalten, d.h. mit zunehmender Individualisierung der Verträge dürfte es schwieriger werden, auf Marktdaten zur Schadeneintrittswahrscheinlichkeit zu rekurrieren, was mit erheblichen Schätzunsicherheiten und damit Ermessensspielräumen einhergehen sollte.

Bei der Betrachtung der Auszahlungen ist zumindest in der Lebensversicherung zwischen garantierten und nicht garantierten Leistungsbestandteilen zu unterscheiden.[952] Die garantierten Versicherungsleistungen, d.h. die Versicherungssumme bzw. deren Verrentung in Form der Garantierente, sind fix, so dass sich bei deren Abbildung im Verpflichtungsbarwert keine Ansatzpunkte für Bilanzpolitik ergeben. Im Gegensatz dazu offeriert die Behandlung der Überschussbeteiligung der Versicherungsnehmer umfangreiche, jahresabschlusspolitisch nutzbare Ermessensspielräume. Dies gilt gleichermaßen für die Überschussbeteiligung der Versicherungsnehmer in der Lebens- wie in der Krankenversicherung. Dabei bleibt jedoch

---

950 Siehe hierzu Abschnitt 3.2.2.3.2 und 3.2.2.4.1 dieser Arbeit sowie die korrespondierenden Abschnitte im Anhang.

951 Vgl. Zielke 2002a, S. 800.

952 Siehe hierzu Abschnitt 3.2.2.3.2 und 3.2.2.4.1 dieser Arbeit sowie die korrespondierenden Abschnitte im Anhang.

umstritten, in welchem Umfang Überschüsse im Rahmen der hypothetischen Marktwertkonstruktion von Versicherungsverträgen zu erfassen sind.

So modelliert *Hipp* unter Hinweis auf die Vorgehensweise der „International Actuarial Association" (IAA) die zukünftig anfallenden Zinsüberschüsse als Differenz zwischen risikolosem Zinssatz und dem Garantiezins.[953] Gestützt wird diese Form der Erfassung der Überschüsse durch das Argument, dass dadurch der Ansatz unternehmensindividueller Kapitalanlagerenditen vermieden wird.[954] Im Rahmen dieser Arbeit wurden die Zinsüberschüsse als Differenz zwischen erwarteter Kapitalanlagerendite und Garantiezinssatz modelliert. Zum einen orientiert sich die Abbildung der Überschussbeteiligung der Versicherungsnehmer in der internationalen Rechnungslegung an den nationalen Vorschriften zur Ermittlung der Überschussbeteiligung.[955] Diese sehen in Deutschland eine Beteiligung der Versicherungsnehmer an dem tatsächlich erwirtschafteten Kapitalanlageergebnis vor.[956] Zum anderen wird durch die Verwendung einer realistischen Kapitalanlagerendite bei der synthetischen Ermittlung des Verpflichtungsbarwerts eine systematische Unterbewertung der Verpflichtung vermieden.[957]

Sofern bei der Modellierung der Zinsüberschüsse auf die erwartete tatsächliche Kapitalanlagerendite zurückgegriffen wird, resultieren hieraus umfangreiche bilanzpolitische Gestaltungsmöglichkeiten, die aufgrund der langen Vertragslaufzeiten in der Lebens- und Krankenversicherung zu hohen Gewinn- oder Verlustausweisen[958] im

953 Vgl. Hipp 2007, S. 171.

954 Vgl. Hipp 2007, S. 171 f..

955 Vgl. DAV 2000, S. 76.

956 Vgl. § 3 MindZV.

957 Diese Aussage gilt natürlich nur für den Fall, dass das Unternehmen dauerhaft höhere Kapitalanlagerenditen als den risikolosen Zinssatz erwirtschaftet.

958 Die Annahme eines relativ niedrigen Kapitalanlagezinssatzes in Form des risikolosen Zinses mit der Folge relativ niedriger erwarteter Zinsüberschüsse und einem entsprechend geringeren Umfang des Verpflichtungsbarwerts führt bei hohen Sicherheitszuschlägen in den Prämien zu einem hohen Gewinnausweis im Zeitpunkt der Erstbewertung. Vgl. Hipp 2007, S. 171. Umgekehrt hat die Prämisse, dass deutlich höhere Kapitalanlagerenditen als der risikolose Zinssatz erwirtschaftet werden können, zur Konsequenz, dass im Zeitpunkt der Erstbewertung signifikante Verluste ausgewiesen werden. Siehe hierzu Abschnitt 3.2.2.3.2 dieser Arbeit.

Zeitpunkt der Erstbilanzierung führen.[959] Auch in den Folgeperioden besteht die Möglichkeit, mit der Annahme über die Höhe der erzielbaren Kapitalanlagerendite die Höhe der erwarteten Überschussbeteiligung und damit den Jahresabschluss eines Versicherers massiv zu beeinflussen, mit abnehmendem Umfang fort. Dies erklärt sich aus der Tatsache, dass Modifikationen der Bewertungsprämissen ihre Wirksamkeit für die volle Laufzeit des Vertrages entfalten, was eine umfangreiche Revision der prognostizierten Überschussbeteiligung und damit des Verpflichtungsbarwerts zur Folge hat.

Im Gegensatz zur Lebensversicherung wird in der Krankenversicherung, sofern diese in Form der Krankheitskostenversicherung betrieben wird,[960] im Schadenfall keine Versicherungssumme ausbezahlt, sondern die im Zusammenhang mit dem Versicherungsfall tatsächlich entstandenen Aufwendungen erstattet.[961] [962] Deshalb ist der Umfang der Versicherungsleistung nicht vorab determiniert. Bei Rückgriff auf unternehmensinterne Schätzungen der so genannten Kopfschäden[963] ergeben sich wiederum umfangreiche Ermessensspielräume insbesondere bezüglich des Umfangs der zu erwartenden Steigerung der Gesundheitskosten. Analog zur Bemessung des Verpflichtungsbarwerts gehen die geschätzten Kostensteigerungen jedoch auch in die Ermittlung des Prämienbarwerts ein, wodurch die mit der Schätzung der Kostensteigerungen im Gesundheitswesen einhergehenden bilanzpolitischen Gestaltungsspielräume weitgehend neutralisiert werden.

Auch in der Kompositversicherung besteht ein enger Zusammenhang zwischen Schadenhöhe und dem Umfang der Versicherungsleistungen.[964] Zwar werden auch in der Schadenversicherung Versicherungssummen vereinbart, diese limitieren in der

---

959 Vgl. Zielke 2002a, S. 800.

960 Im Gegensatz zur Krankenkostenversicherung sind Kranken- und Krankenhaustagegeldversicherung i. d. R. als Summenversicherung ausgestaltet.

961 Vgl. Farny 2006, S. 66 und S. 388.

962 Bei manchen Tarifen wird der Versicherungsnehmer in der Krankheitskostenversicherung prozentual an den Schadenzahlungen beteiligt („relative Abzugsfranchise"). Vgl. Farny 2006, S. 389.

963 Zur Ableitung der Kopfschäden und Profile vgl. Milbrodt/Kniep 2005, S. 37 ff.

964 Vgl. Farny 2006, S. 386 ff.

Regel jedoch nur die Höhe der Entschädigungszahlungen. Damit entspricht, sofern keine Unterversicherung besteht,[965] die Versicherungsleistung der Höhe der Schadenzahlung, solange diese die Versicherungssumme unterschreitet. Somit ist auch in der Schadenversicherung analog zur Krankenversicherung die Schadenhöhe nicht vorab vertraglich fixiert, was dem Versicherer wiederum Gestaltungsspielräume bei der Schätzung der erwarteten Schadenauszahlung einräumt. Wie bereits im Zusammenhang mit der Bestimmung der Schadeneintrittswahrscheinlichkeiten erläutert, dürften sich die Freiheitsgrade mit zunehmender Individualisierung der Verträge und der damit einhergehenden fehlenden Basis belastbarer Daten vergrößern.

Als letzte Komponente der erwarteten Auszahlungen sind spartenübergreifend Kosten für die Verwaltung der Versicherungsverträge anzusetzen.[966] Sollte hierbei auf unternehmensinterne Daten zurückgegriffen werden, eröffnen sich für Versicherungsunternehmen weitere Möglichkeiten, Bilanzpolitik zu betreiben. In diesem Zusammenhang sei auf die Tatsache verwiesen, dass Gemeinkosten einzelnen Geschäftsbereichen oder Produkten unterschiedlich zugeordnet werden können[967] und damit eine willkürfreie Abgrenzung von Kosten für die Vertragsverwaltung nur schwer erfolgen kann. Außerdem bestehen Spielräume bei der Prognose der Kostenentwicklung, welche von mehreren Faktoren wie beispielsweise der allgemeinen Lohnentwicklung oder Produktivitätssteigerungen abhängig ist.[968]

Auch der Rückgriff auf den risikolosen Zinssatz, welcher in Form der Rendite laufzeitkongruenter Staatsanleihen in der jeweils relevanten Währung als Diskontfaktor Verwendung findet, ist unter dem Gesichtspunkt der Objektivierung nicht völlig unproblematisch. Zum einen fehlt auf den jeweiligen Rentenmärkten oftmals die nötige Marktbreite, um mit Staatsanleiheemissionen einen kontinuierlichen Verlauf der Zinsstrukturkurve über das gesamte Laufzeitenspektrum hinweg zu generieren.[969] [970] Als

---

965 Eine Unterversicherung liegt dann vor, wenn die Versicherungssumme den versicherten Wert unterschreitet. Vgl. Farny 2006, S. 388.

966 Vgl. DSOP 2001, Nr. 4.3 (e).

967 Vgl. Farny 2006, S. 627 f., vgl. Pfaff 2006, S. 546.

968 Zu den Kosteneinflussgrößen vgl. Farny 2006, S. 604 ff.

969 Vgl. Pfaff/Kukule 2006, S. 547.

Folge muss der Verlauf der Zinsstrukturkurve im Laufzeitensegment zwischen zehn und 30 Jahren Restlaufzeit approximiert werden.[971] Zum anderen kann die Laufzeit versicherungstechnischer Verbindlichkeiten in der Kranken- bzw. Lebensversicherung durchaus 60 Jahre oder mehr betragen.[972] [973] Da bisher in Deutschland keine Staatsanleihen mit einer Laufzeit von mehr als 32 Jahren emittiert wurden,[974] kann die Zinsstrukturkurve in diesem Laufzeitenspektrum nur durch Extrapolation ermittelt werden.

Aufgrund der vorstehend aufgezeigten vielfältigen Ermessensspielräume bei der hypothetischen Marktwertkonstruktion von Versicherungsverträgen wird der Standardsetter nicht umhin kommen, umfangreiche Typisierungen und Standardisierungen zu normieren.[975] Diese Vorgehensweise steht im Einklang mit dem Postulat des IASB, bei der modellgestützten Ermittlung des „Fair Value" möglichst Marktdaten zu verwenden und Rückgriffe auf unternehmensinterne Schätzungen zu vermeiden oder so weit wie möglich einzuschränken.[976] Im Gegensatz dazu sind Typisierungen und Standardisierungen mit dem Konzept des „Entity Specific Value" nicht zu vereinbaren, da diesem das Ziel, einen unternehmensspezifischen Ertragswert zu generieren, immanent ist.

---

970 Dabei nimmt die Zahl der von der Bundesrepublik Deutschland aufgelegten Anleihen mit 30 Jahren Laufzeit – nach der erstmaligen Emission im Jahr 1986 – ab Mitte der neunziger Jahre kontinuierlich zu. Trotzdem ist das Spektrum zwischen zehn und 17 Jahren Restlaufzeit auf dem deutschen Rentenmarkt nicht mit Staatsanleiheemissionen besetzt. Im weiteren Verlauf ist die Zinsstrukturkurve von Bundesanleihen bis zu einer Restlaufzeit von 32 Jahren maximal über drei Jahre zu approximieren. Vgl. Comdirect 2007.

971 Vgl. Pfaff/Kukule 2006, S. 547.

972 So beträgt die rechnerische Laufzeit des Verpflichtungsbarwerts, der aus dem Abschluss eines privaten Rentenversicherungsvertrags mit einem 30-Jährigen resultiert, im Zeitpunkt des Vertragsabschlusses – bei einem angenommenen Endalter von 101 Jahren – genau 71 Jahre.

973 In der privaten Krankenversicherung kann die Vertragslaufzeit nach Aussage des damaligen Vorstandsvorsitzenden der ERGO, *Dr. Lothar Meyer*, 80 Jahre oder mehr betragen. Vgl. Fromme 2003, S. 23.

974 Vgl. Comdirect 2007, vgl. Fromme 2003, S. 23, vgl. Klüttgens 2002b, S. 1760.

975 Unabhängig vom Versicherungskontext erweisen sich Typisierungen und Standardisierungen als probates Mittel, der Objektivierungsproblematik auf der dritten Stufe der Ermittlungshierarchie des „Fair Value" zu begegnen und ein Mindestmaß an Objektivierung zu gewährleisten. Vgl. Hitz 2005a. S. 94 ff., vgl. Hitz 2005b, S. 1027.

976 Siehe hierzu Abschnitt 3.2.2.1.1 dieser Arbeit.

Im Versicherungskontext bedeutet dies vor allem den Rückgriff auf verbandsinterne oder aufsichtsamtliche Statistiken, um eine brancheneinheitliche Datengrundlage für die Berechnung von Prämien- und Verpflichtungsbarwert zu erhalten. So könnten in der Lebensversicherung die sowohl in Prämien- als auch Leistungsbarwert eingehenden aufgeschobenen Sterbe- respektive Erlebenswahrscheinlichkeiten auf Basis der Sterbetafeln[977] der *Deutschen Aktuarvereinigung* (DAV) ermittelt werden.

Als schwieriger erweist sich die markteinheitliche Generierung von Daten zum Stornoverhalten, da nicht auf die im Geschäftsbericht der BaFin veröffentlichten Stornoquoten zurückgegriffen werden kann. Dies liegt darin begründet, dass die im Geschäftsbericht publizierte jährliche Stornoquote das Verhältnis der wegen Kündigung und Beitragsfreistellung wegfallenden laufenden Prämien zu den jeweiligen laufenden Prämieneinnahmen des gesamten Bestands beschreibt.[978]

Im Gegensatz dazu erfordert die Ermittlung der aufgeschobenen Stornowahrscheinlichkeiten einer Vertragsgeneration die Betrachtung eines geschlossenen Bestands, wohingegen bei der Stornoquote der Bafin die Bezugsgröße „gesamter Bestand" im Zeitablauf variiert.[979] Die Stornowahrscheinlichkeit über die Gesamtlaufzeit eines Vertrages ergibt sich dann aus der Summe der aufgeschobenen Stornowahrscheinlichkeiten, in deren Ermittlung auch die Verbleibewahrscheinlichkeiten im Kollektiv Eingang finden.[980] [981] Folglich muss zur Objektivierung unternehmensspezifischer Stornoquoten ein Datenpool möglichst auf Verbandsebene eingerichtet werden.

Um die erwarteten Auszahlungen aus Krankenversicherungsverträgen zu objektivieren, könnte, wie in § 6 AbS. 2 der Kalkulationsverordnung gefordert, auf die Wahrscheinlichkeitstafeln der Bundesanstalt für Finanzdienstleistungsaufsicht oder die

---

977 Siehe hierzu Abschnit 3.2.2.3.2 und Abschnitt 3.2.2.4.2 sowie den Anhang dieser Arbeit.

978 Vgl. Versicherungslexikon 2007.

979 Vgl. Albrecht/Maurer/Schradin 1998, S. 6.

980 Vgl. Albrecht/Maurer/Schradin 1998, S. 7 und S. 14 f.

981 Bei der Berechnung der aufgeschobenen Stornowahrscheinlichkeiten werden die durch Tod oder Stornierung verursachten Abgänge der Vorperioden berücksichtigt, da nur die Verträge storniert werden können, die sich noch im Bestand befinden. Vgl. Albrecht/Maurer/Schradin 1998, S. 7 und S. 14 f.

Kopfschadenstatistik des PKV-Verbands zurückgegriffen werden.[982] So beinhalten die Wahrscheinlichkeitstafeln der Bafin geschlechtsspezifische Kopfschadenprofile von ambulanten und stationären Tarifen der Krankheitskostenversicherung sowie der Krankentagegeld-, der Pflegepflicht-, der Zahnersatz- und der Zahnbehandlungsversicherung.[983] Diese Kopfschadenprofile sind des Weiteren danach differenziert, ob Beihilfeberechtigung vorliegt oder nicht, nach der Höhe der Selbstbeteiligung oder ob ein Einbett- oder Zweibettzimmer Bestandteil der Versicherungsleistungen ist.[984]

Zur Approximation des Schadenverlaufs im Massengeschäft der Kfz-Haftpflichtversicherung könnte auf die Jahresgemeinschaftsstatistik der Bafin zurückgegriffen werden.[985] Dabei werden für Personen- und Lastkraftwagen sowie für Krafträder entsprechend der jeweiligen Typ- oder Regionalklasse Schadenhäufigkeiten und Schadenbedarfe ermittelt. Eine weitergehende Differenzierung kann z. B. nach der Schadenfreiheitsklasse erfolgen. Im Gegensatz dazu erscheinen die von der Bafin publizierten Schaden- und Kostenquoten der einzelnen Versicherungszweige[986] zu pauschal, um als Indikator für die erwarteten Auszahlungen eines Schadenversicherungsvertrages zu dienen.

Der Diskontierung auf die Währung Euro lautender versicherungstechnischer Verbindlichkeiten wird der Standardsetter mit hoher Wahrscheinlichkeit die Zinsstrukturkurve öffentlicher Anleihen zugrunde legen. Sofern die Bundesrepublik Deutschland das seit 1998 praktizierte Emissionsverhalten dreißigjähriger Anleihen beibehält, sollte der Umfang der zu approximierenden Teilabschnitte der Zinsstrukturkurve in den nächsten Jahren deutlich zurückgehen. Bezüglich des über 30 Jahre (Rest-)Laufzeit hinausgehenden Laufzeitensegments bleibt zu hoffen, dass sich die Nachfrage institutioneller Anleger – insbesondere der Versicherer – nach Anleihen mit Laufzeiten über 30 Jahren zur Bedeckung sehr langfristiger Verbindlichkeiten ein entsprechen-

---

[982] Vgl. KalV § 6 Abs.2, vgl. Niehaus/Weber 2005, S. 22 ff.

[983] Vgl. Statistiken BaFin 2008.

[984] Vgl. Statistiken BaFin 2008.

[985] Vgl. Statistiken BaFin 2008.

[986] Vgl. Statistiken BaFin 2008.

des Angebot schafft. Ansonsten bleibt für dieses Laufzeitensegment nur ein subsidiärer Rückgriff auf Staatsanleiheemissionen anderer Staaten der Europäischen Union oder von Unternehmensanleihen.

4.3 Entscheidungsnützlichkeit des „Fair Value"-Gewinns unter besonderer Berücksichtigung des Standardentwurfs für Versicherungsverträge

4.3.1 Der „Fair Value"-Gewinn als Schätzer des „ökonomischen Gewinns"

Die Entscheidungsrelevanz des „Fair Value-Gewinns"[987] als Veränderung des Reinvermögens, das sich aus der symmetrischen[988] erfolgswirksamen Bewertung aller bilanzierten Vermögensgegenstände und Schulden mit dem „Fair Value" unter Abstraktion von Kapitaltransfers mit den Anteilseignern ergibt,[989] kann anhand zweier theoretischer Gewinnkonzeptionen beurteilt werden. In diesem Zusammenhang stehen als Referenzmaßstab zum einen das investitionstheoretisch motivierte Konzept des „ökonomischen Gewinns"[990] sowie die Eignung des Gewinns als Ausgangsbasis für die indirekte Ermittlung des Gesamtunternehmenswerts („Prognoseeignung des Gewinns")[991] zur Auswahl.[992]

---

987 Neben dem ereignisorientierten "Fair Value-Gewinn" sind mit dem „kosten- bzw. transaktionsbasierten Gewinn" und dem „imparitätischen Gewinn" weitere Gewinnermittlungsregime denkbar. Dabei ist der „kosten- bzw. transaktionsbasierte Gewinn", mit der zeitlichen und sachlichen Abgrenzung der Zahlungsströme, eng mit dem Realisationsprinzip verknüpft. Beim „imparitätischen Gewinn" sind positive Erfolgsbeiträge mit dem Realisationsprinzip gekoppelt, wohingegen Auszahlungsüberschüsse unabhängig von ihrer Realisierung antizipiert werden. Vgl. Hitz 2005a, S. 270.

988 Bezüglich des „Goodwill" und der identifizierbaren aber nicht bilanzierungsfähigen Vermögensgegenstände erfolgt auch im Rahmen der Ermittlung des „Fair Value-Gewinns" eine asymmetrische Erfassung der Erfolgswirkungen. Auszahlungen für diese Positionen werden sofort aufwandswirksam gebucht, während Erfolgsbeiträge hieraus erst mit dem Eintritt eines kritischen Ereignisses im Leistungserstellungsprozess realisiert werden. Vgl. Hitz 2005a, S. 270.

989 Vgl. Hitz 2005a, S. 270 ff., vgl. Pfaff/Kukule 2006, S. 543 f.

990 Vgl. Bieker 2006, S. 201 ff., vgl. Haaker 2007a, S. 257, vgl. Hitz 2005a, S. 277 ff., vgl. Hitz 2005b, S. 1023 f., vgl. Hitz/Kuhner 2002, S. 287, vgl. Moxter 2000, S. 2144.

991 Vgl. Ballwieser 2002, S. 117, vgl. Ballwieser 2001, S. 160 f., vgl. Bieker 2006, S. 198 ff., vgl. Brücks 2002, S. 167 f., vgl. Haaker 2007a, S. 256, vgl. Hitz 2005a, S. 277 und S. 285 ff., vgl. Hitz 2005b, S. 1024, vgl. Kahle 2003, S. 265, vgl. Streim 2000, S. 115.

992 Vgl. Haaker 2007a, S. 256, vgl. Hitz 2005a, S. 277, vgl. Hitz 2005b, S. 1023, vgl. Streim 2000, S. 114, vgl. Streim/Bieker/Esser 2003, S. 475 ff.

Im Folgenden soll diskutiert werden, inwiefern die vom Standardsetter intendierten Regelungen zur Abbildung von Versicherungsverträgen im Jahresabschluss mit den beiden theoretischen Gewinnkonzeptionen in Einklang zu bringen und damit als entscheidungsrelevant zu betrachten sind. Da der „Fair Value-Gewinn" bei Negierung von Kapitaltransfers der Veränderung des Reinvermögens entspricht und somit aus der Veränderung von bilanziell erfassten Vermögensgegenständen und Schulden generiert wird, bestehen die in Abschnitt 4.2.2 dieser Arbeit diskutierten bilanzpolitischen Ermessensspielräume bei der Ermittlung des „Fair Value-Gewinns" fort. Deshalb bedürfen die jahresabschlusspolitischen Gestaltungsmöglichkeiten im Kontext des „Fair Value-Gewinns" keiner separaten Erörterung.

Der „ökonomische Gewinn" eines Unternehmens als idealtypisches investitionstheoretisches Periodisierungsmaß ergibt sich aus dem Zahlungsüberschuss einer Periode zuzüglich der Wertänderung des Ertragswerts („Entity Specific Value") innerhalb desselben Zeitraums.[993] Formal:[994]

$$\ddot{o}G_t = c_t + V_t - V_{t-1}$$

mit:

$\ddot{o}G$	:=	„ökonomischer Gewinn"
c_t	:=	Zahlungsüberschuss der Periode t
V_t	:=	Ertragswert des Unternehmens im Zeitpunkt t
V_{t-1}	:=	Ertragswert des Unternehmens im Zeitpunkt t-1

Unter der Prämisse vollkommener und vollständiger Märkte entspricht der „ökonomische Gewinn" der Verzinsung des Ertragswerts am Periodenanfang (V_{t-1}) mit dem Zinssatz r. Wird die Annahme der Sicherheit aufgehoben, so tritt mit dem „außerordentlichen ökonomischen Gewinn", der sich aus den Abweichungen der ex-post-Realisierungen des Ertragswerts (V_t) und des Zahlungsüberschusses der korrespon-

---

993 Vgl. Franke/Hax 2004, S. 82 ff., vgl. Hitz 2005a, S. 278 ff., vgl. Hitz 2005b, S. 1023, vgl. Hitz/Kuhner 2002, S. 287.

994 Siehe hierzu Hitz 2005a, S. 278, vgl. Franke/Hax 2004, S. 83, vgl. Hitz/Kuhner 2002, S. 287.

dierenden Periode (c_t) vom jeweiligen Erwartungswert ergibt, eine weitere Komponente hinzu.[995] Formal:[996]

$$öG(\Omega_t) = r \cdot V_{t-1} + [V_t - E(V_t | \Omega_{t-1}) + c_t - E(c_t | \Omega_{t-1})]$$

mit:

Ω_t := Informationsstand im Zeitpunkt t

Ω_{t-1} := Informationsstand im Zeitpunkt t-1

Als investitionstheoretisches Erhaltungskonzept indiziert der „ökonomische Gewinn" die maximale Ausschüttungshöhe, bei der der nominale (Ertrags-)Wert des Unternehmens erhalten bleibt.[997] In der Totalperiode entspricht die Summe der „ökonomischen" Periodengewinne jedoch nicht der Summe der Zahlungsüberschüsse und verstößt somit gegen das Kongruenzprinzip.[998] Dies erklärt sich aus der Tatsache, dass der „ökonomische" Periodengewinn neben dem jeweiligen Zahlungsüberschuss einer Periode nur die Veränderung des Ertragswerts eines Unternehmens erfasst, wodurch die im Ertragswert des Gründungszeitpunkts (V_0) inkorporierten Renten keine Berücksichtigung finden.[999] Formal gilt für ein Unternehmen, das im Zeitpunkt T aufgelöst wird:[1000]

$$\sum_{t=1}^{T} c_t = \sum_{t=1}^{T} öG_t + V_0$$

Da der „ökonomische Gewinn" die Wertänderung des ökonomischen Effektivvermögens eines Unternehmens und damit die Konsequenzen unternehmerischen Han-

---

995 Vgl. Franke/Hax 2004, S. 84, vgl. Hitz 2005a, S. 278 f.

996 Siehe hierzu Hitz 2005a, S. 279.

997 Vgl. Hitz 2005a, S. 278.

998 Vgl. Franke/Hax 2004, S. 84, vgl. Hitz 2005a, S. 280 f.

999 Vgl. Franke/Hax 2004, S. 84, vgl. Hitz 2005a, S. 280 f.

1000 Vgl. Franke/Hax 2004, S. 84, vgl. Hitz 2005a, S. 281.

delns korrekt abbildet, gilt dieser als idealtypisches Performancemaß.[1001] Aufgrund der bereits mehrfach erläuterten hohen Subjektivität des Ertragswerts („Entity Specific Value") erweist sich die praktische Anwendung des „ökonomischen Gewinns" jedoch als schwierig. Dabei verhindert die durch die Objektivierungserfordernisse der bilanziellen Rechnungslegung und dem Einzelbewertungsgrundsatz verursachte Bilanzlücke[1002] eine korrekte Ermittlung des ökonomischen Effektivvermögens und damit des „ökonomischen Gewinns",[1003] so dass dessen Funktion auf die Rolle als theoretischer Referenzmaßstab beschränkt bleibt.[1004]

Ausgehend von der Prämisse, dass im Rahmen des theoretischen Referenzmaßstabs „ökonomischer Gewinn" alle Änderungen des Unternehmenswerts umgehend erfasst und korrekt abgebildet werden, ist für jedes alternative Rechnungslegungsregime eine zumindest teilweise zeitverzögerte Realisierung zu konstatieren.[1005] Ausdruck der zeitverzögerten bzw. asymmetrischen Erfassung der Wertänderungen ist die bereits mehrfach erläuterte Differenz zwischen ökonomischem Effektivvermögen und dem bilanziellen Reinvermögen („Bilanzlücke"), deren Umfang den Grad der Zeitverzögerung des jeweiligen Rechnungslegungssystems indiziert.[1006]

In diesem Zusammenhang gelingt es zwar mit Hilfe der symmetrischen Zeitwertbewertung die so genannte „Wertlücke" zu schließen, jedoch verbleibt weiterhin eine durch Objektivierungserfordernisse bedingte Lücke bei der Erfassung immaterieller Aktiva („Mengenlücke") sowie der nicht objektivierbare originäre Geschäfts- oder Firmenwert.[1007] Nur solange sich das Unternehmen im Zustand des „steady state" befindet, entspricht der „Fair Value-Gewinn" im langfristigen Durchschnitt dem öko-

---

1001 Vgl. Franke/Hax 2004, S. 85, vgl. Hitz 2005a, S. 279 f., vgl. Hitz/Kuhner 2002, S. 287, vgl. Moxter 2000, S. 2144.

1002 Siehe hierzu Abschnitt 4.2.1 dieser Arbeit.

1003 Vgl. Ballwieser 2001, S. 162 f., vgl. Bieker 2006, S. 201 ff., vgl. Haaker 2007a, S. 256 f., vgl. Moxter 2000, S. 2144, vgl. Streim 2000, S. 122.

1004 Vgl. Franke/Hax 2004, S. 85, vgl. Hitz 2005a, S. 280, vgl. Hitz 2005b, S. 1023, vgl. Kahle 2003, S. 264.

1005 Vgl. Hitz 2005a, S. 282.

1006 Vgl. Hitz 2005a, S. 282, vgl. Streim 2000, S. 125 ff.

1007 Siehe hierzu Abschnitt 4.2.1 dieser Arbeit.

nomischen Gewinn.[1008] Im Fall wachsender Unternehmen weicht der auf Basis der symmetrischen Zeitwertbewertung ermittelte Gewinn systematisch vom ökonomisch korrekten Periodenergebnis ab.[1009] Es bleibt jedoch festzuhalten, dass sich die Approximationsgüte des „Fair Value-Gewinns“ im Hinblick auf den „ökonomischen Gewinn“ verglichen mit kostenbasierten bzw. imparitätischen Gewinnermittlungsregime aufgrund dessen ereignisorientierter Berechnung als überlegen erweist.[1010]

Auch im Kontext des Standardentwurfs für Versicherungsverträge ist u. a. bedingt durch die nur teilweise Berücksichtigung von Ausgleichseffekten und Vertragsverlängerungen sowie des generellen Ansatzverbots von Neugeschäft eine „Bilanzlücke“ zu konstatieren.[1011] Diese wird noch durch die der Bewertungskonzeption des „Fair Value“ immanente Abstraktion von Wettbewerbsvorteilen vergrößert,[1012] so dass auch der gemäß „DSOP Insurance“ ermittelte „Fair Value-Gewinn“ allenfalls zufällig[1013] dem „ökonomischen Gewinn“ entspricht. Sollte der im Rahmen des Standardentwurfs modifizierte „Entity Specific Value“ Verwendung finden, reduziert sich die Bilanzlücke um die im Rahmen dieser Wertkonzeption erfassten Wettbewerbsvorteile. Die Tatsache, dass aufgrund der einheitlichen Ansatzkonzeption des „DSOP Insurance“ auch bei Verwendung des „Entity Specific Value“ eine „Bilanzlücke“ und damit eine Divergenz zum „ökonomischen Gewinn“ bestehen, bleibt hiervon jedoch unberührt.

Unabhängig vom verwendeten Wertmaßstab stellt jedoch der nach DSOP ermittelte Gewinn eine bessere Approximation des „ökonomischen Gewinns“ dar als kostenbasierte bzw. imparitätische Gewinnermittlungsregime. Dies erklärt sich damit, dass mit dem prospektiven Zahlungsbezug der für den Versicherungsbereich vorgeschlage-

---

[1008] Vgl. Hitz 2005a, S. 282 ff.

[1009] Vgl. Hitz 2005a, S. 283, vgl. Hitz 2005b, S. 1023, vgl. Streim 2000, S. 125 ff.

[1010] Vgl. Hitz 2005a, S. 283 ff., vgl. Hitz 2005b, S. 1023, vgl. Kahle 2003, S. 264.

[1011] Siehe hierzu Abschnitt 4.2.1 dieser Arbeit.

[1012] Siehe hierzu Abschnitt 4.1.2 dieser Arbeit.

[1013] Nach *Moxter* entspricht der Gewinn des Jahresabschlusses nur dann dem ökonomischen Gewinn, wenn sich der Umfang der „Bilanzlücke“ innerhalb der Rechnungslegungsperiode nicht verändert. Vgl. Kahle 2003, S. 264, vgl. Moxter 2000, S. 2144, vgl. Streim 2000, S. 127.

nen Rechnungslegungsregeln die Realisierung von Erträgen und Aufwendungen auf den Zeitpunkt des Vertragsabschlusses vorverlegt wird.[1014] Auch bei der Folgebewert-ung werden Unternehmenswertänderungen und damit der „ökonomische Gewinn" mit Hilfe der Normen des Standardentwurfs verglichen mit alternativen Gewinnbemessungsvorschriften besser approximiert. Insbesondere die für Versicherungsunternehmen aufgrund der langen Vertragslaufzeiten höchst relevanten durch Schwankungen des Diskontierungszinssatzes induzierten Änderungen des Unternehmenswerts, die auf einem „Mismatch" zwischen Aktiv- und Passivseite beruhen, werden durch die intendierten Regelungen korrekt abgebildet.[1015] [1016]

4.3.2 Die Prognoseeignung des „Fair Value"-Gewinns

Ein weiterer Ansatzpunkt, die Entscheidungsrelevanz des „Fair Value-Gewinns" zu diskutieren, besteht darin, zu untersuchen, inwieweit dieser als Ausgangsbasis dient, die Gewinnentwicklung für zukünftige Rechnungslegungsperioden zu prognostizieren.[1017] Es bleibt jedoch fraglich, inwieweit überhaupt eine aus vergangenheitsorientierten Daten resultierende Erfolgsgröße als Indikator für zukünftige Zahlungsströme bzw. -überschüsse herangezogen werden kann. Zwar wird einer retrospektiven, periodisierten Erfolgsgröße verglichen mit Zahlungsüberschüssen der Vergangenheit generell eine bessere Prognoseeignung konzediert. Sobald jedoch die Prämisse einer statischen Unternehmensumwelt als nicht mehr gegeben erachtet wird, lässt die fehlende Kenntnis der genauen Gesetzmäßigkeiten, mit denen vergangene und zukünftige Daten verknüpft sind, eine Prognose zukünftiger Zahlungsströme mit Hilfe vergangenheitsorientierter Erfolgsgrößen zumindest zweifelhaft erscheinen.[1018]

[1014] Vgl. Varain 2004, S. 165, vgl. Zimmermann/Schweinberger 2005, S. 70 f.

[1015] Vgl. Varain 2004, S. 169 f., vgl. Zimmermann/Schweinberger 2005, S. 72.

[1016] In diesem Zusammenhang ist darauf hinzuweisen, dass nicht alle im Rahmen des „Fair Value Accounting" ausgewiesenen (Unternehmens-)Wertschwankungen ökonomisch motiviert sind. So führt die im Unterkapitel 3.1.2 dieser Arbeit beschriebene nicht korrekte Abbildung von Kompensationsbeziehungen oder die in Abschnitt 3.2.2.2.6 dieser Arbeit erläuterte asymmetrische Erfassung von Bonitätsänderungen im Zeitablauf zu einer rechnungslegungsinduzierten „künstlichen" Volatilität. Vgl. Hitz 2005a, S. 284 f.

[1017] Vgl. Brücks 2002, S. 67 f., vgl. Hitz 2005a, S. 285 ff., vgl. Kahle 2003, S. 265.

[1018] Vgl. Kahle 2003, S. 265 f., vgl. Streim 2000, S. 125 ff.

Bei der Prognose der Gewinnentwicklung aus Daten der Vergangenheit wird implizit ein Zusammenhang[1019] zwischen der zu prognostizierenden Erfolgsgröße Gewinn und dem eigentlichen Erkenntnisziel, dem zukünftigen Zahlungsstromprofil eines Unternehmens, unterstellt.[1020] Im Gegensatz zum „ökonomischen Gewinn" steht die „Prognoseeignung des Gewinns" als Maßstab für dessen Entscheidungsrelevanz im Einklang mit dem im Rahmenkonzept des IASB postulierten eher informationsökonomischen Verständnis von Entscheidungsrelevanz.[1021] Dieses misst einer Information dann Entscheidungsrelevanz bei, wenn diese zu einer Prognose beiträgt oder vergangene Prognosen bestätigt bzw. revidiert.[1022] Somit kann der besser prognosegeeignete Gewinn heuristisch als das feinere Informationssystem und damit unter Abstraktion von Informationskosten auch als das wertvollere erachtet werden.[1023]

Der Begriff der Prognoseeignung einer Gewinngröße beschreibt den Umfang, in dem von vergangenen auf zukünftige Gewinnrealisierungen geschlossen werden kann.[1024] Die Prognoseeignung der Gewinngröße eines Rechnungslegungssystems kann statistisch in der abnehmenden Varianz der unerwarteten Gewinnkomponenten („Ergebnisschocks") also in der abnehmenden Abweichung der jeweiligen Gewinnrealisierung von ihrem Erwartungswert erfasst werden. Die Anwendung dieses Kriteriums erweist sich jedoch als schwierig, da die aus dem Eintreten von wertrelevanten Ereignissen tatsächlich resultierende Ergebnisvolatilität unbekannt ist. Deshalb muss auf das Kriterium der Nachhaltigkeit rekurriert werden. Dieses gibt an, inwieweit sich Ergebnisschocks in den darauf folgenden Rechnungslegungsperioden niederschlagen.

1019 Zum Zusammenhang zwischen Erfolgs- und Zahlungsstromgrößen siehe Abschnitt 4.1.1 dieser Arbeit.

1020 Vgl. Hitz 2005a, S. 288 f.

1021 Vgl. Hitz 2005a, S. 286 f.

1022 Siehe hierzu Abschnitt 4.1.1 dieser Arbeit.

1023 Siehe hierzu Hitz 2005a, S. 286.

1024 Zur Prognoseeignung einer Gewinngröße vgl. Coenenberg 2008, S. 21, vgl. Hitz 2005a, S. 289, vgl. Hitz 2005b, S. 1024, vgl. Streim/Bieker/Esser 2003, S. 476.

Im Kontext der Nachhaltigkeit sind die beiden Extrema permanente und transitorische Auswirkungen von Ergebnisschocks zu unterscheiden.[1025] Bei permanenten Erfolgswirkungen setzt sich der unerwartete Gewinneffekt in unverändertem Umfang in den Folgeperioden fort. Im Gegensatz dazu bleiben die Erfolgswirkungen bei einem transitorischen Ergebnisschock auf die Rechnungslegungsperiode, innerhalb der der Schock stattfindet, beschränkt. Auch der Einfluss von Ergebnisschocks auf die Zielgröße der Investoren im entscheidungstheoretischen Sinne, den Unternehmenswert, hängt von dessen intertemporaler Nachhaltigkeit ab.

Bevor die Nachhaltigkeit und damit die Prognoseeignung des „Fair Value"-Gewinns von Versicherungsverträgen näher untersucht werden kann, sind zunächst einige grundsätzliche Anmerkungen zur Nachhaltigkeit von Marktwertschwankungen vorzunehmen. Ausgehend von der Prämisse, dass informationseffiziente Märkte keine systematische Erzielung von Überrenditen zulassen, wird hieraus ein Verhältnis des erwarteten „Fair Value"-Gewinns ($E(x_t^{FV} | Q_{t-1})$ einer Position zu dessen Marktpreis am Periodenanfang (FV_{t-1}) in Höhe des risikolosen Opportunitätskostensatzes von k abgeleitet, wobei Q_{t-1} den Informationsstand im Zeitpunkt t-1 reflektiert.[1026] Formal:[1027]

$$\frac{E(x_t^{FV} | Q_{t-1})}{FV_{t-1}} = k$$

Unter der Annahme, dass sich der „Fair Value"-Gewinn aus dem Neubewertungserfolg ($FV_t - FV_{t-1}$) der Periode und deren Zahlungsüberschuss (c_t) zusammensetzt, wird die obige Gleichung zu folgenden Termen umgeformt:[1028]

$$\frac{E(FV_t | Q_{t-1}) - FV_{t-1} + E(c_t)}{FV_{t-1}} = k \iff E(FV_t | Q_{t-1}) = (1+k) \cdot (FV_{t-1}) - E(c_t)$$

1025 Zur Nachhaltigkeit einer Gewinngröße vgl. Hitz 2005a, S. 289 ff.

1026 Zur Nachhaltigkeit von Marktwertschwankungen vgl. Hitz 2005a, S. 294 ff.

1027 Siehe hierzu Hitz 2005a, S. 295.

1028 Siehe hierzu Hitz 2005a, S. 295.

Dies bedeutet, dass sich der Erwartungswert des „Fair Value“ einer Position im Zeitpunkt t bei gegebenem Informationsstand Q_{t-1} aus der Aufzinsung von dessen Wert im Zeitpunkt t-1 abzüglich des Zahlungsüberschusses der Periode ergibt. Der ex ante Neubewertungserfolg, also die Differenz des erwarteten Marktpreises (FV_t) und des Marktpreises im Zeitpunkt t-1 (FV_{t-1}), berechnet sich dann folgendermaßen:[1029]

$$E(FV_t | Q_{t-1}) - FV_{t-1} \quad = \quad k \cdot FV_{t-1} - E(c_t)$$

Der erwartete Neubewertungserfolg wird demnach aus der Verzinsung des Marktwerts am Periodenanfang mit dem Opportunitätskostenzinssatz k abzüglich des Zahlungsüberschusses der Periode ermittelt. Die ex ante Änderung des Marktpreises beträgt nur in Ausnahmefällen 0 und zwar genau dann, wenn die Verzinsung des „Fair Value“ in t-1 dem erwarteten Zahlungsüberschuss (c_t) entspricht. Bei Betrachtung der ex post eingetretenen Wertänderung des „Fair Value“ ($FV_t - FV_{t-1}$) tritt neben der erwarteten Wertänderung mit der unerwarteten Wertänderung („Fair Value“-Schock) eine weitere Komponente hinzu. Formal:[1030]

$$FV_t - FV_{t-1} \quad = \quad k \cdot FV_{t-1} - E(c_t) + (FV_t - E(FV_t))$$

Der „Fair Value“-Schock stellt die Abweichung des realisierten Marktpreises von dessen Erwartungswert dar. Da die erwartete Marktpreisänderung wie bereits erläutert nur in Ausnahmefällen 0 beträgt, ist somit nur ein Teil der Schwankungen des Marktpreises, nämlich der „Fair Value“-Schock, als zufällig zu qualifizieren.[1031]

Für den erwarteten „Fair Value“-Gewinn, der sich aus der Summe von erwartetem Neubewertungserfolg und erwartetem Zahlungsüberschuss zusammensetzt, folgt bei Gültigkeit der „Fair Game Property“ dann, dass dieser der Verzinsung des Marktprei-

---

[1029] Siehe hierzu Hitz 2005a, S. 295 f.

[1030] Siehe hierzu Hitz 2005a, S. 296.

[1031] Vgl. Hitz 2005a, S. 296, vgl. Hitz 2005b, S. 1024.

ses am Anfang der Periode (FV_{t-1}) mit dem Opportunitätszinssatz k entspricht.[1032] Formal:[1033]

$$E\left(x_t^{FV} \mid Q_{t-1}\right) = k \cdot FV_{t-1}$$

Ausgangspunkt der Prognose des „Fair Value“-Gewinns ist also keine Erfolgsgröße der Vergangenheit, sondern eine Bestandsgröße, nämlich der Marktpreis am Periodenanfang (FV_{t-1}). Ein Ergebnisschock, der in der Vorperiode stattgefunden hat, findet somit in Höhe der Verzinsung mit dem Faktor k im Prognosewert der Folgeperiode seinen Niederschlag. Der restliche Teil des Ergebnisschocks hat transitorischen Charakter. In die Prognosewerte der darauf folgenden n-ten Periode geht dieser „Fair Value“-Schock nur noch mit dem Faktor k^n ein, so dass ein Ergebnisschock für die Folgeperioden exponentiell an Bedeutung verliert.

Bei der ex post Betrachtung des „Fair Value“-Gewinns treten zum erwarteten Gewinn in Form der Verzinsung des Marktpreises der Vorperiode mit dem „Fair Value“-Schock ($FV_t - E(FV_t)$) und dem „Cash Flow“-Schock ($c_t - E(c_t)$) unerwartete Gewinnkomponenten hinzu. Formal:[1034]

$$x_t^{FV} = FV_t - FV_{t-1} + c_t = k \cdot FV_{t-1} + \left(c_t - E\left(c_t\right)\right) + \left(FV_t - E\left(FV_t\right)\right)$$

Die Summe der Ergebnisschocks einer Periode determiniert die Abweichung der Realisierung vom Erwartungswert des „Fair Value“-Gewinns, wobei diese Schocks grundsätzlich zufälliger Natur und damit nicht vorhersagbar sind. In diesem Zusammenhang geht nur der „Fair Value“-Schock in den Bestandswert des „Fair Value“ und damit in die Ausgangsbasis für die Prognose des „Fair Value“-Gewinns ein, wohingegen der „Cash Flow“-Schock vollständig transitorisch bleibt. Sollte jedoch ein „Cash Flow“-Schock aus Wettbewerbsvorteilen des Unternehmens gegenüber dem Markt resultieren und diese auch in zukünftigen Perioden bestehen, tritt dieser Er-

---

1032 Zur Nachhaltigkeit des „Fair Value“-Gewinns vgl. Hitz 2005a, S. 296 ff.

1033 Siehe hierzu Hitz 2005a, S. 297.

1034 Siehe hierzu Hitz 2005a, S. 297.

gebniseffekt systematisch in Form von Übergewinnen auch in den Folgeperioden auf. Der Teil des „Cash Flow"-Schocks, der auf Übergewinnen basiert, ist als permanent zu qualifizieren, sofern die Wettbewerbsvorteile nachhaltig sind.

Zusammenfassend kann festgehalten werden, dass Marktpreisschwankungen und die Höhe des „Fair Value"-Gewinns nicht nur zufälligen Charakter aufweisen, sondern sich aus einer erwarteten und einer unerwarteten Komponente zusammen setzen. Für Abweichungen der Realisationen vom erwarteten Marktwert oder Gewinn sind Schocks verantwortlich, die grundsätzlich zufällig sind. Dabei gehen „Fair Value"-Schocks nur in Höhe von deren Verzinsung mit dem Faktor k in den Prognosewert der Folgeperiode ein. Basieren die Schocks jedoch auf Übergewinnen, die aus nachhaltigen Wettbewerbsvorteilen resultieren, so sind diese seriell korreliert und somit nicht mehr zufällig.

Ausgehend von der allgemeinen Formel[1035] zur Ermittlung des „Fair Value"-Gewinns einer Position als Summe aus Zahlungsüberschuss und deren Wertänderung ergibt sich der „Fair Value"-Gewinn aus Versicherungsverträgen ex post als:

$$x_t^{FV} = c_t + \left(E\left(FV_t^A\right) - FV_{t-1}^A\right) + \left(FV_t^A - E\left(FV_t^A\right)\right) + \left(E\left(FV_t^L\right) - FV_{t-1}^L\right) + \left(FV_t^L - E\left(FV_t^L\right)\right)$$

Dabei wurden die jeweiligen Wertänderungen des Prämienbarwerts $(FV_t^A - FV_{t-1}^A)$ und des Verpflichtungsbarwerts $(FV_t^L - FV_{t-1}^L)$ separat erfasst. In diesem Zusammenhang sei darauf hingewiesen, dass Werte der versicherungstechnischen Verbindlichkeit ein negatives Vorzeichen aufweisen.

Auch im Versicherungskontext setzt sich die Wertänderung von Prämien- und Verpflichtungsbarwert aus einer erwarteten und einer unerwarteten Komponente, dem ökonomischen Schock, der sich in einer Änderung der Bewertungsprämissen manifestiert, zusammen. In der erwarteten Wertänderung des Prämienbarwerts kommt dessen fortschreitende Reduktion unter der Annahme konstanter Bewertungsprämis-

---

1035 Vgl. Hitz 2005a, S. 297 und S. 301.

sen zum Ausdruck.[1036] Die periodisierte erwartete Wertminderung als Differenz zwischen dem Erwartungswert des Prämienbarwerts ($E(FV_t^A)$) und dem Marktwert der Vorperiode (FV_{t-1}^A) kann als aufwandswirksame Abschreibung auf den Prämienbarwert aufgefasst werden.

Die erwartete Wertänderung des Verpflichtungsbarwerts – periodisiert als Differenz zwischen dessen Erwartungswert ($E(FV_t^L)$) und dem Marktwert der Vorperiode (FV_{t-1}^L) – reflektiert den produktspezifischen Auf- bzw. Abbau der Verbindlichkeit mit entsprechenden erfolgsrechnerischen Konsequenzen. Analog zum Prämienbarwert vermindert sich mit fortschreitender Laufzeit bei konstanten Bewertungsparametern unabhängig vom verwendeten Zeitwertkonzept der erwartete Verpflichtungsbarwert eines Schadenversicherungsvertrags, woraus ein das Ergebnis erhöhender Effekt resultiert.[1037]

Beim Verpflichtungsbarwert eines Lebensversicherungsvertrags spiegelt die erwartete Wertänderung das Leistungsprofil des zugehörigen Produkts wider. So führt der Aufbau der Erlebensfallleistung bei einer gemischten Lebensversicherung oder bei einem Rentenversicherungsvertrag bis zum Zeitpunkt des Rentenbeginns zu einer Erhöhung des Erwartungswerts der versicherungstechnischen Verbindlichkeit verbunden mit einem entsprechenden negativen Erfolgsbeitrag.[1038] Im Gegensatz dazu wird der erwartete Verpflichtungsbarwert einer Risikolebensversicherung unter der Annahme konstanter Bewertungsprämissen im Zeitablauf kontinuierlich abgebaut,[1039] was eine erwartete Wertminderung der Verpflichtung und damit ein höheres Ergebnis zur Folge hat. Analog dazu entwickelt sich der erwartete Verpflichtungsbarwert aus einem Rentenversicherungsvertrag in der Rentenphase,[1040] so dass auch in diesem

---

[1036] Siehe hierzu Abschnitt 3.2.2.4.1 dieser Arbeit.

[1037] Siehe hierzu Abschnitt 3.2.2.4.2 dieser Arbeit.

[1038] Siehe hierzu Abschnitt 3.2.2.4.2 dieser Arbeit.

[1039] Siehe hierzu Abschnitt 3.2.2.4.2 dieser Arbeit.

[1040] Siehe hierzu Abschnitt 3.2.2.4.2 dieser Arbeit.

Fall die erwartete Wertänderung der Verpflichtung negativ und die Erfolgsbeiträge positiv sein werden.

Die erwarteten Wertänderungen von Vermögensgegenständen und Schulden eines Versicherungsvertrags folgen damit entsprechend dem Leistungsprofil des Produkts einer bestimmten Richtung. Daraus resultiert durchaus eine gewisse Periodisierung von Erträgen und Aufwendungen. Dabei ist jedoch zu berücksichtigen, dass den erwarteten Wertänderungen oftmals Zahlungen (c_t) gegenüberstehen. Auch die Einbuchung von Prämien- und Verpflichtungsbarwert im Zeitpunkt des Vertragsabschlusses sowie der Zinseffekt verhindern eine kontinuierliche Ergebnisentwicklung.

So werden beim „asset-liability-approach“ durch die erstmalige Erfassung des Prämienbarwerts die zukünftigen Prämienerträge weitgehend im Zeitpunkt des Vertragsabschlusses ertragswirksam.[1041] Damit fallen deren Erfolgsbeiträge in den Folgeperioden verglichen mit der periodengerechten Realisierung der Beiträge wesentlich geringer aus. Dies erklärt sich aus der Tatsache, dass bei der ereignisorientierten Gewinnermittlung den vereinnahmten Prämienzahlungen, die in den Zahlungsüberschuss (c_t) der jeweiligen Periode eingehen, die erwarteten Abschreibungen auf den Prämienbarwert entgegen stehen.[1042] Außerdem sinken die Erfolgsbeiträge aus Prämien im Zeitverlauf, da die konstanten Prämieneinnahmen mit steigenden negativen Wertänderungen verrechnet werden,[1043] wohingegen die Prämienerträge beim „deferral-and-matching“-Ansatz gleichmäßig über die einzelnen Perioden verteilt werden.

Im Gegensatz dazu werden die Aufwendungen für Versicherungsfälle in der Schadenversicherung bei periodengerechter Erfolgsermittlung sprungartig mit dem Eintritt des Versicherungsfalles in Form von Auszahlungen oder als Zuführung zur Schadenrückstellung erfasst.[1044] Beim „Fair Value“-Gewinn von Versicherungsverträgen wird

---

1041 Siehe hierzu Abschnitt 3.2.2.3 dieser Arbeit.

1042 Siehe hierzu Abschnitt 3.2.2.4.1 dieser Arbeit.

1043 Siehe hierzu Abschnitt 3.2.2.4.1 dieser Arbeit.

1044 Vgl. Abschnitt 2.1.1 dieser Arbeit.

der erwartete Verpflichtungsbarwert eines Schadenversicherungsvertrags schon im Zeitpunkt des Vertragsabschlusses aufwandswirksam eingebucht.[1045] Die ertragswirksame Auflösung des Verpflichtungsbarwerts schadenfreier Verträge kann als Periodisierung der erwarteten Schadenaufwendungen interpretiert werden.[1046] Im Schadenfall wird de facto die Differenz aus der Schadenhöhe und noch vorhandenem Verprlichtungsbarwert als Aufwand erfasst.[1047]

Zusammenfassend kann festgehalten werden, dass auch die erwartete Komponente, die erwartete Wertänderung, des „Fair Value"-Gewinns aus Versicherungsverträgen eine gewisse Periodisierung von Zahlungsströmen zur Folge hat. Bei der erfolgsrechnerischen Behandlung der Prämieneinnahmen ist jedoch nur eine rudimentäre und aufgrund des Zinseffekts nichtlineare Periodisierung zu konstatieren, womit verglichen mit dem „deferral-and-matching"-Ansatz bei Schadenversicherungsverträgen eine geringere Nachhaltigkeit einher geht. Im Gegensatz dazu dürfte sich die Erfassung der Prämienerträge in der Lebens- und Krankenversicherung kaum unterscheiden, da auch bei kostenbasierten Rechnungslegungssystemen die in der Deckungsrückstellung implizit enthaltenen Prämienerträge prospektiv ermittelt werden.[1048]

Da mit der ertragswirksamen Auflösung von schadenfreien Verpflichtungen eine Periodisierung verbunden ist, erweist sich die Erfassung der Schadenaufwendungen von Schadenversicherungsverträgen bei der ereignisorientierten Rechnungslegung als weniger volatil und damit nachhaltiger. Bezüglich der Periodisierung der Aufwendungen für Versicherungsleistungen in der Lebens- und Krankenversicherung dürften sich „deferral-and-matching-approach" und „asset-liability-approach" kaum unterscheiden. Dies liegt analog zu den Prämienerträgen in der prospektiven Ermittlung der Versicherungsleistungen im Rahmen der Deckungsrückstellungskalkulation begründet.

[1045] Siehe hierzu Abschnitt 3.2.2.3 dieser Arbeit.

[1046] Siehe hierzu Abschnitt 3.2.2.4.2 dieser Arbeit.

[1047] Siehe hierzu Abschnitt 3.2.2.4.3 dieser Arbeit.

[1048] Siehe hierzu die Abschnitt 2.1.1 dieser Arbeit.

Neben der erwarteten Wertänderung stellt die Abweichung der Realisierung von Prämien- oder Verpflichtungsbarwert (FV_t^A bzw. FV_t^L) von dessen Erwartungswert ($E(FV_t^A)$ bzw. $E(FV_t^L)$, der so genannte „Fair Value“-Schock, die zweite Komponente des „Fair Value“-Gewinns dar. Der „Fair Value“-Schock reflektiert im Rahmen der hypothetischen Marktwertkonstruktion von Versicherungsverträgen die durch eine Veränderung der Bewertungsprämissen induzierte Marktwertänderung.[1049] Die aus Marktdaten generierten Bewertungsparameter insbesondere die Entwicklung der Kapitalmarktzinsen sind exogen vorgegeben, so dass diese für das Management eines Versicherungsunternehmens als zufällig zu qualifizieren sind. Je nach Richtung der Marktwertanpassung verstärkt der „Fair Value“-Schock die Gewinnwirkung der erwarteten Wertänderungen von Prämien- und Verpflichtungsbarwert oder kompensieren bzw. verkehren diese ins Gegenteil.[1050]

Bei der ökonomischen Analyse der Abbildung des „Fair Value“-Schocks im Rahmen des „Fair Value Accounting“ ist zu konstatieren, dass dieser zwar über die Nachhaltigkeit des dem Schock zugrunde liegenden Ereignisses informiert, in der Wirkung auf die Gewinngröße jedoch nur transitorischer Natur ist.[1051] Diese Erkenntnis erklärt sich aus der Tatsache, dass beim „Fair Value Accounting“ generell die Auswirkungen der Modifikation von Bewertungsprämissen auf den Marktpreis bzw. den Marktwert und damit auf den Gewinn im Zeitpunkt des Eintritts des wertrelevanten Ereignisses in vollem Umfang antizipiert werden. In den Folgeperioden ergeben sich keine weiteren Ergebniswirkungen, so dass der ökonomische Schock transitorisch bleibt, und damit als nicht nachhaltig zu qualifizieren ist. Aus dem Umfang des „Fair Value“-Schocks kann jedoch sehr wohl auf die Nachhaltigkeit des wertrelevanten Ereignisses, das heißt inwieweit der ökonomische Schock Auswirkungen auf Zahlungsströme in zukünftigen Perioden zeitigt, geschlossen werden. Dies ermöglicht eine bessere Partitionierung des Zustandsraums und damit einher gehend eine größere Feinheit,

---

1049 Siehe hierzu Abschnitt 3.2.2.4.4 und 3.2.2.4.5 dieser Arbeit.

1050 Vgl. Hitz 2005a, S. 302.

1051 Zur ökonomischen Analyse des „Fair-Value“-Schocks vgl. Hitz 2005a, S. 309 ff., vgl. Hitz 2005b, S. 1024.

was den „Fair Value"-Gewinn aus informationsökonomischer Sicht als besser prognosegeeignet erscheinen lässt.

Vergleicht man die Behandlung ökonomischer Schocks in ereignisorientierten und transaktionsbasierten Rechnungslegungssystemen, ist zwischen Umsatz- und Zinsschock zu differenzieren.[1052] Der Umsatzschock zeichnet sich durch eine unerwartete Veränderung des Umsatzes aus. Im Kontext der Bilanzierung von Versicherungsverträgen trifft dies auf Prämienanpassungen zu, die durch Schadenverläufe der Vergangenheit induziert werden („Erfahrungstarifierung"). Während bei der marktwertorientierten Rechnungslegung der Umsatzschock in vollem Umfang, dies bedeutet über sämtliche Perioden in denen der Umsatzschock auftritt, erfasst wird, beinhaltet der nach den Grundsätzen des „deferral and matching" ermittelte Gewinn nur den Umsatzschock der aktuellen Rechnungslegungsperiode.

Noch deutlicher wird die unterschiedliche erfolgsrechnerische Verarbeitung ökonomischer Schocks in den verschiedenen Rechnungslegungssystemen beim so genannten Zinsschock.[1053] Dieses Szenario beschreibt die nachhaltige Veränderung des Referenzzinssatzes, was für die Bilanzierung von Versicherungsverträgen auf Grund der Diskontierung der Ein- und Auszahlungsströme insbesondere für die durch lange Vertragslaufzeiten gekennzeichneten Lebens- und Krankenversicherungsverträge von höchster Relevanz ist.[1054] Auch die Auswirkungen des Zinsschocks auf den „Fair Value" des Prämien- und Verpflichtungsbarwerts werden beim „Fair Value Accounting" wiederum vollumfänglich in der Periode des Auftretens erfasst. Im Gegensatz dazu finden bei kostenbasierten Rechnungslegungssystemen durch Zinssatzänderungen induzierte Gewinneffekte keine Berücksichtigung.[1055] [1056]

1052 Vgl. Hitz 2005a, S. 309 ff.

1053 Vgl. Hitz 2005a, S. 310 ff., vgl. Zimmermann/Schweinberger 2005, S. 69.

1054 Siehe hierzu Abschnitt 3.2.2.3.2 sowie die Abschnitte 3.2.2.4.1, 3.2.2.4.2 und 3.2.2.4.5 dieser Arbeit.

1055 Vgl. Hassler/Sauer/Schneider 2006, S. 1545, vgl. Hitz 2005a, S. 310, vgl. Zimmermann/Schweinberger 2005, S. 69.

1056 Die fehlende Berücksichtigung von Zinssatzänderungen bei transaktionsbasierten Rechnungslegungssystemen ist aus messtheoretischer Sicht sehr kritisch zu betrachten, da sich ökonomisch der Wert einer Position durch Zinssatzänderungen zweifelsohne verändert. Vgl. Hitz 2005a, S. 304 f. Deshalb ist es aus messtheoretischer Perspektive durchaus sinnvoll die

Bei imparitätischer Behandlung von nicht realisierten Erfolgsbeiträgen, gilt die These von der Irrelevanz von Zinssatzänderungen nur für den Fall sinkender Zinsen. In diesem Szenario finden die steigenden Marktwerte von Aktien und festverzinslichen Anleihen im Portfolio des Versicherers aufgrund des Anschaffungskostenprinzips keine Berücksichtigung. Auf der Passivseite haben Zinssatzänderungen bedingt durch die fixierten Diskontierungszinssätze von null (Schadenrückstellung) bzw. dem Rechnungszinssatz (Deckungs- bzw. Alterungsrückstellung) weder im Fall steigender noch bei fallenden Kapitalmarktzinsen Auswirkungen auf die Bewertung. Bei steigenden Zinsen werden die nicht realisierten Wertminderungen auf der Aktivseite zumindest dann berücksichtigt, wenn diese als dauerhaft zu qualifizieren sind. Aus der nur teilweisen Anwendung des „Fair Value Accounting“ resultiert wiederum ein rechnungslegungsinduzierter „asset-liability-mismatch“.[1057]

Durch die vollständige erfolgsrechnerische Erfassung ökonomischer Schocks in der Periode des Anfalls verglichen mit der allenfalls teilweisen[1058] bei transaktionsbasierten Systemen wird die häufig in der Literatur geäußerte Kritik im Kern bestätigt, dass die mit der marktwertorientierten Rechnungslegung verbundene erhöhte Volatilität[1059] mit fehlender Nachhaltigkeit im engeren Sinne einher geht.[1060] [1061] Verstärkt wird die-

---

durch Zinsschwankungen induzierten Wertänderungen von Aktiv- und Passivpositionen – insbesondere bei langlaufenden Versicherungsverträgen – sowie die aus einem etwaigen „asset-liability-mismatch“ resultierenden Ergebniseffekte auszuweisen. Vgl. Hassler/Sauer/Schneider 2006, S. 1546, vgl. Zimmermann/Schweinberger 2005, S. 72.

1057 Vgl. Hassler/Sauer/Schneider 2006, S. 1545 f.

1058 Sofern jedoch ein imparitätisches Gewinnermittlungsregime vorliegt, ist diese Aussage für die Antizipation zukünftiger Verluste aus schwebenden Geschäften nicht gültig, da diese sofort in vollem Umfang berücksichtigt werden. So wird im Versicherungskontext im Rahmen einer imparitätischen Gewinnermittlung eine Erhöhung des Schadenerwartungswerts im Zeitpunkt der Kenntnisnahme vollständig aufwandswirksam erfasst. Da im Gegensatz zum „asset-liability-measurement“-Ansatz keine Abzinsung von Schadenrückstellungen vorgenommen wird, übertrifft der hieraus resultierende Ergebniseffekt sogar die Ergebniswirkungen bei ereignisorientierten Rechnungslegungssystemen. Vgl. Zimmermann/Schweinberger 2005, S. 69.

1059 Vgl. Engeländer/Kölschbach 2007, S. 388 f., vgl. Geib 2001, S. 124, Perlet 2001, S. 300 ff., vgl. Hitz 2005a, S. 271 ff., vgl. Hitz 2005b, S. 1023, vgl. Rohlfs 2008, S. 87, vgl. Zimmermann/Schweinberger 2005, S. 69 ff.

1060 Vgl. Coenenberg/Straub 2008, S. 21 ff., vgl. Hitz 2005a, S. 309 ff., vgl. Hitz 2005b, S. 1024.

1061 In diesem Zusammenhang sei jedoch darauf verwiesen, dass die geringere Nachhaltigkeit des „Fair Value“-Gewinns aus der frühzeitigen Verarbeitung von zum Teil unsicheren Informationen resultiert, wohingegen bei transaktionsbasierten Rechnungslegungssystemen deren Bestätigung durch eine Realisierung am Markt abgewartet wird. Dem mehr an verarbeiteten Informationen und der damit einher gehenden geringeren Nachhaltigkeit im engeren Sinne steht somit

se Argumentation noch durch die Tatsache, dass die durch Ergebnisschocks induzierten Änderungen des „Fair Value“ von Prämien- und Verpflichtungsbarwert in den Folgeperioden durch gegenläufige Ergebniseffekte beim erwarteten Gewinn kompensiert werden, da sich die Basis für Zuführungen und Abschreibungen verändert hat.[1062]

Allerdings muss in diesem Kontext festgehalten werden, dass sich die Diagnose einer erhöhten Volatilität der Gewinngröße bei ereignisorientierter Rechnungslegung zunächst nur auf Einzelpositionen bezieht. Im Portfoliokontext kann durch das „matching“[1063] von Zahlungsströmen oder der Duration von Aktiv- und Passivpositionen durchaus das Auftreten eines Zinsschocks und damit eine erhöhte Volatilität des „Fair Value“-Gewinns vermieden werden.[1064] Auch der Umsatzschock in Form der durch die Schadenentwicklung initiierten außerordentlichen Prämienänderung und der damit einher gehenden unerwarteten Veränderung des Prämienbarwerts wird durch die auslösende Schadenentwicklung, die ihren Niederschlag im Zahlungssaldo der Periode (c_t) findet, weitgehend kompensiert.

Da sich in der Praxis jedoch ein vollständiges „Matching“ von Aktiv- und Passivseite als schwierig erweist, sollten, um eine Überlagerung der erwarteten „Fair Value“-Änderung durch Ergebnisschocks zu vermeiden, erwartete und unerwartete Komponenten der „Fair Value“-Änderung separat ausgewiesen werden.[1065] [1066] Der separate Ausweis würde nicht nur Transparenz schaffen, inwieweit Gewinnschwankungen durch operative Vorgänge bzw. Änderungen der Bewertungsprämissen indu-

---

eine gewisse „Scheinstabilität“ bei transaktionsbasierten Rechnungslegungssystemen gegenüber. Vgl. Hitz 2005a, S. 313 f., vgl. Hitz 2005b, S. 1024.

1062 Vgl. Hitz 2005a, S. 310 f.

1063 Siehe hierzu Abschnitt 3.1.2 dieser Arbeit.

1064 Vgl. Geib 2001, S. 124, vgl. Hitz 2005a, S. 275 f., vgl. Hitz 2005b, S. 1023, vgl. Perlet 2001, S. 302 f.

1065 Vgl. Hitz 2005a, S. 318 ff.

1066 Alternativ dazu wird in der Literatur diskutiert, „außerplanmäßige“ Wertänderungen erfolgsneutral zu erfassen. Vgl. Hitz 2005a, S. 317 f., vgl. Streim/Bieker/Esser 2003, S. 476 f. Diese erweisen sich jedoch wegen der Durchbrechung der Identität von Erfolgs- und Zahlungsstromebene und des damit einher gehenden Verstoßes gegen das „clean surplus acconting“ als äußerst problematisch. Vgl. Hitz 2005a, S. 318.

ziert sind, sondern auch die Möglichkeit eröffnen, aus dem Umfang des „Fair Value"-Schocks auf die Nachhaltigkeit des Gewinnschocks rückzuschließen.[1067] Da im Kontext des Versicherungsstandards der „Fair Value" von Prämien- und Verpflichtungsbarwert modelltheoretisch ermittelt wird, erscheint eine Zerlegung des Neubewertungserfolgs in erwartete und unerwartete Gewinnkomponenten durchaus realistisch.[1068]

Einen weiteren Vorteil der ereignisorientierten Rechnungslegung stellt verglichen mit transaktionsbasierten Systemen die Reinheit bzw. Nachhaltigkeit des Residualgewinns dar. Dieser inkorporiert die realisierten Renten, die aus unternehmensspezifischen Wettbewerbsvorteilen[1069] resultieren, und trägt zur Abweichung des realisierten Zahlungssaldos der Periode (c_t) von dessen Erwartungswert („Cash-Flow"-Schock) bei.[1070] Im Gegensatz zum „deferral and matching"-Ansatz[1071] beinhaltet der Residualgewinn beim „Fair Value"-Accounting nur die Differenz zwischen der unternehmensspezifischen und der marktmäßigen Verzinsung des Kapitals,[1072] so dass auf Basis des Residualgewinns eine bessere Prognose des originären „Goodwill" und damit auch des ökonomisch korrekten Unternehmenswerts („Value in Use" bzw. „Entity Specific Value") vorgenommen werden kann.[1073] Deshalb wäre eine Aufspaltung des „Cash Flow"-Schocks wünschenswert, was sich in der Praxis jedoch als schwierig erweisen dürfte.

1067 Vgl. Hitz 2005a, S. 318 ff., vgl. Hitz 2005b, S. 1024.

1068 Im Gegensatz dazu dürfte es sich bei Marktpreisen als schwierig erweisen ohne genaue Kenntnis von dem zugrunde liegenden Zahlungsstromprofil Marktpreisänderungen in erwartete und unerwartete Komponenten zu sezieren. Vgl. Hitz 2005a, S. 318 ff.

1069 Diese können im Versicherungskontext z. B. in (Verwaltungs-)Kostenvorteilen oder einer verglichen mit dem Markt besseren Kapitalanlage- oder Risikopolitik begründet sein.

1070 Vgl. Hitz 2005a, S. 297 f.

1071 Der Residualgewinn beim „deferral and matching"-Ansatz beinhaltet neben den realisierten unternehmensspezifischen Renten auch Bewertungsunterschiede zwischen Markt- und transaktionsbasiertem Buchwert. Vgl. Hitz 2005a, S. 307 f.

1072 Vgl. Hitz 2005a, S. 307 f.

1073 Vgl. Hitz 2005a, S. 313.

5. Fazit und Ausblick

In diesem Abschnitt sollen die Ergebnisse der Arbeit thesenartig zusammengefasst und die weitere Entwicklung des Standardsetzungsprozesses bis zum Redaktionsschluss insbesondere das „Discussion Paper“ vom 3. Mai 2007 erläutert werden. Im Prinzipal-Agenten-Modell der Versicherungsunternehmung bestehen Informationsasymmetrien über die Erfolgs- und Sicherheitslage zu Lasten der Prinzipale sowohl vor als auch nach Abschluss der relevanten Verträge.[1074] Außerdem sind Handlungen des Agenten „Versicherungsmanagement“ mit Auswirkungen auf die Erfolgs- und Sicherheitslage des Versicherers nur bedingt beobachtbar.[1075]

Die bestehenden Informationsasymmetrien können vom Agenten zu opportunistischem Verhalten genutzt werden.[1076] So kann das Versicherungsmanagement versuchen die Erfolgs- und Sichherheitslage des Versicherungsunternehmens sowohl vor als auch nach Abschluss der Verträge mit Hilfe von Bilanzpolitik günstiger als die tatsächliche Situation darzustellen. Außerdem kann der Agent mit nicht beobachtbaren Handlungen wie z. B. einer riskanten Kapitalanlage- oder einer zu großzügigen Schadenregulierungspolitik Erfolgs- und Sicherheitsziele des Versicherers gefährden.

Neben die opportunistischen Ziele des Agenten „Versicherungsmanagement“ treten die konventionellen Ziele der Prinzipale, Investoren und Versicherungsnehmer, und des Agenten und die daraus abgeleiteten Informationsinteressen.[1077] So stehen für die Versicherungsnehmer die Erfüllungssicherheit des Versicherungsschutzversprechens und die Investoren die Maximierung des Markt- bzw. Kapitalwerts im Mittelpunkt. Folgerichtig versucht das Management eines Versicherungsunternehmens die Erfolgs- und Sicherheitsziele der Prinzipale u. a. mit Hilfe der wertorientierten Unternehmenssteuerung zu integrieren. Unter der Prämisse einer zumindest langfristigen

---

[1074] Vgl. Abschnitt 2.1.1 dieser Arbeit.

[1075] Vgl. Abschnitt 2.1.1 dieser Arbeit.

[1076] Siehe hierzu Abschnitt 2.1.2.2 dieser Arbeit.

[1077] Siehe hierzu Abschnitt 2.1.2.1 dieser Arbeit.

Identität von ex ante Erfolgs- und Sicherheitszielen ergibt sich sowohl für die Prinzipale als auch den Agenten ein überragendes Interesse an Informationen über die aktuelle und zukünftige Erfolgslage insbesondere das zukünftige Zahlungsstromprofil des Versicherungsunternehmens.

Um die bestehenden Informationsasymmetrien über die Erfolgs- oder Sicherheitslage eines Versicherers zu reduzieren, kann neben der Rechnungslegung auf zahlreiche weitere private und staatliche Instrumente zurückgegriffen werden.[1078] So können die Prinzipale selbst „screening" betreiben oder das Management kann von sich aus den Unternehmenstyp signalisieren. Alternativ können beide Seiten die Aufgabe des „screening" oder „signalling" auf private Informationsintermediäre wie Ratingagenturen und Finanzanalysten oder die staatliche Versicherungsaufsicht übertragen. Sowohl das direkte „screening" als auch das „signalling" zum Beispiel mit Hilfe von Bilanzpolitik erweist sich als kostenintensiv und damit als ineffizient.

Im Hinblick auf das „screening" weisen sämtliche Informationsintermediäre Effizienzvorteile auf, wohingegen die von Ratingagenturen und Finanzanalysten ausgesendeten Signale mit Glaubwürdigkeitsproblemen behaftet sind. Zwar wird der staatlichen Versicherungsaufsicht ein hohes Maß an Unabhängigkeit attestiert, jedoch bleibt der Erkenntnisgewinn der Prinzipale durch Signale der Aufsicht begrenzt. Zusammenfassend können die diskutierten Maßnahmen bestehende Informationsasymmetrien bezüglich der Erfolgs- und Sicherheitslage eines Versicherers nicht vollständig beseitigen, so dass auf die Bereitstellung entscheidungsnützlicher (Rechnungslegungs-)Informationen nicht verzichtet werden kann.

Entscheidungsnützliche Informationen sollen im Versicherungskontext durch einen speziellen Standard für Versicherungsverträge generiert werden. Bei konsequenter Ausübung der Wahlrechte des Interimstandards IFRS 4 im Sinne der jeweiligen Benchmarkmethode des IASB ergibt sich aus Sicht des Standardsetters eine Verbesserung der Informationslage.[1079] Die Beibehaltung der nationalen versicherungs-

[1078] Siehe hierzu Abschnitt 2.2 dieser Arbeit.

[1079] Siehe hierzu Abschnitt 3.1.1 dieser Arbeit.

spezifischen Bilanzierungs- und Bewertungsvorschriften bei gleichzeitig hybrider Bewertung der Finanzinstrumente nach IAS 39 kann jedoch bei Zinsschwankungen zu Verzerrungen der Erfolgs- und Eigenkapitalsituation führen („asset-liability-mismatch").[1080]

Das vom IASB im Rahmen der Phase II eines Standards für Versicherungsverträge favorisierte Bilanzierungskonzept des statischen „asset-liability-measurement" sieht ausschließlich den Ansatz von Vermögensgegenständen und Schulden vor.[1081] Im Versicherungskontext bedeutet dies die Aktivierung des Erwartungsbarwerts der zukünftigen Prämien und die Passivierung der diskontierten, zukünftigen, erwarteten Versicherungsleistungen im Zeitpunkt des Vertragsabschlusses. Dabei werden die Zahlungsströme auf Basis von Teilkollektiven „ähnlicher" Risiken ermittelt und mittels des Erwartungswerts aggregiert.[1082] Der Periodenerfolg ergibt sich dann als Veränderung der Vermögensgegenstände und Schulden einer Rechnungslegungsperiode, so dass im Zeitpunkt der Bilanzierung der aus dem Versicherungsvertrag resultierende kalkulatorische Erwartungsbarwert des Erfolgs ausgewiesen wird, sofern sich Prämien- und Verpflichtungsbarwert nicht entsprechen.[1083]

Für die vom Standardsetter intendierte Zeitwertbewertung von Versicherungsverträgen sind die erwarteten Zahlungsströme entweder aus der Perspektive des Unternehmens („Entity Specific Value") oder des Marktes („Fair Value") zu bewerten.[1084] Die hypothetische Marktwertkonstruktion des „Fair Value" von Versicherungsverträgen ist grundsätzlich auf Basis des beschaffungsmarktorientierten „Entry Value" oder des absatzmarktorientierten „Exit Value" denkbar.[1085] Im bisherigen Diskussionsprozess erfolgte durch den Standardsetter keine nachhaltige Festlegung auf eine zu präferierende Benchmarkmethode.[1086] Die Verabschiedung anderer Standards deutet –

[1080] Siehe hierzu Abschnitt 3.1.2 dieser Arbeit.

[1081] Siehe hierzu Abschnitt 3.2.1 dieser Arbeit.

[1082] Siehe hierzu Abschnitt 3.2.2.2.2 dieser Arbeit.

[1083] Siehe hierzu Abschnitt 3.2.1 dieser Arbeit.

[1084] Siehe hierzu Abschnitt 3.2.2.1.1 dieser Arbeit.

[1085] Siehe hierzu Abschnitt 3.2.2.2.1 dieser Arbeit.

[1086] Vgl. Rockel/Sauer 2007, S. 742 f.

zumindest bis zum Ausbruch der Finanzkrise – auf eine Präferenz des Standardsetters für eine erfolgswirksame Zeitwertbewertung hin.[1087]

Bei der für die Ermittlung der Zeitwerte von Versicherungsverträgen notwendigen hypothetischen Marktwertkonstruktion werden die erwarteten Zahlungsströme eines Versicherungsvertrags diskontiert und risikoadjustiert.[1088] Unabhängig vom verwendeten Zeitwertkonzept kommt der Zeitwert des Geldes durch eine Diskontierung von Prämien- und Verpflichtungsbarwert mit dem risikoneutralen, laufzeitkongruenten Zinssatz der gleichen Währung zum Ausdruck. Die Risikoadjustierung soll ausschließlich in Form eines Risikozuschlags in den Zahlungsströmen vorgenommen werden. Der Umfang des Risikozuschlags ist abhängig vom angewandten Zeitwertkonzept.

So wird beim „Entry Value" der Risikozuschlag auf den Verpflichtungsbarwert so weit aufgestockt, dass der Verpflichtungsbarwert dem Prämienbarwert abzüglich der Abschlusskosten entspricht.[1089] Bei der absatzmarktorientierten Ermittlung des Risikozuschlags („Exit Value") kann der Risikozuschlag aus den Opportunitätskosten für die Bereitstellung des für ein Sicherheitsniveau F_ε notwendigen „Economic Capital" entweder statisch oder dynamisch ermittelt werden.[1090] Im Gegensatz dazu ist die Ableitung eines risikoadjustierten Diskontsatzes i_L mit Hilfe eines versicherungstechnischen β-Faktors β_L äußerst kritisch zu betrachten.[1091]

Während die Berücksichtigung von dauerhaften Bonitätsänderungen bei aktiven Bilanzpositionen als unstrittig erachtet wird, wird deren Erfassung bei passiven Finanzinstrumenten intensiv diskutiert.[1092] Dies wird mit der kontraintuitiven Wirkung von Bonitätsänderungen bei passiven Finanzinstrumenten begründet. So induziert die veränderte Bonität eines passiven Finanzinstruments gegenläufige Effekte bei

1087 Siehe hierzu Abschnitt 3.2.2.1.2 dieser Arbeit.

1088 Siehe hierzu Abschnitt 3.2.2.2.3 dieser Arbeit.

1089 Siehe hierzu Abschnitt 3.2.2.2.4 dieser Arbeit.

1090 Siehe hierzu Abschnitt 3.2.2.2.5 dieser Arbeit.

1091 Siehe hierzu Abschnitt 3.2.2.2.5 dieser Arbeit.

1092 Siehe hierzu Abschnitt 3.2.2.2.6 dieser Arbeit.

Ergebnis und Eigenkapital. Ursache des kontraintuitiven Effekts stellt die asymmetrische Behandlung der Bonitätsänderung dar, die oftmals durch eine Änderung des originären Unternehmenswerts ausgelöst wird, welche keinen Eingang in den Jahresabschluss eines Unternehmens findet. Allerdings sind die Auswirkungen nur temporärer Natur und kehren sich im Zeitablauf um.

Sofern bei der Bewertung auf das Konzept des „Exit Value“ rekurriert wird, werden sich Prämien- und Verpflichtungsbarwert allenfalls zufälligerweise entsprechen. Ursächlich für einen größeren Prämienbarwert ist vor allem der Ansatz von Gewinnzuschlägen im Rahmen der Prämienkalkulation.[1093] Trotz der Vornahme von Gewinnzuschlägen bei der Prämienkalkulation kann in der Personenversicherung bedingt durch die asymmetrische Erfassung zukünftiger Kapitalanlageerträge der Verpflichtungsbarwert den Prämienbarwert übersteigen.[1094] Auch die bewusste Inkaufnahme versicherungstechnischer Verluste („Cash Flow Underwriting“) bei Schadenversicherungsverträgen kann zu einem größeren Verpflichtungsbarwert führen. Bei Verwendung des Zeitwertkonzepts des „Entry Value“ wird durch die Aufstockung der Risikozuschläge unter Berücksichtigung der aufwandswirksam zu erfassenden Abschlusskosten ein Erwartungsgewinn von null induziert.[1095]

Bei der Folgebewertung von Versicherungsverträgen ist zwischen zeitraum- und zeitpunktbezogenen Effekten zu differenzieren.[1096] Unabhängig vom verwendeten Zeitwertkonzept treten bei konstanten Bewertungsprämissen drei zeitraumbezogene Effekte auf.[1097] Dem Wegfall erwarteter Ein- und Auszahlungen stehen eine Verkürzung des Diskontierungszeitraums und die Erhöhung der Verbleibewahrscheinlichkeiten im Kollektiv entgegen. Beim Prämienbarwert dominiert der Wegfall der Zahlungen die retardierenden Wirkungen, wodurch der Abschmelzungsprozess im Zeitablauf an Dynamik gewinnt.[1098] Im Gegensatz dazu ist die Entwicklung des Ver-

---

[1093] Siehe hierzu Abschnitt 3.2.2.3.1 dieser Arbeit.

[1094] Siehe hierzu Abschnitt 3.2.2.3.2 dieser Arbeit.

[1095] Siehe hierzu Abschnitt 3.2.2.3.3 dieser Arbeit.

[1096] Siehe hierzu Abschnitt 3.2.2.4 dieser Arbeit.

[1097] Siehe hierzu die Abschnitte 3.2.2.4.1 und 3.2.2.4.2 dieser Arbeit.

[1098] Siehe hierzu Abschnitt 3.2.2.4.1 dieser Arbeit.

pflichtungsbarwerts bei der Folgebewertung vom Leistungsprofil des Produktes abhängig.[1099]

So überwiegt bei der Folgebewertung des Verpflichtungsbarwerts eines Schadenversicherungsvertrags oder einer Risikolebensversicherung der Effekt des Wegfalls der erwarteten Zahlungen. Sofern auf das Zeitwertkonzept des „Entry Value" rekurriert wurde, ist bedingt durch die höhere Ausgangsbasis beim Abschmelzungsprozess eine zusätzliche Dynamik zu beobachten. Dagegen wird die Entwicklung des Verpflichtungsbarwerts einer gemischten Lebensversicherung, einer privaten Rentenversicherung oder eines Krankenversicherungsvertrags in der Ansparphase durch den planmäßigen Aufbau der Erlebensfallleistung dominiert. Erst in der Rentenphase bzw. in der privaten Krankenversicherung gegen Vertragsende erfolgt – mit zunehmender Dynamik – die Auflösung des Verpflichtungsbarwerts.

Unabhängig vom verwendeten Zeitwertkonzept findet im Rahmen der Folgebewertung eine Transformation der kalkulatorischen Größen Prämien- und Verpflichtungsbarwert in konventionelle Positionen des Jahresabschlusses wie Prämienerträge, Erträge aus Kapitalanlagen oder Schadenaufwendungen bzw. Aufwendungen für Versicherungsleistungen statt.[1100] Zeitraumbezogene Ergebniseffekte können durch zeitpunktbezogene „Nachadjustierungen" der hypothetischen Marktwerte von Prämien- und Verpflichtungsbarwert überlagert werden.[1101]

„Nachadjustierungen" werden durch Änderungen der Rechnungsgrundlagen ausgelöst und sofort in vollem Umfang erfolgswirksam erfasst.[1102] Diese können ihre Ursachen sowohl in veränderten Erwartungen bezüglich der „Cash Flows" als auch der risikolosen Zinssätze haben. Dabei sind bei langlaufenden Verträgen der Personenversicherung vor allem die Änderungen der Diskontsätze von Relevanz.[1103] Auch die

---

[1099] Siehe hierzu Abschnitt 3.2.2.4.2 dieser Arbeit.

[1100] Siehe hierzu Abschnitt 3.2.2.4.3 dieser Arbeit.

[1101] Siehe hierzu Abschnitt 3.2.2.4.4 und 3.2.2.4.5 dieser Arbeit.

[1102] Siehe hierzu Abschnitt 3.2.2.4.4 dieser Arbeit.

[1103] Siehe hierzu Abschnitt 3.2.2.4.5 dieser Arbeit.

„Nachadjustierungen“ der beim „Entry Value“ im Verpflichtungsbarwert enthaltenen höheren Risikozuschläge führen zu zeitpunktbezogenen Ergebniseffekten.[1104] Analog zu den Auswirkungen von Zinsschwankungen sind die Ergebniswirkungen aus der ceteris paribus Änderung von Risikozuschlägen nur temporärer Natur und kehren sich im Zeitablauf um.

Entscheidungsnützliche Informationen sind durch die Kriterien Entscheidungserheblichkeit („Relevanz“) und Verlässlichkeit („Objektivierung“) charakterisiert.[1105] Im Rahmen der Entscheidungserheblichkeit ist zwischen Relevanz im entscheidungstheoretischen und im informationsökonomischen Sinne zu differenzieren. Auch die empirische Forschung versucht die Entscheidungsnützlichkeit von Rechnungslegungsinformationen nachzuweisen, indem der Zusammenhang zwischen Rechnungslegungsinformationen und der Entwicklung von Börsenkursen mit Hilfe statistischer Methoden untersucht wird.[1106] Im Kontext der empirischen Forschung wird ein grundsätzlicher Zusammenhang zwischen Ergebnis- und Zahlungsstromgrößen unterstellt.

Aus entscheidungstheoretischer Perspektive erlangt der „Fair Value“ nur im unrealistischen Szenario vollkommener Märkte in vollem Umfang Entscheidungsrelevanz, da dieser im Gegensatz zum „Entity Specific Value“ keine unternehmensspezifischen Renten inkorporiert.[1107] Auch informationsökonomisch ist der „Entity Specific Value“ als Träger privater Informationen im Hinblick auf die Entscheidungsrelevanz positiv zu beurteilen. Dagegen sind Marktpreise im engeren informationsökonomischen Sinne kritisch zu betrachten, da nur der Publikation des Mengengerüsts einzelner Bilanzpositionen der Charakter einer privaten Information zuzubilligen ist. Durch die Reduktion von Informationskosten erlangen Marktpreise zumindest im weiteren informationsökonomischen Sinne Entscheidungsrelevanz.

[1104] Siehe hierzu Abschnitt 3.2.2.4.6 dieser Arbeit.

[1105] Siehe hierzu Abschnitt 4.1.1 dieser Arbeit.

[1106] Siehe hierzu Abschnitt 4.1.1 dieser Arbeit.

[1107] Siehe hierzu Abschnitt 4.1.2 dieser Arbeit.

Unter dem Gesichtspunkt der Objektivierung sind sowohl der Wertmaßstab „Entity Specific Value" als auch die hypothetische Marktwertkonstruktion wegen der Gefahr bewusster Verzerrungen kritisch zu sehen. Dagegen ist Marktpreisen, die auf liquiden Märkten zu Stande gekommen sind, ein hohes Maß an Objektivität zuzubilligen.

Obwohl die Rechnungslegung nach DSOP (prospektiv, zahlungsstrombasiert) in Grundzügen mit dem Konzept des unternehmensspezifischen Ertragswerts übereinstimmt, entspricht die Vermögenslage unabhängig vom verwendeten Zeitwertkonzept nicht dem ökonomischen Effektivvermögen.[1108] Ursächlich hierfür ist zum einen die durch Bilanzierungsrestriktionen bedingte Mengenlücke, die nicht durch die subsidiäre Aktivierung immaterieller Aktiva geschlossen werden kann. Zum anderen haben die nur teilweise Erfassung von Risikoausgleichseffekten, die Vornahme von Risikozuschlägen und die Verwendung des risikolosen Zinssatzes als Diskontfaktor eine Wertlücke zur Folge. Außerdem werden bei Rückgriff auf das Zeitwertkonzept des „Fair Value" keine unternehmensspezifischen Wettbewerbsvorteile erfasst, wodurch der originäre „Goodwill" keine Berücksichtigung findet.

Als Folge zahlreicher Ermessensspielräume bei der Bewertung von Prämien- und Verpflichtungsbarwert findet zumindest teilweise eine Entobjektivierung des Jahresabschlusses statt.[1109] Die Verwendung unternehmensindividueller Daten etwa von Schadeneintritts- oder Stornowahrscheinlichkeiten oder die Erfassung von variablen Versicherungsleistungen wie der Überschussbeteiligung der Versicherungsnehmer in der Personenversicherung oder den Entschädigungszahlungen in der Schadenversicherung bieten umfangreiche Gestaltungsspielräume. Außerdem muss die Zinsstrukturkurve eines Währungsraums vor allem im langen Laufzeitenspektrum approximiert werden. Um ein notwendiges Maß an Objektivierung zu gewährleisten, wird der Standardsetter nicht umhin kommen, umfangreiche Spezifizierungen vorzunehmen.[1110]

1108 Siehe hierzu Abschnitt 4.2.1 dieser Arbeit.

1109 Siehe hierzu Abschnitt 4.2.2 dieser Arbeit.

1110 Siehe hierzu Abschnitt 4.2.2 dieser Arbeit.

Die Diskussion der Entscheidungsrelevanz des „Fair Value"-Gewinns erfolgt vor dem Hintergrund der beiden theoretischen Gewinnkonzeptionen „ökonomischer Gewinn" und „Prognoseeignung des Gewinns".[1111] Da die Vermögenslage nach DSOP in der Regel nicht dem ökonomischen Effektivvermögen entspricht, stimmt der daraus abgeleitete „Fair Value"-Gewinn nicht mit dem „ökonomischen Gewinn" überein. Allerdings ist der „Fair Value"-Gewinn als Indikator für den „ökonomischen Gewinn" alternativen Gewinnermittlungsregimen überlegen.

Die grundsätzlich die Prognoseeignung des „Fair Value"-Gewinns beeinträchtigende Volatilität ist sowohl durch erwartete als auch zufällige Komponenten bedingt.[1112] So wohnt der erwarteten Ergebniskomponente durchaus der Charakter einer „Periodisierung" inne, wohingegen die Schock-Komponente zufälliger Natur ist, sofern sie nicht aus unternehmensspezifischen Wettbewerbsvorteilen resultiert. Zwar lassen die erwarteten Wertänderungen von Prämien- und Verpflichtungsbarwert eine Ergebnisrichtung („Drift") erkennen, jedoch wirken Faktoren wie mit der Erstbilanzierung verbundene Ergebnissprünge, konträre Ergebniswirkungen von Zahlungen sowie der Zinseffekt einer Periodisierung der Ergebnisse entgegen.

Die vollständige ergebniswirksame Erfassung der Wertänderungen von Prämien- und Verpflichtungsbarwert („Fair Value"-Schock) hat eine verglichen mit kostenbasierten Gewinnermittlungsregimen erhöhte Volatilität des „Fair Value"-Gewinns zur Folge.[1113] Verstärkt wird die nachteilige Wirkung auf die Prognoseeignung des „Fair Value"-Gewinns durch die Umkehrung der Ergebniseffekte eines „Fair Value"-Schocks in den Folgeperioden. Allerdings lässt der Umfang des Schocks Rückschlüsse auf die Nachhaltigkeit des auslösenden Ereignisses zu, was aus informationsökonomischer Sicht zu einer besseren Partitionierung des Zustandsraums führt. Um die Prognoseeignung des „Fair Value"-Gewinns zu verbessern, ist ein separater Ausweis von erwarteten und unerwarteten Ergebniskomponenten durchaus wünschenswert.

[1111] Siehe hierzu Abschnitt 4.3.1 dieser Arbeit.

[1112] Siehe hierzu Abschnitt 4.3.2 dieser Arbeit.

[1113] Siehe hierzu Abschnitt 4.3.2 dieser Arbeit.

Das am 3. Mai 2007 veröffentlichte Diskussionspapier zur Phase II eines Versicherungsstandards übernimmt weitgehend die bisherige Ansatz- und Bewertungskonzeption.[1114] Dies gilt insbesondere für die Bilanzierung von Teilkollektiven von Versicherungsverträgen nach dem „Asset-Liability-Measurement"-Ansatz mit einem korrespondierenden Erfolgsausweis im Zeitpunkt der Erstbewertung. In diesem Kontext soll bei Vorliegen substanzieller Gewinne eine „Vernünftigkeitsprüfung" vorgenommen werden. Bezüglich der Bewertungskonzeption wurde von einer Bewertung mit dem „Entity Specific Value" oder dem „Entry Value" abgesehen und der „Fair Value" in Form eines „Current Exit Value" als alleiniger Wertmaßstab spezifiziert. Die Bezeichnung „Current" resultiert aus der Folgebewertung von Prämien- und Verpflichtungsbarwert mit den jeweils aktuellen Bewertungsparametern.[1115]

Neben den erwarteten Zahlungen, der Diskontierung der Zahlungsströme und dem Ansatz einer Risikomarge ist mit der Bilanzierung einer Servicemarge eine weitere Komponente bei der Abbildung versicherungstechnischer Verpflichtungen zu berücksichtigen. Die Servicemarge stellt einen Zuschlag für das Kostenrisiko auf die bereits in den erwarteten Auszahlungen enthaltenen erwarteten Kosten dar.[1116] Trotz des Verzichts auf die Bewertungskonzeption des „Entity Specific Value" ist laut Diskussionspapier bei der Schätzung der Zahlungsströme auf statistische Informationen über die unternehmensspezifische Risikosituation des zu bewertenden Portefeuilles zurückzugreifen.[1117] Dagegen werden Informationen über die Verwaltungs- bzw. Schadenbearbeitungskosten als „entity specific" qualifiziert.[1118]

Der jeweilige Diskontsatz soll dem deterministischen risikolosen Zinssatz eines Zahlungsstroms mit den gleichen Charakteristika wie Laufzeit, Währung oder Liquidität

---

1114 Zum Diskussionspapier Phase II eines Versicherungsstandards vgl. Engeländer/Kölschbach 2007, S. 386 ff., vgl. Rockel/Sauer 2007, S. 744 ff., Rohlfs 2008, S. 77 ff.

1115 Engeländer/Kölschbach 2007, S. 389, vgl. Rockel/Sauer 2007, S. 744 und S. 748.

1116 Vgl. Engeländer/Kölschbach 2007, S. 396, vgl. Rohlfs 2008, S. 81.

1117 Vgl. Engeländer/Kölschbach 2007, S. 393, vgl. Rohlfs 2008, S. 80.

1118 Dabei sollen jedoch aus Vereinfachungsgründen die Verwaltungs- und Schadenbearbeitungskosten des Versicherers Verwendung finden, sofern der Nachweis nicht erbracht werden kann, dass diese von den entsprechenden Marktdaten abweichen. Damit wird der konzeptionelle Unterschied zwischen dem marktbasierten „Current Exit Value" und dem „Entity Specific Value" weitgehend eingeebnet. Vgl. Engeländer/Kölschbach 2007, S. 393.

entsprechen.[1119] Auf die Spezifizierung eines Verfahrens zur Festlegung der Risikomarge wird im Diskussionspapier ausdrücklich verzichtet, wobei neben Zufallsrisiken auch Diagnose- und Prognoserisiken zu berücksichtigen sind.[1120] Die Ausführungen zur Folgebewertung bleiben vage. Dabei bleibt vor allem die Ausgestaltung der „Vernünftigkeitsprüfung“ und damit verbunden die Frage umstritten, inwieweit Änderungen der Bewertungsprämissen belastbar sein müssen.[1121]

Unter dem Gesichtspunkt der Objektivierung ist der Verzicht auf eine Bewertung mit dem „Entity Specific Value“ zu begrüßen. Allerdings wird diese Entscheidung durch den Rückgriff auf unternehmensspezifische Daten zur Risikosituation eines Portefeuilles oder gar zu Verwaltungs- oder Schadenbearbeitungskosten stark relativiert. Aus entscheidungstheoretischer Perspektive ist die Verwendung unternehmensspezifischer Daten jedoch positiv zu bewerten. Der intendierte Zuschlag von Risiko- und Servicemargen auf die risikoneutralen erwarteten Auszahlungen ist vor dem Hintergrund der konzeptionellen Klarheit zu kritisieren, da dadurch eine Vermischung zwischen dem „Full Fair Value Accounting“ und dem „Deferral and Matching“-Ansatz erfolgt. Dafür hat die mit der Vornahme von Risiko- und Servicezuschlägen einhergehende Glättung der Jahresergebnisse eine bessere Prognoseeignung zur Folge.

Die Frage, inwieweit die intendierte Abbildung von Versicherungsverträgen in der Rechnungslegung einen Beitrag zur Reduktion von Informationsasymmetrien im Prinzipal-Agenten-Modell der Versicherung leistet, kann nicht abschließend beantwortet werden. Sofern die Prinzipale im Zweifel den Grundsatz der Entscheidungsrelevanz höher gewichten als die Verlässlichkeit von Rechnungslegungsnormen, stellt der geplante Versicherungsstandard sicherlich eine Verbesserung dar. In diesem Kontext ist aus informationsökonomischer Sicht die Möglichkeit, private Informationen zu transportieren, und aus entscheidungstheoretischer Perspektive die bessere Approximationsgüte von ökonomischem Gewinn und Effektivvermögen hervorzuheben. Dem stehen eine verminderte Prognoseeignung des Gewinns und um-

---

1119 Vgl. Engeländer/Kölschbach 2007, S. 393 f., vgl. Rockel/Sauer 2007, S. 744 f., vgl. Rohlfs 2008, S. 80.

1120 Vgl. Engeländer/Kölschbach 2007, S. 394 ff., vgl. Rockel/Sauer 2007, S. 745.

1121 Vgl. Engeländer/Kölschbach 2007, S. 395 f., vgl. Rohlfs 2008, S. 87.

fangreiche Ermessensspielräume bei dessen Ermittlung gegenüber. Um ein Mindestmaß an Verlässlichkeit (Objektivierung) zu gewährleisten, wird der Standardsetter nicht umhin kommen, weitere umfangreiche Spezifizierungen vorzunehmen.

Anhang 1

I. Ableitung von β_L/Modell von *Fairley*

(1) $G = r_E \cdot V_E = r_A \cdot V_A + p \cdot PR$

mit:

G:	Gewinn des VU
r_E:	Eigenkapitalrendite des VU
V_E:	Marktwert des Eigenkapitals des VU
r_A:	Kapitalanlagerendite
V_A:	Marktwert der Kapitalanlagen
p:	Prämienrendite
PR:	gezeichnetes Prämienvolumen des VU
r_L:	Rendite aus den versicherungstechnischen Reserven
V_L:	Versicherungstechnische Reserven
r_M:	Rendite des Marktportfolios
Var (r_M):	Varianz der Rendite des Marktportfolios

für $k = \frac{V_L}{PR}$ ergibt sich:

(2) $r_E \cdot V_E = r_A \cdot (k \cdot PR + V_E) + p \cdot PR$

diese wird durch Division mit V_E zu:

(3) $r_E = r_A \cdot \left(k \cdot \frac{PR}{V_E} + 1 \right) + p \cdot \frac{PR}{V_E}$

für $s = \frac{PR}{V_E}$ ändert sich (3) zu:

(4) $r_E = r_A \cdot (k \cdot s + 1) + p \cdot s$

aus $G = r_E \cdot V_E = r_A \cdot V_A - r_L \cdot V_L$ folgt durch gleichsetzen mit (1):

$$(5) \quad p \cdot PR = (-) r_L \cdot V_L \text{ bzw. } p = (-) \cdot r_L \cdot k$$

durch Einsetzen von (5) in (4) ergibt sich:

$$(6) \quad r_E = r_A \cdot (k \cdot s + 1) - r_L \cdot k \cdot s$$

unter Berücksichtigung der jeweiligen stochastischen Abhängigkeit zwischen r_E, r_A sowie r_L und der Rendite des Marktportfolios r_M und der anschließenden Division mit der Varianz der Rendite des Marktportfolios (Var (r_M)) resultiert:

$$(7) \quad \beta_E = \beta_A \cdot (k \cdot s + 1) - \beta_L \cdot k \cdot s$$

durch Auflösen nach β_L ergibt sich:

$$(8) \quad \beta_L = \beta_A + \frac{\beta_A}{s \cdot k} - \frac{\beta_E}{s \cdot k}$$

II. Erweiterung um Ertragssteuern

unter der Annahme einer proportionalen Gewinnsteuer t verändert sich (6) zu:

$$(9) \quad r_E = (1 - t) \cdot [(k \cdot s + 1) \cdot r_A - s \cdot k \cdot r_L]$$

bei Berücksichtigung der jeweiligen stochastischen Abhängigkeiten und Division mit der Varianz der Rendite des Marktportfolios folgt:

$$(10) \quad \beta_E = (1 - t)[(k \cdot s + 1)\beta_A - s \cdot k \cdot \beta_L]$$

durch Auflösen nach β_L ergibt sich:

$$(11) \quad \beta_L = \beta_A + \frac{\beta_A}{k \cdot s} - \frac{\beta_E}{(1 - t) k \cdot s}$$

III. Weiterentwicklung durch *Hill/Modigliani*

Bei Differenzierung der Assets nach am Kapitalmarkt gehandelten ($Index_A$) und nicht am Kapitalmarkt gehandelten Vermögensgegenständen ($Index_{NG}$) und der Berücksichtigung von Ertragssteuern verändert sich (1) zu:

$$G = V_E \cdot r_E = (1-t) \cdot [V_A \cdot r_A + V_{NG} \cdot r_{NG} + p \cdot PR] \tag{12}$$

unter der Prämisse, dass V_E nur in handelbare Assets investiert wird und die investierten versicherungstechnischen Reserven um den Faktor $\frac{PR}{PR}$ erweitert werden, folgt:

$$V_E \cdot r_E = (1-t) \cdot \left[\left(\frac{V_A - V_E}{PR} \cdot PR + V_E\right) \cdot r_A + \frac{V_{NG}}{PR} \cdot PR \cdot r_{NG} + p \cdot PR\right] \tag{13}$$

für k als Relation der versicherungstechnischen Reserven zum Prämienvolumen und anschließender Division mit V_E ergibt sich:

$$r_E = (1-t) \cdot [(k_A \cdot s + 1) \cdot r_A + k_{NG} \cdot s \cdot r_{NG} + p \cdot s] \tag{14}$$

Gleichung (5) verändert sich bei *Hill/Modigliani* zu:

$$p = (-) \cdot (k_A + k_{NG}) \cdot r_L \tag{15}$$

so dass sich die Eigenkapitalrendite nach Steuern ergibt als:

$$r_E = (1-t)[(k_A \cdot s + 1) \cdot r_A + k_{NG} \cdot s \cdot r_{NG} - (k_A + k_{NG}) \cdot s \cdot r_L] \tag{16}$$

durch Bilden der normierten Kovarianzen verändert sich (16) zu:

$$ß_E = (1-t) \cdot [(k_A \cdot s + 1)\beta_A + k_{NG} \cdot s \cdot \beta_{NG} - s \cdot (k_A + k_{NG}) \cdot \beta_L] \tag{17}$$

durch Auflösen nach β_L folgt:

$$\beta_L = \frac{k_A \cdot s + 1}{(k_A + k_{NG}) \cdot s} \cdot \beta_A + \frac{k_{NG}}{(k_A + k_{NG})} \cdot \beta_{NG} - \frac{1}{(1-t) \cdot s \cdot (k_A + k_{NG})} \cdot \beta_E \tag{18}$$

III. Ermittlung des versicherungstechnischen ß-Faktors für Schadenrückstellungen (β_{SR}) von D'Arcy

unter der Annahme, dass sich der β-Faktor der Schadenrückstellung (β_{SR}) aus der Gewichtung der β-Faktoren der einzelnen versicherungstechnischen Passiv-positionen ergibt und nur zwischen der Schadenrückstellung und dem Marktportfolio ein stochastischer Zusammenhang besteht, berechnet sich β_L bei einem Anteil der Schadenrückstellung an den versicherungstechnischen Passiva von 65% und der Beitragsüberträge von 24% bei 88% Anteil der Schadenzahlungen an den Beitragsüberträgen folgendermaßen:

$$\beta_L = 0{,}65 \cdot \beta_{SR} + 0{,}24 \cdot 0{,}88 \cdot \beta_{SR} + (0{,}11 + 0{,}24 \cdot 0{,}12) \cdot \beta_{Rest} = (-)\,0{,}21 \qquad (19)$$

Der Wert von – 0,21 resultiert aus einer empirischen Untersuchung von D'Arcy. Aufgelöst nach β_{SR} folgt:

$$\beta_{SR} = \frac{(-)0{,}21}{(0{,}65 + 0{,}24 \cdot 0{,}88)} = (-)0{,}24 \qquad (20)$$

IV. Berechnung eines spartenspezifischen β-Faktors ($\beta_{L,u}$)

unter Berücksichtigung der stochastischen Abhängigkeit zwischen der sparten-spezifischen Eigenkapitalrendite $r_{E,u}$ und der Division mit der Varianz der Rendite des Marktportfolios bei Verwendung spartenspezifischer Relationen von Reserven zu Prämien (k_u) und Prämien zu Eigenkapital (s_u) ergibt sich der spartenspezifische ß-Faktor der Eigenkapitalrendite ($\beta_{E,u}$) als:

$$\beta_{E,u} = (k_u \cdot s_u + 1) \cdot \beta_A - s_u \cdot k_u \cdot \beta_{L,u} \qquad (21)$$

aufgelöst nach $\beta_{L,u}$:

$$\beta_{L,u} = \beta_A + \frac{\beta_A}{k_u \cdot s_u} - \frac{\beta_{E,u}}{k_u \cdot s_u} \qquad (22)$$

Anhang 2

I. Berechnung des Nettowerts des Eigenkapitals nach *Ohlson*

Bei linearen Erwartungen bezüglich der Residualgewinne (RG_t) in Form eines Markov-Prozesses ergibt sich der Residualgewinn einer Periode t+1 (RG_{t+1}) mit einem Persistenzparameter γ sowie einer Störvariable θ mit einem Erwartungswert von null als:

$$(1) \quad RG_{t+1} = \gamma \cdot RG_t + \theta$$

Unter der Annahme im Zeitablauf abschmelzender Übergewinne nimmt der Persistenzparameter γ Ausprägungen zwischen null und eins an. Damit ergibt sich für die unendliche geometrische Reihe der Grenzwert α mit $\alpha = \frac{\gamma}{(1+i-\gamma)}$. Die Formel zur Berechnung des Marktwerts des Eigenkapitals vereinfacht sich dadurch zu:

$$(2) \quad MV_t = BV_t + \alpha \cdot RG_t$$

mit:

BV_t: Buchwert des Eigenkapitals im Zeitpunkt t
MV_t: Marktwert des Eigenkapitals im Zeitpunkt t

Unter Berücksichtigung der „Clean-Surplus-Relation“ wird der Marktwert des Eigenkapitals unter Verwendung obiger Notation berechnet als:

$$(3) \quad MV_t = BV_{t-1} + G_t - D_t + \alpha \cdot (G_t - i \cdot BV_{t-1})$$

mit:

G_t: Gewinn der Periode t
D_t: Dividende der Periode t
$i \cdot BV_{t-1}$ Zinsen auf den Buchwert des Eigenkapitals der Vorperiode

Durch Umformung ergibt sich der (Netto-)Marktwert des Eigenkapitals, das heißt ohne Dividendenzahlung im Zeitpunkt t als:

(4) $$MV_t + D_t = (1 - \alpha \cdot i) \cdot BV_{t-1} + (1 + \alpha) \cdot G_t$$

oder

(5) $$MV_t + D_t = \alpha_1 \cdot BV_{t-1} + \alpha_2 \cdot G_t$$

Anhang 3

I. Erstbewertung des Verpflichtungsbarwerts eines Schadenversicherungsvertrags („Exit Value“)

(1) $$VBW_{E,i,o.S.} = \sum_{t=1}^{T} \frac{p_t \cdot VL_t}{(1+i)^t}$$

mit:

$VBW_{E,i,o.S.}$: Verpflichtungsbarwert, Erstbewertung für den Zinssatz i, ohne Storno
p_t: Schadeneintrittswahrscheinlichkeit Periode t
VL_t: Auszahlungen für Versicherungsleistungen Periode t
i: Diskontsatz
t: Zeitpunkt
T: Projektende

(2) $$VBW_{E,i,m.S.} = \sum_{t=1}^{T} \frac{(1-s_t)^t \cdot p_t \cdot VL_t}{(1+i)^t}$$

mit:

$VBW_{E,i,m.S.}$: Verpflichtungsbarwert, Erstbewertung für den Zinssatz i, mit Storno
s_t: Stornowahrscheinlichkeit in Periode t

II. Berechnung der Jahresprämie

(3) $$VBW_{E,i,o.S.,AK} = VBW_{E,i,o.S.} \cdot (1+k_0) \quad \text{bzw.} \quad VBW_{E,i,m.S.,AK} = VBW_{E,i,m.S.} \cdot (1+k_0)$$

mit:

$VBW_{E,i,o.S.,AK}$: Verpflichtungsbarwert, Erstbewertung für den Zinssatz i, ohne Storno inklusive Abschlusskosten
k_0: Abschlusskostensatz

(4) $$VBW_{E,i,o.S.,AK,GZ} = VBW_{E,i,o.S.,AK} \cdot (1+GZ) = PBW_{E,brutto,i,o.S.,GZ} \quad \text{bzw.}$$

$$VBW_{E,i,m.S.,AK,GZ} = VBW_{E,i,m.S.,AK} \cdot (1+GZ) = PBW_{E,brutto,i,m.S.,GZ}$$

mit:

$VBW_{E,\,i,\,o.\,S.\,,\,AK,\,GZ}$: Verpflichtungsbarwert, Erstbewertung für den Zinssatz i, ohne Storno, inklusive Abschlusskosten und Gewinnzuschlag

$PBW_{E,\,brutto,\,i,\,o.\,S.\,,\,GZ}$: Prämienbarwert, Erstbewertung für den Zinssatz i, ohne Storno, inklusive Abschlusskosten und Gewinnzuschlag

$VBW_{E,\,i,\,m.\,S.\,,\,AK,\,GZ}$: Verpflichtungsbarwert, Erstbewertung für den Zinssatz i, mit Storno, inklusive Abschlusskosten und Gewinnzuschlag

$PBW_{E,\,brutto,\,i,\,m.\,S.\,,\,GZ}$: Prämienbarwert, Erstbewertung für den Zinssatz i, mit Storno, inklusive Abschlusskosten und Gewinnzuschlag

GZ: Gewinnzuschlag in % auf den jeweiligen Verpflichtungsbarwert inklusive Abschlusskosten

(5) $$RBF_{vs,i,o.S.} = \sum_{t=0}^{T-1} \frac{1}{(1+i)^t} \quad \text{bzw.} \quad RBF_{vs,i,m.S.} = \sum_{t=0}^{T-1} \frac{(1-s)^t}{(1+i)^t}$$

mit:

$RBF_{vs,\,i,\,o.\,S.}$: Rentenbarwertfaktor vorschüssig, für den Zinssatz i, ohne Storno

$RBF_{vs,i,\,m.\,S.}$: Rentenbarwertfaktor vorschüssig, für den Zinssatz i, mit Storno

(6) $$JP_{brutto,i,o.S.,GZ} = \frac{PBW_{brutto,i,o.S.,GZ}}{RBF_{vs,i,o.S.}} \quad \text{bzw.} \quad JP_{brutto,i,m.S.,GZ} = \frac{PBW_{brutto,i,m.S.,GZ}}{RBF_{vs,i,m.S.}}$$

mit:

$JP_{brutto,\, i,\, o.\, S.}$: Jahresprämie für den Zinssatz i, inklusive Abschlusskosten, ohne Storno

$JP_{brutto,\, i,\, m.\, S.}$: Jahresprämie für den Zinssatz i, inklusive Abschlusskosten, mit Storno

III. Berechnung des Erwartungsbarwerts des Gewinns

(7) $$EBW\left(G_{E,i,o.S.,GZ}\right) = PBW_{E,brutto,i,o.S.,GZ} - VBW_{E,i,o.S.,AK} \quad \text{bzw.}$$
$$EBW\left(G_{E,i,m.S.,GZ}\right) = PBW_{E,brutto,i,m.S.,GZ} - VBW_{E,i,m.S.,AK}$$

mit:

$EBW\,(G_{E,\, i,\, o.\, S.\, ,\, GZ})$: Erwartungsbarwert des Gewinns, Erstbewertung für Zinssatz i, ohne Storno, bei Gewinnzuschlag GZ

$EBW\,(G_{E,\, i,\, m.\, S.\, ,\, GZ})$: Erwartungsbarwert des Gewinns, Erstbewertung für Zinssatz i, mit Storno, bei Gewinnzuschlag GZ

IV. Folgebewertung Verpflichtungsbarwert

(8) $$VBW_{j,j=1..T,i,o.S.} = \sum_{t=j+1}^{T} \frac{p_t \cdot VL_t}{(1+i)^{t-j}} \quad \text{bzw.} \quad VBW_{j,j=1...T,i,m.S.} = \sum_{t=j+1}^{T} \frac{p_t \cdot VL_t\,(1-s_t)^{t-j}}{(1-i)^{t-j}}$$

mit:

$VBW_{j,\, j=1...T,\, i,\, o.\, S.}$: Verpflichtungsbarwert, Folgebewertung zum Zeitpunkt j für den Zinssatz i, ohne Storno

$VBW_{j,\, j=1...T,\, i,\, m.\, S.}$: Verpflichtungsbarwert, Folgebewertung zum Zeitpunkt j für den Zinssatz i, mit Storno

Anhang 4

I. Erstbewertung des Verpflichtungsbarwerts eines Schadenversicherungsvertrags („Entry Value“)

a) Risikoproportional

(1) $$RZ_{proz.,o.S.} = \frac{VBW_{E,i,o.RZ,o.S.,AK,GZ.} - VBW_{E,i,o.RZ,o.S.,AK}}{VBW_{E,i,o.RZ.,o.S.}}$$

mit:

$VBW_{E,\,i,\,o.\,RZ.,\,o.\,S.\,,\,AK,\,GZ}$:	Verpflichtungsbarwert, Erstbewertung für den Zinssatz i, ohne Risikozuschlag, ohne Storno, inklusive Abschlusskosten und prozentualem Gewinnzuschlag
$VBW_{E,\,i,\,o.\,RZ,\,o.\,S.\,,\,AK}$:	Verpflichtungsbarwert, Erstbewertung für den Zinssatz i, ohne Risikozuschlag, ohne Storno, inklusive Abschlusskosten
$VBW_{E,\,i,\,o.\,RZ,\,o.\,S.}$:	Verpflichtungsbarwert, Erstbewertung für den Zinssatz i, ohne Risikozuschlag, ohne Storno
$RZ_{proz.,\,o.\,S.}$:	Prozentualer Risikozuschlag, ohne Storno

(2) $$VBW_{E,i,m.RZ.,o.S.} = \sum_{t=1}^{T} \frac{p_t \cdot (1 + RZ) \cdot VL_t}{(1 + i)^t}$$

mit:

$VBW_{E,\,i,\,m.\,RZ.,\,o.\,S.}$:	Verpflichtungsbarwert, Erstbewertung für den Zinssatz i, mit Risikozuschlag, ohne Storno

b) Zeitproportional

(3) $EBW\left(G_{E,i,o.S.}\right) = VBW_{E,i,o.RZ,o.S.,AK,GZ} - VBW_{E,i,o.RZ,o.S.,AK}$

(4) $RBF_{ns,i,o.S.} = \sum_{t=1}^{T} \frac{1}{(1+i)^t}$

(5) $AF_{ns,i,o.S.} = \frac{1}{RBF_{ns,i,o.S.}}$

(6) $EBW\left(G_{E,i,o.S.}\right) \cdot AF_{ns,i,o.S.} = RZ_{abs.,i,o.S.}$

mit:

$EBW\,(G_{E,\,i,\,o.\,S.})$:	Erwartungsbarwert des Gewinns im Zeitpunkt der Erstbewertung für den Zinssatz i, ohne Storno
$RBF_{ns,\,i,\,o.\,S.}$:	Rentenbarwertfaktor, nachschüssig, für den Zinssatz i, ohne Storno
$AF_{ns,\,i,\,o.\,S.}$:	Annuitätenfaktor, nachschüssig, für den Zinssatz i, ohne Storno
$RZ_{abS.,\,i,\,o.\,S.}$:	Risikozuschlag (absolut) für den Zinssatz i, ohne Storno

(7) $VBW_{E,i,m.RZ,o.S.} = \sum_{t=1}^{T} \frac{p_t \cdot VL_t + RZ_{abs.,i,o.S.}}{(1+i)^t}$

II. Folgebewertung unter konstanten Bewertungsprämissen

(8)
$$VBW_{j,i,m.RZ,o.S.}, = \sum_{t=j+1}^{T} \frac{p_t \cdot VL_t\left(1 + RZ_{proz.,o.S.}\right)}{(1+i)^{t-j}} \quad \text{bzw.}$$
$$VBW_{j,i,m.RZ,o.S.} = \sum_{t=j+1}^{T} \frac{p_t \cdot VL_t + RZ_{abs.,i,o.S.}}{(1+i)^{t-j}}$$

mit:

$VBW_{j,\,i,\,m.\,RZ,\,o.\,S.}$: Verpflichtungsbarwert Folgebewertung in der Periode j für den Zinssatz i, mit Risikozuschlag, ohne Storno

III. Folgebewertung bei Nachadjustierung Jahresprämie (Risikozuschlag)

Änderung der Jahresprämie auf x im Zeitpunkt j:

$$(9) \quad PBW_{E,i,o.S.,AK,GZ,JP} = JP_x \cdot RBF_{vs,i,o.S.}$$

$$(10) \quad RZ_{proz.,o.S.,i,JP}, = \frac{PBW_{E,i,o.S.,AK,GZ,JP} - VBW_{E,i,o.S.,o.RZ,AK}}{VBW_{E,i,o.S.,o.RZ}}$$

mit:

$PBW_{E,\,i,\,o.\,S.\,,\,AK,\,GZ,\,JP}$: Prämienbarwert, Erstbewertung für den Zinssatz i, ohne Storno, inklusive Abschlusskosten und Gewinnzuschlag bei einer Jahresprämie von x

$RZ_{proz.,\,o.\,S.\,,\,i,\,JP}$: Prozentualer Risikozuschlag für den Zinssatz i bei einer Jahresprämie von x, ohne Storno

$$(11) \quad VBW_{j,i,m.RZ.,o.S.JP} = \sum_{t=j+1}^{T} \frac{p_t \cdot VL_t \left(1 + RZ_{proz.,i,o.S.,JP}\right)}{(1+i)^{t-j}}$$

mit:

$VBW_{j,\,i,\,m.\,RZ.,\,o.S.\,,\,JP}$: Verpflichtungsbarwert, Folgebewertung zum Zeitpunkt j für den Zinssatz i, mit dem Risikozuschlag für die Jahresprämie x, ohne Storno

Anhang 5

I. Erstbewertung des Verpflichtungsbarwerts einer Risikolebensversicherung

(1) $$VBW_{E,i,x,o.Ü.,T} = \sum_{t=1}^{T} \frac{{}_{t-1}q_x \cdot VS}{(1+i)^t}$$

mit:

$VBW_{E,i,x,o.Ü.,T}$: Verpflichtungsbarwert, Erstbewertung für den Zinssatz i bei einem Eintrittsalter von x und einer Vertragslaufzeit von T, ohne Überschüsse

VS: Versicherungssumme

${}_{t-1}q_x$: Wahrscheinlichkeit, dass ein x-jähriger den Zeitpunkt t-1 erlebt und in der folgenden Periode verstirbt (aufgeschobene Sterbewahrscheinlichkeit)

(2) $$VBW_{E,i,x,o.Ü.,AK,T} = VBW_{E,i,x,o.Ü.,T} \cdot (1 + k_0)$$

(3) $$VBW_{E,i,x,o.Ü.,AK,GZ,T} = VBW_{E,i,x,o.Ü.,AK,T} \cdot (1 + GZ)$$

mit:

$VBW_{E,i,x,o.Ü.,AK,T}$: Verpflichtungsbarwert, Erstbewertung für den Zinssatz i bei Eintrittsalter x, ohne Überschüsse, inklusive Abschlusskosten, bei einer Vertragslaufzeit T

$VBW_{E,i,x,o.Ü.,AK,GZ,T}$: Verpflichtungsbarwert, Erstbewertung für den Zinssatz i bei Eintrittsalter x, ohne Überschüsse, inklusive Abschlusskosten und Gewinnzuschlag, bei einer Vertragslaufzeit T

k_o: Abschlusskostensatz in Prozent

GZ: Gewinnzuschlag in Prozent

II. Berechnung Jahresprämie

Analog zu 6. II.

III. Berechnung der Deckungsrückstellung

Analog zu 6. III.

IV. Berechnung des Verpflichtungsbarwerts inklusive Guthaben der Versicherungsnehmer

Analog zu 6. IV.

V. Nachadjustierungen Zinssatz

Analog zu 6. V.

Anhang 6

I. Erstbewertung des Verpflichtungsbarwerts einer gemischten Lebensversicherung (Kapitallebensversicherung)

(1) $$VBW_{E,i,x,o.Ü,T} = \sum_{t=1}^{T} \frac{VS \cdot {}_{t-1}q_x}{(1+i)^t} + \frac{VS \cdot {}_{T}p_x}{(1+i)^T}$$

mit:

$VBW_{E,\,i,\,x,\,o.\,Ü,\,T}$: Verpflichtungsbarwert, Erstbewertung für den Zinssatz i bei Eintrittsalter x, ohne Überschüsse, bei einer Vertragslaufzeit T

${}_tp_x$: Wahrscheinlichkeit, dass ein x-jähriger den Zeitpunkt t erlebt (Erlebenswahrscheinlichkeit)

(2) $$VBW_{E,i,x,o.Ü,AK,T} = VBW_{E,i,x,o.Ü.,T} \cdot (1+k_0)$$

(3) $$VBW_{E,i,x,o.Ü.,AK,GZ,T} = VBW_{E,i,x,o.Ü.,AK,T} \cdot (1+GZ)$$

II. Berechnung Jahresprämie

(4) $$Ü_{i,x,T} = 1 + \sum_{t=1}^{T-1} \frac{{}_tp_x}{(1+i)^t}$$

(5) $$JP_{netto,i,x,T} = \frac{VBW_{E,i,x,o.Ü.,T}}{Ü_{i,T}}$$

(6) $$JP_{brutto,i,x,T} = \frac{VBW_{E,i,x,o.Ü.,AK,GZ,T}}{Ü_{i,T}}$$

mit:

$Ü_{i, x, T}$: Diskontierte Erlebenswahrscheinlichkeiten für einen x-jährigen in Abhängigkeit vom Zinssatz i und der Laufzeit T

$JP_{netto, i, T}$: Jahresprämie netto für einen x-jährigen bei einem Zinssatz i und einer Vertragslaufzeit T

$JP_{brutto, i, T}$: Jahresprämie brutto, für den Zinssatz i bei einer Vertrags-laufzeit T

III. Berechnung der Deckungsrückstellung

(7) $$VBW_{j,i,o.Ü.,x,T} = \sum_{t=j+1}^{T} \frac{{}_{t-1}q_{x+j} \cdot VS}{(1+i)^{t-j}} + \frac{{}_{T}p_{x+j} \cdot VS}{(1+i)^{T-j}}$$

(8) $$PBW_{j,netto,i,x,T} = \sum_{t=j}^{T-1} \frac{{}_{t}p_{x+j} \cdot JP_{netto,i,T}}{(1+i)^{t-j}}$$

mit:

$VBW_{j, i, o. Ü., x, T}$: Verpflichtungsbarwert, Folgebewertung im Zeitpunkt j für einen Zinssatz von i, bei einem Vertragseintritt im Alter von x und einer Laufzeit bis zum Zeitpunkt T, ohne Überschüsse

$PBW_{j,netto, i, x, T}$: Verpflichtungsbarwert netto, Folgebewertung im Zeitpunkt j für einen Zinssatz von i, bei einem Vertragseintritt im Alter von x und einer Laufzeit bis zum Zeitpunkt T

${}_{t-1}q_{x+j}$: Wahrscheinlichkeit, dass ein x+j-jähriger den Zeitpunkt t-1 erlebt und in der Folgeperiode verstirbt

${}_{t}p_{x+t}$: Wahrscheinlichkeit, dass ein x+j-jähriger den Zeitpunkt t erlebt

(9) $$DRST_{j,i,o.Ü,x,T} = VBW_{j,i,o.Ü.,x,T} - PBW_{j,i,x,T}$$

mit:

$DRST_{j,\,i,\,o.\,Ü.,\,x,\,T}$:	Deckungsrückstellung im Zeitpunkt j für einen Zinssatz von i, bei einem Vertragseintritt im Alter von x und einer Vertragslaufzeit bis zum Zeitpunkt T

IV. Berechnung des Verpflichtungsbarwerts inklusive Guthaben der Versicherungsnehmer

(10) $$\text{Überzins}_{j,i,r} = 0{,}9 \cdot (r - i) \cdot \left(\frac{DRST_j - DRST_{j-1}}{2} \right) \quad \text{sofern } r > i; \quad 0 \text{ sonst}$$

(11) $$ÜVN_{j,i,r} = (1 + i + 0{,}9 \cdot (r - i)) \cdot ÜVN_{j-1,i,r} + \text{Überzins}_{j,i,r}$$

mit:

$\text{Überzins}_{j,\,i,\,r}$:	Überzins zum Zeitpunkt j auf die mittlere Deckungsrückstellung
$ÜVN_{j,i,\,r}$	Guthaben Versicherungsnehmer im Zeitpunkt j
r:	(Netto-)Kapitalanlagerendite des Versicherungsunternehmens

(12) $$VBW_{j,i,\text{inkl.}Ü.,x,T} = \sum_{t=j+1}^{T} \frac{{}_{t-1}q_{x+j} \cdot \left(VS + ÜVN_{j,i,r}\right)}{(1+i)^{t-j}} + \frac{{}_{T}p_{x+j} \cdot \left(VS + ÜVN_{j,i,r}\right)}{(1+i)^{T-j}}$$

V. Erwartungsbarwert Gewinn

(13) $$EBW\left(G_{j,i,x,T}\right) = PBW_{j,\text{brutto},i,x,T} - VBW_{j,i,\text{inkl.}Ü.,x,T} - k_0 \cdot VBW_{E,i,x,o.Ü.,T}$$

mit:

$EBW\ (G_{j,\,i,\,x,\,T})$:	Erwartungsbarwert Gewinn im Zeitpunkt j für den Zinssatz i, bei einem Eintrittsalter von x und einem Ende der Vertragslaufzeit im Zeitpunkt T
$PBW_{j,\,\text{brutto},\,i,\,x,\,T}$:	Prämienbarwert im Zeitpunkt j, brutto, d. h. inklusive Abschlusskosten und Gewinnzuschlag, für den Zinssatz i bei einem Eintrittsalter von x und einem Ende der Vertragslaufzeit im Zeitpunkt T

VI. Nachadjustierungen Zinssatz

Nachadjustierungen Zinssatz bei konstanter Überschussbeteiligung:

$$(14) \quad VBW_{j,i^*,inkl.Ü.,x,T} = \sum_{t=j+1}^{T} \frac{{}_{t-1}q_{x+j} \cdot (VS + ÜVN_{j,i,r})}{(1+i^*)^{t-j}} + \frac{{}_{T}p_{x+j} \cdot (VS + ÜVN_{j,i,r})}{(1+i^*)^{T-j}}$$

mit:

$VBW_{j,\,i^*,\,inkl.\,Ü.,\,x,\,T}$:	Verpflichtungsbarwert, Folgebewertung zum Zeitpunkt j für den modifizierten Zinssatz i^*, inklusive Überschussbeteiligung, bei einem Vertragseintritt im Alter x und einer Laufzeit bis zum Zeitpunkt T
i^*:	nachadjustierter risikoloser Zinssatz

Anhang 7

I. Erstbewertung des Verpflichtungsbarwerts eines Leibrentenvertrags

(1) $$VBW_{E,i,R(ns),o.Ü.,x,T} = \sum_{t=n+1}^{T} \frac{{}_{t-1}p_x \cdot R}{(1+i)^t}$$

(2) $$VBW_{E,i,R(ns),o.Ü.,x,T,AK} = VBW_{E,i,ns,o.Ü.,x,T} \cdot (1+k_0)$$

(3) $$VBW_{E,i,R(ns),o.Ü.,x,T,AK,GZ} = VBW_{E,i,ns,o.Ü.,x,T,AK} \cdot (1+GZ)$$

mit:

$VBW_{E, i, R (ns), o. Ü., x, T}$:	Verpflichtungsbarwert, Erstbewertung für den Zinssatz i und die Garantierente R (nachschüssig), o. Überschüsse, bei einem Eintrittsalter von x und einem Erreichen des Endalters im Zeitpunkt T
$VBW_{E, i, R (ns), o. Ü., x, T, AK}$:	Verpflichtungsbarwert, Erstbewertung für den Zinssatz i und die Garantierente R (nachschüssig), o. Überschüsse, bei einem Eintrittsalter von x und einem Erreichen des Endalters im Zeitpunkt T, inklusive Abschlusskosten
$VBW_{E, i, R (ns), o. Ü., x, T, Ak, GZ}$:	Verpflichtungsbarwert, Erstbewertung für den Zinssatz i und die Garantierente R (nachschüssig), o. Überschüsse, bei einem Eintrittsalter von x und einem Erreichen des Endalters im Zeitpunkt T, inklusive Abschlusskosten und Gewinnzuschläge
R:	Garantierente (nachschüssig)
n:	Dauer der Ansparphase

II. Berechnung Jahresprämie

(4) $$Ü_{i,x,n-1} = \sum_{t=0}^{n-1} \frac{{}_{t}p_x}{(1+i)^t}$$

(5) $$JP_{netto,i,x,n-1} = \frac{VBW_{E,i,R(ns),o.Ü.,x,T}}{Ü_{i,x,T}}$$

(6) $$JP_{brutto,i,x,n-1} = \frac{VBW_{E,i,R(ns),o.Ü.,x,T,AK,GZ}}{Ü_{i,x,T}}$$

mit:

$Ü_{i,\,x,\,n-1}$:	Summe diskontierte Erlebenswahrscheinlichkeiten in der Ansparphase (t = 0…n-1) für den Zinssatz i, bei einem Eintrittsalter von x
$JP_{netto,\,i,\,x,\,n-1}$:	Jahresprämie netto für den Zinssatz i bei einem Eintrittsalter von x und einer Beitragszahlungsdauer bis n-1 (einschließlich)
$JP_{brutto,\,i,\,x,\,n-1}$:	Jahresprämie brutto für den Zinssatz i bei einem Eintrittsalter von x und einer Beitragszahlungsdauer bis n-1(einschließlich)

III. Berechnung der Deckungsrückstellung

(7a) $$VBW_{j,i,R(ns),o.Ü.,x,T} = \sum_{t=n+1}^{T} \frac{{}_{t-1}p_{x+j} \cdot R}{(1+i)^{t-j}} \quad \text{für } n \geq j \quad \text{bzw.}$$

(7b) $$VBW_{j,i,R(ns),o.Ü.,x,T} = \sum_{t=j+1}^{T} \frac{{}_{t-1}p_{x+j} \cdot R}{(1+i)^{t-j}} \quad \text{für } j > n$$

mit:

$VBW_{j,\,i,\,R(ns),\,o.\,Ü.,\,x,\,T}$:	Verpflichtungsbarwert, Folgebewertung im Zeitpunkt j für den Zinssatz i bei nachschüssiger Rentenzahlung, ohne Überschüsse, bei Eintrittsalter x und Erreichen des Endalters in T

(8) $$PBW_{j,netto,i,x,n-1} = \sum_{t=j}^{n-1} \frac{{}_{t}p_{x+j} \cdot JP_{netto,i,x,n-1}}{(1+i)^{t-j}} \quad \text{für } (n-1) \geq j; \quad 0 \text{ sonst}$$

mit:

$PBW_{j,netto,\ i,\ x,\ n-1}$: Prämienbarwert, Folgebewertung zum Zeitpunkt j für den Zinssatz i, bei einem Eintrittsalter von x, bis zum Zeitpunkt n-1, ohne Abschlusskosten und Gewinnzuschläge

(9) $$DRST_{j,i,o.Ü.,x,T} = VBW_{j,i,R(ns),o.Ü.,x,T} - PBW_{j,i,x,n-1}$$

mit:

$DRST_{j,\ i,\ o.\ Ü.,\ x,\ T}$: Deckungsrückstellung zum Zeitpunkt j für den Zinssatz i, ohne Überschüsse, bei einem Eintrittsalter von x und einem Erreichen des Endalters in T

IV. Berechnung des Verpflichtungsbarwerts inklusive des Guthabens der Versicherungsnehmer

Zur Berechnung der laufenden Überschüsse und des Guthabens der Versicherungsnehmer bis zum Zeitpunkt t=n (einschließlich) siehe Anhang 6.IV.

(10) $$RBF_{n+1,i,vs,T} = \sum_{t=n+1}^{T} \frac{1}{(1+i)^{t-(n+1)}}$$

(11) $$ÜR_{n+1,i,r,T} = \frac{ÜVN_{n+1,i,r}}{RBF_{n+1,i,T}}$$

mit:

$RBF_{n+1,\ i,\ vs,\ T}$: Rentenbarwertfaktor, vorschüssig auf den Zeitpunkt n+1 bei einem Zinssatz von i und dem Erreichen des Endalters im Zeitpunkt T

$ÜVN_{n+1, i, r}$: Überschussguthaben VN im Zeitpunkt t=n+1, bei einem risikolosen Zinssatz von i und einer (Netto-)Kapitalanlage-rendite des VU von r und einer Überschussbeteiligungsquote der VN von 90%

$ÜR_{n+1, i, r, T}$: konstante Überschussrente, vorschüssig zahlbar ab t=n+1, bei einem risikolosen Zinssatz von i und einer (Netto-)Kapitalanlagerendite des VU von r und dem Erreichen des Endalters im Zeitpunkt T

$$\text{(12a)}\quad VBW_{j,i,R(ns),inkl.Ü,x,T} = \sum_{t=n+1}^{T} \frac{{}_{t-1}p_{x+j} \cdot \left(R + ÜR_{n+1,i,r,T} + Überzins_{t,i,r}\right)}{(1+i)^{t-j}} \quad \text{für } n \geq j \quad \text{bzw.}$$

$$\text{(12b)}\quad VBW_{j,i,R(ns),inkl.Ü.,x,T} = \sum_{t=j+1}^{T} \frac{{}_{t-1}p_{x+j} \cdot \left(R + ÜR_{n+1,i,r,T} + Überzins_{t,i,r}\right)}{(1+i)^{t-j}} \quad \text{für } j < n$$

mit:

$VBW_{j,i, R(ns), inkl. Ü, x, T}$: Verpflichtungsbarwert, Folgebewertung zum Zeitpunkt j bei einem risikolosen Zinssatz i und nachschüssiger Garantie-rentenzahlung, inklusive Überschussrente (vorschüssig, ab Alter x+n+1) und laufenden Überschüssen (ab Alter x+n+1), bei einem Eintrittsalter von x und einem Erreichen des Endalters im Zeitpunkt T

V. Erwartungsbarwert des Gewinns

$$\text{(13)}\quad EBW\left(G_{j,i,r,x,T}\right) = PBW_{j,brutto,i,x,T} - VBW_{j,i,R(ns),inkl.Ü.,x,T} - k_0 \cdot VBW_{E,i,o.Ü.,x,T}$$

$EBW (G_{j, i, r, x, T})$: Erwartungsbarwert des Gewinns, im Zeitpunkt j bei einem risikolosen Zinssatz von i und einer (Netto-)Kapitalanlagerendite des VU von r, bei einem Eintrittsalter von x und dem Erreichen des Endalters im Zeitpunkt T

$PBW_{j, brutto, i, x, T}$: Prämienbarwert, im Zeitpunkt j bei einem risikolosen Zinssatz von i und einem Eintrittsalter von x sowie dem Erreichen des

Endalters im Zeitpunkt T, inklusive Abschlusskosten und Gewinnzuschlägen

VI. Entwicklung des Kapitalanlagebestands und des Kapitalanlageergebnisses

(14) $K_0 = JP_{brutto,i,x,n-1} - VBW_{E,i,R(ns),o.Ü.,x,T} \cdot k_0$

(15) $G_{Ka,j,r} = K_j \cdot r$

(16a) $K_j = K_{j-1} + G_{Ka,j-1,r} + JP_{brutto,i,x,n-1} \quad \text{für alle } j \leq n-1$

(16b) $K_j = K_{j-1} + G_{Ka,j-1,r} \quad \text{für } j = n$

(16c) $K_j = K_{j-1} + G_{Ka,j-1,r} - R \quad \text{für alle } j \geq n+1$

mit:

K_0: Kapitalanlagebestand im Zeitpunkt t=0

$G_{Ka,\, j,\, r}$: Kapitalanlageergebnis im Zeitpunkt j bei einer Kapitalanlagerendite von r

K_j: Kapitalanlagebestand im Zeitpunkt j

Literaturverzeichnis

Aktiengesetz vom 19.12.1985, in der Fassung vom 24.8.2004.

Albrecht, Peter (Albrecht 1982): Gesetze der großen Zahlen und Ausgleich im Kollektiv- Bemerkungen zu Grundlagen der Versicherungsproduktion, in: Zeitschrift für die gesamte Versicherungswissenschaft (ZVersWiss), 71. Bd., 1982, Heft 3/4, S. 501-538.

Albrecht, Peter (Albrecht 1987): Die Versicherungsproduktion- eine Kuppelproduktion bei Risiko, in: Zeitschrift für Betriebswirtschaft (ZfB), 1987, S. 316-328.

Albrecht, Peter (Albrecht 1992a): Zur Risikotransformationstheorie der Versicherung: Grundlagen und ökonomische Konsequenzen, Karlsruhe 1992.

Albrecht, Peter (Albrecht 1992b): Zur Bedeutung von Verfahren des Portfoliomanagements, in: Mannheimer Manuskripte zu Risikotheorie, Portfolio Management und Versicherungswirtschaft, Nr.50a, Mannheim 1992.

Albrecht, Peter (Albrecht 1994): Gewinn und Sicherheit als Ziele der Versicherungsunternehmung: Bernoulli-Prinzip vS. Safety First-Prinzip, in: Mannheimer Manuskripte zu Risikotheorie, Portfolio Management und Versicherungswirtschaft, Nr.65, Mannheim 1994.

Albrecht, Peter (Albrecht 1993): Kapitalmarkttheoretische Fundierung des Risikoausgleichs im Kollektiv ? – Eine Anmerkung zu einem Beitrag von Kotsch -, in: Mannheimer Manuskripte, Nr.61, Mannheim 1993.

Albrecht, Peter (Albrecht 1998a): Risikoadjustierte Performancesteuerung in der Schadenversicherung, in: Mannheimer Manuskripte zu Risikotheorie, Portfolio Management und Versicherungswirtschaft, Nr.103, Mannheim 1998.

Albrecht, Peter (Albrecht 1998b): Der Sicherheitszuschlag als kalkulatorischer Prämienbestandteil – eine Neubewertung? Anmerkungen zu einem Beitrag von Martin Nell, in: Mannheimer Manuskripte zu Risikotheorie, Portfolio Management und Versicherungswirtschaft, Nr. 108, Mannheim 1998.

Albrecht, Peter (Albrecht 2003a): Zur Messung von Finanzrisiken, in: Mannheimer Manuskripte zu Risikotheorie, Portfolio Management und Versicherungswirtschaft, Nr.143, Mannheim 2003.

Albrecht, Peter (Albrecht 2003b): Produktgarantie und Aktienkrise – Implikationen für die Kapitalanlagepolitik von Lebensversicherungsunternehmen, in: Mannheimer Manuskripte zu Risikotheorie, Portfolio Management und Versicherungswirtschaft, Nr. 148, Mannheim 2003.

Albrecht, Peter (Albrecht 2003c): Zum fairen Wert der Aktienanlage eines Lebensversicherungunternehmens aus ökonomisch-statistischer Perspektive, in: Mannheimer Manuskripte zu Risikotheorie, Portfoliomanagement und Versicherungswirtschaft, Nr.150, Mannheim 2003.

Albrecht, Peter (Albrecht 2003d): Marktwert oder Buchwert, das ist hier die Frage, in: Versicherungswirtschaft (VW), 2003, Heft 18, S. 1413.

Albrecht, Peter (Albrecht 2004): Finanzmathematische Überlegungen zur Prüfung der marktbezogenen Gewährleistung des Rechnungszinses in der PKV, in: Mannheimer Manuskripte zu Risikotheorie, Portfoliomanagement und Versicherungswirtschaft, Nr.156, Mannheim 2004.

Albrecht, Peter, Raimond Maurer, Heinrich Schradin (Albrecht/Maurer/Schradin 1998): Die Kapitallebensversicherung als Anlegerschädigung? – Anmerkungen zu einem Beitrag von *M.Adams* unter aktuariellen und ökonomischen Gesichtspunkten, in: Mannheimer Manuskripte zu Risikotheorie, Portfoliomanagement und Versicherungswirtschaft, Nr.109, Mannheim 1998.

Albrecht, Peter/Sven Koryciorz (Albrecht/Koryciorz 1999): Value-at-Risk für Versicherungsunternehmen: Konzeptionelle Grundlagen und Anwendungen, in: Mannheimer Manuskripte zu Risikotheorie, Portfolio Management und Versicherungswirtschaft, Nr.116, Mannheim 1999.

Albrecht, Peter, Cemil Kantar (Albrecht/Kantar 2003): Ermittlung des beizulegenden Wertes von Einzelaktien auf der Basis des Kurs/Gewinn-Verhältnisses, in: Mannheimer Manuskripte zu Risikotheorie, Portfolio Management und Versicherungswirtschaft, Nr.153, Mannheim 2003.

Anleiheemissionen der Bundesrepublik Deutschland (Comdirect 2007): Online im Internet, URL: <http://comdirect.de/kurssuche/anleihen/bundesrepublik> (Stand 12.12.2007)

Arbeitskreis Bilanzrecht der Hochschullehrer Rechtswissenschaft (Arbeitskreis Bilanzrecht 2004): Stellungnahme zum Referentenentwurf eines Bilanzrechtsreformgesetzes, in: Betriebs-Berater (BB), 2004, Heft 10, S. 546-548.

Auer, Kurt Vinzenz (Auer 1999): Mythos und Realität von US-GAAP und IAS, in: Zeitschrift für Betriebswirtschaft (ZfB), 1999, S. 979-1002.

Baetge, Jörg, Henning Zülch (Baetge/Zülch 2001): Fair Value Accounting, in: Betriebswirtschaftliche Forschung und Praxis (BFuP), 2001, Heft 6, S. 543-562.

Ballwieser, Wolfgang (Ballwieser 2001): Anforderungen des Kapitalmarkts an Bilanzansatz- und Bilanzbewertungsregeln, in: Zeitschrift für internationale und kapitalmarktorientierte Rechungslegung (KoR), 2001, Heft 4, S. 160-164.

Ballwieser, Wolfgang (Ballwieser 2002): Informations-GoB – auch im Lichte von IAS und US-GAAP, in: Zeitschrift für internationale und kapitalmarktorientierte Rechnungslegung (KoR), 2002, Heft 3, S. 115-121.

Bauch, Günter/ Andreas Oestreicher (Bauch/Oestreicher 1993): Handels- und Steuerbilanzen, 5.Auflage, Heidelberg 1993.

Beck'scher Versicherungsbilanz-Kommentar (Beck'scher Versicherungsbilanzkommentar 1998): Handels- und Steuerrecht; §§ 341 bis 341 o HGB bearb. von Christoph Brüggemann, hrsg. von Wolfgang Dieter Budde, München 1998.

Bieker, Marcus (Bieker 2006): Ökonomische Analyse des Fair Value Accounting, Frankfurt 2006.

Bittner, Thomas (Bittner 1996): Die Wirkung von Investor-Relations-Maßnahmen auf Finanzanalysten, Köln 1996.

Böhlhoff, Marc, Hans Harald Grimm (Böhlhoff/Grimm 2007): Gestaltungsspielräume für Versicherer nach IFRS, in: Versicherungswirtschaft (VW), 2007, Heft 4, S. 231-234.

Breuer, Claudia (Breuer 1999): Versicherungsverein auf Gegenseitigkeit versus Versicherungs-Aktiengesellschaft: Eine vergleichende Strukturanalyse der Rechtsformen, Köln 1999.

Breuer, Claudia, Wolfgang Breuer (Breuer 2003): Versicherungsvereine auf Gegenseitigkeit versus Versicherungsaktiengesellschaften, in: Wirtschaftswissenschaftliches Studium (WiSt), 2003, Heft 2, S. 70-75.

Breuer, Claudia, Wolfgang Breuer (Breuer 2004): Öffentliche versus privatwirtschaftliche Versicherer – Ein Effizienzvergleich auf Basis der Prinzipal-Agenten-Theorie, Online im Internet, URL: <http://www.s-hochschule.de/ uploads/ 189/ docs/BrBr2004.pdf> (Stand 24.6.2004).

Brücks, Michael (Brücks 2002): EU-Verordnung zur Anwendung der IAS/IFRS und Improvements Project des IASB, in: Zeitschrift für internationale und kapitalmarktorientierte Rechnungslegung (KoR), 2002, Heft 4, S. 165-168.

Buchheim, Regine, Susanne Gröner (Buchheim/Gröner 2003): Anwendungsbereich der IAS-Verordnung an der Schnittstelle zu dem deutschen und zu EU-Bilanzrecht, in: Betriebs-Berater (BB), 2003, Heft 18, S. 953-955.

Burger, Anton, Anton Buchhart (Burger/Buchhart 2000): Bietet eine investororientierte Rechnungslegung den besseren Gläubigerschutz ?, in: Betriebs-Berater (BB), 2000, Heft 43, S. 2197-2200.

Busse von Colbe, Walther (Busse von Colbe 2002): Vorschlag der EG-Kommission zur Anpassung der Bilanzrichtlinien an die IAS – Abschied von der Harmonisierung ?, in: Betrieb-Berater (BB), 2002, Heft 30, S. 1530-1536.

Coenenberg, Adolf, Barbara Straub (Coenenberg/Straub): Rechenschaft versus Entscheidungsunterstützung: Harmonie oder Disharmonie der Rechnungszwecke, in: Zeitschrift für internationale und kapitalmarktorientierte Rechnungslegung (KoR), 2008, Heft 1, S. 17-26.

Daub, Sebastian (Daub 2000): Rückstellungen nach HGB, US GAAP und IAS, Dissertation, Konstanz 2000.

Draft Statement of Principles Insurance Contracts Executive Summary, Arbeitspapier Steering Committee Insurance, Stand 25.9.2001.

Deloitte (Deloitte 2009a): Insurance Accounting Newsletter – Conceiving the first global GAAP –, hrsg. von Deloitte United Kingdom.

Deloitte (Deloitte 2009b): Insurance Accounting Newsletter – Focus on the estimate of insurance cash flows – hrsg. von Deloitte United Kingdom.

Ebbers, Gabi (Ebbers 2004): IFRS 4: Insurance Contracts, in: Die Wirtschaftsprüfung (WPg), 2004, Heft 23, S. 1377-1385.

Engeländer, Stefan, Joachim Kölschbach (Engeländer/Kölschbach 2003): ED 5 Insurance Contracts und Ausblick auf Phase II, Unterlagen zum Vortrag im Rahmen des Seminars: IFRS für Versicherungen-Update, KPMG 2003.

Engeländer, Stefan, Joachim Kölschbach (Engeländer/Kölschbach 2004): Der International Financial Reporting Standard 4 für Versicherungsverträge, in: Versicherungswirtschaft (VW), 2004, Heft 8, S. 574-579.

Engeländer, Stefan, Joachim Kölschbach (Engeländer/Kölschbach 2007): Das Diskussionspapier des IASB zur Phase II des Versicherungsprojekts – Eine Analyse des vorgeschlagenen Bewertungsmodells, in: Zeitschrift für internationale und kapitalmarktorientierte Rechnungslegung (KoR), 2007, Heft 7-8, S. 386-397.

Eilenberger, Guido (Eilenberger 2003): Betriebliche Finanzwirtschaft, 7.Auflage, München 2003.

Eisen, Peter, Roland Zweifel (Eisen/Zweifel): Versicherungsökonomie, 1. Auflage, Berlin 2000.

Ellenbürger, Frank, Lothar Horbach, Joachim Kölschbach (Ellenbürger/Horbach/Kölschbach 2001): Bewertung von versicherungstechnischen Rückstellungen nach Vorschlägen für einen International Reporting Standard (IFRS), in: Rechnungslegung von Versicherungsunternehmen: Festschrift zum 70. Geburtstag von Dr. Horst Richter, hrsg. von Gerd Geib, Düsseldorf 2001, S. 45-57.

Ernst, Christoph (Ernst 2001): Bilanzrecht: quo vadis ? – Die kommende Reform des europäischen Bilanzrechts und mögliche Auswirkungen auf die deutsche Rechnungslegung, in: Die Wirtschaftsprüfung (WPg), 2001, Heft 24, S. 1440-1445.

Ernst, Christoph, Holger Seidler (Ernst/Seidler 2007): Kernpunkte des Referentenentwurfs eines Bilanzrechtmodernisierungsgesetzes, in: Betriebs-Berater (BB), 2007, Heft 47, S. 2557-2566.

Fairley, William B. (Fairley 1987): Investment income and profit margins in property-liability insurance: theory and empirical result, in: Fair rate of return in propery-liability insurance, hrsg. von J. David Cummins und Scott A. Harrington, Boston 1987.

Farny, Dieter (Farny 1992): Buchführung und Periodenrechnung im Versicherungsunternehmen, 4.Auflage, Wiesbaden 1992.

Farny, Dieter (Farny 1998): Unternehmens-Ratings für Versicherungskunden auf der Grundlage des Jahresabschlusses ?, in: Unternehmensberatung und Wirtschaftsprüfung, Festschrift für Professor Dr. Günther Sieben zum 65. Geburtstag, hrsg. von Matschke, Jürgen, Thomas Schildbach, Stuttgart 1998.

Farny, Dieter (Farny 2000): Versicherungsbetriebslehre, 3.Auflage, Karlsruhe 2000.

Farny, Dieter (Farny 2001): Zur Analyse und Aussagefähigkeit von Konzernabschlüssen deutscher Versicherungskonzerne, in: Rechnungslegung von Versicherungsunternehmen: Festschrift zum 70. Geburtstag von Dr. Horst Richter, hrsg. Von Gerd Geib, Düsseldorf 2001, S. 89-109.

Farny, Dieter (Farny 2002): Die „Shareholder" der deutschen Versicherungs-Aktiengesellschaften, in: Mitteilungen des Instituts für Versicherungswissenschaft an der Universität zu Köln, Heft 2, Köln 2002.

Farny, Dieter (Farny 2003): Sharholder Value versus Policyholder Value von Versicherungsunternehmen, in: Transparenz im Versicherungsmarkt, hrsg. von Assekurata GmbH, Köln 2003.

Faulhaber, Markus (Faulhaber 2005): Risikosteuerung in Lebensversicherungsunternehmen, Unterlagen zum Vortrag am Seminar für ABWL, Risikomanagement und Versicherungslehre am 25.1.2005.

Feiguine, Gregory, Raimond Maurer, Heinrich R. Schradin (Feiguine/Maurer/ Schradin 1997): Rentenversicherung in Deutschland – Ein Vorbild für die Russische Föderation ? in: Mannheimer Manuskripte zu Risikotheorie, Portfoliomanagement und Versicherungswirtschaft, Nr.100, Mannheim 1997.

Fischer, Rainer, Michael Hoffmann (Fischer/Hoffmann 2003): Paradigmenwechsel in der Rechnungslegung ? – Versicherungstechnik nach German GAAP und US-GAAP, in: Technical Publishing, hrsg. von Swiss Re.

Fladt, Guido, Peter Feige (Fladt/Feige 2003): Der Exposure Draft 3 „Business Combinations" des IASB – Konvergenz mit den US-GAAP ?, in: Die Wirtschaftsprüfung (WPg), 2003, Heft 6, S. 249-262.

Fourie, Dirk, Oliver Velthuysen (Fourie/Velthuysen 2001): Bilanzierung von Grundbesitz nach IAS: Cost model oder Fair value model ?, in: Versicherungswirtschaft (VW), Heft 9, 2001, S. 648-650.

Fourie, Dirk, Anja Harbort (Fourie/Harbort 2003a): IAS: Mit Probeabschlüssen kann nicht früh genug begonnen werden (I), in: Versicherungswirtschaft (VW), 2003, Heft 19, S. 1530-1535.

Fourie, Dirk, Anja Harbort (Fourie/Harbort 2003b): IAS: Mit Probeabschlüssen kann nicht früh genug begonnen werden (II), in: Versicherungswirtschaft (VW), 2003, Heft 20, S. 1635-1640.

Franke, Günter, Herbert Hax (Franke/Hax): Finanzwirtschaft des Unternehmens und Kapitalmarkt, 5.Auflage, Berlin 2004.

Fromme, Herbert (Fromme 2003): Assekuranz fürchtet neue IAS-Bilanzregeln, in: Pressespiegel des Gesamtverbands der Versicherungen (GDV), 13.5.2003, S. 23.

Geib, Gerd (Geib 2001): Diskussionsstand eines IFRS für Versicherungsgeschäfte, in: Rechnungslegung von Versicherungsunternehmen: Festschrift zum 70. Geburtstag von Dr. Horst Richter, hrsg. Von Gerd Geib, Düsseldorf 2001.

Geib, Gerd, Christoph Zimmermann (Geib/Zimmermann 2003): Internationalisierung der Rechnungslegung von Versicherungsunternehmen, in: Rechnungslegung und Prüfung von Versicherungsunternehmen, hrsg. Vom Institut der Wirtschaftsprüfer in Deutschland (IDW), 4. Auflage, Düsseldorf 2003. S. 113-129.

Gerpott, Torsten, Sandra Thomas (Gerpott/Thomas 2004): Bilanzierung von Marken nach HGB, DRS, IFRS und US-GAAP, in: Der Betrieb, Heft 47, 2004, S. 2485-2494.

Geschäftsergebnisse der Schadenversicherung – Zahlenband 2003 – (KIVI 2004 a)), hrsg. von KIVI GmbH, Köln 2004.

Geschäftsergebnisse der Lebensversicherung – Zahlenband 2003 – (KIVI 2004 b)), hrsg. von KIVI GmbH, Köln 2004.

Geschäftsergebnisse der Krankenversicherung – Zahlenband 2003 – (KIVI 2004 c)), hrsg. von KIVI GmbH, Köln 2004.

Günther, Peter, Andreas Schittenhelm (Günther/Schittenhelm 2003): Investition und Finanzierung, Stuttgart 2003.

Haaker, Andreas (Haaker 2007a): Grundgedanken zu einer Reform der Bilanzierung von immatriellen Vermögensgegenständen nach IAS 38 und zur zweckadäquaten Ausgestaltung einer „IFRS-Informationsbilanz“ (Teil 1), in: Zeitschrift für internationale und kapitalmarktorientierte Rechnungslegung (KoR), 2007, Heft 5, S. 254-262.

Haaker, Andreas (Haaker 2007b): Grundgedanken zu einer Reform der Bilanzierung von immatriellen Vermögensgegenständen nach IAS 38 und zur zweckadäquaten Ausgestaltung einer „IFRS-Informationsbilanz“ (Teil 2), in: Zeitschrift für internationale und kapitalmarktorientierte Rechnungslegung (KoR), 2007, Heft 6, S. 332-341.

Hartung, Thomas (Hartung 2001): Kritische Betrachtung marktorientierter Kapitalkostenbestimmung bei der Bewertung von Versicherungsunternehmen, in: Zeitschrift für die gesamte Versicherungswissenschaft (ZVersWiss), 2001, Heft 4, S. 635-645.

Hassler, Melanie, Roman Sauer, Irmgard Schneider (Hassler/Sauer/Schneider 2006): Möglichkeiten der bilanziellen Analyse der Sicherheitslage von Versicherungsunternehmen – Vergleich zwischen HGB, IFRS und fair-value-Bilanzierung, in: Die wirtschaftsprüfung (WPg), 2006, Heft 24, S. 1359-1548.

Hill, Raymond D., Franco Modigliani (Hill/Modigliani 1987): The Massachussetts Model of Profit Regulation in Nonlife Insurance: An Appraisal and Extensions, in: Fair rate of Return in Property-Liability Insurance, hrsg. von J. David Cummins und Scott A. Harrington, Boston 1987.

Hipp, Christian (Hipp 2007): IAS/IFRS für Versicherungsunternehmen, Karlsruhe 2007.

Hitz, Jörg-Markus (Hitz 2005a): Rechnungslegung zum fair value – Konzeption und Entscheidungsnützlichkeit, Frankfurt 2005.

Hitz, Jörg-Markus (Hitz 2005b): *Fair Value* in der IFRS-Rechnungslegung – Konzeption, Inhalt, Zweckmäßigkeit, in: Die Wirtschaftsprüfung (WPg), 2005, Heft 18, S. 1013-1027.

Hitz, Jörg-Markus (Hitz 2006): „Fair Value in der Rechnungslegung“, in: Die Betriebswirtschaft (DBW), 2006, Heft 1, S. 109-113.

Hitz, Jörg-Markus (Hitz 2007): Das Diskussionspapier „Fair Value Measurements“ des IASB – Inhalt und Bedeutung, in: Die Wirtschaftsprüfung (WPg), 2007, Heft 9, S. 361-367.

Hitz, Jörg-Markus, Christoph Kuhner (Hitz/Kuhner 2002): Die Neuregelung zur Bilanzierung des derivativen Goodwill nach SFAS 141 und 142 auf dem Prüfstand, in: Die Wirtschaftsprüfung (WPg), 2002, Heft 6, S. 273-287.

Hölscher, Reinhold (Hölscher 1996): Die „gerechte“ Überschuß-Beteiligung der Versicherungsnehmer an den Überschüssen der Versicherungsnehmer, in: Zeitschrift für die gesamte Versicherungswissenschaft (ZVersWiss), 1996, Heft 1, S. 41-79.

Hommel, Michael (Hommel 2001): Neue Goodwillbilanzierung – das FASB auf dem Weg zur entobjektivierten Bilanz ?, in: Betriebs-Berater (BB), 2001, Heft 38, S. 1943-1949.

Hommel, Michael (Hommel 2003): ED 5: Der neue Standardentwurf für Versicherungsverträge – ein Placebo mit Nebenwirkungen, in Betriebs-Berater (BB), 58.Jahrgang, 2003, Heft 40, S. 2114-1220.

Horsch, Andreas (Horsch 2004): Agency und Versicherungsintermediation, in: Wirtschaftswissenschaftliches Studium (WiSt), 2004, Heft 9, S. 531-536.

International Accounting Standards Board (Brüssel 2002), in: Bericht aus Brüssel, Informationsdienst der Deutschen Versicherungswirtschaft (GDV), Ausgabe Nr.35, 6/2002, S. 27-28.

IASB-Projekt „Versicherungsverträge-Phase II“ (Brüssel 2005a), in: Bericht aus Brüssel, Informationsdienst der Deutschen Versicherungswirtschaft (GDV), Ausgabe Nr.52, 3/2005, S. 33-34.

IASB-Projekt „Versicherungsverträge-Phase II“ (Brüssel 2005b), in: Bericht aus Brüssel, Informationsdienst der Deutschen Versicherungswirtschaft (GDV), Ausgabe Nr.55, 10/2005, S. 8-9.

International Financial Reporting Standards (KPMG 2003): Eine Einführung in die Rechnungslegung nach den Grundsätzen des IASB, hrsg. von KPMG Deutsche Treuhand-Gesellschaft, Stuttgart 2003.

IFRS aktuell, Neuregelungen 2004 (KPMG 2004) : IFRS 1 bis 5, Improvements project, Amendments IAS 32 und 39 (IFRS aktuell), hrsg. von KPMG Deutsche Treuhand-Gesellschaft, Stuttgart 2004.

Isert, Dietmar, Mathias Schaber (Isert/Schaber 2005): Zur Abgrenzung von Eigenkapital und Fremdkapital nach IAS 32 (rev. 2003) (I), in: Zeitschrift für internationale und kapitalmarktorientierte Rechnungslegung (KoR), 2005, Heft 7-8, S. 299-310.

Jahresabschlußanalyse der deutschen Versicherungskonzerne 2003 (KIVI 2004d)), hrsg. von KIVI GmbH, Köln 2004.

Jensen, M.C. (Jensen 1978): Some anomalous evidence regarding market efficiency, in: Journal of financial economics, 1978, S. 323-329.

Jerzembek, Lothar, Jan-Velten Große (Jerzembek/Große 2005): Die Fair Value Option nach IAS 39, in: Zeitschrift für internationale und kapitalmarktorientierte Rechnungslegung (KoR), 2005, Heft 6, S. 221-228.

Kahle, Holger (Kahle 2003): Zur Zukunft der Rechnungslegung in Deutschland: IAS im Einzel- und Konzernabschluss ?, in: Die Wirtschaftsprüfung (WPg), 2003, Heft 6, S. 262-275.

Kirsch, Hans-Jürgen (Kirsch 2003): Zur Frage der Umsetzung der Mitgliestaatenwahlrechte der EU-Verordnung zur Anwendung der IAS/IFRS, in: Die Wirtschaftsprüfung (WPg), 2003, Heft 6, S. 276-278.

Klüttgens, Michael (Klüttgens 2002a): Fair Value bei deutschen Lebensversicherungsprodukten (I), in: Versicherungswirtschaft (VW), 2002, Heft 21, S. 1646-1648.

Klüttgens, Michael (Klüttgens 2002b): Fair Value bei deutschen Lebensversicherungsprodukten (II), in: Versicherungswirtschaft (VW), 2002, Heft 22, S. 1757-1760.

Knorr, Liesel, Klaus Wendlandt (Knorr/Wendlandt 2004): Der Referentenentwurf des „Bilanzrechtsreformgesetzes“ – Darstellung der wesentlichen bilanzrechtlichen Änderungen des HGB und der Folgen für die IAS/IFRS-Anwendung in Deutschland, in: Zeitschrift für internationale und kapitalmarktorientierte Rechnungslegung (KoR), 2004, Heft 2, S. 45-50.

Kölschbach, Joachim (Kölschbach 2000): Versicherungsbilanzen: Zeitwerte auf dem Vormarsch – Zur Anpassung der International Accounting Standards an Versicherungsunternehmen, in: Versicherungswirtschaft (VW), 2000, Heft 7, S. 432-436.

Kölschbach, Joachim (Kölschbach 2004): Aktuelle Entwicklungen in der Beaufsichtigung und Rechnungslegung von Versicherungsunternehmen: IFRS und Solvency II, in: Zeitschrift für die gesamte Versicherungswissenschaft (ZVersWiss), 93.Bd., 2004, Heft 4, S. 675-692.

Koch, Oliver (Koch 2004): Die Eignung eines Einzelabschlusses nach IAS für die aufsichtsrechtlichen Solvabilitätsvorschriften der deutschen Lebensversicherer, Diplomarbeit am Seminar für ABWL, Risikomanagement und Versicherungslehre an der Universität zu Köln, Köln 2004.

Koch, Oliver (Koch 2006): Markttransparenz durch Versicherungsaufsicht – Informationsökonomische Begründung der dritten Säule von Solvency II, in: Zeitschrift für die gesamte Versicherungswissenschaft (ZVersWiss), Supplement Jahrestagung 2006, S. 129 ff.

Konzerngeschäftsbericht der Allianz Group 2003 (Allianz 2003).

Konzerngeschäftsbericht der Münchener Rück 2003 (Münchener Rück 2003).

Koryciorz, Sven (Koryciorz 2004): Sicherheitskapitalbestimmung und -allokation in der Schadenversicherung – eine risikotheoretische Analyse auf Basis des Value at Risk und des Conditional Value at Risk, Karlsruhe 2004.

Kreeb, Markus (Kreeb 2000): Auswirkungen des Steuerentlastungsgesetzes auf die Jahresabschlussanalyse: Möglichkeiten, die Informationsverzerrung in der Handelsbilanz zu reduzieren, in: Versicherungswirtschaft (VW), 2000, Heft 13, S. 938-942.

Kreeb, Markus, Oliver Willmes, Sven Gronenberg (Kreeb/Willmes/Gronenberg 2000): Die Auswirkungen des Steuerentlastungsgesetzes 1999/2000/2001 auf ausgewählte Kennzahlen des handelsrechtlichen Jahresabschluss der Versicherungsunternehmen, in: Mitteilungen des Instituts für Versicherungswissenschaft an der Universität zu Köln, Heft 2, Köln 2000.

Kreeb, Markus, Torsten Rohlfs (Kreeb/Rohlfs 2005): Die Ermittlung von Risikozuschlägen bei der Zeitwertbewertung von Verpflichtungen aus Schadenversicherungsgeschäften, in: Zeitschrift für die gesamte Versicherungswissenschaft (ZVersWiss), 94. Bd, 2005, Heft 2, S. 347-381.

Kreeb, Markus, Michael Zons (Kreeb/Zons 2005): Einführung in die Rechnungslegung von Versicherungsunternehmen nach IAS, Vortragsunterlagen zum Seminar vom 9./10. Mai 2005 im Rahmen des „Seminars für berufliche Weiterbildung".

Kruschwitz, Lutz (Kruschwitz 2005): Investitionsrechnung, München 2005.

Küting, Karlheinz, Sascha Dawo (Küting/Dawo): Die Bilanzierung immaterieller Vermögenswerte nach IAS 38 – gegenwärtige Regelungen und geplante Änderungen: Ein Beispiel für die Polarität von Vollständigkeitsprinzip und Objektivierungsprinzip, in: Betriebswirtschaftliche Forschung und Praxis (BFuP), 2003, Heft 4, S. 397-416.

Lambert, Paul (Lambert 2001): Contracting theory and accounting, in: Journal of acconting and Economics, 32. Jahrgang (2001), S. 3-81.

Löw, Edgar (Löw 2005): Partielles Endorsement von IAS 39: Fair Value Option, in: Betriebs-Berater (BB), Heft 4, 2005, S. I.

Löw, Edgar, Silke Blaschke (Löw/Blaschke 2005): Verabschiedung des Amendments zu IAS 39 Financial Instruments: Recognition and Measurement – The Fair Value Option, in: Betriebs-Berater (BB), 60. Jahrgang, 2005, Heft 32, S. 1727-1736.

Löw, Sabine (Löw 2003): Gewinnrealisierung und Rückstellungsbilanzierung bei Versicherungsunternehmen nach HGB und IFRS, Wiesbaden, 2003.

Lüdenbach, Norbert, Wolf-Dieter Hoffmann (Lüdenbach/Hoffmann 2003): Imparitätische Wahrscheinlichkeit – Zukunftswerte im IAS-Regelwerk, in: Zeitschrift für internationale und kapitalmarktorientierte Rechnungslegung (KoR), 2003, Heft 1, S. 5-14.

Maurer, Raimond (Maurer 2000): Integrierte Erfolgssteuerung in der Schadenversicherung auf der Basis von Risiko-Wertmodellen, Wiesbaden 2000.

Milbrodt, Hartmut, Thomas Kniep (Milbrodt/Kniep 2005): Aktuarielle Methoden der deutschen Privaten Krankenversicherung, in: Schriftenreihe Angewandte Versicherungsmathematik , Heft 34, hrsg. von Deutsche Gesellschaft für Versicherungs- und Finanzmathematik e.V., Karlsruhe 2005.

Milbrodt, Hartmut, Manfred Helbig (Milbrodt/Helbig 1999): Mathematische Methoden der Personenversicherung, New York 1999.

Mölls, Sascha, Michael Strauß (Mölls/Strauß 2007): Zur Informationswirkung der Rechnungslegung – Stand der empirischen Forschung, in: Zeitschrift für internationale und kapitalmarktorientierte Rechnungslegung (KoR), 2007, Heft 2, S. 79-92.

Moxter, Adolf (Moxter 2000): Rechnungslegungsmythen, in: Betriebs-Berater (BB), 2000, Heft 42, S. 2143-2149.

Niehaus, Frank, Christian Weber (Niehaus/Weber 2005): Der überproportionale Finanzierungsbeitrag privat versicherter Patienten zum Gesundheitswesen, Online im Internet: URL: http://www.wip-pkv.de/uploads/tx-nppresscenter/wip-wenie.pdf (Stand 17.12.2007)

Ohlson, James (Ohlson 1995): Earnings, Book Value, and Dividends in Equity Valuation, in: Contemporary Accounting Research, 11. Jg., 1995, S. 661-687.

Ohlson, James (Ohlson 2001): Earnings, Book Values, and Dividends in Equity Valuation, in: Contemporary Accounting Research, 18. Jg., 2001, S. 107-120.

Pape, Jochen (Pape 2001): Financial Instruments: Standard der Joint Working Group of Standard Setters – Entwurf eines Rechnungslegungsstandards zur Zeitwertbeilanzierung von Finanzinstrumenten, in: Die Wirtschaftsprüfung (WPg), 2001, Heft 24, S. 1458-1467.

Pellens, Bernhard, Joachim Gassen (Pellens/Gassen 2001): EU-Verordnungsentwurf zur IAS-Konzernrechnungslegung, in: Zeitschrift für internationale und kapitalmarktorientierte Rechnungslegung (KoR), 2001, Heft 4, S. 137-142.

Perlet, Helmut (Perlet 2001): Zeitwertbilanzierung bei Versicherungsunternehmen, in: Rechnungslegung von Versicherungsunternehmen: Festschrift zum 70. Geburtstag von Dr. Horst Richter, hrsg. von Gerd Geib, Düsseldorf 2001.

Pfaff, Dieter, Wilfried Kukule, (Pfaff/Kukule 2006): Wie fair ist der fair value?, in: Zeitschrift für internationale und kapitalmarktorientierte Rechnungslegung (KoR), 2006, Heft 9, S. 542-549.

Rechnungslegung nach IAS/US-GAAP – aktuarielle Praxis in der Deutschen Lebensversicherung (DAV 2000), hrsg. von der Deutschen Aktuarvereinigung, Online im Internet, URL: <http://www.aktuar.de/html/fach/5fr_lv.html> (Stand 28.11.00).

Rittmann, Marion, Werner Rockel (Rittmann/Rockel 2004b): Rechnungslegung und Aufsicht von Versicherungsunternehmen – Zur Vereinbarkeit von IFRS und Solvency II, in: Zeitschrift für die gesamte Versicherungswissenschaft (ZVersWiss), Bd. 93, 2004, Heft 3, S. 441-475.

Rockel, Werner (Rockel 2004 a): Fair Value-Bilanzierung versicherungstechnischer Verpflichtungen – eine ökonomische Analyse, Wiesbaden 2004.

Rockel, Werner (Rockel 2004 b): Market Value Margin für die Fair Value-Bilanzierung versicherungstechnischer Verpflichtungen: Ableitung auf Basis des CAPM, in: Zeitschrift für die gesamte Versicherungswissenschaft (ZVersWiss), Bd. 93, 2004, Heft 4, S. 809-834.

Rockel, Werner, Roman Sauer (Rockel/Sauer 2003): IASB Exposure Draft 5: Insurance Contracts – Zur Versicherungsbilanzierung nach IFRS ab 2005, in: Die Wirtschaftsprüfung (WPg), 2003, Heft 20, S. 1108-1119.

Rockel, Werner, Roman Sauer (Rockel/Sauer 2004): IFRS für Versicherungsverträge (I), in: Versicherungswirtschaft (VW), 2004, Heft 4, S. 215-219.

Rockel, Werner, Roman Sauer (Rockel/Sauer 2007): Bilanzierung von Versicherungsverträgen – IASB Discussion Paper „Preliminary Views on Insurance Contracts“, in: Die Wirtschaftsprüfung, 2007, Heft 17, S. 741-749.

Rockel, Werner, Elmar Helten, Herbert Loy, Peter Ott (Rockel et. all 2005): Versicherungsbilanzen – Rechnungslegung nach HGB, US-GAAP und IFRS, Stuttgart 2005.

Rohlfs, Torsten (Rohlfs 2008): Fair Value von versicherungstechnischen Verpflichtungen in der Schaden-/Unfallversicherung, Köln 2008.

Schmidt, Martin (Schmidt 2005): Neue Amendments zu IAS 39 im Juni 2005: Die revidierte Fair Value-Option, in: Zeitschrift für internationale und kapitalmarktorientierte Rechnungslegung (KoR), 2005, Heft 7-8, S. 269-275.

Schön, Wolfgang (Schön 2001): Internationalisierung der Rechnungslegung und Gläubigerschutz, in: Die Wirtschaftsprüfung (WPg), 2001, Sonderheft, S. 74-79.

Schradin, Heinrich R. (Schradin 1994): Erfolgsorientiertes Versicherungsmanagement: betriebswirtschaftliche Steuerungskonzepte auf risikotheoretischer Grundlage, Karlsruhe 1994.

Schradin, Heinrich R. (Schradin 1998): Finanzielle Steuerung der Rückversicherung – unter besonderer Berücksichtigung von Großschadenereignissen und Fremdwährungsrisiken, Karlsruhe 1998.

Schradin, Heinrich R. (Schradin 2000): Unterlagen zur Vorlesung ABWL : Unternehmensführung und internationales Management – Risikomanagement – im Sommersemester 2000.

Schradin, Heinrich R. (Schradin 2001): Risikoadäquate Kapitalallokation im Versicherungskonzern, in: Mitteilungen des Instituts für Versicherungswissenschaft an der Universität zu Köln, Heft 1, Köln 2001.

Schradin, Heinrich R. (Schradin 2003a): Unterlagen zur Vorlesung Rechnungswesen von Versicherungsunternehmen im Sommersemester 2003.

Schradin, Heinrich R. (Schradin 2003b): Entwicklung der Versicherungsaufsicht, in: Mitteilungen des Instituts für Versicherungswissenschaft an der Universität zu Köln, Heft 3, Köln 2003.

Schradin, Heinrich R. (Schradin 2004a): „Ist der Shareholder Value-Ansatz eine geeignete Steuerungskonzeption für den großen Versicherungsverein auf Gegenseitigkeit?“, in: Mitteilungen des Instituts für Versicherungswissenschaft an der Universität zu Köln, Heft 1, Köln 2004.

Schradin, Heinrich R. (Schradin 2004b): Perspektiven der Lebens-Rückversicherung in Deutschland – zugleich ein Beitrag zur Diskussion der Frage: „Was ist Versicherung?“, in: Mitteilungen des Instituts für Versicherungswissenschaft an der Universität zu Köln, Heft 2, Köln 2004.

Schradin, Heinrich R., Michael Zons (Schradin/Zons 2003): Determination and allocation of risk-adequate equity capitalization for performance measurement, in: Mitteilungen des Instituts für Versicherungswissenschaft an der Universität zu Köln, Heft 2, Köln 2003.

Schultze, Wolfgang, Christian Fink, Barbara Straub (Schultze/Fink/Straub 2007): Value Reporting: Informationsbedürfnisse der Investoren und Anforderungen an die Gestaltung des Lageberichts, in: Die Wirtschaftsprüfung (WPg), 2007, Heft 13, S. 563-571.

Schulz, Markus (Schulz 2004): Steuerungsmöglichkeiten des Asset-Liability-Mismatch-Risikos im Rahmen der Rechnungslegung nach IAS, Diplomarbeit am Seminar für ABWL, Risikomanagement und Versicherungslehre an der Universität zu Köln, Köln 2004.

Sterbetafel (Wikipedia 2006), hrsg. von Wikipedia, Online im Internet, URL: <http://www.wikipedia.de/org/wiki/sterbetafel> (Stand 15.9.2006).

Streim, Hannes, Marcus Bieker, Maik Esser (Streim/Bieker/Esser 2003): Vermittlung entscheidungsnützlicher Informationen durch Fair Values – Sackgasse oder Licht am Horizont ?, in: Betriebliche Forschung und Praxis (BFuP), 2003, Heft 4, S. 457-478.

Streim, Hannes (Streim 2000): Die Vermittlung von entscheidungsnützlichen Informationen durch Bilanz und GuV – Ein nicht einlösbares Versprechen der internationalen Standardsetter, in: Betriebswirtschaftliche Forschung und Praxis (BFuP), 2000, Heft 2, S. 111-131.

Varain, Thomas (Varain 2004): Ansatz und Bewertung versicherungstechnischer Verpflichtungen von Schaden- und Unfallversicherungsunternehmen nach IAS/IFRS, Köln 2004.

Varian, Hal R. (Varian 2004): Grundzüge der Mikroökonomik, 6. Auflage, München 2004.

Verordnung (EG) Nr.1606/2002 des Europäischen Parlaments und des Rates (EU-Verordnung 2002) vom 19. Juli betreffend die Anwendung internationaler Rechnungslegungsstandards.

Verordnung über die Anlage des gebundenen Vermögens von Versicherungsunternehmen (Anlageverordnung-AnlV) vom 20.12.2001 (Kapitalanlageverordnung 2001), in: Verlautbarungen des BAV 2/2002, S. 59 ff..

Verordnung über die versicherungsmathematischen Methoden zur Prämienkalkulation und zur Berechnung der Alterungsrückstellung in der privaten Krankenversicherung (Kalkulationsverordnung-KalV) vom 18. November 1996.

Verordnung über die Rechnungslegung von Versicherungsunternehmen (RechVersV) vom 8.November.1994.

Verordnung zur Ermittlung und Verteilung von Überzins und Überschuss in der Krankenversicherung (ÜbschV) vom 8. November 1996.

Verordnung über die Mindestbeitragsrückerstattung in der Lebensversicherung (MindZV) vom 4. April 2008.

Versicherungslexikon (Versicherungslexikon 2007), Online im Internet, URL: <http://www.insurance1.de/lexikon-stornoquote-id610.html> (Stand 17.12.2007)

Wagenhofer, Alfred (Wagenhofer 2002): International Accounting Standards, 3. Auflage, Frankfurt 2002.

Wagenhofer, Alfred (Wagenhofer 2008): Fair Value-Bewertung: Führt sie zu einer nützlicheren Finanzberichterstattung ?, in: Zeitschrift für betriebswirtschaftliche Forschung (ZfbF), 2008, Heft 3, S. 185-195.

Wagenhofer, Alfred, Rolf Ewert (Wagenhofer/Ewert 2003): Externe Unternehmensrechnung, Heidelberg 2003.

Wakker, Peter, Richard Thaler, Amos Tversky (Wakker/Thaler/Tversky 1997): Probabilistic Insurance, in: Journal of Risk and Uncertainty, Vol. 15, 1997, Heft 1, S. 7-28.

Wallace, Marsha (Wallace 2002): Performance Reporting under Fair Value Accounting, in: North American Actuarial Journal, 2002, Heft 1, S. 28-61.

Wein, Thomas (Wein 1997): Versicherungsmarkt, asymmetrische Information und asymmetrische Regulierung, in: Zeitschrift für die gesamte Versicherungswissenschaft (ZVersWiss), 1997, Heft 1-2, S. 103-130.

Weyers, Hans-Leo, Manfred Wandt (Weyers/Wandt 2003): Versicherungsvertragsrecht, 3.Auflage, München 2003.

Widmann, Ralf (Widmann 2006): IFRS Phase II – Welche Sicht setzt sich durch ?, in: Versicherungswirtschaft (VW), 2006, Heft 22, S. 1840-1846.

Widmann, Ralf, Kati Korkow (Widmann/Korkow 2002): Spielräume bei der IAS-Bilanzierung noch zu groß, in: Versicherungswirtschaft (VW), 2002, Heft 16, S. 1236-1239.

Wilhelm, Jochen (Wilhelm 1983): Marktwertmaximierung – Ein didaktisch einfacher Zugang zu einem Grundlagenproblem der Investitions- und Finanzierungstheorie, in: Zeitschrift für Betriebswirtschaft (ZfB), 1983, Heft 6, S. 516-534.

Willmes, Oliver (Willmes 2004): Risikomanagement-Beratung durch Industrieversicherungsunternehmen, Köln 2004.

Wöhe, Günter, Jürgen Bilstein (Wöhe/Bilstein 2002): Grundzüge der Unternehmensfinanzierung, 9.Auflage, München 2002.

Wüstemann, Jens (Wüstemann 2003): Geschäftswertbilanzierung nach dem Exposure Draft ED 3 des IASB – Entobjektivierung auf den Spuren des FASB ?, in: Betriebs-Berater (BB), 2003, Heft 5, S. 247-253.

Zielke, Carsten (Zielke 2002a): IAS: Versicherer werden zu Zyklikern – Der bisherige Stand der Planung sowie die voraussichtlichen Folgen für Versicherungsunternehmen und Versicherungsaktien, in: Versicherungswirtschaft (VW), 2002, Heft 11, S. 796-803.

Zielke, Carsten (Zielke 2002b): Der Einfluss von IAS – Kapital bildende Rentenversicherung nur für die Großen machbar – Sachversicherer zur Sanierung gezwungen, in: Versicherungswirtschaft (VW), 2002, Heft 24, S. 1940-1945.

Zimmermann, Jochen, Stefan Schweinberger (Zimmermann/Schweinberger 2005): Gestaltungsformen der Bilanzierung von Versicherungsverträgen: ein kritischer Vergleich von Deferral/Matching- und Asset/Liability-Ansätzen, in: Zeitschrift für die gesamte Versicherungswissenschaft (ZVersWiss), Bd.94, 2005, Heft 1, S. 57-78.

Zons, Michael (Zons 2006): Value Based Management und IAS/IFRS im Schadenversicherungsunternehmen, Köln 2006.

Zülch, Henning, Sebastian Hoffmann (Zülch/Hoffmann 2009): Die Modernisierung des deutschen Handelsbilanzrechts durch das BilMoG: Wesentliche Alt- und Neuregelungen im Überblick, in: Der Betrieb (DB), 2009, Heft 15, S. 745-752.